한 권으로 떠나는

세계 지형 탐사

한 권으로 떠나는

세계 지형 탐사

이우평 지음

푸른숲

이 책이 신선한 자극과 여행의 길잡이가 되길

2008년 1월 이집트 기자 피라미드를 방문했을 때의 일이다. 예상했던 대로 전 세계에서 온 많은 관광객들로 붐볐다. 피라미드의 엄청난 규모에 압도된 사람들은 감탄사를 연발하며 피라미드를 배경으로 사진을 찍느라 바빠 보였다. 나 역시 웅장한 피라미드에 압도되어 한참을 올려다보다가, 곧 땅바닥을 살펴보기 시작했다. 그간 피라미드에 대해 풀지 못한 의문점이 있었기 때문이다.

쿠푸왕의 피라미드는 약 4,600년 전, 평균무게 2t에 달하는 바위덩어리 230만 개를 쌓아 올려 만들었다고 한다. 그렇다면 피라미드는 무게가 약 460만t인데, 모래뿐인 사막 위에서 어떻게 그 어마어마한 무게를 견디며 무너지지 않고 오늘날까지 버틸 수 있을까?

그 답을 찾고자 땅바닥을 살펴보았더니, 바닥에는 놀랍게도 암모나이트와 크고 작은 조개와 다슬기 종류의 패각류 화석이 잔뜩 섞인 단단한 석회암이 깔려 있었다. 견고하고도 치밀한 암질을 지닌 두꺼운 석회암층이 피라미드의 무게를 지탱하고 있었던 것이다. 그 순간 오랜 의문이 풀리면서 '알고 보면 더 많은 것이 보인다'라는 격언이 다시 한 번 떠올랐다.

그렇다. 주변이나 일상에서 흔히 보이는 풍경, 무심코 지나쳤던 사회·자연 현상도 관심을 가지면 더 많은 것이 보이는 법이다. 더 많은 게 보일수록 더 많이 사랑하게 된다.

2008년 나는 우리 땅 곳곳의 진기하고도 수려한 지형·지질 경관을 지닌 명소들의 과학적 가치를 더 많은 사람들이 '알고' 보며 더 '사랑'하기를 바라는 마음으로《한국 지형 산책》을 썼다.

《한 권으로 떠나는 세계 지형 탐사》는《한국 지형 산책》의 '월드 버전'이라 할 수 있다. 전 세계에는 자연이 만들었다고 하기에는 믿어지지 않을 만큼 신비하고도 아름다운 곳들이 넘쳐난다. 여행을 떠나는 많은 독자가 여행지에서 만나는 지형·지질 경관의 미적 가치뿐 아니라 그 지형이 오늘날에 이르기까지 어떤 자연사적 과정을 거쳐 형성되었는지, 환경·생태적 가치는 무엇인지, 그곳 사람들의 삶과 어떻게 연결되는지 등을 함께 살펴본다면 여행의 즐거움도 배가될 것이라고 생각한다.

2018년 여름 미국 서부 답사 때, 꿈에 그리던 그랜드캐니언을 직접 둘러보면서 나는 자연의 위대함과 경이로움에 큰 감명을 받았다. 콜로라도강물이 깎아낸 협곡의 웅장함, 그리고 차곡차곡 쌓인 지층에 20억 년가량의 지구 역사가 그대로 기록되어 있다는 사실 또한 눈으로 확인하는 순간이었다. 그랜드캐니언을 '지질학의 교과서'라고 하는 이유가 그제야 실감이 났다. 만약 내가 그랜드캐니언에 대한 지형·지질학적 지식이 없었다면 그곳에서 인증 사진 몇 장만 찍고 돌아왔을 것이다.

특별히 관심을 두지 않았던 생소한 지형·지질 명소를 과학적 시각으로 보는 데에는 아무래도 어려움이 따른다. 고등학교 지리나 지구과학 시간 이후로 접하지 않았던 전문용어와 개념이 낯설게 다가올 수 있다. 그런 점을 고려하여 전문용어를 최대한 쉽게 풀어쓰고 해석을 달았다. 그리고 머릿속에서 구체화하기 어려운 지형의 형성과정은 사진 자료와 3D 그림을 활용하여 독자의 이해를 돕고자 했다.

지면 부족으로 책에 싣지 못한 곳도 적지 않으며, 소개한 곳들 또한 많은 내용을 다 담지 못하는 한계가 있었다. 그럼에도 어렵게 엮은 이 한 권의 책이 세계 곳곳의 지형·지질 명소를 찾아 여행을 떠나는 모든 사람에게 신선한 자극이 되고, 나아가 여행의 길잡이 역할을 할 수 있기를 기대한다.

책의 출간까지 4년 가까이 함께 고생한 푸른숲 출판사, 윤문에 애써주신 권혁주 선생님과 바쁜 와중에도 3D 그림을 완성도 있게 그려준 노성규 선생님에게 먼저 감사드린다. 어렵고 힘들 때마다 용기를 주고 격려해주신 섬유산연구소장 김기룡 박사님과 연제곤 교장선생님, 지질학 관련 자료 해석과 문제 해결에 많은 조언과 귀한 사진을 제공해주신 박진성 교감선생님과 윤진수 교장선생님, 이기무 박사님의 은혜도 결코 잊을 수 없다. 끝으로 힘든 고비마다 쉬어가라며 건강을 보살펴준 사랑하는 아내와 열심히 아빠를 응원해준 소람, 인성, 혜성 그리고 지난해 새 식구가 된 성훈과 땅꼬마 겨울이는 나를 지켜준 힘의 원천이다. 사랑하는 가족과 함께 출간의 기쁨을 나누고자 한다.

2023. 3. 1.
歸巢 이우평

차례

여는 글 005

1부 ✛ 북아메리카

2부 ✧ 남아메리카

3부 ✧ 유럽

4부 ✧ 아시아

5부 ✢ 아프리카

6부 ✢ 오세아니아-대양

투크토야크툭

스포티드 호수

옐로스톤 국립공원

브라이스캐니언

더 웨이브

요세미티 국립공원 ●

데스밸리 ●

아치스 국립공원

모뉴먼트밸리

앤털로프캐니언

화이트샌즈 국립공원

그랜드캐니언

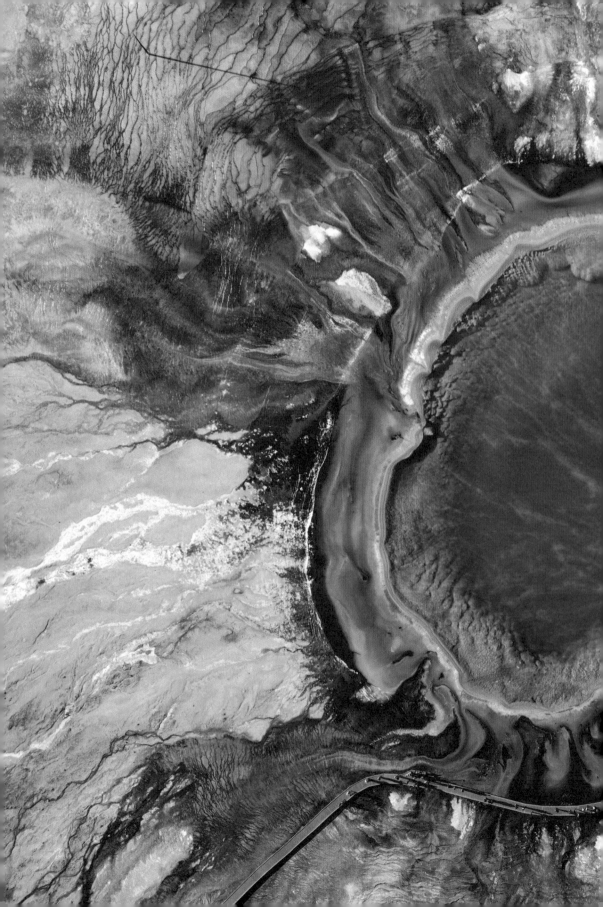

✣

옐로스톤 국립공원, 물과 열이 만들어 낸
간헐천과 온천의 집결지

✣

▶　엘로스톤의 그랜드 프리즈매틱 온천. 지하에서 수증기를 품은 거대한 물기둥이 일정한 간격
으로 지상으로 뿜어져 나오는 간헐천이, 그리고 각양각색의 온천이 공원 이곳저곳에 있다. 이곳에
발길을 들여놓으면 화산지대에서 볼 수 있는 자연의 경이로움과 신비함에 흠뻑 취하게 된다. 세계
최초로 국립공원으로 등재된, 미국 북서부 내륙에 위치한 옐로스톤 국립공원이 바로 그곳이다. 옐
로스톤의 상징인 그랜드 프리즈매틱 온천은 폭 90m, 깊이 50m로 세계에서 두 번째로 큰 온천인
데, 프리즘처럼 다채로운 색상으로 밝고 선명하게 보인다는 뜻에서 이름 붙여졌다. ◆옐로스톤 국
립공원/1978년 유네스코세계자연유산 등재/미국.

세계 최초의 국립공원

옐로스톤Yellowstone 국립공원(이하 '옐로스톤')은 전체 면적이 약 9,000km²로 우리나라 경기도 면적과 비슷하며 그랜드캐니언 국립공원 면적의 3배가 넘을 정도로 광대하다. 와이오밍주, 몬태나주, 아이다호주에 걸쳐 있지만 96% 정도가 와이오밍주에 속한다. 옐로스톤에는 옐로스톤강이 깎아 만든 평균 깊이 약 300m, 총길이 약 38km에 이르는 V자 대협곡이 발달했다. 옐로스톤이란 이름은 계곡 일대의 화산재가 쌓여 형성된 응회암이 황 성분을 함유하여 노란색을 띤 데서 유래했다.

19세기 초 모피를 얻기 위해 로키산맥 고지대에 있는 미지의 땅에 들어간 수렵가들 사이에 '지옥의 솥뚜껑이 열리는 장소'를 발견했다는 소문이 돌았지만 사람들은 그들을 허풍쟁이로 치부했다. 그러나 훗날 탐험대에 의해 그 소문의 장소가 옐로스톤이며, 그곳은 열수(熱水, 마그마가 식어서 여러 가지 광물성분이 분리되어 나온 뒤에 남은 뜨거운 수용액으로, 유용한 많은 광물성분이 용해되어 있다)가 하늘 높이 솟구쳐 오르는 간헐천과 들끓는 진흙탕, 그리고 수증기를 내뿜는 분기공(噴氣孔, 화산의 화구 또는 화산가스가 분출되어 나오는 구멍)과 온천 등이 넘쳐나는 화산지대라는 사실이 밝혀졌다.

옐로스톤에서는 지하의 거대한 열에너지가 다양한 형태로 지표로 방출되고 있어 '살아 꿈틀대는 지구'를 실감할 수 있다. 그리고 옐로스톤강이 만든 V자 모양의 협곡과 폭포들, 기암괴석, 호수, 숲 등의 풍광이 아름다울 뿐 아니라 사슴, 물소(바이슨 또는 버팔로로 불린다), 곰, 늑대 등 야생동물의 천국으로 자연사적 가치가 높다. 1872년 그랜트 대통령은 옐로스톤을 미국 최초의 국립공원으로 지정했는데, 이로써 세계 최초의 국립공원이 탄생하게 되었다.

○ **옐로스톤의 대표명소, 로어폭포**
옐로스톤에는 옐로스톤강이 깎아 만든 평균 깊이 약 300m, 총길이 약 38km에 이르는 V자 대협곡이 발달했다. 옐로스톤이란 이름은 계곡 일대의 응회암이 황 성분을 함유하여 노란색을 띤 데서 유래했다. 높이 49m의 로어폭포는 로키산맥에 발달한 폭포 가운데 물의 양이 가장 많다.

옐로스톤 국립공원, 물과 열이 만들어 낸 간헐천과 온천의 집결지

열점 분화의 산물

대부분의 화산은 지구를 감싸고 있는 지각판들이 서로 충돌 또는 분리되거나 서로 미끄러지는 경계부에 있고 이곳에서 화산활동이 일어난다. 그러나 옐로스톤은 내륙 깊숙한 지역에 있는데 특이하게도 이곳에서 화산활동이 일어나고 있다. 이는 판의 이동과 상관없이 지각 깊은 곳의 맨틀(지구 내부의 핵과 지각 사이, 깊이 약 30~2,900km까지의 영역에 있는 고체물질층으로 높은 온도와 압력에 의해 유체처럼 움직이며, 이로 인해 화산과 지진 등이 일어난다)에서 올라온 마그마가 지각을 뚫고 분출하는 열점 분화 방식으로, 특정 지역에만 고정되어 화산활동을 하기 때문이다.

핵과 맨틀 사이에 있는 거대한 마그마 열기둥을 플룸plume이라고 하며, 열기둥의 마그마가 분출되는 고정된 지점을 열점hot spot이라고 한다. 열점에서는 바람이 없을 때 연기가 곧장 수직으로 피어오르듯 맨틀 하부 깊은 곳에 있던 마그마가 수직 상승하여 분출한다.

열점에서 마그마가 분출할 때 열점은 고정되어 있고 지각이 일직선 방향으로 이동하면 '열점사슬hot spot chain'이라고 불리는, 일련의 선 모양을 이루는 화산군이 형성된다. 현재 옐로스톤의 열점은 화산활동이 활발한 옐로스톤 국립공원 지하 약 650km부근에 있는 것으로 알려져 있다. 열점은 고정된 상태에서 약 1,700만 년 전 처음 분화가 시작된 이후 현재까지 북아메리카 지각이 1년에 약 4.6cm씩 남서쪽으로 이동했다. 따라서 열점에서 새로운 마그마가 분출하면 앞서 형성된 화산지대는 컨베이어 벨트처럼 이미 이동한 상태일 것이며 뒤이어 다른 화산지대가 형성될 것이다.

분화구 함몰로 생긴 칼데라

옐로스톤에서는 현재까지 대규모 화산폭발이 세 차례 일어났다. 그중 가장 최근인 약 60만 년 전 지금의 옐로스톤 중심부에서 화산이 폭발해 북아

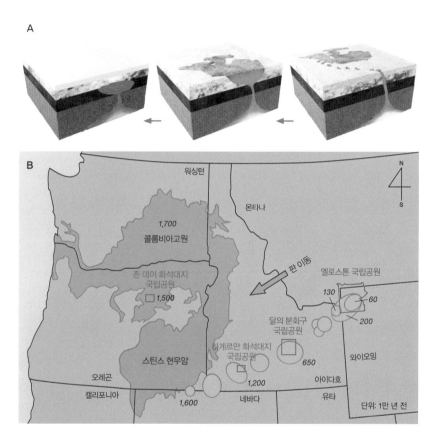

○ **옐로스톤의 열점사슬 원리와 화산군.**
A 옐로스톤 열점사슬 원리. 옐로스톤 지각 하부의 고정된 열점에서 마그마가 분출하는 동안 북아메리카대륙은 남서쪽으로 꾸준히 이동했다.
B 옐로스톤 열점사슬 화산군. 옐로스톤 열점에서 약 1,700만 년 전 최초로 마그마가 분출해 콜롬비아고원이 형성되었고 이후 약 1,500만 년 전 존 데이 화석대지 국립공원, 약 1,200만 년 전 하게르만 화석대지 국립공원, 약 650만 년 전 달의 분화구 국립공원이 각각 형성되었다. 옐로스톤에서 남서쪽으로 멀리 떨어질수록 먼저 형성된 곳이다. 옐로스톤에서는 가장 최근 3차의 대분출(200만 년 전, 130만 년 전, 60만 년 전)이 있었다.

메리카 대륙 대부분을 덮을 만큼 막대한 양의 용암과 재가 분출되었다. 한 꺼번에 너무 많은 양의 마그마가 분출하여 빠져나가서 분화구 중심 아래의 깊은 곳에 거대한 동공洞空이 생겼고, 이후 분화구가 굳으면서 자체 중력에 의해 무너져 길이 약 65km, 폭 약 35km, 두께 약 8~10km의 칼데라가 형성되었다. 옐로스톤은 이 거대한 칼데라 안에 자리 잡고 있다.

이후 칼데라 내부에서 30여 차례 화산폭발이 일어나 다양한 화산지형이 생겨났다. 가장 최근의 폭발은 약 7만 년 전에 있었다. 옐로스톤은 1923년에 관측이 기록된 이후 2004년부터 빠른 속도로 지반이 융기하고 있다. 옐로스톤에서는 1년에 700~3,000번 지진이 발생하는데, 2014년 노리스Norris 간헐천 부근에서 규모 4.8의 지진이 일어나 지반이 7cm 상승했다. 전문가들은 현재 광범위한 지역에 걸쳐 빠른 속도로 지반이 융기하는 것으로 보아 화산폭발의 가능성이 크다는 견해를 보이고 있다.

1	2	3
지하 깊은 곳의 마그마 방으로부터 많은 양의 마그마가 분출되었다.	마그마가 빠져나간 뒤 마그마 방 자리에 거대한 동공이 생겨났다.	냉각되어 고화된 분화구가 자체 중력에 의해 함몰하여 칼데라가 형성되었다.

옐로스톤 칼데라 생성과정

거대한 지하보일러에 의한
다양한 열수현상

옐로스톤의 가장 큰 지질학적 자랑거리는 지하에서 뜨거운 열수가 일정한 간격을 두고 지상으로 분출되는 간헐천이다. 가장 유명한 올드 페이스풀Old Faithful 간헐천에서는 물과 증기가 90분마다 최대 높이 60m까지 솟구쳐 공포감이 느껴질 정도다. 간헐천은 화산지대인 일본, 뉴질랜드, 아이슬란드 등지에서도 볼 수 있지만, 옐로스톤에는 지구 간헐천의 3분의 2에 해당하는 약 300개의 간헐천이 분포한다. 이처럼 옐로스톤에 간헐천이 넘쳐나는 이유는 마그마가 지표에서 비교적 가까운 5km 깊이에 있기 때문이다.

간헐천이 만들어지는 시스템은 땅속에 마그마에 의해 가열된 거대한 보일러가 가동되는 방식을 생각하면 된다. 지하로 유입된 물이 갈라진 암석 틈으로 들어가 다공질 암석층까지 침투하여 마치 스펀지 속의 액체처럼 고인다. 마그마에 의해 가열된 고온의 암석층으로부터 열이 상층의 다공질 암석층에 전달되어 이곳에 스며든 물을 가열한다. 가열된 물은 들어올 때보다 가벼워져 지표로 올라가는데, 이때 이 과정의 제반조건에 따라 간헐천, 온천, 진흙탕, 분기공 등 다양한 형태로 분출된다.

과열수(過熱水, 물이 정상적으로 액체상태에서 증기상태로 변하는 온도 이상으로 가열된 물)가 위로 솟구치면서 지하의 동공에 도달해 가열되어 끓게 되면 수증기압이 높아진다.

간헐천은 이때 입구의 좁은 틈을 따라 일시적으로 과열수가 분출될 때, 온천은 과열수가 올라가면서 차가운 지하수와 섞여 냉각되거나 넓은 공간을 통해 꾸준히 배출될 때 나타난다. 진흙탕은 과열수 속에 녹아 있는

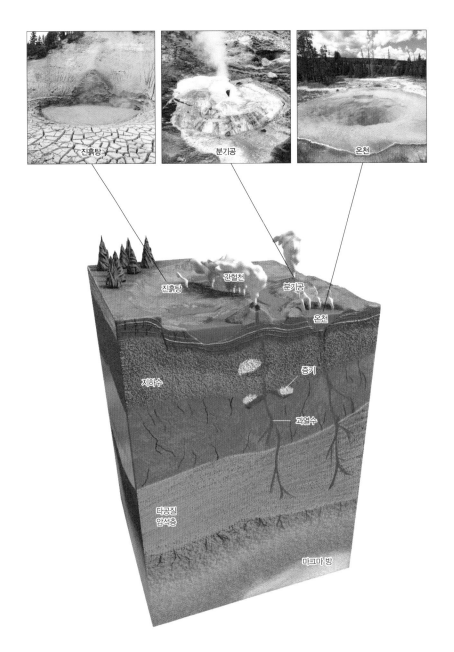

○ **다양한 열수현상.**

지하의 마그마에 의해 가열된 고온의 암석층의 열이 다공질 암석층에 스며든 지하수를 가열하게 되고, 가열된 물은 가벼워져 지표 부근으로 올라가게 된다. 이때 열수가 암석층을 통과하면서 여러 조건에 따라 간헐천, 온천, 진흙탕, 분기공 등 다양한 형태로 분출된다.

황산에 의해 주위의 암석에서 진흙성분이 녹아 나와 수증기와 탄산가스가 분출될 때 나타나며, 진흙이 끓는 것처럼 보인다. 분기공은 지하의 물이 부족하거나 나오는 도중 물이 모두 증발하여 없어져서 수증기만 분출되는 경우 나타난다.

온천 속의 생명체가 빚은 총천연색의 향연

옐로스톤의 또 다른 지질학적 특징은 다채로운 색깔의 온천이 곳곳에 분포한다는 것이다. 그 가운데 옐로스톤을 대표하는 그랜드 프리즈매틱 온천Grand Prismatic Spring과 석회화단구石灰化段丘 모양의 매머드 온천이 유명하다.

　　그랜드 프리즈매틱 온천은 밝고 선명한 총천연색을 띠는데, 물감을 풀어 놓은 듯 빼어난 색감을 자랑한다. 규모가 커 평지에서는 제대로 보기 어려워 높은 곳으로 올라가야만 형태가 한눈에 들어온다. 매머드 온천은 흰색, 회색 그리고 노란색부터 오렌지색, 갈색 등 다양한 금빛 계열 색상을 띠며, 거대한 석회 테라스가 장관이다. 이외에도 에메랄드 색, 파란색, 붉은색 등 다양한 물 빛깔의 온천이 있다.

　　온천수의 색깔은 물에 함유된 화학성분과 온도, 그리고 70℃ 이상의 뜨거운 물에 서식하는 박테리아에 의해 결정되는데, 그 가운데 박테리아가 가장 큰 영향을 미친다. 옐로스톤 온천수는 최고 수온이 90℃ 이상일 만큼 뜨겁다. 고온의 온천수에서는 생명체가 살 수 없을 것 같지만, 호열성好熱性 세균인 시아노박테리아(지구 최초의 생명체로 이산화탄소를 흡수하여 탄소 동화작용을 한 뒤 산소를 내뿜어 생명체가 살 수 있는 환경을 조성한 녹조류 생물)

올드 페이스풀 간헐천.

올드 페이스풀 간헐천은 하루 17~21회, 2~5분간 증기와 4만ℓ의 뜨거운 물을 평균 40m 높이로 뿜어 올린다. 물보라 기둥은 일정한 간격, 즉 지하동공에 고인 물이 지열과 과열수에 의해 수증기압이 최고점에 이르는 시간 간격을 두고 분출된다. 하늘로 솟구친 물보라 기둥의 높이를 보면 지하의 과열수 에너지가 얼마나 강력한지 알 수 있다. 대략 90분 간격으로 열수가 분출되어 1870년에 '올드 페이스풀'이라는 이름이 붙여졌으며, 간헐천의 영어명인 가이저geyser는 아이슬란드의 유명한 간헐천인 게이시르geysir에서 유래한 것이다.

가 풍부한 미네랄을 영양분으로 삼으며 서식하고 있다.

　온천수의 색깔이 주황색, 빨간색, 갈색, 초록색 등으로 다양하게 나타나는데, 이는 수온에 따라 각기 다른 종류의 박테리아가 서식하기 때문이다. 호수 중앙의 깊은 곳은 수온이 높아 아무리 호염성 박테리아라도 살수 없을 뿐더러 햇빛이 물을 통과할 때 가시광선 스펙트럼으로부터 모든 색을 흡수하지만 파란색만은 반사하기 때문에 파란색을 띤다. 반면, 호수 가장자리로 갈수록 수온이 낮아져 수온에 따라 각기 달리 서식하는 박테리아가 각종 화학반응을 일으키는 효소의 종류가 달라 다양한 색을 띤다.

○ **탄산칼슘 결정체가 만든 단구 모양의 매머드 온천.**
매머드 온천은 튀르키예의 파묵칼레가 연상되는 석회화단구 모양을 하고 있다. 온천수가 지상으로 분출하여 흘러가면서 온천수에 함유된 석회암의 칼슘과 미네랄 성분이 대기 중의 이산화탄소와 반응하여 탄산칼슘이 되어 가라앉는다. 이 과정에서 계단식 대지臺地인 트래버 틴(휴석休石)과 웅덩이(휴석소休石沼)가 생긴다. 초기에 탄산칼슘 침전물이 아래로 흘러가며 위에서 떠내려온 나뭇잎이나 돌조각 등이 쌓인 곳에 모이면서 주변보다 상대적으로 높은 둑이 만들어진다. 이 둑 위로 탄산칼슘 침전물이 계속 쌓여 굳으면서 반원 모양의 트래버 틴과 웅덩이가 생긴다. 이후 맨 처음에 생긴 트래버틴에 고인 물이 넘쳐 아래로 흐르면서 같은 방식으로 탄산칼슘 침전물이 쌓이고 트래버틴이 지속적으로 생겨나 계단식 단구 모양의 트래버틴이 만들어진다. 매머드 온천에서는 증발작용을 통해 매일 2t가량의 탄산염 광물이 퇴적되어 트래버틴이 커지고 있다. 온천수가 흘러내리는 곳의 온도에 따라 서로 다른 박테리아가 서식하여 온천수와 단구의 색깔이 다양하다.

옐로스톤 국립공원, 물과 열이 만들어 낸 간헐천과 온천의 집결지

온천도시 벳푸의 붉은빛,
치노이케 온천

화산과 지진의 나라 일본은 열도 전체가 온천 천국이라 할 만큼 어디를 가나 온천이 솟아난다. 그 가운데 원천源泉의 수만 3,800여 개에 달하는 벳푸別府를 제일의 온천도시로 뽑을 수 있다.

벳푸의 유명한 온천 가운데 온천의 색깔이 붉은색이어서 '피의 연못 지옥'이라는 뜻의 치노이케 지고쿠血の池地獄 온천이 있다. 온천의 붉은색은 온천수를 분출하는 암반과 물속의 철 성분이 산화되었기 때문이다. 벳푸에는 '지옥 온천'이라 불리는 8개의 온천 순례지가 있다. 일본에는 '지옥'이라는 이름이 붙은 온천이 많은데, 부글거리고 뜨겁고 매캐한 냄새와 연기가 피어오르는 온천에서 지옥을 연상하여 붙인 듯하다.

일본 사람들은 생전에 악한 일을 한 사람은 이곳에 빠져 죽는다고 믿었다. 한때 이곳에서 자살한 사람이 많아 악명을 떨치기도 했지만 지금은 견고한 울타리를 쳐서 접근을 통제하고 있다.

간헐천의 대명사,
네바다주 플라이 간헐천

미국 네바다주 블랙록사막에 있는 플라이 간헐천Fly Geyser은 그 모습이 돌고래 세 마리가 하늘을 향해 물을 뿜는 듯한 또는 혹등고래가 먹이를 사냥하기 위해 집단으로 수면 위로 솟아오르는 듯한 특이한 외관으로 유명해져 간헐천의 대명사가 되었다.

플라이 간헐천 지역의 강수량은 연간 300mm에 불과하지만 부근의 산지에서 흘러나오는 물 덕분에 지하에는 간헐천을 유지하기에 충분한 대수층이 형성되어 있다.

약 100년 전 마을 사람들이 농사에 쓸 물을 얻으려고 우물을 파다가 수온이 90℃ 이상이어서 사용하지 못하고 방치해 두었는데, 분출된 열수 속의 탄산칼슘 침전물이 오랫동안 쌓여 지금의 원뿔 모양이 되었다고 한다. 지금도 열수현상이 계속되어 간헐천이 조금씩 커지고 있으며, 수온이 다른 열수 속에 자라는 서로 다른 박테리아 때문에 온천수의 색깔이 초록색, 노란색, 붉은색 등 다양하다.

아치스 국립공원,
자연이 빚어낸 아치형 암석 조각공원

▶ 아치스 국립공원 최고의 하이라이트, 델리키트 아치. 미국 서부 유타주 모아브 북쪽에 위치한 아치스 국립공원에 가면 이곳 국립공원의 이름이 왜 아치스인지 한눈에 알 수 있다. 사막평원 군데군데 모여 있는 거대한 암석더미에는 수많은 다양한 아치형 기암이 산재해 있다. 그 가운데 델리키트 아치는 아치스 국립공원의 상징이자 유타주의 랜드마크이기도 하다. 델리키트 아치 가운데에 갈라진 틈이 있어 보수를 하자는 의견도 있었지만 그대로 두기로 했다고 한다.

유타주를 넘어
미국을 상징하는 자연지표

아치스^{Arches} 국립공원은 미국 유타주의 작은 사막도시 모아브^{Moab} 북쪽
에 위치한 면적 약 309km²에 높이 1~100m에 이르는 다양한 크기의
2,000여 개 붉은색 아치형 기암이 발달하여 '아치스'란 이름이 붙었다. 아
치스 국립공원의 수많은 아치형 기암 가운데 전 세계적으로 가장 널리 알
려진 기암은 델리키트 아치다. 유타주에서는 주^州 자동차 번호판의 배경으
로 쓰일 만큼 유타주의 랜드마크로 잘 알려져 있으며, 미국을 상징하는 자
연지표이기도 하다.

아치스 국립공원 곳곳에 다양한 아치들이 있지만 델리키트 아치와
더블 아치와 랜드스케이프 아치는 아치스 국립공원의 3대 아치로 꼽힌다.
더블 아치는 높이 약 45m의 두 개 아치가 십^十자로 교차하며 웅장한 규모
를 자랑한다. 폭이 약 100m 길이에 달하는 랜드스케이프 아치는 세계에
서는 두 번째로, 미국에서는 첫 번째로 폭이 길며, 중력의 영향을 받아 아
치가 당장 끊어질 듯 위태로워 보인다.

아치스 국립공원은 크게 코트하우스 타워, 윈도우 섹션, 파이어리 퍼
니스^{Fiercy Furnace}, 데빌스 가든 이렇게 네 개 구역으로 구분된다. 코트하우
스 타워에는 뉴욕의 고층 빌딩이 연상되는 석탑과 절벽이 넘치는 파크 애
비뷰가 있고, 윈도우 섹션에는 복숭아 모양의 암석이 탑 위에 균형미 있게
올려져 있는 밸런스 록, 그리고 더블 아치가 있다. 파이어리 퍼니스에는

아치스 국립공원의 상징과도 같은 델리키트 아치가 있고, 데빌스 가든에는 세계에서 가장 긴 아치인 랜드스케이프 아치가 있다.

윈도우 섹션의 더블 아치.
커다란 아치 두 개가 붙어 있어 이름 붙여진 것으로 델리키트 아치, 랜드스케이프 아치와 함께 아치스 국립공원을 대표하는 3대 아치다. 2014년부터 아치스 국립공원에서는 아치 보호를 위해 아치에 등반하는 것을 법으로 금지하고 있다.

아치스 국립공원, 자연이 빚어낸 아치형 암석 조각공원

아치 형성의 비밀

아치스 국립공원 일대에 집중적으로 분포되어 있는 아치형 암석은 1차적으로 소금이 쌓여 형성된 암염^{岩鹽}층이 융기하여 지층이 균열됨으로써, 2차적으로 이렇게 균열된 틈을 따라 서로 다른 암질 간에 차별침식이 일어남으로써 생성되었다.

고생대 약 3억 년 전 이 지역은 바다였는데, 이후에 바다와 연결이 끊기고 육지에 갇혀 고립되었다. 오랜 기간 바닷물이 증발하여 약 1.5km 두께의 두꺼운 암염층이 형성되었다. 이후 암염층 위로 중생대 약 1억 8,000만 년 전까지 모래가 쌓여 두꺼운 사암층이 형성되었다. 암염층 위로 쌓인 사암층의 무게에 눌려 비중이 작은 암염층이 융기하여 돔 모양으로 부풀어 올랐으며, 이로 인해 사암층 상부의 지층이 융기 중심부를 따라 주변으로 처지는 배사^{背斜}구조(지층이 산봉우리처럼 볼록하게 올라간 습곡구조)가 만들어졌다.

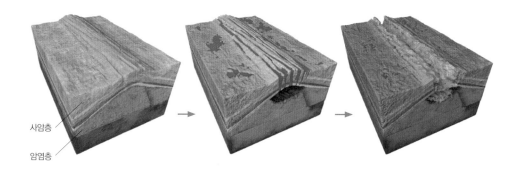

사암층
암염층

암염층과 배사구조가 형성된 아치스 국립공원의 분지구조 형성과정.
암염층을 덮고 있던 사암층에 발달한 단층과 균열을 따라 물이 침투했고 이로써 암염이 모두 녹아 그 자리에 동공이 생겼다. 이것이 결국 무너져 내려 아치스 국립공원의 거대한 분지가 형성되었다.

이후 약 6,500만 년 전 태평양판과 북아메리카판이 충돌하여 일어난 라라미드조산운동의 영향으로 지층에 수많은 단층과 균열이 생겼다. 오랜 기간 지표 부근의 지층이 침식되어 얇아졌으며, 그로 인해 물이 지표 부근 지층 아래의 암염층까지 스며들어 암염층을 녹였다. 암염층이 모두 물에 녹아 지하에 거대한 공간이 생기자 암염층 상부의 지붕을 이루던 지표 부근의 지층이 중력에 의해 무너져 지금의 아치스 국립공원 일대의 거대한 분지가 만들어졌다.

아치스 국립공원 일대의 암석층에는 수많은 균열선이 발달해 있다. 이 균열선들은 암염 상층부의 지층이 무너져 내리고 라라미드조산운동에

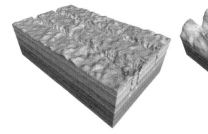
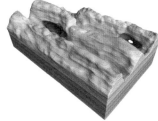
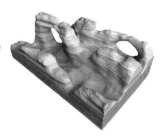

1	2	3
지각변동으로 거대한 암반덩어리에 충격이 가해지면 특정 방향으로 균열이 생긴다. 이후 이 균열을 따라 물과 얼음 등이 들어가 얼고 녹기를 반복하면서 암석이 침식·풍화되어, 마치 식빵을 칼로 잘라 놓은 듯한 수직판 모양의 암석인 핀fin이 발달한다.	이후 핀을 따라 침식이 활발히 진행되고, 핀의 하부와 상부의 지층 사이 경계부를 중심으로 약산성의 지하수가 흐르면서 암석에 함유된 탄산칼슘을 녹인다. 그 과정에서 모래와 실트 알갱이들이 떨어져 나가며 접촉면의 수평 방향을 따라 작은 구멍들이 만들어진다.	이후 이 작은 구멍을 중심으로 침식·풍화되면서 암석 전체가 깎여 나간다. 특히 중력의 영향을 받아 구멍은 점점 더 확대되어 아치 형태를 띠며, 일부 아치는 붕괴되기도 한다.

아치 형성과정

커티스 층

엔트라다 사암

카멜 층

○ **엔트라다 사암층과 카멜층 사이의 차별침식.**
아치 형성의 초기 단계로, 상부의 단단한 암질의 엔트라다 사암층과 그 아래 약한 암질의 카멜
층과의 접촉면을 보면 침식으로 인해 수평의 공간이 생긴 것을 볼 수 있다. 상부와 하부 암층 사
이의 차별침식으로 이 공간이 점차 확대되면서 구멍이 커져 나중에는 아치로 발전하게 된다.

의해 충격을 받아 만들어진 것이다. 아치는 이 균열선을 따라 발달하는데,
그 형성과정은 중생대에 생성된 상부의 단단한 암질의 엔트라다 사암층
과 하부의 약한 암질의 카멜층과의 차별침식으로 설명할 수 있다.

아치에 버금가는
기암첨봉들의 자태

아치스 국립공원의 주인공은 아치들이지만 이에 못지않게 하늘을 찌를
듯한 첨탑 모양과 돔 모양 그리고 고층 빌딩과도 같은 암봉들도 눈여겨
보면 좋다. 아치스 국립공원 탐방안내소 가까이 있는 파크 애비뉴는 뉴욕

의 고층 빌딩이 연상되는 석탑 모양의 암석과 절벽이 많아 붙여진 이름이다. 세 명이 수다를 떨고 있는 것처럼 보인다는 스리 가십스^{Three Gossips}, 양을 닮았다는 십 록^{Sheep Rock} 등 다양한 형태의 암석들이 장관을 이룬다. 더블 아치가 있는 윈도우 섹션 초입에는 높이 40m의 탑 모양 암석 위에 놓인 복숭아 모양의 밸런스 록이 균형감 있게 서 있는데, 마치 금방이라도 떨어질 듯하다. 이곳에서 조금 더 들어가면 코끼리 떼가 이동하는 모습의 퍼레이드 오브 엘리펀트^{Parade of Elephant} 암석군을 만날 수 있다. 랜드스

윈도우 섹션의 노스윈도우와 사우스윈도우.
윈도우 섹션에는 더블 아치를 비롯하여 다양한 아치들이 집중적으로 발달했으며, 아치 형성 직전 단계로 암벽에 창문 모양으로 구멍이 뚫린 형태가 곳곳에 나타난다.

아치스 국립공원, 자연이 빚어낸 아치형 암석 조각공원

○ **균형미의 상징, 밸런스 록.**
복숭아 모양의 밸런스 록은 암석 간의 차별침식에 의해 생긴 것으로, 금방이라도 떨어질 듯 아슬아슬해 보이지만 균형감 있게 우뚝 서 있다.

케이프 아치가 있는 데빌스 가든 초입에는 식빵을 세워 놓은 듯한 줄무늬 모양의 거대한 사암덩어리들이 줄지어 서 있다.

위태로운 아치의 운명

아치스 국립공원에서는 바위에 난 구멍의 지름이 1m 이상 되어야만 공식적으로 아치 목록에 등재되고 지도에도 표기된다. 수만 년의 세월을 거치며 수많은 아치형 기암은 현재도 지속적으로 침식·풍화되어 일부는 조금씩 붕괴되고, 한편으로는 새로운 아치들이 생겨나면서 생성과 소멸을 반복하고 있다.

　폭이 약 100m에 달하는 랜드스케이프 아치는 높이 약 20m, 폭 약 3m, 두께 약 1m의 아치 상단부가 1991년에 아래로 떨어져 나가면서 지금은 얇은 암석만 아슬아슬하게 버티고 서 있는데, 머지않아 무너질 것으로 보인다. 지질학적 측면에서 보면 랜드스케이프 아치의 수명이 얼마 남지 않은 셈이다.

데블스 가든의 랜드스케이프 아치.
아치스 국립공원 가운데 가장 깊숙이 위치한 데블스 가든 트레일에서 가장 크고 긴 아치로, 중력의 영향을 받아 금방이라도 무너질 듯하다. 1991년 붕괴사고 이후 접근이 금지되었으며, 지금도 계속 침식·풍화되고 있어 머지않아 붕괴될 것으로 보인다.

　　　　　　　　　아치스 국립공원, 자연이 빚어낸 아치형 암석 조각공원

✣

읽을거리

아치스 국립공원이 별 관측
최고 지점으로 각광받는 이유

미국의 아치스 국립공원은 데스밸리 국립공원과 함께 밤하늘 별들의 향연을 누릴 수 있는 최적지 가운데 하나다. 그 이유는 무엇일까?

별을 관측하기 위한 최고의 조건은 달빛이 없는 것으로, 초승달과 그믐달이 뜨는 날이 이 조건에 가장 잘 들어맞는다. 그다음 대기가 수분이 없이 건조해야 대기의 흔들림 없이 별이 또렷하게 보인다. 대기에 수분이 없는 때와 장소는 날씨가 차가운 겨울철, 그리고 비가 거의 내리지 않으며 하천이나 호수가 발달하지 않은 사막 지역이다. 또한 대기에 스모그가 없고 사막이나 바다처럼 탁 트인 공간, 고도가 높은 곳일수록 별을 관측하는 데 유리하다.

고원지대 사막에 발달한 아치스 국립공원은 이러한 조건을 두루 갖추고 있어 별 관측 최고 지점으로 손꼽힌다. 이런 이유로 해마다 겨울철에 많은 천문학자와 사진작가가 델리키트 아치를 배경으로 밤하늘 별을 관측하고 촬영하기 위해 이곳을 찾는다.

지난 수년간 아치스 국립공원에서는 정기적으로 밤하늘을 관측하는 천문학 프로그램을 운영해왔다. 이런 노력이 인정되어 아치스 국립공원은 야외 조명의 빛 공해로부터 밤하늘과 자연의 어둠을 보호하고 이를 공유하기 위해 설립된 국제다크스카이협회 IDSA로부터 2019년 국제 밤하늘 보호공원으로 지정되었다. 우리나라에서는 2015년 경상북도 영양군 반딧불이 생태공원이 아시아 최초로 밤하늘 보호공원으로 지정되었다.

◦ **윈도우섹션에서 바라본 밤하늘.**

✤

모뉴먼트밸리, 사막 평원의
암석기둥과 암석구릉의 향연

✤

▶ 나바호족의 성지, 모뉴먼트밸리. 붉은 사막평원 위에 거대한 성채와도 같은 암석구릉과 묘비석과 같은 암석기둥이 곳곳에 솟아 있어 장엄한 풍광을 연출한다. 특히 해가 뜨거나 질 때 햇빛에 비친 암석구릉과 암석기둥에서는 영적인 신비감이 느껴진다. 또한 시간대와 보는 방향과 각도에 따라 그 모습이 다르게 보여 잠시라도 눈을 뗄 수 없다. 미국 서부 유타주와 애리조나주 사이의 모하비사막에 있는 모뉴먼트밸리에 가면 볼 수 있는 풍광이다. 모뉴먼트밸리의 웨스트 미튼(왼쪽), 이스트 미튼(가운데), 메릭 뷰트(오른쪽)는 모뉴먼트밸리 입구에서 처음 만나는 풍광으로 이곳을 대표한다. 바위들이 마치 엄지장갑처럼 생겨 '미튼mitten'이라는 이름이 붙었다.

아메리카 원주민
나바호족의 성지

모뉴먼트밸리Monument Valley 일대는 미국 최대의 아메리카 원주민인 나바호족의 삶의 터전이자 그들이 신성하게 여기는 곳이다. 모뉴먼트밸리의 공식 명칭은 모뉴먼트밸리 나바호 트라이벌 파크Monument Valley Navajo Tribal Park 로, 이름 그대로 모뉴먼트밸리 나바호 부족공원(이하 '모뉴먼트밸리')이다.

미국 애리조나주 그랜드캐니언 북동쪽부터 유타주 남부 일부, 뉴멕시코주 서부와 콜로라도주 남서부 4개 주에 나바호자치구(공식명칭이 1923년에는 나바호 인디언 보호구역이었으나 1969년에 나바호자치구로 바뀌었다)가 걸쳐 있다. 이곳은 남한 면적의 3분의 2인 약 67,340km²가 넘는 광대한 지역으로, 나바호족 약 18만 명이 거주하고 있다. 모뉴먼트밸리는 북서쪽 끝에서 약 370km²의 면적을 차지하고 있다.

미국 서부 일대에서 유명한 그랜드캐니언·브라이스캐니언·자이언캐니언·아치스 국립공원 등이 나라에서 관리하는 국립공원인 데 반해 모뉴먼트밸리는 나바호족이 운영하는 부족공원이기 때문에 미국 정부는 이 공원에 대한 재산권을 행사하지 않는다. 나바호구 자치구는 모뉴먼트밸리를 1958년 부족공원으로 지정하고 일반 관광객을 맞고 있다.

영화 〈역마차〉의 배경지로 얻은 명성

모뉴먼트밸리는 수많은 영화나 광고 그리고 책자 화보 등에 자주 등장하여 대중에게도 낯익은 곳이다. 첨탑 모양의 바위기둥 수백 개가 계곡에 가득 들어서 있는데, 그 모습이 기념비가 줄지어 있는 듯하여 모뉴먼트밸리라는 이름이 붙여졌다. 이곳에 사는 원주민인 나바호족은 모뉴먼트밸리를 '쎄 비 니즈가이Tsé Bii Ndzisgaii'라고 하는데, 이는 '돌들의 골짜기'라는

○ **포레스트 검프 포인트에서 바라본 모뉴먼트밸리.**
톰 행크스가 주연한 영화 〈포레스트 검프〉에서 주인공이 달리기를 포기하고 고향으로 돌아가는 장면이 나온 곳이다. 이 장면으로 유명해져 전 세계적 관광객들이 반드시 들르는 곳이 되었다. 거대한 탁자 모양의 구릉은 메사이며, 규모가 작은 첨탑 모양의 암석기둥은 뷰트이다.

모뉴먼트밸리, 사막 평원의 암석기둥과 암석구릉의 향연

뜻이다. 돌과 암석이 계곡에 많았기 때문인 듯하다.

　　모뉴먼트밸리는 연 강수량이 200mm로 황무지나 다름없는 모하비사막에 발달하여 접근하기 어려운 오지였다. 그러나 1939년에 개봉한 존 웨인 주연의 미국 서부영화 〈역마차〉의 배경이 되어 대중에게 널리 알려졌다. 이후 〈수색자〉, 〈옛날옛적 서부에서〉 등의 서부영화와 〈백 투 더 퓨처 3〉, 〈포레스트 검프〉, 〈트랜스포머 4〉 등 여러 영화의 촬영지로 전 세계에 알려져 지금은 세계적인 관광지로 탈바꿈했다. 1994년 〈포레스트 검프〉로 유명해져 최근에는 이곳을 찾는 국내 관광객도 많아졌다.

거대 암석구릉 메사와
암석기둥 뷰트의 형성과정

모뉴먼트밸리에서 높이 약 120~300m에 있는 규모가 큰 탁자 모양의 암석구릉을 메사mesa, 규모가 작은 직벽의 거대한 첨탑 모양의 암석기둥을 지형학 용어로 뷰트butte라고 한다. 메사와 뷰트는 수평을 이루는 단단한 경암층硬岩層이 부드러운 연암층軟岩層을 덮고 있는 고원이나 대지에 잘 발달한다. 고원이나 대지의 지표면에 발달한 절리節理. joint나 균열을 따라 강물과 빙하 그리고 바람 등에 의해 침식과 풍화가 진행되는데, 이 과정에서 단단한 상부의 경암층이 부드러운 하부의 연암층이 침식되는 것을 가로막아 형성된다.

　　모뉴먼트밸리가 있는 모하비사막 일대는 고생대 페름기 초인 약 2억 7,000만 년 전부터 중생대 트라이아스기 말인 약 1억 8,000만 년 전까지 멕시코만에서 유입된 바닷물에 잠겨 있었다. 고생대 페름기의 해저 바닥

○ **모뉴먼트밸리(메릭 뷰트)의 지질.**
이곳 사막정원 지표면의 지질은 고생대 페름기에 쌓인 셰일층이다. 그 위로 사암층이 쌓였으며 가장 윗부분은 중생대 트라이아스기에 쌓인 역암층 등이 덮고 있다. 이곳 일대의 토양과 암석이 붉은색을 띠는 것은 토양과 암석에 함유된 철분이 산화되었기 때문이고, 고생대 사암층이 어두운 청회색을 띠는 것은 사암층에 함유된 망간이 산화되었기 때문이다.

에 진흙과 펄이 쌓여 셰일층이, 그 위로 모래가 쌓여 사암층이 생성되었다. 이후 신생대 약 6,500만 년 전, 해저에서 쌓인 퇴적층이 융기하여 콜로라도고원의 일부가 되었다. 그로부터 현재에 이르기까지 강물, 바람, 빗물, 태양열, 빙하 등에 의해 침식·풍화되었으며, 그 과정에서 상부의 단단한 사암층이 하부의 약한 셰일층이 침식되는 것을 방해하여 지금의 특이한 지형 경관을 이룬 것이다.

큰 규모의 메사가 대체로 먼저 형성되며 침식이 계속되어 메사도 결국 작게 갈라져 더 작은 형태의 여러 개의 뷰트가 형성된다. 지반의 융기와 함께 침식과 풍화가 지금도 계속되어 더 많은 메사와 뷰트가 형성되고 있으며 일부는 붕괴되어 사라질 것이다. 메사와 뷰트의 정상평탄면은 과거의 침식 이전 지표면 높이를 알려 주는 준거準據라 할 수 있다.

1	2	3
퇴적암층으로 이루어진 고원의 지표면에 생긴 균열을 따라 하천이 흐르며 침식을 가한다.	하천과 바람에 의한 침식과 풍화로 하부의 연암층이 상부의 경암층에 비해 더 빠르게 침식되어 거대한 협곡이 형성된다.	협곡을 따라 침식과 풍화가 약한 부분에 집중되어 홀로 떨어진, 규모가 큰 메사와 규모가 작은 뷰트가 형성된다.

모뉴먼트밸리 형성과정

나바호족의
아픈 역사가 깃든 곳

모뉴먼트밸리는 미국 서부 개척시대에 백인들과의 싸움에서 패하고 한때 삶의 터전을 빼앗겨야만 했던 나바호족의 불행한 역사가 기록된 곳이기도 하다. 나바호족은 멕시코와의 전쟁에서 승리하여 이곳을 차지한 미국 정부와 지속적으로 충돌했다. 그 결과, 1863년 미국 정부는 1만여 명의 나바호족을 뉴멕시코주 페이커스강 계곡으로 강제 이주시켰다. 추운 겨울 약 500km를 맨발로 이동하는 긴 여정(이를 '대장정Long Walk'이라고 한다)을 강행하여 수많은 사람이 희생되었으며, 새로운 개척지에서도 숱한 사람이 기아와 질병으로 죽어 나갔다. 결국 1868년 미국 정부는 강제 이주를 강행한 과거 정부의 잘못을 인정하고 이들을 고향으로 다시 돌려보내기로

○　　**요식업에 종사하는 나바호족 사람들.**

모뉴먼트밸리 일대는 미국 최대의 아메리카 원주민인 나바호족의 삶터로 성지와도 같은 곳
이다. 자신들의 삶의 터전에서 희생을 강요당했던 나바호족은 현재 대부분은 낮은 임금과
실업으로 빈곤 상태에 있으며, 일부는 물과 초지대를 찾아 유목과 농업 생활을 하고, 또 다
른 일부는 관광객을 상대로 기념품과 음식을 팔면서 생활하고 있다. 포레스트 검프 포인트
부근 나바호족이 운영하는 간이식당 벽면에 우리말 인사가 적힌 종이가 붙어 있어 한국인들이
이곳을 많이 찾음을 알 수 있다.

결정했다. 모뉴먼트밸리는 4년 간 비참한 희생을 치러야만 했던 나바호족
의 슬픈 역사가 담겨 있는 곳이다.

메사와 뷰트의 형성과정을 볼 수 있는 최적지,
캐니언랜즈 국립공원-화이트림 오버룩

모뉴먼트밸리에 발달한 수많은 메사와 뷰트가 형성되는 과정을 한눈에 조망할 수 있는 곳이 있다. 미국 유타주 남동부 콜로라도고원의 정중앙에 자리 잡은 캐니언랜즈Canyon Lands 국립공원(이하 '캐니언랜즈')이 그곳이다. 면적 약 1,370km²의 캐니언랜즈는 인근 아치스 국립공원이 있는 모아브에서 콜로라도강을 따라 남서쪽 방향 약 60km 지점에 위치한다.

캐니언랜즈는 다양한 색상의 협곡과 협곡 안을 가득 채운 메사와 뷰트 그리고 후두 등이 총망라되어 있어 이름 그대로 '협곡의 땅'이라 부른다. 콜로라도고원의 대지를 깎아 낸 콜로라도강물의 힘이 얼마나 대단한지 한눈에 확인할 수 있다.

콜로라도강이 침식하며 형성된 그랜드캐니언이 수직의 깊은 협곡을 자랑한다면 캐니언랜즈는 그랜드캐니언에 비해 협곡의 높이는 낮지만, 고원의 대지 여러 곳에 광활하게 발달한 협곡을 자랑한다. 이곳에 발길을 들여놓는 순간 협곡의 엄청난 규모에 놀라지 않을 수 없다.

캐니언랜즈에서는 오랜 세월 콜로라도강의 유수와 바람 그리고 태양에너지 등에 의해 침식·풍화되어 만들어진 약 300m 이상의 수직 협곡과 협곡 내부에서 가해지는 침식과 풍화로 인해 약한 부분이 떨어져 나가 새롭게 만들어지는 독립된 메사와 뷰트를 볼 수 있다. 그 규모가 거대하며 현재도 계속해서 침식과 풍화가 진행되고 있어 지형이 살아 있음을 보여 주는 대표적인 곳이다.

캐니언랜즈 지표면의 대부분은 중생대 쥐라기 약 2억 년 전에 형성된 나바호 사암이다. 그런데 화이트림 오버룩White Rim Overlook에서 보이는 협곡의 지층에서는 나바호 사암과 인근 아치스 국립공원의 아치들을 구성하는 엔트라다 사암층을 찾아볼 수 없다.

협곡의 지층은 고생대 석탄기(약 3억 5,000만~3억 년 전)에 형성된 하부의 사암층과 고생대 페름기(약 3억~2억 5,000만 년 전)

에 형성된 상부의 사암층이 주를 이루고 있다.　　그 이유는 고생대 사암층을 덮고 있던 중생대　　지층이 모두 침식되어 사라졌기 때문이다.

○　**캐니언랜즈 – 화이트림 오버룩.**
콜로라도고원의 드넓은 대지를 콜로라도강이 침식하여 만든, 거대한 협곡과 협곡을 가득 메운 메사와 뷰트가 함께 어울려 장엄한 경관을 연출한다. 콜로라도강의 지류가 고원의 대지를 크게 파헤치며 협곡을 만든다. 캐니언랜즈는 1964년에서야 발견되어 국립공원으로 지정되기 전까지는 세상에 모습을 감추고 있었던 곳이다.

　　　　모뉴먼트밸리, 사막 평원의 암석기둥과 암석구릉의 향연

앤털로프캐니언,
페이지가 숨겨 놓은 협곡 속 빛의 향연

▶ 슬롯캐니언의 대명사, 앤털로프캐니언. 애리조나주 북부 콜라라도강 상류에 위치한 작은 도시 페이지가 품은 자연명소다. 협곡 속으로 들어서는 순간, 천장의 갈라진 틈에서 들어오는 햇빛과 붉은 사암의 곡선의 결이 만나 만들어지는 풍광이 몽환적 분위기를 만들어낸다. 앤털로프캐니언 안으로 들어오는 빛의 양에 따라 내부가 시시각각 다홍빛, 핑크빛, 황금빛으로 바뀌며 색과 느낌이 다채로워진다. 빛이 부리는 마술 같은 풍광을 담기 위해 매년 전 세계 수많은 사진작가가 이곳을 찾는다.

빛이 부리는 마술,
앤털로프캐니언

미국 애리조나주 북부의 페이지는 콜로라도강을 막아 만든 글렌캐니언댐이 건설되면서 개발되었지만, 주변 도시를 잇는 중간기착지일 뿐인 작은 사막도시에 불과했다. 그러나 1980년대 말부터 전 세계 사진작가들이 앤털로프캐니언Antelope Canyon을 촬영하기 위해 찾아오면서 일반인에게도 알려져 지금은 관광명소가 되었다.

앤털로프캐니언은 지층 내부가 갈라진 좁고 구불구불한 협곡인 슬롯캐니언slot canyon으로 바깥에서는 어디에 있는지 찾기 어렵다. 1931년 앤털로프(사슴과 비슷한 영양으로 주로 아프리카나 아시아에 서식한다)에게 풀을 먹이던 아메리카 원주민인 나바호족 소녀가 길을 잃은 앤털로프를 찾기 위해 들판을 헤매다가 햇살이 쏟아져 들어오는 협곡을 발견하여 앤털로프캐니언이란 이름이 붙여졌다.

앤털로프캐니언을 이루는 암석은 나바호 사암으로 중생대 쥐라기 초 약 2억~1억 7,000만 년 전 모래사막에서 날아온 모래가 쌓여 굳어진 것이다. 암석이 붉은색인 이유는 모래가 퇴적될 당시 모래에 포함된 철분이 산화되었기 때문이다. 앤털로프캐니언은 이 나바호 사암의 지층에 발달한 긴 회랑의 협곡을 말한다.

앤털로프캐니언 일대는 연중 비가 거의 오지 않는 사막이지만 폭우

글렌캐니언댐의 건설로 생긴 파월호.
1963년 글렌캐니언댐이 세워져 글렌캐니언이 물에 잠기면서 콜로라도강 하류에 있는 미드호에 이어 미국에서 두 번째로 큰 호수인 파월호가 생겼다. 호수에 잠긴 글렌캐니언에 속하는 에스칼렌테의 리플렉션캐니언 위로 드러난 나바호 사암층의 상부는 붉은색, 하부는 하얀색을 띠고 있다. 상부 지층이 붉은 것은 오랜 기간 지층에 함유되어 있던 철분이 산화되었기 때문이며, 하부 지층이 하얀 것은 과거 오랜 기간 물속에 잠겼을 때 민물에 함유되어 있던 탄산칼슘 성분이 침전되었기 때문이다.

가 쏟아지면 일순간 홍수가 일어난다. 이곳은 물이 지하로 쉽게 침투하기 어렵지만 일단 홍수가 나면 물이 이곳 일대의 지표를 흐르는 홍수는 암반층에 발달한 작은 절리와 단층 사이로 흘러들면서 급류를 이룬다. 이때 급류에 떠내려온 거친 모래와 자갈, 나뭇가지 등의 잔해물이 암반의 틈새를 이동하며 물과 함께 굽이쳐 흐르면서 암반의 틈새를 깎아 지금의 협곡이 만들어진 것이다.

시간이 흐르며 이런 과정이 간헐적으로 반복되면서 협곡이 지층 상부에서 하부로 더 깊이 침식되었다. 협곡 곳곳에는 급류가 소용돌이치면서 암반을 넓게 깎아 내 100여 명이 들어갈 만큼의 큰 공간이 만들어지기도 했다.

앤털로프캐니언, 페이지가 숨겨 놓은 협곡 속 빛의 향연

앤털로프캐니언의 두 얼굴,
어퍼캐니언과 로어캐니언

앤털로프캐니언은 남쪽 상류의 어퍼Upper캐니언과 북쪽 하류의 로어Lower 캐니언으로 구분된다. 하류에 발달한 로어캐니언은 상류에 발달한 어퍼캐니언에 비해 지대가 낮기 때문에 폭우가 내리면 어퍼캐니언보다 더 많은 물이 급류로 흘러 침식이 활발히 이루어진다. 따라서 협곡 내부가 좁고 경사가 급하며 더 역동적인 모양으로 깎여 있다. 협곡의 길이도 어퍼캐니언이 약 200m인 데 반해 로어캐니언은 두 배인 약 400m에 달한다. 이곳을 관리하는 나바호족이 어퍼캐니언을 '물이 바위를 통과하는 곳', 로어캐니언을 '나선형 바위 아치'라고 하는 것은 이 차이점 때문이다.

어퍼캐니언은 지상에 발달했으며 바닥이 거의 평지를 이루기 때문에

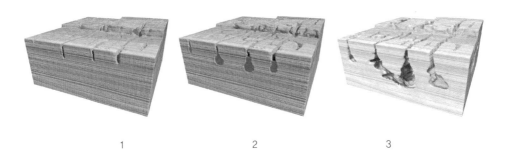

1	2	3
지각변동에 따른 단층과 습곡의 영향으로 지층에 많은 절리와 균열이 생겼다.	절리와 균열을 따라 물과 얼음 등이 들어가 얼고 녹기를 반복하면서 점차 그 틈이 확대되었으며, 이후 집중호우로 많은 양의 물이 흐르면서 지층이 침식되었다.	집중호우가 내려 지층이 유수에 침식되고 기계적·화학적 풍화가 지속되어 지표면 아래에 좁고 긴 지금의 협곡이 형성되었다.

엔털로프캐니언 형성과정

○ **자연이 빚어낸 슬롯캐니언의 진수, 엔털로프캐니언.**
일시적으로 집중호우가 내릴 때 돌과 자갈 등이 포함된 많은 양의 물이 지층에 발달한 틈새를
지나며 지층을 침식하여 생겨난 것이다. 빛이 들어오는 협곡 내부 암벽의 유려한 곡선은 물이
회전하면서 사암을 마식하여 생긴 것이다.

앤털로프캐니언, 페이지가 숨겨 놓은 협곡 속 빛의 향연

계단이 필요 없을 만큼 쉽게 이동할 수 있는 반면, 로어캐니언은 지하 깊숙한 곳에 발달하여 경사가 급하기 때문에 철제계단을 타고 내려가야 한다. 어퍼캐니언에서는 정오 시간대에 협곡 내부의 바닥으로 떨어지는 빛줄기가 만드는 환상적인 빛기둥^{light beam}을 볼 수 있다. 하지만 빛기둥을 사시사철 볼 수 있는 것은 아니다. 협곡 틈으로 태양광선이 매년 4월 초부터 10월 초 사이 정오 전후로 들어오기 때문에 이 시기에만 협곡 내부의 빛과 붉은 사암이 어우러지는 광경을 볼 수 있다.

두 캐니언은 빛이 들어오는 양도 다르다. 어퍼캐니언은 협곡 내부 지층의 색이 주로 주황색과 노란색이다. 하지만 지하 깊숙이 있는 로어캐니언은 내려갈수록 빛이 적게 들어가 내부 지층의 색이 주로 푸른색과 보라색이다.

페이지가 숨겨 놓은 또 다른 명소, 호스슈 벤드

페이지에서 남쪽으로 조금만 가면 평탄대지 아래로 강물이 U자 모양으로 휘돌아 가는 호스슈 벤드^{Horseshoe Bend}가 있다. 콜로라도강이 오랜 세월 흐르면서 두꺼운 나바호 사암층을 수직에 가까운 약 300m 높이로 깊게 깎아 낸 감입곡류하천의 전형인 곳이다.

호스슈 벤드는 물길이 말굽에 대고 붙이는 쇠붙이와 비슷하다고 해서 붙여진 이름이다. 호스슈 벤드에서 거북목 모양으로 튀어나온 곳에 작은 계단 모양의 단구가 형성된 것으로 보아, 과거에 한 차례 커다란 지반 융기가 있었음을 알 수 있다. 지반이 융기하면 하천의 유속이 빨라지고 그 결과 하천의 바닥을 깎는 하방침식력이 커져서 골짜기가 수직으로 더욱 깊게 깎인다. 호스슈 벤드는 하천에 의해 지금도 침식되고 있으며, 점토침 식물이 흘러들어 탁한 물이 흐르는 하류의 그랜드캐니언 부근과 달리 강 물이 사암층 위를 흘러 맑은 편이다.

○ **감입곡류하천의 전형, 호스슈 벤드.**
감입곡류하천의 전형을 살필 수 있는 지형·지질학의 교과서 같은 곳이다. 거북목처럼 생긴 곳에 발달한 ▽지점의 계단 모양 단구지형은 콜로라도강이 융기하기 이전에 강바닥이었던 곳이다. 지반이 융기하면서 유로를 따라 하천의 유속이 빨라져 강바닥을 깊게 침식함에 따라 물길이 지금의 위치로 하강하게 된 것이다. 지반이 지금도 조금씩 융기하고 있어 협곡은 더 깊어질 것으로 보인다.

앤털로프캐니언, 페이지가 숨겨 놓은 협곡 속 빛의 향연

고대도시로 통하는 문,
슬롯캐니언

요르단의 수도 암만에서 남쪽으로 약 190km 떨어진 곳에 있는 해발고도 950m의 암석고원에는 기원전 7세기 무렵 아랍계 유목민 나바테아인이 세운 고대도시 페트라가 있다. 이곳은 예로부터 대상隊商들이 홍해와

지중해를 오갈 때 반드시 거쳐야 하는 교통의 요지였기에 외부의 침입이 끊이지 않았다. 도시는 외적의 공격에 대비하여 사방이 암석으로 둘러싸인 협곡 안쪽에 건설되었으며, 사원과 극장, 목욕탕 그리고 상수도 시설

○ **고대도시 페트라의 슬롯캐니언.**
고대도시 페트라는 6~8세기에 계속되는 지진으로 도시 전체가 흙속에 묻혀 있다가 19세기 초반에 모습이 드러났다. 길이 약 1.2km의 협곡이 끝나는 지점에서 신전을 비롯한 도시유적을 만날 수 있다. ◆페트라/1985년 유네스코 세계문화유산 등재/요르단.

이 잘 갖춰져 있어 '세계 7대 불가사의' 중 하나로 알려졌다.

페트라에 가려면 유일한 출입구이자, 폭 최소 2m, 높이 약 180~200m, 길이 약 1.2km의 슬롯캐니언을 지나야 한다. 협곡의 암석은 약 5억 년 전 고생대 캄브리아기에 강물에 쓸려 온 모래가 쌓여 생성된 사암으로 지층의 두께는 약 300~350m다.

협곡은 사암층에 발달한 단층면을 따라 지속적으로 침식과 풍화가 진행되어 형성되었으며, 우기에는 집중호우로 인해 일시적으로 강물이 흐르는 하천인 와디Wadi가 생겨난다.

협곡 사암층 암벽을 깎아 신전과 무덤을 만든 건축기술이 놀랍기만 하다. 더 놀라운 것은 사암층 암벽에 새겨진 규칙적인 패턴의 문양이다. 과거에 모래가 퇴적될 당시 강물에 의해 모래가 이동한 방향을 나타내는 사층리가 습곡과 화학적 풍화와 착색 등의 영향을 받아 사암층에 이런 특이한 문양이 만들어질 수 있었다.

그리고 모래가 퇴적되어 사암이 형성되는 과정에서 모래알갱이 사이의 빈틈에 지하수로부터 공급된 산화철, 망간, 석영, 장석 등의 교결물질(퇴적물 알갱이들 사이의 빈 공간을 줄이는 압축작용을 하여 퇴적층의 밀도를 증가시켜 단단하게 하는 물질)이 채워지는데, 이때 어떤 교결물질이 주성분인지에 따라 퇴적층의 색깔이 결정된다.

산화철이 많으면 분홍색 또는 붉은색이, 망간이 많으면 회색 또는 보라색이, 석영이 많으면 황색이 그리고 교결물질이 거의 없는 경우에는 흰색이 퇴적층에 나타난다.

○　**페트라 사암층의 사층리 문양.**
페트라 주변 사암층에 새겨진 다양한 색과 문양은 모래가 지하수에 포함된 철, 실리카, 탄산칼슘 등과 혼합되면서 굳어져 만들어진 것이다.

그랜드캐니언, 지구의 나이테를
엿볼 수 있는 대협곡

▶ 대협곡의 서사시, 그랜드캐니언. 땅거죽이 파헤쳐진 대규모 협곡이 끝 모를 만큼 펼쳐져 자연의 위대함과 경이로움을 온몸으로 느낄 수 있다. 그곳에 가면 '신의 뜻', 자연의 마지막 작품 등과 같은 미사여구가 절로 튀어나온다. 그랜드캐니언은 우주에서도 보이는, 지구상에서 가장 긴 협곡이기도 하다. 협곡 가운데를 흐르는 콜로라도강 건너 북쪽은 노스림이고 남쪽은 사우스림이다. 콜로라도강이 침식하여 생긴 깊이 약 1.6km의 협곡 양쪽 퇴적층에는 지구의 역사가 차곡차곡 기록되어 있어 지구의 속살을 한눈에 엿볼 수 있다. ✤ 그랜드캐니언 국립공원/1979년 유네스코 세계자연유산 등재/미국.

지구의 형성역사를 살필 수 있는 지질학 교과서

미국 남서부 애리조나주를 중심으로 네바다, 유타, 콜로라도 등 여러 주에 걸쳐 콜로라도고원의 대지臺地가 펼쳐진다. 그랜드캐니언Grand Canyon 국립공원(이하 '그랜드캐니언')은 이 고원 위를 애리조나주 북서부 로키산맥에서 발원한 콜로라도강이 뚫고 지나가면서 깎아 낸, 길이 약 446km, 폭 약 6~30km, 깊이 약 1.6km에 달하는 V자 모양의 대협곡이다.

그랜드캐니언의 지층에는 약 20억 년 동안 지구에서 일어난 장대한 지질학적 사건이 기록되어 있다. 강바닥에는 약 20억~17억 년 전에 생성된 화강암과 편마암 위주의 비슈누그룹 기반암이, 그 위로 약 12억 년 전에 생성된 사암과 석회암 위주의 그랜드캐니언 슈퍼그룹 퇴적암이, 그 위로 다시 약 5억 7,000만~2억 5,000만 년 전에 생성된 사암과 석회암 위주의 고생대 지층이 차례로 쌓여 있다.

약 20억 년 전 그랜드캐니언 일대의 기반암이 생성된 이래 오랜 지질시대를 거치며 강바닥에서 지표까지 사암과 석회암이 번갈아 쌓여 두꺼운 퇴적층을 형성했다. 그런데 약 17억~12억 년 전 사이, 약 12억~5억 7,000만 년 전 사이, 약 2억 5,000만 년 전 이후 이렇게 세 시기의 지층은 보이지 않는다. 이 시기 퇴적이 멈춰 지질학적 시간의 공백이 있는 셈이다.

약 20억 년 전 이래로 해수면과 거의 비슷한 해발고도에 있었던 그랜드캐니언 일대는 약 17억 년 전 지반이 융기하면서 현재의 로키산맥보다

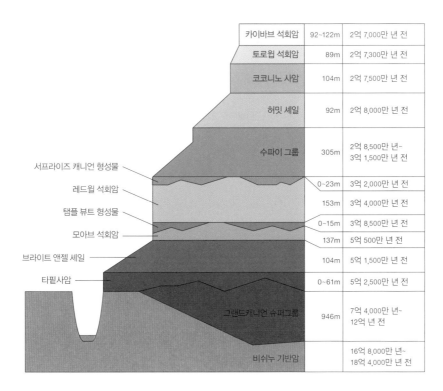

카이바브 석회암	92~122m	2억 7,000만 년 전
토로윕 석회암	89m	2억 7,300만 년 전
코코니노 사암	104m	2억 7,500만 년 전
허밋 셰일	92m	2억 8,000만 년 전
수파이 그룹	305m	2억 8,500만 년~ 3억 1,500만 년 전
서프라이즈 캐니언 형성물	0~23m	3억 2,000만 년 전
레드월 석회암	153m	3억 4,000만 년 전
탬플 뷰트 형성물	0~15m	3억 8,500만 년 전
모아브 석회암	137m	5억 500만 년 전
브라이트 앤젤 셰일	104m	5억 1,500만 년 전
타핏사암	0~61m	5억 2,500만 년 전
그랜드캐니언 슈퍼그룹	946m	7억 4,000만 년~ 12억 년 전
비쉬누 기반암		16억 8,000만 년~ 18억 4,000만 년 전

그랜드캐니언의 지질단면도.
그랜드캐니언은 약 20억 년 전에 생성된 가장 낮은 곳의 변성암을 시작으로, 가장 최근인 약
2억 5,000만 년 전에 형성된 상부의 석회암까지 다양한 지층의 퇴적암이 시루떡 모양으로 쌓
인 곳이다. 협곡 양쪽의 절벽 퇴적층에 지구의 장대한 역사가 광범위하게 기록되어 있는 곳은
전 세계적으로 이곳이 유일하다.

높이 솟아올랐다. 약 12억 년 전까지는 육지상태에서 퇴적보다 침식에 의
해 오랜 시간 지표가 깎여 나가며 다시 평원이 되었다. 평원은 약 12억 년
전 다시 해수면 아래로 가라앉아 바다가 되었다. 이때 해저에서 퇴적된 지
층의 두께가 무려 4km에 이르는데, 이것이 바로 그랜드캐니언 슈퍼그룹
퇴적암이다. 약 5억 7,000만 년 전까지 다시 지반이 융기하여 높은 산지
를 이룬 뒤, 침식되는 과정을 거치며 육지환경에 놓였다.

이후 고생대 약 5억 7,000만~2억 5,000만 년 전에 다시 바닷물이 유입되어 해저환경에서 퇴적층이 형성되었다. 최상층인 카이바브 석회암층은 고생대 약 2억 5,000만 년 전 당시 얕은 해저에 살던 산호와 조개의 껍질이 쌓여 형성된 퇴적층으로, 삼엽충과 패각류 등의 화석이 발견된다. 예외적으로 그 아래의 코코니노 사암층은 육지상태에서 바람에 실려 온 모래가 쌓여 형성된 것이다. 한편, 중생대와 신생대 지층은 볼 수 없는데, 그 이유는 고생대 약 2억 5,000만 년 전 이후로 해저에서 지층이 융기한 다음 육지환경에서 퇴적이 아닌 침식만 지속되었기 때문이다.

강물이 가하는
침식의 힘을 보여 준 콜로라도강

그랜드캐니언의 길이는 약 446km로, 우리나라의 서울과 부산을 잇는 경부고속도로(416km)보다 더 길다. 이렇게 장대한 협곡을 이룬 데 기여한 요인은 다양하다. 하지만 무엇보다도 거대한 협곡을 만든 주인공은 콜로라도강이다. 강물이 쉼 없이 S자 모양으로 흐르며 지표를 깎아 지금의 거대한 협곡을 만든 것으로, 강물이 가하는 침식의 힘이 얼마나 큰지 잘 보여 준다.

현재 콜로라도강 상류에 글렌캐니언댐과 하류에 후버댐이 건설되어 수량이 조절되면서 유량과 유속이 이전보다 줄었다. 하지만 콜로라도강은 지금도 1초당 평균 약 65만ℓ의 유속으로 흐르고, 매일 약 50만t의 토사를 나르며 강바닥을 깎아 협곡을 넓혀 가고 있다. 강물의 침식력이 어느 정도인지 측정한 결과, 1927년 대홍수 때 흘러간 퇴적물의 운반량이 약 5,000만t에 이르는 것으로 나타났다.

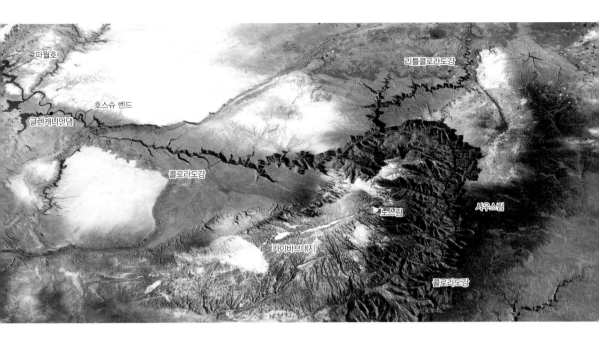

○

콜로라도강의 위성사진.
페이지의 파월 호수에서 시작된 콜로라도강이 좁은 협곡을 흐르다가 카이바브대지를 관통하
면서 급격한 침식으로 넓은 협곡을 흐르며, 또한 과거에 남쪽으로 흐르던 리틀콜로라도강의 물
길이 역류하여 콜로라도강으로 흘러드는 것을 알 수 있다.

그랜드캐니언 형성에 결정적 영향을 미친
지반융기와 하천쟁탈

그랜드캐니언은 지층을 구성하는 암석의 연령이 20억 년으로 오래된 편
이다. 하지만 협곡 자체는 지질학적 연대로는 짧은 편인 지난 500~600만
년 동안에 형성되었다. 여기서 지반의 융기가 협곡을 이루는 데 기여한 또
다른 요인이라는 사실에 주목할 필요가 있다.

지금으로부터 약 6,500만 년 전 이전에 초기의 고古콜로라도강은 지
금과 같이 서쪽으로 흘러 태평양의 캘리포니아만으로 유입되고 있었다.

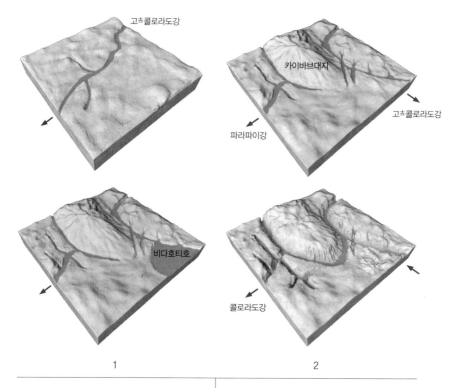

1	2
약 6,500만 년 전 태평양판과 북아메리카판이 충돌하여 로키산맥이 생기기 이전, 최초의 고ㅎ콜로라도강은 현재와 같이 서쪽으로 흘러 태평양으로 유입되고 있었다.	약 6,500만 년 전 로키산맥이 생겨나면서 그랜드캐니언이 속한 콜로라도고원도 3,000m가량 융기했다. 카이바브대지도 융기하자 고ㅎ콜로라도강은 서쪽으로 흘러 태평양으로 유입되는 파라파이강과, 남동쪽으로 흘러 멕시코만으로 유입되는 고ㅎ콜로라도강으로 양분되었다.

3	4
약 1,200만 년 전 콜로라도고원 남서부의 코코니노대지가 더욱 융기하여 높아졌다. 이에 막혀 고ㅎ콜로라도강은 더 이상 남쪽으로 흘러가지 못하고, 물이 고이면서 비다호티호가 생겼다. 서쪽에 있던 파라파이강이 호수가 있는 상류를 향해 두부침식을 하며 계속 전진했다.	약 1,000만 년 전 마침내 파라파이강이 카이바브대지를 뚫어 고ㅎ콜로라도강과 합류하면서 지금의 콜로라도강이 생겨났다. 이때 비다호티호의 물이 콜로라도강을 따라 서쪽으로 급격히 빠져나가면서 고원을 깊게 깎아냈다. 이후 콜로라도강이 지속적으로 고원을 침식하여 지금의 그랜드캐니언이 형성되었다.

그랜드캐니언의 형성과정

약 6,500만 년 전 태평양판과 북아메리카판이 충돌하며 일어난 라라미드 조산운동에 의해 미국 서부의 로키산맥이 생겼다. 이때 그랜드캐니언이 속한 지역도 약 3,000m 이상 융기하여 콜로라도고원이 생겨났다. 융기과 정에서 지층이 갈라지는 단층과 휘어지는 습곡과 같은 지각변동을 거의 받지 않아 지층들이 수평층을 유지할 수 있었다. 콜로라도고원이 생겨나면서 그 일부인 카이바브대지臺地가 솟아올라 고古콜로라도강은 서쪽으로 흐르는 기존 물길에 파라파이강과 남동쪽의 흘러 대서양의 멕시코만으로 유입되는 고古콜로라도강으로 양분되었다.

약 1,200만 년 전 콜로라도고원 남서부의 코코니노대지가 더욱 융기하여 남동쪽으로 흐르던 고古콜로라도강의 물길이 막혔고, 이로써 비다호티호가 생겨났다. 이때 서쪽으로 흐르던 파라파이강이 비다호티호가 있는 상류를 향해 카이바브대지를 두부침식(頭部侵蝕, 침식이 상류 쪽을 향해 이뤄

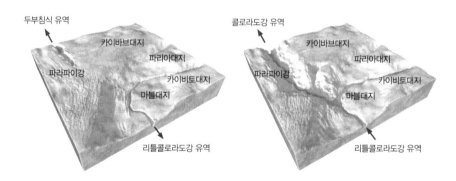

○　**콜로라도강의 두부침식에 의한 하천쟁탈.**
서쪽으로 흐르는 파라파이강이 상류를 향해 두부침식을 하여 남쪽으로 흐르는 고古콜로라도강과 연결되면서 리틀콜로라도강의 물길이 반대 방향으로 흐르게 되었다. 이로써 고古콜로라도강이 파라파이강에 잠식되어 현재의 콜로라도강이 생겨났다. 이를 통해 두부침식과 하천쟁탈로 콜로라도강이 만들어진 과정, 그 과정에서 하천바닥을 깊게 깎아 내는 하방침식으로 그랜드캐니언의 만들어진 과정을 알 수 있다.

져 하천의 길이가 길어지는 현상)을 하며 진출했다.

약 1,000만 년 전 마침내 파라파이강이 카이바브대지를 뚫어 고ㅁ콜로라도강과 파라파이강이 합쳐져 현재의 콜로라도강이 만들어졌다. 이로 인해 비다호티호의 물이 콜로라도강을 따라 서쪽으로 지속적으로 빠져나가면서 카이바브대지를 깊게 파헤치며 그랜드캐니언을 이루었다.

지금의 콜로라도강이 만들어지면서 고ㅁ콜로라도강은 남쪽이 아닌 서쪽으로 흐르게 되었다. 리틀콜로라도강마저도 콜로라도강이 빠르게 침식하여 강바닥 높이가 낮아짐에 따라 흐름을 바꿔 반대 방향인 북쪽으로 거슬러 흐르게 되었다. 이와 같이 한 하천의 물길이 발달하여 다른 하천의 물길을 사라지게 하거나 거꾸로 흐르게 하는 현상을 하천쟁탈河川爭奪이라고 하는데, 콜로라도강이 하천쟁탈의 대표적 사례다.

그랜드캐니언은 건조한 사막기후의 영향으로 지금까지 깊은 협곡의 모습을 유지할 수 있었다. 만약 콜로라도고원 지역이 증발량보다 강수량이 많은 습윤기후였더라면 지표의 침식작용이 활발해져 지금과 같은 직벽의 협곡을 이루기 어려웠을 것이다.

그랜드캐니언 형성과정에 관한 새로운 가설

과거에는 콜로라도강이 수천만 년 동안, 장기간에 걸쳐 동일한 속도로 강바닥을 깎아내어 그랜드캐니언이 형성되었다는 동일과정설同一過程說이 널리 받아들여졌다. 그러나 1964년 이후, 콜로라도강의 적은 유량으로는 그랜드캐니언과 같은 지형이 만들어질 수 없으며 오히려 급격한 대홍수로 인한 하천쟁탈과 같은 단기간의 지각변동으로 그랜드캐니언이 형성되었다는 격변설激變說이 확고하게 자리 잡았다.

그러나 2000년 '콜로라도강의 기원'을 주제로 한 심포지엄에서 미국 지질학자들은 댐붕괴론Breached Dam Theory이라는 새로운 격변설을 발표했다. 콜로라도강 일대의 퇴적물을 조사하고 지층연대를 측정해 얻은 다양한 지질학적 증거와 위성영상을 분석한 결과를 토대로 "그랜드캐니언은 자연 댐 붕괴로 일어난 격변적인 홍수 때문에 형성되었다"고 주장했고, 현재 많은 지형·지질학자들이 이에 동의하고 있다.

다시 말해, 그랜드캐니언의 북동쪽 끝 파리아대지와 카이비토대지 그리고 남서쪽 그레이마운틴 부근에 1,500~1,700m 높이의 자연 댐 형성으로 거대한 캐니언랜즈호수와 호피호수가 만들어졌는데, 엄청난 양의 물을

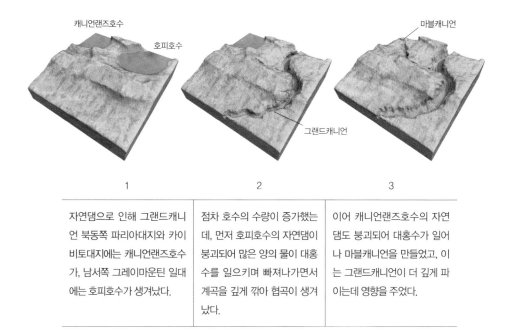

1	2	3
자연댐으로 인해 그랜드캐니언 북동쪽 파리아대지와 카이비토대지에는 캐니언랜즈호수가, 남서쪽 그레이마운틴 일대에는 호피호수가 생겨났다.	점차 호수의 수량이 증가했는데, 먼저 호피호수의 자연댐이 붕괴되어 많은 양의 물이 대홍수를 일으키며 빠져나가면서 계곡을 깊게 깎아 협곡이 생겨났다.	이어 캐니언랜즈호수의 자연댐도 붕괴되어 대홍수가 일어나 마블캐니언을 만들었고, 이는 그랜드캐니언이 더 깊게 파이는데 영향을 주었다.

댐붕괴론에서 말하는 그랜드캐니언 형성과정

　　　　　　　　　　　　　그랜드캐니언, 지구의 나이테를 엿볼 수 있는 대협곡

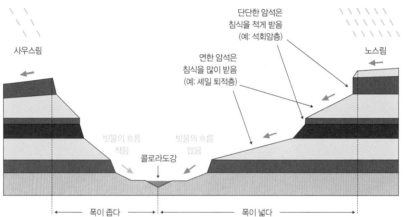

단단한 암석은
침식을 적게 받음
(예: 석회암층)

연한 암석은
침식을 많이 받음
(예: 셰일 퇴적층)

사우스림

노스림

빗물의 흐름
적음

콜로라도강

빗물의 흐름
많음

폭이 좁다

폭이 넓다

○ **그랜드캐니언의 비대칭과 차별침식.**

협곡을 흐르는 콜로라도강이 사우스림 쪽으로 치우쳐 있어 남쪽 절벽은 가파른 반면, 북쪽
절벽은 계단 모양으로 경사가 완만하고 넓은 편이다. 이는 협곡의 표면지층이 수평이 아
니라 남쪽으로 약간 기울어져 있기 때문이다. 노스림에 내린 비는 경사면을 따라 협곡으로
흘러 들어오지만, 사우스림에 내린 비는 협곡으로 흘러들지 않고 반대편으로 빠져나가 버
린다. 이 때문에 협곡의 남북 절벽 사이에 차별침식이 일어나는 것이다. 이러한 비대칭 형
상은 협곡의 전 구간에서 나타난다. 북쪽 절벽에서 계단 모양의 단구들이 발달한 것은 지
층을 구성하는 암석의 경연硬軟 차이에 의해 단단하고 강한 암질들이 남게 된, 즉 차별침식
의 결과다.

견디지 못한 두 호수의 자연 댐이 한순간에 붕괴되어 대홍수를 일으키며 빠져나가면서 아직 단단하게 굳지 않은 그랜드캐니언 일대의 퇴적층을 깎아 그랜드캐니언이 형성되었다는 것이다.

협곡을 사이에 둔 다른 세상, 노스림과 사우스림

그랜드캐니언은 협곡을 사이에 두고 북쪽 가장자리인 노스림North Rim과 남쪽 가장자리인 사우스림South Rim으로 구분된다. 일반적으로 그랜드캐니언이라고 이야기되며 사람들이 많이 찾는 곳은 사우스림이다. 사우스림이 교통이 편리하고 편의시설이 잘 갖춰져 있으며, 계절에 상관없이 방문할 수 있기 때문이다. 반면 노스림은 겨울철에 눈이 많이 내려 일정 기간 폐쇄되기도 한다.

　노스림과 사우스림은 기후와 식생이 서로 다르다. 사우스림은 대부분 지역이 사막으로, 건조한 사막기후에 적응하여 자라는 선인장과 용설란속 식물이 대다수이고 이들은 오랫동안 뿌리에 물을 저장할 수 있다. 반면 노스림은 사우스림에 비해 400m가량 해발고도가 높아 기온이 낮고 눈이 많이 내려 더글라스소나무와 같은 침엽수림이 울창한 군집을 이룬다.

　동물상에서도 두 지역은 약간 다르지만 퓨마와 산양 등은 양쪽 지역 모두에 서식한다. 흥미롭게도 노스림에 사는 카이바브다람쥐는 배는 검고 꼬리는 순백색인 반면, 사우스림에 사는 앨버트다람쥐는 배는 하얗고 꼬리는 회색이다. 조상은 같지만 대협곡에 가로막혀 서로 다른 환경에서 진화했기 때문인 것으로 알려졌다.

사암 절벽의 샘물이 솟는 곳에 세워진
메사 베르데의 절벽궁전

현재 그랜드캐니언 일대에는 호피족, 나바호족, 푸에블로족 등 아메리카 원주민 일부가 소규모 군집을 이루며 거주하고 있다. 이들은 모두 과거 약 4,000년 전부터 미국 남서부 그랜드캐니언을 포함한 지금의 콜로라도주, 유타주, 애리조나주, 뉴멕시코주 접경지역에 거주했던 초기 원주민 아나사지부족의 후손이다.

초기 아나사지부족은 수렵과 채집 생활을 하며 협곡 일대를 떠도는 생활을 했다. 그러나 약 400~500년 강수량이 크게 증가하면서 관개농업을 통해 곡물을 경작하며 정착생활을 했다. 여러 유적지에서 발견되는 수많은 도자기와 터키석 등의 공예품으로 보아 상당히 수준 높은 문명을 이루었음을 알 수 있다.

이들의 문명을 '아나사지문명(아나사지 Anasazi는 나바호족의 말로 '옛사람들'이란 뜻이며, 약 450년에서 1300년까지 본격적인 고대문명으로 발달하기 이전 초기 단계의 문명을 말한다)'이라고 통칭하는데, 오늘날 미국에서 문화적으로 중요한 의미가 있다. 유적 가운데 콜로라도주 몬테주마카운티에 있는 메사 베르데Mesa Verde('녹색의 대지臺地')라고 불리는 대규모 거주공간을 보면 아나사지문명이 얼마나 뛰어났는지 알 수 있다.

메사 베르데는 높이 약 180m의 암벽 절벽에 돌과 진흙으로 만든 220개의 방과 23개의 '키바'라 불리는 예배소까지 갖춘 곳이다. 최소한 1,000명 이상이 집단거주했을 것으로 추정되며 약 5층 높이의 아파트 모양을 하고 있다.

이곳 일대는 건조지대로 연 강수량이 약 200mm밖에 되지 않는데, 놀랍게도 아나사지부족은 암벽에서 물을 쉽게 구할 수 있었다.

거주지 일대의 암석은 모래가 쌓여 형성된 나바호 사암이다. 사암은 암질에 작은 구멍이나 빈틈이 많아 물을 쉽게 흡수한다. 지표에서 흡수된 물은 시간이 지나면서 사암을 통과하여 아래로 이동하는데, 사암 밑에는 셰일(shale, 진흙이 굳어서 된 암석인 이암 중에서 얇은 층으로 되어 있는 암석)이 자리 잡고 있다.

셰일은 암질이 치밀하고 단단하여 물 흡수율이 낮기 때문에 물이 쉽게 통과하지 못한다. 따라서 물은 사암과 셰일 사이에 고여 샘물로 솟아나게 된다. 이렇게 아나사지부족은 암벽의 사암층과 셰일층 사이의 틈새를 따라 흘러나오는 샘물을 찾아 벼랑에 거주시설을 지어 생활했던 것이다.

이러한 어려운 여건 속에서 문명을 유지해 가던 아나사지부족은 1,300년경 갑자기 역사에서 사라져 버렸다. 부족공동체가 붕괴되었다기보다는 거주지에서 더 이상 살기 어려워져 다른 곳으로 떠난 것으로 추측된다. 여기에는 종교, 전쟁, 전염병 등의 요인이 작용했을 것이다. 1,200년대 말까지 지속된 극심한 가뭄으로 물이 부족해지자 농업생산성이 떨어졌고, 아나사지부족은 황폐해진 이곳을 버리고 물이 풍부한 남쪽의 뉴멕시코 리오그란데강가로 이동한 것으로 보인다. 아나사지유적지에서 식인食人의 흔적이 보이는 인골이 다수 발견되어 대가뭄 시기의 마지막에는 극심한 식량부족을 겪었을 것으로 추정된다.

○ **메사 베르데의 절벽궁전.**
메사 베르데는 북아메리카 최초의 정주민 문명인 아나사지문명을 대표하는 유적지다. 메사 베르데의 절벽궁전은 세계에서 가장 놀라운 절벽거주지 가운데 하나로, 1874년에 에스파냐 탐험가들이 발견했다. 사암 절벽에서 솟아나는 샘물이 있었기 때문에, 연 강수량이 200mm밖에 안 되는 건조 지역의 벼랑에 이러한 대규모 거주시설을 지을 수 있었다.

그랜드캐니언, 지구의 나이테를 엿볼 수 있는 대협곡

더 웨이브, 물결무늬 사층리가 만든
자연예술의 걸작

▶ 미국 서부 코요테뷰트 북단 언저리에 위치한 더 웨이브. 계곡의 암석에 층층으로 쌓인 문양이 긴 머릿결 같기도 하고, 소용돌이 모양의 아이스크림 같기도 하며, 파도가 넘실거리는 물결 같기도 하다. 형형색색의 미려한 곡선으로 꾸며진 기하학적 문양의 계곡 풍광은 외계행성에서나 볼 법하다. 이곳에 가면 전 세계 사람들의 마음을 사로잡고 있는 매혹적인 계곡을 만날 수 있다.

물결무늬의 사층리, 지질학 퇴적구조의 표본

미국 서부 애리조나주와 유타주 경계 부근 코요테뷰트 북단에 위치한 더 웨이브The Wave는 도시에서 멀리 떨어져 있으며, 반경 약 130km 이내에 사람이 거주하지 않는 오지로 도로 또한 정비되지 않아 접근하기 쉽지 않은 곳이다. 더 웨이브의 공식 명칭은 코요테뷰트노스Coyote Buttes North다. 이곳을 찾은 사람들이 파도가 굽이치는 물결이 연상되는 암석문양을 보고는 더 웨이브라는 별칭을 붙였고 이후 이 이름이 통칭으로 굳어졌다.

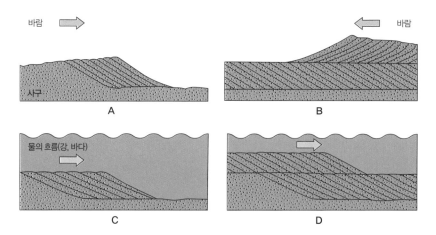

○   **사막과 해변의 모래밭에서의 사층리 형성과정.**
  사막과 해안의 사구 그리고 얕은 바다나 호수에서 모래가 수평으로 가라앉아 퇴적되면 수평층의 퇴적구조가 형성된다. 그러나 물이 흐르는 방향과 바람이 부는 방향의 비탈면에 모래가 층층이 쌓이면 경사가 있는 퇴적구조인 사층리가 형성된다. A와 B는 사막에서 바람에 의해 1차적으로 형성된 사층리 위로 반대 방향에서 바람이 불어 사층리가 형성된 사구이고, C와 D는 얕은 해안과 강에서 물이 흐르는 방향으로 사층리가 형성된 사구이다.

암석의 물결무늬 곡선은 살아 꿈틀대는 듯 매우 역동적이다. 이 물결무늬를 지질학 용어로 사층리斜層理, cross-bedding라고 한다. 사층리는 이름 그대로 기울어진 지층으로, 강이나 해안에서는 물과 파도에 의해 그리고 사막에서는 바람에 의해 퇴적물이 운반되어 기울어진 형태로 쌓인 것이다. 따라서 사층리는 과거에 퇴적될 당시 물이 흐르고 바람이 불어온 방

○ **자이언캐니언의 부정합 사층리.**
자이언캐니언의 나바호사암층에 발달한 사층리로, 중생대 쥐라기에 사막의 모래가 바람에 날려 와 비탈면에 쌓여 생긴 것이다. 사진 속 암반 비탈면 가로줄(점선)을 기준으로 아래쪽 노란색 부분과 위쪽 붉은색 부분의 사층리가 서로 어긋난 것은 부정합(不整合, 퇴적이 중단되거나 먼저 퇴적된 층의 일부가 없어진 상태에서 그 위에 새로운 지층이 퇴적되어 겹치면서 일어나는 현상) 때문이다. 바람이 부는 일정한 방향에 따라 모래가 쌓여 먼저 아래쪽 사구가 생겼다. 이후 아주 짧은 시간에 강한 바람이 불어 사구의 모래가 다시 깎여 나갔으며, 그 위로 다른 방향으로 바람이 불며 모래가 쌓여 새로운 사구가 만들어진 것이다.

더 웨이브, 물결무늬 사층리가 만든 자연예술의 걸작

향을 알려 주기 때문에 고古환경을 연구하는 데 매우 중요한 지표로 이용된다. 특히 더 웨이브는 사층리가 뚜렷하고 정교하게 발달하여 사층리 퇴적구조의 표본으로 학술적 가치가 매우 높다.

사층리를 만들어 낸 주인공, 물과 바람

더 웨이브에서 보이는 사층리는 모래가 쌓여 굳어진 사암층에 발달한다. 이 사암층은 과거 중생대 쥐라기 약 1억 9,000만~1억 4,000만 년 전 이곳 일대가 지금의 건조한 사막환경이었을 때, 약 1,600km 떨어진 미국 동부 애팔래치아산맥에서 운반되어 온 모래가 쌓여 생긴 사구가 굳어 형성된 것이다. 이를 나바호족의 이름을 따서 나바호 사암이라고 하는데, 현재 나

1	2	3
모래가 두껍게 쌓여 형성된 나바호 사암에 지각변동의 충격으로 생긴 절리와 단층으로 균열선이 다수 발달한다.	균열선을 따라 빗물과 얼음 등에 의해 암석이 지속적으로 침식되어 점차 깊은 계곡이 만들어진다.	집중호우가 내려 지층이 유수에 침식되고 기계적·화학적 풍화가 지속되어 지표면 아래에 좁고 긴 지금의 협곡이 형성되었다.

더 웨이브 사층리 형성과정

바호 사암은 미국 유타주를 중심으로 콜로라도고원 상부 지층에 넓게 분포하며, 층의 두께는 약 700m이다.

나바호 사암이 오랜 시간 침식·풍화되어 지표에 모습을 드러낸 뒤, 사암층에 발달한 절리와 단층선을 따라 흘러든 물과 빗물에 의해 침식되어 처음에는 작은 도랑이 만들어진다. 하지만 시간이 흐를수록 침식이 더 진행되어 점점 더 크고 깊은 계곡이 형성된다.

이후 사막의 건조환경으로 바뀌면서 더 이상 물이 흐르지 않게 되자, 바람에 의해 날려 오는 모래들이 도랑을 따라 이동하며 표면을 서서히 깎아 지금의 계곡을 형성한 것이다. 지금도 더 웨이브는 우기에 내리는 집중호우에 의해 간헐적으로 침식되고 있지만, 바람에 날린 모래에 의해 더욱 침식되어 계곡의 규모가 커지고 있다.

나바호 사암은 원래 흰색이다. 그러나 더 웨이브가 수려한 암석문양과 함께 흰색, 노란색, 주황색, 자주색 등 다채로운 색깔을 띠어 몽환적 분위기를 풍기는 것은 나바호 사암이 흐르는 물에 침식되는 과정에서 암석에 함유된 망간, 칼슘, 철 등의 성분 등이 가라앉으며 사암의 석영과 화학반응을 일으켰기 때문이다.

하늘의 별 따기만큼 어려운 더 웨이브 탐방

수려한 경관으로 인기를 누리고 있는 더 웨이브를 탐방하는 것은 하늘의 별 따기만큼 어렵다고 한다. 왜냐하면 더 웨이브를 관리하는 연방정부 토지관리국에서 '있는 그대로의 자연성'을 보존하기 위해 일일 탐방객 수를 20명으로 엄격히 제한하고 있기 때문이다.

사암은 낮에는 태양열에 의해 팽창되고 밤에는 기온하강에 의해 수축된다. 이 과정이 반복됨으로써 암석의 대부분을 차지하는 석영의 입자들 간에 서로 결합하려는 힘이 약해진다. 산성비가 지속적으로 내리는 것 또한 사암의 풍화를 촉진했다. 이러한 요인들로 더 웨이브의 지표 부위 암석이 심하게 풍화되어 조금만 힘을 줘도 쉽게 부서지기 때문에 탐방객들은 이동할 때 조심해야 한다.

○ **요철 모양으로 침식된 더 웨이브의 나바호 사암 사층리.**
더 웨이브의 나바호 사암은 암질을 구성하는 모래입자의 크기에 따라 침식에 대응하는 내성耐性이 다르다. 따라서 암석표면은 차별침식으로 인해 침식에 강한 부분은 띠를 형성하며 돌출되어 있으며, 약한 부분은 낮은 골을 이루는, 즉 요철凹凸 모양이 된다. 차별침식에 의한 띠 모양의 문양 또한 경관의 수려함을 돋보이게 하는 요인이기도 하다.

우기에만 모습을 드러내는
휴면상태의 최강자, 요정새우

연중 내내 거의 비가 내리지 않는 뜨거운 사막에도 일순간 비가 내리면 생물학적으로 불가사의한 일이 일어나곤 한다. 더 웨이브 계곡 일대의 군데군데 생겨난 물웅덩이인 포트홀(pothole, 하상 암반의 오목한 곳에 들어간 모래와 자갈이 소용돌이치며 기반암을 마모시켜 만든 원형의 구멍으로, 우리말로 '돌개구멍'이라고 한다)에는 우기에 어김없이 요정새우fairy shrimp가 모습을 드러낸다. 요정새우는 투명한 몸통에다가 껍질이 없는 무갑목無甲目의 절지동물로 작은 갑각류에 속한다. 전 세계에 걸쳐 약 300종이 보고되었는데, 고생대 캄브리아기 약 5억 4,000만 년 전부터 생존해 온 '살아 있는 화석'으로 생물학적 가치가 매우 높다.

평균수명이 40~60일인 요정새우는 사막이라는 극한환경에서 종족을 유지하기 위해 우기에 알을 낳도록 진화했다. 알은 열을 차단하는 막이 있어 고온에서도 견딜 수 있다. 휴면상태의 알은 물이 있으면 2~3일이면 부화하는데, 다음 우기가 올 때까지 진흙 속에서 휴면상태로 약 1만 년까지도 살아 있을 수 있다고 한다.

○ **요정새우.**
물이 거의 없는 사막의 극한상황에서 신진대사 없이 휴면상태로 장기간 생존(크립토바이오시스 현상)이 가능하다. 요정새우는 사막에 사는 수생곤충과 양서류, 새들의 먹이로서 사막생태계에서 매우 중요한 역할을 한다. 기후변화로 요정새우 몇몇 종은 이미 멸종되기도 했다.

더 웨이브, 물결무늬 사층리가 만든 자연예술의 걸작

사층리의 천국,
자이언캐니언의 명물인 체커보드 메사

미국 서부 자이언Zion 국립공원은 미국의 3대 국립공원인 그랜드캐니언 국립공원, 요세미티 국립공원, 옐로스톤 국립공원 못지않게 미국인들로부터 사랑받고 있다. 자이언 국립공원에 있는 자이언캐니언은 버진강의 거센 강물이 최상층부 지층인 나바호 사암을 침식하여 만들어 낸 길이 24km, 깊이 약 800m의 거대한 협곡이다. 풍광이 뛰어나고 지질학적 다양성이 뛰어나 '지질학의 박물관'이라 불린다. 자이언캐니언은 그랜드캐니언의 웅장함과 브라이스캐니언의 섬세함을 동시에 지닌 곳으로 연간 수백만 명이 이곳을 찾는다.

자이언캐니언은 사층리의 천국으로 통한다. 바람에 날려 온 모래가 퇴적되어 나바호 사암이 형성될 당시 퇴적환경을 간직한 사층리가 도처에 넘쳐난다.

그중에서도 체커보드 메사Checkerboard Mesa의 경관이 뛰어나다. 체커보드 메사는 나바호 사암의 암석 표면에 수평층리와 퇴적 당시의 방향을 암시하는 사층리 그리고 지각변동으로 압축되어 만들어진 수직 방향의 절리에 의해 마치 체스에 사용되는 서양 장기판인 체커보드같이 격자형 금이 그어져 있는 암석구릉 지형을 말한다.

바위에 수평·수직 방향으로 파인 줄들은 오랜 세월 절리와 층리의 홈을 따라 비나 눈이 들어가 얼고 녹기를 반복하면서 틈새가 벌어지고, 태양열과 바람에 의해 침식과 풍화를 받아 만들어진 것이다.

○ **자이언캐니언의 명물, 체커보드 메사.**
약 300m 높이의 나바호사암층 구릉에 수평의 층리와 수직의 절리가 만나 격자형 줄무늬가 만
들어졌는데, 그 모양이 서양의 장기판인 체커보드와 비슷하다고 해서 체커보드 메사라는 이름
이 붙었다. 가로줄은 사암이 퇴적될 당시의 방향을 암시하며, 수직의 절리는 압축력에 의해 암
반이 팽창과 수축을 반복하여 생긴 것이다. 자이언캐니언의 명물로 다른 곳에서 쉽게 볼 수 없
는 지형이다.

더 웨이브, 물결무늬 사층리가 만든 자연예술의 걸작

브라이스캐니언,
첨탑 모양 후두 만물상의 향연

▶ 브라이스캐니언의 진수, 브라이스포인트에서 바라본 브라이스캐니언. 협곡마다 수십 만 개의 첨탑 모양 돌기둥이 섬세하면서도 우아한 자태를 뽐내며 가득 차 있다. 수많은 기암 위로 해가 뜨고 질 때, 기암들은 붉은색과 황금색으로 물들어 대자연의 불꽃 향연이 펼쳐진다. 영적인 신비감마저 들게 하는 다양한 색깔의 수백만 개 기암으로 이루어진 브라이스캐니언은 자연이 얼마나 섬세한지 잘 보여준다.

그랜드캐니언의 명성에 가려 빛을 보지 못했던 곳

브라이스캐니언^{Bryce Canyon} 국립공원(이하 '브라이스캐니언')은 그랜드캐니언 북쪽 200km 부근 유타주 남서쪽에 위치해 있다. 공원의 명칭은 초기 모르몬교 개척자인 에버니저 브라이스^{Ebenezer Bryce}의 이름에서 따왔다고 한다. 이름 자체는 협곡을 뜻하지만, 실제로는 해발고도 2,778m의 폰소건트^{Paunsaugunt} 고원에 침식으로 형성된 계단식 원형분지에 속한다.

기암괴석의 첨탑 모양 후두(Hoodoo, 차별침식과 풍화작용을 받아 형성된 원뿔 또는 기둥 모양의 독특한 암석지형) 가 장관인 브라이스캐니언은 그랜드캐니언, 자이언캐니언과 더불어 미국의 3대 캐니언으로 꼽힌다. 그러나 그동안 그랜드캐니언의 웅장함에 가려 찾는 사람이 그랜드캐니언의 절반밖에 되지 않았다.

브라이스캐니언에 발을 들여놓으면 그랜드캐니언에 버금가는 스펙터클한 풍광을 볼 수 있다. 빨간색, 주황색, 분홍색, 하얀색 등 다채로운 색깔의 후두들이 협곡마다 자리 잡고 있는데 날씨, 시간, 보는 각도에 따라 시시각각 빛깔이 바뀐다. 이러한 빛깔은 흙과 암석 성분 중에 철분이 얼마나 포함되어 있는지에 따라 결정된다. 후두가 전반적으로 붉은색인 것은 지층의 암석에 있는 철분이 산화되었기 때문이며, 철 성분이 없는 지층은 방해석과 실리카(규소) 성분이 많아 밝은 흰색이다. 그 풍광이 36km 가량 이어진 협곡의 환상적인 풍광이 알려지면서 최근 우리나라에서도 브라이스캐니언을 찾는 사람들이 부쩍 늘었다.

브라이스캐니언에는 총 13개의 포인트뷰가 있는데, 탐방안내소가 있는 북쪽의 선라이즈 포인트, 선셋 포인트, 인스퍼레이션 포인트, 브라이스 포인트 이렇게 네 곳이 가장 유명하다.

후두에 얽힌 원주민 전설

협곡의 후두를 보고 있으면 사람들이 열을 맞추어 늘어서 있는 것 같다. 이곳에 살았던 아메리카 원주민 아파치족은 다음과 같은 전설에 따라 기

○ **다채로운 후두 색깔의 비밀.**
몽환적 분위기가 풍기는 후두의 다양한 색깔은 지층의 암석에 함유된 철분 성분의 많고 적음과 산화 정도에 따라 결정된다. 후두가 전반적으로 붉은색을 띠는 것은 지층에 함유된 철분이 심하게 산화되었기 때문인데, 지층에 철분 대신 방해석과 규소가 많은 곳은 흰색을 띤다.

브라이스캐니언, 첨탑 모양 후두 만물상의 향연

묘한 모양의 후두를 인간의 형상으로 여겼다.

지상의 사람들에게 크게 노한 조물주가 세상을 다시 만들기 위해 큰비를 내렸다고 한다. 아파치족을 가엾게 여긴 조물주가 그들만은 구해 주려고 했지만 일부 이기적인 사람들은 약자들을 내팽개치고 높은 산으로 도망쳤다. 이에 조물주가 부족을 등진 그들을 모두 돌로 바꾸어 버렸다고 한다.

첨탑 모양 후두 형성의 비밀

첨탑 모양 후두는 신생대 제3기 약 5,000만~3,500만 년 전 이곳 일대가 거대한 호수였을 당시 석회를 함유한 모래와 점토가 함께 쌓인 퇴적암 지층의 침식과 풍화로 인해 형성되었다. 이 지층을 클라론claron층이라 하는데, 장밋빛과 상앗빛을 띠어서 '분홍절벽Pink Cliff'으로 불리기도 한다.

이 지층은 약 1,000만 년 전부터 서서히 융기하여 콜로라도고원의 일부가 되었다. 융기과정에서 지각변동의 충격으로 지층에 수많은 단층과 절리가 생겼다. 이후 거대한 대지가 오랜 기간 하천과 얼음, 바람 등에 침식·풍화되어 약한 부분은 깎여 나가고 단단한 부분이 남아 지금의 후두가 만들어졌다.

여기서 얼음에 의한 쐐기작용이 첨탑 모양 후두를 만드는 데 결정적 역할을 했다는 것에 주목해야 한다. 이곳 고원 일대는 1년에 200일 이상 기온이 영하를 밑도는 혹독한 기후로 서릿발이 자주 생긴다. 겨울철에 눈이 많이 내리면 눈이 녹은 물이 바위의 절리면과 단층선에 흘러 들어간다. 밤이 되어 기온이 내려가면 이 물이 얼면서 쐐기작용을 하여 바위의 갈라진 틈을 더욱 벌어지게 만들어 암석의 붕괴를 촉진한다.

암석 간의 차별침식 또한 결정적인 영향을 미쳤다. 상부의 석회암은 하부의 사암에 비해 암질구조가 단단하여 침식과 풍화에 강하다. 따라서 하부의 사암층이 상부의 석회암층보다 빨리 침식·붕괴됨으로써 첨탑 모양 후두가 형성된 것이다. 나바호 루프 트레일 초입에 있는 명물 '토르의

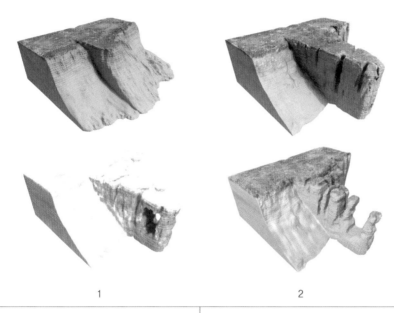

1	2
콜로라도고원의 일부였던 대지에 지각변동으로 생긴 단층선을 따라 하천이 침식하여 여러 곳에 거대한 협곡이 발달했다. 경사진 협곡의 가장자리를 따라 침식과 풍화가 가속화된다.	수직의 절리면을 따라 석회암이 계속 용식되고 물과 바람에 의한 침식과 풍화가 집중되어 약한 부분은 깎여 나가고 단단한 수직의 암반부가 모습을 드러낸다.

3	4
동절기에는 단단한 암반부에 발달한 수평과 수직의 절리면을 따라 빗물과 눈이 녹은 물이 흘러 들어간다. 이 물들이 얼어 쐐기작용으로 바위 사이의 틈을 벌려 암석을 붕괴시켜 아치가 발달하기도 한다.	암반부에 발달한 수평과 수직의 절리면을 따라 물, 바람, 얼음에 의한 침식과 암석층 간의 차별침식이 이루어진다. 그리고 아치형 암반이 중력의 영향으로 붕괴되면서 첨탑 모양의 후두가 형성된다.

브라이스캐니언 후두 형성과정

○   **선셋 포인트 '토르의 망치'.**

선셋 포인트는 해가 질 무렵 노을에 물든 풍광이 아름다워 붙여진 이름으로, 후두가 도열하듯 계곡을 가득 메우고 있다. 후두의 높이가 다른 것은 상층과 하층 간에 일어난 암석의 차별침식 때문이다. 대표적인 예가 북유럽 천둥의 신인 토르가 가지고 다니는 망치처럼 생겼다고 해서 명명된 '토르의 망치'다. 상층은 석회암, 하부는 사암으로 이루어져 있으며 단단한 석회암과 이보다 약한 사암 간의 차별침식으로 형성된 것이다.

망치'가 그 예다. 석회암의 탄산칼슘이 녹는 용식溶蝕작용 또한 큰 역할을 했다. 빗물과 눈이 녹은 물이 탄산칼슘을 녹여 바위를 약해지게 했으며, 산성비는 이를 더욱 가속화했다.

현재도 암석이 지속적으로 침식·풍화되고 있어 새롭게 후두가 만들어지기도 하지만 일부는 붕괴되는 과정이 반복되고 있다. 현재 침식과 풍화로 인해 협곡의 가장자리가 50년을 주기로 약 30cm씩 후퇴하고 있는데, 이는 지질학적 시간으로 볼 때 매우 빠른 속도라고 한다.

못생긴 요정 같은 후두가 모여 있는
고블린밸리 주립공원

미국 유타주 그린리버와 행크스빌 사이에 있는 산라파엘사막의 가장자리에 고블린밸리Goblin Valley 주립공원(이하 '고블린밸리')이 있다. 고블린은 체구가 작고 쭈글쭈글하며 매우 못생긴 요정이나 도깨비 같은 괴물을 말한다. 이곳이 고블린밸리로 명명된 것은 고블린이 연상되는 후두가 계곡을 채우고 있기 때문이다.

고블린밸리 후두의 하단부는 점토질 이암이며 상단부는 사암이다. 이암과 사암의 차별침식으로 약한 이암이 단단한 사암보다 빨리 침식·풍화되어 고블린 모양의 후두가 형성되었다.

후두로 가득한 고블린밸리에는 풀 한 포기도 자라지 않아, 이곳은 마치 생명체의 흔적을 찾아볼 수 없는 화성 같아 보인다.

고블린밸리가 세상에 알려진 건 그리 오래되지 않았다. 1920년대에 개인소유지였던 곳을 1964년 유타 주정부가 자연환경 보호를 위해 사들여 주립공원으로 등록하고 일반인에게 공개하면서 알려지게 되었다.

붉은색과 흰색으로 단장한 후두,
블루캐니언

미국 애리조나주 그랜드캐니언에서 모뉴먼트밸리로 가는 길에 나바호 자치구에 속하는 투바시티Tuba City라는 작은 도시가 있다. 이곳에서 동쪽으로 약 35km 떨어진 곳에 붉은색 사암과 흰색 사암이 강렬하게 대비되는 블루캐니언Blue Canyon이 있다. 이곳 협곡 중심부에 첨탑과 둥근 모양의 다양한 후두가 약 700m 길이로 줄지어 발달하여 풍광이 매우 이채롭다.

붉은색 후두들 사이로 흰색 무늬가 일직선으로 띠를 이루거나 대칭적으로 교차하는 등 다양한 모양이 규칙적으로 반복되어 눈길을 끈다. 붉은색 사암에 비해 강도가 약한 흰색 사암이 보다 빨리 침식·풍화되어 그 모양이 만들어진 것이다.

버섯 모양 후두가 즐비한
타이완 예류지질공원

타이완의 타이베이 북부 신베이시 완리구 해안가에는 다양한 기암괴석이 즐비한 예류지질공원野柳地質公園이 있다. 기암괴석 가운데 버섯 모양 후두가 가장 많이 분포하는데, 그 가운데 큰 머리로 하늘을 이고 있는 것처럼 보이는 특이한 바위가 있다.

고대 이집트 왕비 네페르티티의 두상을 닮아 이름 붙여진 '여왕머리 바위'는 높게 틀어 올린 머리와 가녀린 목선, 입과 코의 자리가 선명하게 느껴질 정도다. 이곳의 후두는 튀르키예 카파도키아 괴레메 계곡의 버섯바위와 동일한 구조로, 하단부의 황갈색인 응회암과 상단부의 검은색 현무암 두 암질로 이루어져 있다.

완리구 해안가 일대에서 강력한 화산폭발로 분출된 화산재가 쌓여 응회암층이 형성되었다. 이후 점성이 크고 유동성이 큰 현무암질 용암이 분출하여 응회암층을 덮었다.

용암이 굳어 생성된 현무암은 화산재가 쌓여 생성된 응회암에 비해 파도에 침식되거나 바닷물과 바람 등에 풍화되는 것에 강하지만 응회암은 약하다. 이렇듯 하부의 응회암이 상부의 현무암보다 더 빠르게 침식과 풍화를 받은 차별침식으로 후두가 형성된 것이다.

데스밸리, 생명체에게는
너무나 가혹한 죽음의 계곡

▶ 퍼니스 크리크의 단테스 뷰 포인트에서 바라본 데스밸리의 배드워터분지. 데스밸리는 북아메리카에서 가장 뜨겁고 건조하며 해발고도 또한 가장 낮은 지역으로, 1870년 금광이 발견될 때까지는 폭염과 건조함만이 있는 불모의 땅이었다. 산 아래 보이는 데스밸리의 저지대가 배드워터분지다. 중심부의 흰색 지역은 수증기가 증발하고 남은 소금이 쌓인 곳이다. 과거 이곳에 있었던 호수가 1만 년 전부터 증발되면서 만들어진 것으로, 평원 아래 소금층은 두께가 300m에 이른다.

데스밸리의 살인적 폭염과
건조기후의 비밀

데스밸리^{Death Valley} 국립공원(이하 '데스밸리')은 미국 서부 캘리포니아주와 네바다주 일부에 걸친 모하비사막 북단에 발달한, 길이 약 225km, 폭 약 8~24km의 사막지대에 위치해 있다. 이곳은 북아메리카에서 가장 뜨겁고 건조하며 해발고도 또한 가장 낮은 지역으로, 1870년 금광이 발견될 때까지는 폭염과 건조함만이 존재하는 불모의 땅이었다.

데스밸리는 크게 퍼니스 크리크, 스코티스 캐슬, 스토브파이프 웰스 Stovepipe Wells 세 지역으로 구분되는데, 그중 단테스 뷰 포인트, 자브리스키 포인트, 아티스트 팔레트 포인트, 배드워터분지^{Badwater Basin} 등이 있는 퍼니스 크리크 지역을 사람들이 가장 많이 찾고 있다.

미국 기상청 기록에 의하면 1913년 7월 10일 데스밸리의 퍼니스 크리크 지역의 온도가 56.7℃였는데, 이는 지구표면에서 기록된 최고의 대기온도라고 한다. 데스밸리의 기상계측(1981~2010년)에 따르면, 가장 더운 7월의 평균 최고기온이 46.9℃, 평균 최저기온이 31.1℃, 가장 추운 12월의 평균 최고기온이 18.4℃, 평균 최저기온이 3.5℃를 기록했다. 이로 보아 여름과 겨울의 기온차가 매우 심한 전형적인 사막기후임을 알 수 있다. 연평균강수량은 약 60mm밖에 안 되며, 연평균증발량은 약 3,800mm에 달한다.

데스밸리의 기후가 북아메리카에서 가장 덥고 건조한 것은 태평양에서 발원하는 수증기가 시에라네바다산맥에 막힌 이후 또다시 아마르고사산맥과 패너민트산맥에 의해 가로막혀 내륙 깊숙한 곳에 있는 데스밸리지역 일대까지 유입될 수 없기 때문이다. 내륙으로 유입된 수증기를 머금은 공기가 산맥을 올라가면서 습기를 빼앗기고 산을 넘어 내려갈 때 기온이 올라가는 푄현상(우리나라의 초여름에 오호츠크해에서 불어오는 북동풍이 태백산맥을 넘으면서 발생하는 높새바람이 이에 해당된다)도 데스밸리를 건조한 기후로 만드는 요인으로 작용한다.

○ **배드워터분지에 활짝 핀 야생화 군집.**
북아메리카에서 가장 건조한 데스밸리 배드워터분지에 2005년, 2016년 두 차례에 걸쳐 많은 비가 내리면서 엄청난 크기의 꽃밭이 생겨나는 '슈퍼블룸super bloom'현상이 나타났다. 수십 년 동안 흙 속에 휴면상태로 묻혀 있던 들꽃의 씨가 기온과 강수량이 맞아떨어지면 발아하여 꽃을 피우는 것으로 알려졌다.

○ **데스밸리의 대표 명소, 자브리스키 포인트.**
자브리스키란 명칭은 이곳에서 금광 채굴업을 했던 폴란드계 기업가 크리스토퍼 자브리스
키Christopher Zabriskie의 이름에서 유래했다고 한다. 풀 한 포기, 나무 한 그루 없는 황량한
주름진 능선이 외계 무인 행성을 연상케 한다. 구릉의 사면에 발달한 작고 긴 수많은 골짜
기와 같은 지형을 걸리라고 한다. 집중호우가 내릴 때, 흐르는 물에 화산재가 쌓여 굳어 형
성된 응회암층이 침식되면서 나뭇가지 모양으로 생겨난 것이다.

데스밸리에는 1년 내내 비가 내리지 않기도 한다. 하지만 한번 폭우
가 쏟아지면 엄청난 양의 물이 저지대로 유입되어 일시적으로 플라야(건
조지역에서 비가 올 때만 일시적으로 생성되는 호수)라고 불리는 얕은 호수가 생
겨나기도 한다.

지각침강과 기온상승으로
형성된 데스밸리

데스밸리의 가장 큰 지리적 특징은 이스라엘과 요르단의 국경 사이에 있
는 사해(해발고도 -395m) 다음으로 해수면보다 86m 낮은 저지대라는 것
이다. 중생대 쥐라기 약 1억 8,000만~1억 4,000만 년 전에 태평양판과 북
아메리카판이 충돌하여 조산운동이 일어나 시에라네바다산맥이 생겨났
다. 이때 지각에 충격이 가해지면서 시에라네바다산맥 주변 동서 지역에
는 샌앤드레이어스단층을 비롯하여 남북 방향의 많은 단층이 생겼다. 단
층의 영향을 받아 두 지각 사이의 지각이 중력에 의해 침강하여 지구대地
溝帶가 형성되는데, 데스밸리와 패너민트밸리Panamint Valley의 저지대가 지구
대에 해당한다. 이후 데스밸리와 패너민트밸리는 지질시대를 거치며 오랜

데스밸리, 생명체에게는 너무나 가혹한 죽음의 계곡

기간 침강과 융기를 반복하면서 침식이 진행되었다.

신생대 제3기가 끝나 갈 무렵인 약 200만 년 전 빙하기가 시작되면서 시에라네바다산맥의 고산지대 빙하가 녹은 물이 데스밸리와 패너민트밸리의 저지대로 흘러들어 호수가 생겨났다. 이때 호수 바닥으로 주변 지역에서 유입된 퇴적물과 함께 다량의 미네랄과 소금 성분이 흘러들어 퇴적되었다.

약 1만 년 전부터 기온이 올라가면서 더 이상 빙하가 만들어지지 않고 남아 있던 빙하도 모두 녹아 버려 호수로 유입되는 수량이 줄고, 증발량도 많아져 호수 수위가 급격히 낮아지기 시작했다. 마침내 호수가 바닥을 드러내며 지금의 메마른 저지대 계곡인 데스밸리를 이루게 된 것이다.

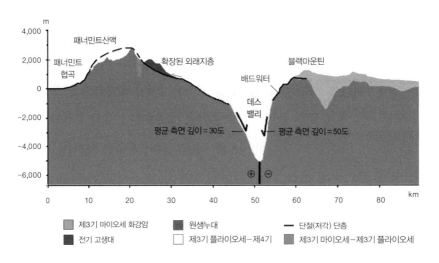

○ **데스밸리 단면도.**
데스밸리는 단층작용의 영향으로 패너민트산맥과 블랙마운틴 사이의 지각이 5,000m가량 깊게 함몰하여 형성된 지구대에 해당한다. 신생대 약 550만 년 이후부터 침식물질들이 주변 지역에서 지구대 안으로 유입되어 쌓여 현재는 해수면보다 86m가량 낮은 분지지형을 이룬다. 과거 약 1만 년 전까지만 해도 이곳에 '맨리Manley'라는 호수가 발달해 있었지만, 빙하가 물러나면서 기온이 오르고 호수의 물이 마르기 시작하여 지금의 사막지대가 만들어졌다.

○ **아티스트 팔레트 포인트.**
자연이 만들어 낸 색상으로 물든 지층의 노두가 화가의 물감을 담는 팔레트와 비슷하다고
하여 붙여진 이름이다. 지층의 암석에 함유된 금속광물이 산화하면서 여러 가지 색을 띠게
되었다. 빨간색·분홍색·노란색은 철 성분이, 초록색과 파란색은 구리가, 보라색은 망간이
산화된 것이다. 배드워터 분지 초입에 위치하며 자브리스키 포인트와 함께 많은 사람이 찾
는 데스밸리의 진수라 하겠다.

가혹한 환경에 적응하며
삶을 이어 가는 생명체들

데스밸리라는 이름은 인간의 생명을 쉽게 앗아 갈 만큼 혹독한 이곳의 기
후환경을 반영한다. 그러나 도저히 생명체가 살 수 없을 듯한 데스밸리의
극한환경에서도 기적처럼 적응하며 살아가는 다양한 생명체가 있다.

　　사막큰뿔양(빅혼), 퓨마, 코요테, 캥거루쥐 등과 같은 포유동물, 뿔도
마뱀을 비롯한 사막파충류, 매, 메추라기, 도요새 등과 같은 조류, 양서

○　　　사막에서 살아가는 생명체들. 사막큰뿔양(왼쪽), 뿔도마뱀(오른쪽)

류와 심지어 어류도 데스밸리에 서식하는 것으로 알려졌다. 낮 동안에는 기온이 높아 대부분의 동물은 주로 밤에 움직인다. 그리고 사막을 대표하는 선인장을 비롯하여 1,000여 종의 다양한 식물이 서식하고 있는데, 그중 50여 종은 이곳에서만 볼 수 있는 토착종으로 알려졌다.

　　약 1만 년 전 데스밸리 지역에 민물호수가 생겨났을 때부터 일련의 아메리카 원주민들이 거주하기 시작한 것으로 알려졌다. 가장 최근인 약 1,000년 전 이곳으로 이주한 팀비샤족은 사냥, 채집과 유목 생활을 하며 살았다. 선조가 대대로 살았던 데스밸리는 팀비샤족에게 성지나 다름없는 곳이다. 이들은 해발고도에 따른 기온차를 고려하여 무더운 여름철에는 시원한 산등성이와 산마루에서, 추운 겨울철에는 따스한 샘 부근의 계곡에서 계절별로 장소를 오가며 이동생활을 했다.

데스밸리의 명물, 레이스트랙의 '무빙 록'

크기가 다양하고 최대 300kg에 이르는 돌덩어리들이 몇 100m나 스스로 움직이는 일이 데스밸리 서부 그랜드스탠드Grandstand의 레이스트랙Racetrack

○ **말라 버린 레이스트랙 플라야 위를 이동하는 무빙 록.**
마른 땅의 궤적은 돌이 바람에 밀려와 움직여 생긴 것으로 밝혀졌다. 이론적으로 그 이유
가 밝혀졌다 하더라도 무빙 록이 스스로 움직이면서 S자 모양, 번개 모양 그리고 돌들이
교차한 선과 같은 특정한 모양을 만들어 낸다는 점 등은 아직도 미스터리로 남아 있다.

에서 일어나고 있다. 스스로 움직이는 돌이라 하여 '무빙 록Moving Rock'이
라 부르는데, 이런 돌들이 움직여 자리를 옮기면서 플라야의 지표면에 남
긴 궤적을 곳곳에서 볼 수 있다. 주변에서 사람 발자국을 전혀 볼 수 없으
니 스스로 움직인 것이 분명하다.

　이러한 현상은 100년이 넘도록 미스터리로 남아 있었다. 하지만 최근
미국 캘리포니아주 해양연구소 연구팀이 이 미스터리를 풀어냈다. 이들은
무빙 록이 있는 플라야에서 미풍에 미끄러져 움직이는 돌을 촬영하는 데
성공했다. 드물게 밤새 비가 내려 땅이 축축해지고 지표면 위로 살얼음층이
얇게 만들어진 뒤, 해가 뜨면서 지표면의 얼음층이 녹으면 땅이 진흙처럼
되어 매끄러워지는데, 이때 강한 바람에 밀려 돌들이 움직인다는 것이다.

뼈아픈 상처가 담긴 역사의 현장,
만자나수용소

데스밸리에서 북쪽의 요세미티 국립공원으로 이어지는 395번 하이웨이가 통과하는 곳에 인디펜던스라는 작은 마을이 있는데, 그곳에는 제2차 세계대전 당시 일본계 미국인들을 강제수용했던 만자나Manzana수용소가 있다.

1941년 일본의 진주만공격 두 달 뒤, 미국의 루스벨트 대통령은 미국 내 일본계 미국인(이하 '일본인')들이 적국인 일본을 돕는 활동을 할지 모른다는 이유를 들어 전국에 집단시설 10곳을 만들어 약 12만 명의 일본인을 수용했다. 만자나수용소는 그 가운데 하나로 서부 캘리포니아 일대에 거주하는 일본인들을 수용했다.

수용소는 사막이나 늪지 등 척박하고도 황량한 곳에 세워졌다. 만자나수용소 역시 사막에 세워져 하루 종일 뜨거운 열기가 가득하고, 모래먼지가 날아들고, 밤에는 기온이 영하로 떨어졌다. 게다가 수용시설 모두가 공중시설이어서 수용소에 갇힌 일본인들은 인권과 자유가 박탈당하는 고통을 겪어야만 했다.

1945년에 일본의 패전으로 수용소가 폐쇄된 뒤 현재는 빈 공터에 가시철조망으로 둘러싸인 위령탑과 감시초소, 몇몇 건물의 잔해, 상하수도 시설 일부가 남아 있다. 1988년 미국은 당시의 잘못을 인정하고 사과하며 수용되었던 모든 일본인에게 1인당 2만 달러의 배상금을 지불했다. 그리고 이를 역사의 교훈으로 삼기 위해 당시 상황을 그대로 보여 주는 사진과 영화 등을 전시하는 기념관을 운영하고 있다.

○　**만자나 수용소에 세워진 위령탑(위).**
수용 당시 사망자들의 영령을 위로하고 역사적 의미를 되새기기 위해 위령탑이 세워져 있다. 데스밸리를 찾는 일본인들이 자주 방문하는 곳이라고 한다.

수용소에서 야구 경기하는 모습(아래).
일본이 일으킨 태평양전쟁으로 인해 당시 미국에 거주하는 일본계 미국인들은 사막에 세워진 수용소에 3년 이상 집단 수용되었다. 만자나수용소 기념관에서는 열악한 환경 속에서도 농장을 일구고, 학교를 세워 교육에 힘쓰는 등 당시 일본인들의 생활을 들여다볼 수 있다.

요세미티 국립공원,
빙하가 만든 화강암 협곡의 비경

▶ 글레이셔 포인트에서 바라본 요세미티밸리. 좌우로 엄청난 크기의 다양한 바위덩어리들이 늘어차 있고, 수직암벽 곳곳에 웅장한 폭포들, 계곡바닥의 거울 같은 호수들 그리고 아름드리 소나무 군집이 펼쳐진다. 글레이셔 포인트는 요세미티 국립공원의 하이라이트로, 이곳에서 계곡의 웅장함을 한눈에 볼 수 있다. 빙하가 깎아낸 U자 모양의 협곡과 엘카피탄과 하프돔을 비롯한 거대한 수직의 화강암체와 폭포들이 어울려 풍광이 수려하다. ◆ 요세미티 국립공원/1984년 유네스코 세계자연유산 등재/미국.

요세미티밸리의 상징,
엘카피탄과 하프돔을 빚어낸 빙하

미국 서부 캘리포니아주 중부 시에라네바다산맥 서쪽 사면의 산악지대에 위치한 요세미티 국립공원^{Yosemite National Park}은 전체 면적이 약 3,060km² 로, 우리나라 경상북도보다 넓은 면적의 광대한 산악공원이다. 요세미티 국립공원은 옐로스톤 국립공원, 그랜드캐니언 국립공원과 함께 미국의 3대 국립공원이기도 하다.

요세미티 국립공원은 남서쪽에 웅장한 암벽과 폭포가 군집한 요세미티밸리, 남쪽에 거목의 세쿼이아 숲인 와워나 지역의 마리포사 그로브 ^{Mariposa Grove}, 동쪽에 고산초원과 그림 같은 호수들이 발달한 티오가 로드 ^{Tioga Road} 일대, 이렇게 세 지역으로 이루어져 있다. 이 가운데 사람들이 가장 많이 찾는 곳은 요세미티밸리다. 이곳은 공원 전체 면적의 1%에 불과하지만 요세미티 폭포를 비롯한 많은 폭포와 '대장바위'로 불리는 엘카피탄 ^{El Capitan}(910m)과 하프돔^{Half Dome}(1,444m)과 같은 거대한 바위봉우리와 절벽 등의 볼거리, 그리고 숙박 및 편의 시설이 집중되어 있기 때문이다.

길이 약 11km, 폭 약 800m, 평균 높이 약 900m, 최대 높이 약 1,300m의 요세미티밸리를 보고 있으면 입이 쉽게 다물어지지 않는다. 계곡을 가득 채우고 있는 거대한 암석들과 엘카피탄과 하프돔과 같은 수직 기암 봉우리들은 모두 화강암이다. 화강암은 중생대 백악기 약 1억 년 전 지하 깊은 곳의 마그마가 지표로 분출하지 못하고 지하 약 4~10km 부근에서 관입하여 냉각·고화된 화성암에 속한다.

　　이후 지속적으로 침식이 가해지고 지각물질이 제거되어 지하 깊은 곳에 있던 화강암이 약 6,500만 년 전 지표에 모습을 드러냈다. 이때 화강암을 누르고 있던 지각물질의 하중압력이 사라지자 화강암의 부피가 팽창하면서 암체에 판상절리板狀節理가 발달했다. 이 절리면을 따라 화강암 덩어리가 침식·풍화되어 박리작용剝離作用에 의해 마치 양파껍질이 벗겨지는 것처럼 깎여 나가 하프돔, 센티넬돔Sentinel Dome 등과 같은 돔 모양의 봉우리들이 형성된 것이다.

○　**막중한 빙하의 하중에 의해 암체의 절반 가량이 잘려 나간 모습의 하프돔.**
　　하프돔은 요세미티 국립공원의 상징이며, 암벽등반가들이 성지로 삼는 곳이기도 하다. 일몰 때 햇빛이 바위 외벽에 부딪히며 만들어지는 풍경이 특히 장관이다.

　　　　　　　　　　　　　　요세미티 국립공원, 빙하가 만든 화강암 협곡의 비경

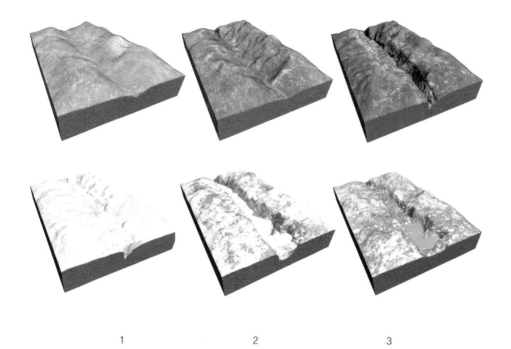

1	2	3
약 5,000만 년 전 숲이 우거진 넓은 계곡이 발달했으며, 머시드강이 S자 모양으로 흘러가고 있었다.	약 1,000만 년 전 시에라네바다산맥이 융기하여 동쪽이 높아졌고 서쪽으로 머시드강이 빠르게 흐르면서 하방침식력이 커져 점차 V자 계곡이 되었다.	약 300만 년 전 지속적으로 지반이 융기하면서 침식력이 더 커져 약 900m에 달하는 깊은 V자 화강암 계곡이 형성되었으며, 계곡은 빙하기로 접어들며 기온이 내려가 세쿼이아 침엽수림으로 채워졌다.
4	5	6
약 100만~25만 년 전 사이에 여러 차례 빙하기를 거치며 계곡 일대가 두꺼운 빙하로 덮였다. 빙하에 의해 침식이 진행되어 U자 모양의 빙식곡이 형성되었으며, 계곡의 화강암들은 침식되어 크게 깎여 나갔다.	약 3만 년 전 요세미티밸리를 가득 덮었던 빙하의 세력이 축소되었지만, 계곡의 바닥은 여전히 빙하의 영향을 받고 있었다. 하프돔과 엘카피탄의 화강암은 빙하에 의해 크게 잘려 나갔다.	약 1만 년 전 빙하기가 거의 끝나면서 기온이 올라가 빙하가 사라졌으며, 빙하에 이끌려 온 퇴적물이 계곡에 쌓여 요세미티호가 생겼다. 호수는 이후 퇴적물이 공급되면서 점차 규모가 작아졌다.

요세미티밸리 형성과정

약 300만 년 전부터 반복적으로 빙하기가 찾아오면서 얼음에 의한 침식, 운반, 퇴적과 풍화로 지형을 변화시키는 빙하작용이 현재의 요세미티밸리를 만드는 데 결정적인 영향을 미쳤다. 빙하작용은 특히 약 100만~3만 년 전 사이에 집중적으로 일어났다. 지구의 기온이 내려가면서 남극과 북극 그리고 고산지대 빙하들이 세력을 확장하여 요세미티 국립공원 일대도 두꺼운 빙하로 덮였다.

빙하가 중력에 의해 낮은 곳으로 이동하면서 능선과 계곡의 화강암 덩어리들을 깎고 잘라 내어 지금의 엘카피탄과 하프돔과 같은 거대한 수직 화강암체들이 만들어졌다. 또한 빙하가 이동하면서 계곡의 옆면과 바

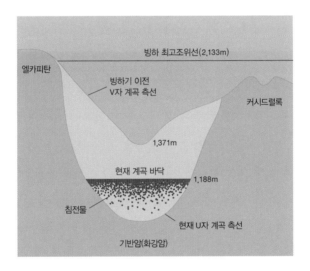

○ **요세미티밸리 단면도.**

초기 요세미티밸리는 해발고도 1,371m의 V자 계곡을 이루고 있었다. 빙하가 최고조로 발달했을 때 엘카피탄 정상부인 해발고도 2,133m까지 빙하에 덮여 있었다. 이후 빙하의 하중과 이동에 의해 계곡의 기반암인 화강암 덩어리들이 깎여 U자 모양의 빙식곡이 형성되었다. 한편 빙하에 이끌려 온 퇴적물이 쌓여 계곡을 메웠다. 현재 요세미티밸리 지면의 해발고도는 1,188m이다. 단면도에서 보면, 빙하기 이전 V자 계곡에서 빙하기 이후 U자 계곡의 바닥 깊이 차이가 약 400m 이상으로, 이는 그만큼 계곡의 암반이 깎여 나갔음을 뜻한다.

닥면을 깎아 U자 모양의 깊은 빙식곡이 생겼다. 이로써 빙하의 위력이 얼마나 대단했는지 알 수 있다.

풍광을 더욱 반짝이게 하는
호수와 폭포

요세미티 국립공원의 압권은 요세미티밸리에 발달한 엘카피탄과 하프돔과 같은 웅장한 화강암 암벽이다. 그러나 빙하가 만든 수많은 호수와 폭포 또한 풍광을 더욱 아름답게 한다.

빙하는 중력에 의해 계곡 아래로 이동하면서 전면에 퇴적물을 휩쓸고 내려온다. 이후 빙하가 다 녹아 사라지면 계곡에 퇴적물이 쌓인 둔덕 모양의 둑이 생기고, 계곡 위에서 내려오는 물이 이 둑에 갇혀 빙하호가 만들어진다. 요세미티 계곡 안의 미러호를 비롯하여 동쪽의 티오가 로드 일대에 있는 엘러리호, 티오가호 등의 옥빛 빙하호들은 빼어난 풍광을 자랑한다.

요세미티밸리를 가득 채운 빙하가 이동하면서 화강암 계곡을 침식하여 수직에 가까운 U자 모양의 협곡이 형성되었다. 이후 수직 협곡 안으로 주변의 지류를 따라 흘러내린 물이 떨어지면서 요세미티 폭포, 브라이들 베일 폭포Bridal Veil Fall, 버널 폭포Vernal Fall 등과 같은 폭포들이 생겨났다. 계곡의 폭포수는 겨울철에 내린 눈이 녹아 수량이 많아지는 늦봄에 장관을 이룬다. 봄이 아닌 다른 계절에는 수량이 적어 엄청난 기세로 쏟아져 내리는 폭포의 모습을 기대하기 어렵다.

○ **머세드강 수면에 비친 요세미티폭포.**
요세미티의 수직으로 떨어지는 폭포수는 요세미티밸리를 흐르는 머세드강으로 유입된다.
요세미티밸리에 발달한 폭포들은 겨울철에 내린 눈이 녹아 수량이 풍부해지는 늦봄에 장
관을 이룬다.

세상에서 가장 크고 우람한 세쿼이아 숲

미국 캘리포니아주 동부의 시에라네바다산맥은 세계에서 가장 큰 나무인
세쿼이아의 집단서식지로 유명하다. 그 가운데 요세미티 국립공원의 남쪽
약 10km 지점에 있는 마리포사 그로브에는 지름 약 3~4m, 높이 약 60~

요세미티 국립공원, 빙하가 만든 화강암 협곡의 비경

○ **그리즐리자이언트 세쿼이아.**
세쿼이아 숲인 마리포사 그로브는 엘카피탄, 하프돔과 함께 요세미티 국립공원의 랜드마크다. 현재 요세미티 국립공원에서 자라고 있는 세쿼이아들은 대부분 수령이 1,500년 이상인 것으로 알려졌다.

80m에 이르는 세쿼이아 500여 그루가 빽빽하게 자리 잡고 있다. 세쿼이아는 삼나무과에 속하는 거대 수목으로 수령이 무려 3,000년에 이르는 것으로 알려졌다. 공원에서 가장 키가 크고 우람한 그리즐리자이언트 세쿼이아는 수령이 약 1,800년으로 알려졌다.

요세미티 국립공원은 자연발화로 산불이 빈번히 일어나는 곳이다. 수령 2,000~3,000년의 세쿼이아가 거의 해마다 일어나는 산불에서 살아남을 수 있었던 것은 두께가 1m나 되는 나무껍질 덕분이라고 한다. 푹신한 스펀지 같은 코르크로 되어 있는 두꺼운 껍질이 수분을 쉽게 흡수할 뿐더러 불에 강한 탄닌 성분까지 함유하고 있기 때문이다.

삶의 터전을 빼앗기고
쫓겨난 원주민

요세미티밸리는 약 4,000년 전부터 아메리카 원주민인 아와니족이 살아왔던 곳이다. 그러나 1848년 요세미티밸리 부근에서 금이 발견되면서 골드러시로 수천 명의 백인이 몰려들어 고향 땅에서 쫓겨나고 말았다.

백인들은 금을 캐기 위해 원주민에게 토지를 내놓을 것을 강요했다. 이곳 일대에 살았던 다른 부족은 거주지 이전에 서명했지만 아와니족은 완강히 거부했다. 백인들은 토지를 요구했을 뿐만 아니라 원주민의 주식이었던 도토리나무를 잘라 연료로 사용하고 동물을 마구 사냥하고 젊은 원주민 여성을 납치하는 일까지 벌였다. 이에 맞서 아와니족이 백인 거주지를 습격하여, 1850~1851년 백인과 원주민 사이에 마리포사전쟁이 벌어졌다. 전쟁에서 패한 아와니족은 자신들의 삶터인 요세미티밸리를 떠나야 했다.

아와니족의 명칭인 아와니^{Ahwahnee}는 자신들의 거주지였던 요세미티밸리의 암벽 모양이 곰이 입을 크게 벌린 모양과 닮았다는 뜻에서 유래했다. 그들이 떠난 계곡에는 현재 부족의 이름을 딴 아와니호텔이 들어서 있다.

요세미티밸리의 신기루
'불의 폭포'

요세미티 국립공원의 요세미티밸리 엘카피탄 암벽에는 폭포수 모양이 말꼬리를 닮아 이름 붙여진 호스테일Horsetail폭포가 있다. 이곳에서는 매년 놀랍고도 불가사의한 일이 일어나고 있다. 호스테일폭포는 높이 약 430m, 평균 너비 약 6m의 폭포로, 매년 2월 셋째 주경 열흘에서 보름 동안만 물이 흐르고, 다른 때는 흐르지 않는다.

이때가 되면 호스테일폭포에는 초자연적인 현상이 일어나 수많은 사진작가가 폭포 부근으로 몰려든다. 일몰 시간대에 폭포수가 석양의 붉은 빛을 받아 마치 붉은 용암이 흘러내리는 듯 보여 '불의 폭포'라고 불리는 현상을 촬영하기 위해서다.

불의 폭포 현상은 하루에 약 2분 정도만 잠깐 나타나기 때문에 촬영이 쉽지 않다. 불의 폭포 현상을 촬영하기 위해서는 몇 가지 자연조건이 충족되어야 한다.

먼저 겨우내 그리고 초봄에 눈이 충분히 내려 적당한 적설량이 확보되어야 한다. 그래야 폭포수의 규모가 웅장해지기 때문이다. 만약 눈 대신 비가 오면 폭포수가 일순간 한꺼번에 다 빠져나가기 때문에 더 이상의 폭포수를 기대할 수 없다. 또한 낮기온이 눈을 빠르게 녹일 만큼 충분히 높아야 한다. 기온이 낮으면 눈이 녹지 않을 뿐더러 녹더라도 극히 소량이기 때문이다. 마지막으로 구름이 없는 청명한 하늘이어야 한다. 석양 무렵에 구름이 끼면 햇빛이 차단되어 폭포에 빛이 전달되지 않기 때문이다.

이런 이유로 세 가지 조건이 모두 갖춰진 때에 촬영에 성공하려면 하늘이 도와야 한다는 말이 나올 정도다.

○   일몰 시간대의 호스테일폭포.

요세미티 국립공원, 빙하가 만든 화강암 협곡의 비경

화이트샌즈 국립공원,
하얀 석고모래가 만든 은빛 신세계

▶ 백색 석고모래의 전당, 화이트샌즈 국립공원. '사막'하면 대개 사하라사막과 같은 황토색의 황량한 모래사막을 떠올린다. 그러나 그 통념과 달리, 하얀 모래언덕이 파도가 넘실대는 것처럼 끝없이 펼쳐진 은빛 별천지와 같은 곳이 있다. 한겨울 눈의 세상인 듯 하얀 모래로 뒤덮인 사막은 모래와 바람이 만들어 낸 자연의 예술품이라 할 수 있다. 바로 미국 남부 뉴멕시코주의 화이트샌즈 국립공원에서 연출되는 비경이다.

흰색 사막모래는 모래가 아닌 석고

화이트샌즈^{White Sands} 국립공원(이하 '화이트샌즈')은 멕시코와 국경을 맞댄 미국 뉴멕시코주 남부의 치와와^{Chihuahuan} 사막 북부에 있다. 서울 면적보다 큰 712km²에 약 41억t에 달하는 순백색 모래사막이 드넓게 펼쳐진

○　　**수시로 모습을 바꾸는 화이트샌즈.**
화이트샌즈는 늘 같은 모습으로 보이지만 실제로는 수시로 모습을 바꾼다. 사막의 잘게 부스러진 석고질 알갱이들은 바람에 날려 높은 사구를 만들어 내기도 하고, 기존 사구의 모래들 또한 바람에 날려 사라지기도 한다.

비경을 보기 위해 매년 수십만 명이 넘는 사람들이 이곳을 찾고 있다.

화이트샌즈를 가득 채운 흰색 모래는 사암질 모래가 아니라 석고질 모래로, 이곳은 세계에서 가장 큰 석고질 모래사막이다. 석고石膏, gypsum는 백색 또는 회백색의 황산염 광물로, 일찍이 고대 이집트 피라미드 건축에 이용되었으며 주로 의료용 깁스와 주물의 모형제작 재료로 이용된다.

화이트샌즈의 석고질 모래는 일반 사암질 모래에 비해 열을 차단하는 단열효과가 커 사막의 여름철 평균기온이 36℃ 이상인데도 한낮에 맨발로 걸어도 덜 뜨겁게 느껴진다. 그리고 석고는 원래 수정유리처럼 투명한 결정체였다. 하지만 입자끼리 부닥치고 긁혀서 표면이 새하얀 모래와 같이 변해 버렸다.

단 한순간도 같은 모습인 적이 없는 화이트샌즈

화이트샌즈가 자리 잡은 이곳은 고생대 페름기 약 3억~2억 5,000만 년 전에는 얕은 바다였으며, 바다환경에서 해저에 다량의 석고가 쌓여 퇴적층이 만들어졌다. 약 6,500만 년 전 로키산맥이 생겨나면서 이곳의 지반도 함께 융기하여 고원지대가 되었다. 약 3,000만 년 전 단층작용으로 중심부가 내려앉아 동쪽의 새크라멘토산맥과 서쪽의 샌앤드레이어스산맥 사이에 지금의 약 712km² 면적의 툴라로사분지Tularosa Basin가 형성되었다.

이후 약 300만 년 전 동서 양쪽의 산지에서 흘러 들어온 하천수가 분지 내부로 모여 고古오테로호가 만들어졌다. 호수의 물이 리오그란데강으로 빠져나가는 출구에 퇴적물이 쌓여 막히게 되자 호수는 내륙에 갇혀 버렸다. 약 1만 2,000년 전에는 마지막 빙하기가 끝나고 지구의 기온이 올라가면서 강수량이 증가했다. 주변 산지에서 빗물에 녹은 석고물질이 호수로 흘러들어 호수 바닥에 쌓였다. 약 1만 년 전부터는 기온이 더 올라가 건조한 기후환경으로 바뀌면서 호수의 물이 모두 증발하여 호수가 바닥을 드러냈는데, 지금의 알칼리평원이 그곳에 해당된다.

메마른 호수 바닥에 쌓여 있던 석고물질은 풍화작용으로 깨지고 부서지기도 하는데, 시속 약 27km의 북서풍에 의해 구르면서 점점 작은 석고질 알갱이로 분해되고 있다. 작은 입자들은 바람에 날려 북동쪽으로 이동하면서 쌓여 모래언덕인 사구가 형성되었다.

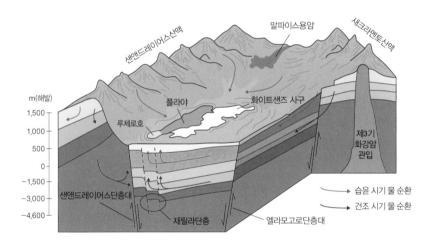

○　　**툴라로사분지에 발달한 화이트샌즈 입체 단면도.**
샌앤드레이어스산맥과 새크라멘토산맥으로 둘러싸인 툴라로사분지는 샌앤드레이어스단층대와 앨라모고로단층대를 따라 중심 지역이 내려앉아 만들어졌다. 주변 산지에서 분지로 흘러든 지표수는 외부로 빠져나가지 못하고, 지하수 또한 분지로 솟아올라 물이 고여 호수가 형성되었다. 이 과정에서 지표수와 지하수는 지층 속에 포함된 석고물질을 용해시켜 호수로 이동시켰다. 한편 분지내부는 주변 산지에 둘러싸여 습기가 유입되지 않는 건조환경에서 호수의 물이 마르면서 호수 바닥에 쌓인 석고물질이 침식·풍화되었다. 이후 이 석고물질이 바람에 날려 쌓여 흰색 사구로 이루어진 석고질 모래사막이 형성되었다.

현재는 약 10~14년을 주기로 집중호우 때문에 석고물질이 녹아든 주변 산지의 하천수가 남쪽 끝자락에 있는 루체로호로 흘러들고 있다. 호수가 마르면 석고물질이 미세한 입자로 분해되어 바람에 날려 사구로 이동하는 과정이 반복되면서 사막이 확대되고 있다.

화이트샌즈는 언제나 같은 모습으로 보이지만 사실은 단 한순간도 같은 모습이 아니다. 바람에 날린 모래가 쌓여 새로운 사구가 만들어지기도 하고, 기존 사구의 모래가 바람에 날려 사라지기도 하며 계속해서 모습을 바꿔 간다. 전체적으로는 탁월풍인 남서풍의 영향을 받아 매년 북동쪽으로 약 9m씩 이동하고 있다. 사구의 형태는 바람의 방향과 세기에 따라 돔형, 초승달형, 횡단형, 포물선형 등 다양한데, 화이트샌즈에서는 하늘에서 보면 물고기 비늘 모양인 초승달형이 대부분이다.

하얀 모래사막에 완벽히 적응한 흰도마뱀과 유카나무

여름철 평균기온이 약 36℃에 이르고 연평균강수량이 250mm 안팎인 건조한 기후환경에서도 화이트샌즈에는 100여 종의 동식물이 끈질기게 생명을 이어 가고 있다. 곤충을 비롯해 양서류와 파충류, 포유류는 대부분 낮의 뜨거운 열기를 피해 기온이 내려가는 밤에 활동한다. 동물 가운데 특히 흰도마뱀은 하얀 모래사막의 환경에 완벽하게 적응했다.

흰도마뱀은 원래 점 또는 줄무늬의 보호색을 지녔지만 하얀 모래사막에서 천적으로부터 자신을 보호하기 위해 피부의 멜라닌 색소 유전자를 흰색으로 바꿔 버렸다. 생물학자들은 화이트샌즈가 약 6,000년

○ **하얀 모래사막의 흰도마뱀(좌)과 유카나무(우).**
흰도마뱀은 하얀 모래사막의 환경에서 천적으로부터 자신을 보호하기 위한 생존전략으로 피부색을 흰색으로 바꿔 진화한 희귀종으로 화이트샌즈에서만 볼 수 있다. 모래사막의 대표적인 식물인 유카나무는 척박한 땅에 뿌리를 깊게 내리고 모래언덕을 따라가며 이동하며 서식한다

~4,000년 전에 현재의 모습이 되었다는 점을 감안할 때, 흰도마뱀의 변이가 너무나 단기간에 이루어졌으며 매우 이례적이라고 말하고 있다. 그리고 흰도마뱀은 고운 석고가루가 귀에 들어가는 것을 막기 위해 귀를 퇴화시켜 귀가 없어져 버렸다.

가뭄에 잘 견디는 선인장을 비롯해 많은 종의 식물이 생존방법을 익히며 서식하고 있는데, 북아메리카가 원산지인 용설란과 유카나무의 생존방식이 특이하다. 척박한 석고질 모래에 뿌리를 내리는 유카나무는 움직이는 모래언덕을 따라가며 자라는 습성이 있다. 바람이 불어 모래언덕이 앞으로 나아갈 때, 뿌리가 모래언덕의 움직임에 맞춰 함께 이동하여 자리를 옮겨 간다.

화이트샌즈의 이면에 숨겨진
전쟁의 흔적

화이트샌즈의 코발트빛 파란 하늘과 새하얀 모래사막이 만들어 내는 고요하고도 정적인 사막의 분위기에서는 평화로움이 묻어난다. 그러나 이곳 화이트샌즈는 무시무시한 공포와 대량학살이라는 비극의 역사와 관련이 깊은 곳이기도 하다. 화이트샌즈 남쪽에는 무기성능 시험장 등으로 활용되는 군사기지가 있는데, 이곳에서 제2차 세계대전에 사용되었던 원자폭탄 실험이 있었기 때문이다.

1943년에 미군은 목장이었던 이곳을 사들여 로스앨러모스에 비밀연구소를 세우고 핵폭탄을 만들기 위해 '맨해튼계획'를 추진했다. 1945년 7월에 화이트샌즈에서 원자폭탄

의 첫 실험을 마쳤으며, 같은 해 8월 일본 히로시마와 나가사키에 원자폭탄을 투하하여 태평양전쟁이 종결되었다.

현재도 로스앨러모스연구소에서는 원전, 우주항공, 바이오에너지 등 미국의 안보와 관련한 최첨단 과학기술이 비밀리에 연구되고 있다. 현재 화이트샌즈 일대는 모두 군사 지역으로, 실험이 있을 때는 도로가 통제되고 있다.

로스앨러모스연구소에서 운영하는 브래드버리 과학박물관에는 제2차 세계대전 당시 사용되었던 V-2 로켓을 비롯하여, 원자폭탄 실물 모형과 각종 미사일과 로켓 그리고 우주활동 자료 등이 전시되어 있다.

○　**브래드버리 과학박물관에 전시된 원자폭탄 리틀보이**Little Boy**와 팻맨**Fat Man **모형.** 일본 히로시마와 나가사키에 투하된 두 발의 원자폭탄은 과학기술이 오용되어 대량학살이라는 참사를 빚은 대표적 사례다.

스포티드 호수,
세계 유일의 반점무늬 호수

원형의 반점무늬가 그득한 스포티드 호수. 크기도 색깔도 저마다 다른, 원형에 가까운 수백 개 연못이 한곳에 모여 하나의 호수를 이루었다. 전 세계적으로 원형의 반점무늬를 볼 수 있는 호수는 캐나다 브리티시컬럼비아주에 있는 스포티드 호수가 유일하다. 여름철에 물이 증발하면 호수바닥이 드러나는데, 연못의 색깔이 저마다 다른 것은 연못에 자라는 남조류와 미네랄의 성분과 함량이 다르기 때문이다.

원주민이 신성시한
치유의 호수

미국과 국경을 접한 캐나다 서부 브리티시컬럼비아주의 오소유스Osoyoos
에 위치한 스포티드Spotted 호수는 길이 약 700m, 폭 약 250m, 면적 약
175m², 호안둘레 약 1,700m로 규모가 작은 편이다.

　400여 개나 되는, 다채로운 색깔의 동그란 반점무늬 연못이 한곳에
모여 있는 외양 때문에 일찍이 이곳 일대에 거주했던 아메리카 원주민인
오카나간족과 라파타크족 등이 신성시했다. 그들은 호수의 연못들이 반점
무늬를 이루고 있어서 '점박이 호수'라는 뜻의 '클리루크'라고 불렀다. 호
수의 진흙과 물에는 통증과 질병을 치유하는 영험한 힘이 있다고 믿었다.

　실제로 호수에는 황, 칼슘, 마그네슘, 나트륨 등의 고농도 미네랄 성
분이 풍부하여 피부병과 관절염 등을 치료하거나 다친 상처 등을 낫게 하
는 데 효능이 있었다고 한다. 제1차 세계대전 중에는 황산마그네슘, 황산
나트륨 등을 캐어 탄약제조에 활용하기도 했다.

　호수를 포함한 주변 일대의 토지는 1960년 이후 사유지였으며,
1980년대 들어 스파와 온천으로 개발될 예정이었다. 이에 원주민들은 자
신들의 성소를 되찾고자 했다. 2001년 지방정부 및 연방정부는 원주민을
도와 호수 일부를 원주민 자치공동체와 공동으로 매입하여 원주민의 전
통문화를 보존하고, 호수 본래의 환경 생태기능을 유지하도록 했다.

여름철에만 나타나는 반점무늬 연못

스포티드 호수 일대는 마지막 빙하기가 최고조에 달했던 약 1만 8,000년 전 거대한 빙하로 덮여 있었다. 이후 빙하기가 끝나고 기온상승으로 빙하가 녹으면서 저지대에 물이 고여 많은 빙하호가 생겼는데, 스포티드 호수를 비롯하여 인근의 오소유스호, 코니프리드호, 킬풀라호 등도 모두 빙하호다.

봄철에는 스포티드 호수의 모습이 주변 호수들과 비슷하지만, 여름철인 6~9월만 되면 반점무늬 연못이 만들어진다. 스포티드 호수에서만 이와 같은 현상이 나타나는 데는 독특한 지형구조가 큰 영향을 미쳤다.

○　**스포티드 호수의 겨울.**
스포티드 호수의 독특한 풍광은 증발량이 큰 여름철인 6~9월에만 볼 수 있다. 여름철 호수가 완전히 마르기 전 연못들이 옅은 녹색을 띠는 것은 호수에 자라는 남조류 때문이다. 나머지 계절에는 물에 잠기기도 하며, 겨울철에는 영하 20℃까지 내려가 대부분의 연못이 두꺼운 얼음으로 덮인다.

　　　　　　　　　　　　　　　　　　　스포티드 호수, 세계 유일의 반점무늬 호수

스포티드 호수는 수심이 바다진흙층까지 약 1m로 현저히 얕으며, 주변 지역보다 해발고도가 낮은 고립형 분지(해발고도 573m)여서 비가 내리면 주변에서 호수로 흘러든 물이 빠져나가지 못한다. 얕은 수심과 작은 면적 그리고 분지라는 지형적 특수성 때문에 여름철에 내리쬐는 강한 햇빛에 물이 빠르게 증발해 호수 바닥에 염분과 황, 칼슘, 나트륨, 마그네슘, 은, 티타늄 등의 미네랄이 침전되었다.

이런 과정이 장기간 반복되면서 침전물끼리 화학작용을 하여 호수 바닥에는 주로 흰색 계열의 석고, 황산나트륨, 황산마그네슘과 같은 황산염 광물이 광범위하게 자리 잡게 되었다. 그래서 호수의 물이 완전히 증발되고 나면 대부분의 연못은 흰색이 된다. 그러나 호수가 완전히 마르기 전, 일부 연못은 호수에 자라는 남조류藍藻類의 영향으로 이끼와 같은 옅은 녹색을 띠기도 한다. 또한 바닥에 가라앉은 미네랄과 염분이 연못 주변을 따라 원을 그리며 결정화結晶化되어 그 지점과 주변 지점 사이에 자연적인 보도步道가 만들어져 사람들이 오갈 수도 있다.

한편, 스포티드 호수가 미국 소노라Sonora사막 북단에 위치하여 연 강수량 270mm 정도의 반半건조기후에 있고 강수량이 적고 일사량이 많다는 점, 여름철 최고기온이 26~29℃에 이르는 고온인 점 등은 호수의 물을 빨리 증발시키는 요인으로 작용했다.

진흙층 사이를 뚫고 올라온 황산염 광물

연못이 원형에 가까운 반점무늬를 이룬 것은 어떤 이유에서일까? 스포티드 호수 단면도(131쪽)를 보면, 호수 일대는 녹색 편암의 변성암을 기반암으로 하며 그 위를 석고층이 메우고 있다. 다시 그 위를 황산마그네슘과 황산나트륨과 같은 황산염 광물이 차지하고 있다.

수면에 가까운 최상부에는 주변 유역에서 흘러 들어와 쌓인 약 5m 두께의 진흙층이 있다. 반점무늬는 황산염 광물이 진흙층의 약한 부위를 뚫고 올라와 만들어진 것이다. 이때 황산염 광물이 깔때기 모양으로 올라오면 역삼각형 연못[A]이, 수직으로 올라오면 원통형 연못[B]이 만들어진다. 크기는 1m 이하부터 수십 미터에 이르기까지 다양하다.

진흙층이 없었다면 반점무늬 연못은 만들어지지 않았을 것이다. 이는 이웃한 북동쪽 약 500m 지점의 코니프리드호와 남서쪽 500m 지점의 킬풀라호를 각각 비교해 보면 더 명확해진다. 코니프리드호는 수심, 면적, 분지지형 등 지형조건이 스포티드 호수와 거의 비슷하여 반점무늬 연못이 조금씩 생겨나고 있어, 머지않아 스포티드 호수와 같은 모습이 될 것으로 예상된다. 반면, 킬풀라호는 크기가 스포티드 호수의 3분의 1임에도 수심이 깊고 경사가 커서 여름철에도 전혀 바닥을 드러내지 않는다.

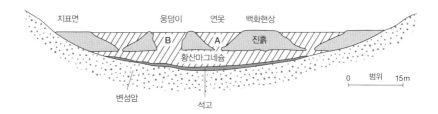

○ **스포티드 호수 단면도.**
오랫동안 침전되어 고농도로 쌓인 석고, 황산염, 황산마그네슘(엡소마이트, 설사제로 사용되는 사리염)과 같은 황산염 광물이 진흙층 사이를 뚫고 올라와 원형의 반점무늬 연못이 생겼다. 강하게 내리쬐는 햇빛에 호수의 물이 증발되면 연못 가장자리를 따라 진흙에서 스며나온 흰색 염분과 광물의 결정질이 성장하여 백화현상이 나타나고, 연못끼리는 서로 분리되어 나중에는 원형이 더욱 뚜렷해진다. 스포티드 호수는 다른 호수와 달리 얕은 수심에다가 연못의 경계가 되는 진흙 퇴적층이 있었기에 원형의 반점무늬 연못이 생길 수 있었다.

화성 생명체의 존재 가능성을 암시하는
호수의 생명체

스포티드 호수는 빙하호로서 처음에는 민물호수였지만 오랜 기간 물이 증발하면서 고농도의 염분과 황산염 광물이 침전되어 쌓여 점차 생명체가 살기 어려워졌다. 스포티드 호수는 지구상에서 황산염 농도가 가장 높

1	2
녹색 편암의 기반암 위로 빙하에 깎여 고립된 분지지형이 형성되었다.	주변 산지에서 빗물에 녹은 철, 구리, 아연, 납 등이 분지 내부로 유입되어 황과 결합한 탄산염 등과 함께 분지 바닥에 쌓인다.

3	4
호수에 비가 내려 생긴 물과 기반암에 함유된 풍화된 철광석의 철 그리고 황산염 등이 결합하여 황산이 생겨난다.	호수에서 황산이 탄산염, 중성수, 황산염 등과 반응하여 물은 증발하고 광물은 용해되어 침전된다. 고농도의 석고, 황산염 광물이 진흙층 사이를 뚫고 올라와 원형의 반점무늬 연못이 생긴다.

스포티드 호수 형성과정

은 곳 가운데 하나로 알려졌는데, 이러한 환경에서도 소금기를 좋아하는 남조류와 무산소 고古세균류(주로 자외선이 닿지 못하는 심해의 화산 주변 등 극한환경 지역의 침전물 속에서 거의 산소 없이 신진대사 작용을 하는 세균류로, 이 세균에서 남조류가 진화했다) 그리고 염생鹽生식물 등이 자라고 있다.

과학자들은 화성의 컬럼비아 분화구 내부의 고대 호수였던 곳도 스포티드 호수처럼 석고층 위에 고농도의 황산염이 분포한다는 점, 고립된 분지지형이어서 물이 흘러들 수만 있을 뿐 흘러 나가지는 못한다는 점 등 지형과 지화학적地化學的 환경이 스포티드 호수와 유사할 것이라고 생각했다. 그래서 극한환경의 스포티드 호수에 조류와 미생물이 서식한다면 화성에도 미생물의 형태로 생명체가 존재할 수 있다는 가설을 제기했다. 스포티드 호수의 극한환경에 서식하는 미생물이 발견됨으로써 화성에 생명체가 존재할 수 있다는 단서가 마련된 셈이다.

하지만 오늘날 화성은 지구와 비교할 때 기온이 매우 낮고 추우며, 생성된 지 이미 수십 억 년이 되었다는 사실이 문제점으로 지적되기도 했다. 그러나 2017년 나사의 화성탐사선 큐리오시티가 약 38억 년 전에 형성된, 화성의 게일 분화구에서 채취한 황산칼슘 암석에서 붕소(붕사와 붕산의 원료로 이용되는, 다이아몬드처럼 단단한 무정형의 비금속 원소)를 발견했다. 붕소는 생명체의 구성요소 중 하나인 리보핵산RNA을 만드는 데 이용되기 때문에, 이는 고대 화성에 생명체가 존재했을 수도 있음을 시사한다.

투크토야크툭,
툰드라 동토지대 주빙하지형의 전형

▶   투크토야크툭의 핑고. 유라시아와 아메리카 대륙이 북극해와 만나는 연안 일대의 북극권은
거센 찬바람, 눈보라, 얼음 그리고 혹한이 지배하는 곳이다. 이를 대표하는 곳이 캐나다에서 가장
긴 강인 메켄저강이 북극해로 흘러드는 하구에 있는 투크토야크툭이다. 이곳에는 셀 수 없을 만큼
많은 소호, 다각형 구조토, 크고 작은 구릉인 핑고가 있다. 사진 속 분석구처럼 보이는 원추형 구
릉은 핑고로, 주빙하지형에서만 볼 수 있는 지형으로 주빙하기후의 경계를 나타내는 지표이기도
하다.

영구동토의 땅, 툰드라

투크토야크툭^{Tuktoyaktuk}이 위치한 캐나다 북부를 비롯하여 미국의 알래스카, 러시아의 시베리아, 북유럽의 북극해와 접한 지역은 북극권(66° 33′ 위쪽 지역으로 한대와 온대를 구분하는 경계선이며, 이곳의 여름은 짧고 겨울은 길다) 주변 지역으로, 1년 내내 땅속 온도가 0℃ 이하를 유지할 만큼 추운 주빙하^{周氷河} 기후가 나타난다. 이곳 땅속 토양은 연중 얼어 있어 영구동토대^{永久凍土帶}라고 하는데, 총면적은 약 2,100km²로, 북반구 면적의 4분의 1을 차지한다.

한여름인 8월에도 기온이 10℃ 이하인 데다 기온이 오르지 않아 나무가 자라지 못한다. 그래서 이 지역을 핀란드어로 '수목이 없는 땅'이란 뜻의 툰드라라고 부르기도 한다. 영구동토대에서는 암석과 토양 속의 수분이 얼었다 녹았다를 반복하는 기계적 풍화가 활발하여 구조토, 핑고 ^{pingo}와 같은 독특한 주빙하지형이 발달한다.

영구동토대는 짧은 여름철에는 일시적으로 지표면이 녹아서 이끼와 지의류^{地衣類} 그리고 작은 관목이 무성하게 자라지만 긴 겨울에는 눈으로 덮이고 영하 45℃ 이하로 내려갈 만큼 혹한이 지속된다.

토양은 여름철에 자란 이끼 등의 집적물이 완전히 썩지 못하고 발효되면서 쌓인 이탄^{泥炭}이 대부분이어서 물이 잘 빠지지 않는다. 그래서 영구동토대에서는 농사를 지을 수 없다. 그럼에도 캐나다, 알래스카, 시베리아 북부의 영구동토대에는 원주민인 이누이트 약 11만 명이 고래와 물범을 사냥하고 순록을 기르고 물고기를 잡으며 살고 있다.

토빙이 녹아 생긴
열카르스트 빙해호

투크토야크툭의 매켄지강 하류 삼각주 부근의 영구동토층은 약 5만 년 전에 생성되기 시작했는데, 두께가 약 80~100m이며 가장 두꺼운 층은 약 740m 에 이른다. 현재 이곳에는 엄청난 수의 소호沼湖가 지표를 메우고 있다.

이들 소호는 겨우내 얼어 있던 땅속 토빙(土氷, 영구동토층 중에 얼음의 결정이 수직 방향으로 만들어진 얼음쐐기)이 봄·여름철에 녹으면서 내려앉은

○ **투크토야크툭의 빙해호 위성사진.**
여름철 땅속 얼음이 녹아 생긴 빙해호들이 지표면을 가득 메우고 있다. 투크토야크툭 열카르스트 빙해호는 지반을 견고하게 떠받치던 토빙이 녹아 물로 바뀌면서 싱크홀처럼 지표면이 함몰되어 형성된 열카르스트 지형의 하나로, 와지窪地에 물이 고여 생겼다. 지구온난화로 매켄지강 하구 투크토야크툭의 빙해호가 급격히 늘어나고 있다.

자리에 얼음이 녹은 물이 고여 생긴 열熱카르스트 빙해호thermokarst, 氷解湖다. 평면상의 요지凹地가 생긴 것이 카르스트 지형이 형성된 것과 유사하여 카르스트라는 이름이 붙었을 뿐, 실제 석회암 카르스트 지형과는 무관하다. 열카르스트 빙해호를 시베리아에서는 알라스alas라고 부른다.

지표면이 내려앉아 땅속 토빙이 지표에 노출되면 서서히 녹으면서 중심부의 낮은 곳으로 융빙수(融氷水, 빙하가 녹아 흘러내리는 물)가 몰려 작은 연못이 생긴다. 하나의 연못은 영구동토층이 빠르게 녹으면서 이웃 연못과 합쳐져 점차 깊이 약 3~4m, 크기 약 300~2,000m의 큰 호수인 빙해호로 성장한다. 자연상태에서 빙해호는 약 1만 3,000~1만 1,000년 전 사이에 생기기 시작했을 것으로 생각되지만, 최근 기후변화로 지하의 토빙이 빨리 녹으면서 영구동토층 곳곳에 호수가 급속히 생겨나고 있다.

토빙이 얼어붙고 녹으면서 생긴 얼음쐐기구조토

호수 주변 곳곳에서는 거북 등껍질 또는 악어피부 같은 다각형 모자이크 무늬의 토양을 볼 수 있다. 이는 토빙이 얼어붙고 녹으면서 생긴 다각형 구조지형으로 얼음쐐기구조토ice-wedge polygon라고 한다.

영구동토층 지하 속의 얼음은 녹아 없어지지 않는 한 주위의 수분을 빨아들여 점점 성장한다. 토빙은 지하의 갈라진 틈을 따라 지속적으로 수분을 공급받으면서 점차 얼어붙고 더욱 틈이 벌어지며 땅속 깊이 수직으로 성장한다. 수평으로도 성장하여 깊이 약 10m, 두께가 약 30m 이상인 것도 있다.

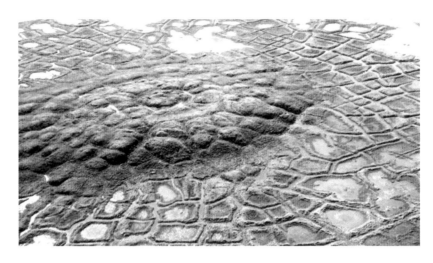

○ **투크토야크툭의 얼음쐐기구조토.**

얼음쐐기구조토는 토빙이 얼어붙고 녹으면서 생긴 다각형 구조지형으로, 영구동토층이 발달한 주빙하지형에서만 볼 수 있는 지형이다.

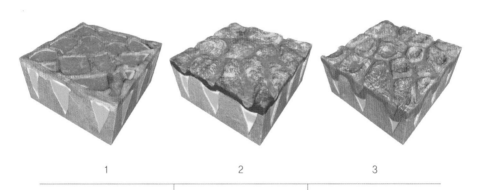

1	2	3
겨울철 토빙에 수축현상이 일어나 지표면에 수직적인 다각형 균열이 생긴다. 이후 여름철 토빙이 팽창하면서 부력에 의해 토빙 윗부분의 토양이 들어 올려지고, 활동층이 확장되면서 토빙 사이의 중심부 저지대에 물이 고여 연못이 만들어진다.	여름철 기온상승으로 지표면에 모습을 드러낸 토빙이 빨리 녹으면서 토빙이 있는 곳들이 주변 지역보다 낮아져 토빙과 토빙 사이를 연결하는 작은 도랑이 만들어진다.	토빙과 토빙 사이에 생긴 도랑을 따라 연못의 물이 모두 배수되고 나면, 도랑에 골이 생기고 낮았던 연못 중심부의 활성층은 물기가 빠져 건조한 상태를 유지하여 다각형의 얼음쐐기구조토가 생겨난다.

얼음쐐기구조토 형성과정

이러한 토빙이 기온이 영하 40~20℃ 이하로 내려가면 수축현상이 일어나 지표면에 수직적인 다각형 균열이 생긴다. 균열을 따라 다년간에 걸쳐 수분이 침투하여 얼어붙으며 토빙이 성장할 때, 토빙이 있는 곳은 토양층이 들어 올려지는 동상凍上, frost heave현상이 나타나 높아지고, 토빙으로 둘러싸인 중심부는 상대적으로 낮아져 다각형을 이룬다.

영구동토 대지 위로
솟은 구릉, 핑고

매켄지강 하류 드넓은 영구동토의 대지 위로 듬성듬성 솟은 원추형 구릉이 나타난다. 이는 지하의 렌즈 모양 얼음이 다년간 성장하면서 지표의 퇴적층을 밀어 올려 형성된 구릉으로, 지형학 용어로 빙구氷丘, ground-ice mound라고 한다. 원주민인 이누이트는 '작은 산'이란 뜻의 핑고라고 부른다.

북극해 연안 전역에 걸쳐 높이 약 3~7m, 직경 약 30~100m의 핑고가 약 1만 1,000개 발달했는데, 투크토야크툭반도에 집중적으로 발달하여 약 1,350개가 있다. 핑고의 얼음은 보통 1년에 몇 센티미터 정도만 자라는데, 겨울철 호수 바닥에 있는 퇴적물 아래의 얼음이 점차 부피가 커지면서 지표면을 들어 올려 생긴 것이다. 반면, 여름철 핑고의 정상부 퇴적층이 침식·해체되면 얼음이 노출되어 녹아 와지가 만들어지고, 그곳에 융빙수가 고여 소호가 생긴다. 이런 과정을 통해 핑고는 성장과 해체를 반복한다. 지구온난화로 정상부 얼음 핵이 노출되면서 급격하게 녹고 있어, 머지않아 핑고를 보기 어려울 듯하다.

지구의 시한폭탄,
영구동토층

지구온난화로 북극권의 기온이 높아지면서 영구동토층이 빠르게 녹고 있다. 얼음으로 덮인 땅이 녹아 식물이 자라면 좋을 것 같지만 그렇지 않다. 온실가스가 증가하여 해수면이 상승하고 기후체계 및 생태계가 교란되어 환경재앙이 우려되기 때문이다.

영구동토층에는 얼어붙기 이전인 수만 년 전에 퇴적된 막대한 양의 동식물 사체가 매장되어 있다. 겨우내 얼어 있다가 봄·여름철에 녹아 토양미생물의 활동으로 유기물이 분해되면서 이산화탄소와 메탄을 방출하여 대기 중의 온실가스 농도가 증가하고 있다.

1970년대 이전에는 토양에서 방출된 이산화탄소의 양과 이끼 같은 식물이 광합성으로 흡수한 양이 거의 비슷하여 지구온난화에 별다른 영향을 미치지 않았다. 그러나 1990년대부터 기온이 상승하여 지하 깊숙한 곳의 토양까지 녹으면서 이산화탄소가 방출되는 양이 점점 더 많아졌다.

영구동토층에는 약 1조 6,000억t의 탄소가 매장되어 있는데, 이는 현재 대기 중 탄소량의 두 배가 넘는다. 특히 갑자기 녹은 융빙수로 생긴 수많은 열카르스트 빙해호의 황산이, 노출된 암석과 화학작용을 일으켜 생기는 이산화탄소가 큰 비중을 차지하고 있다. 영구동토층을 '지구의 시한폭탄'이라고 하는 이유는 바로 이 때문이다.

멸종 위기에 빠진
순록

미국해양대기청의 〈2018년 북극보고서〉에 의하면, 1990년대 북극권에서 470만 마리였던 순록이 20년 사이에 210만 마리로 급감했다고 한다. 특히 미국 알래스카와 캐나다 북부 일대에 서식하는 순록 개체수는 약 60% 이상 감소했다. 지구온난화로 북극권의 기온이 상승함에 따라 순록의 주 먹이인 이끼와 지의류가 현격히 감소한 데다가, 눈 대신 비가 자주 오면서 지표면이 얼음으로 두껍게 덮여 먹이를 구하기가 점점 더 어려워졌기 때문이다.

기온상승으로 해빙海氷이 사라지는 것은 언뜻 보기에 순록에게 이로울 듯하지만, 실제로는 악영향을 미친다. 상대적으로 따뜻한 대서양의 바닷물이 북극해로 흘러들면서 대기 중의 습도가 비정상적으로 높아졌고, 눈보다 비가 더 많이 내리게 되었다.

땅이 물에 잠기고 기온이 영하 40℃까지 떨어져 이끼와 지의류가 두꺼운 얼음에 갇히자 얼음을 부술 수 없게 된 순록들이 굶어 죽는 일이 일어났다. 러시아 북부에서는 2006년 약 2만 마리, 2013년 약 6만 마리, 2015년에는 약 7만 마리 이상의 순록이 굶어 죽었다고 한다. 지구온난화로 인해 대형 모기가 급증하고 탄저균으로 인한 집단폐사 또한 늘어나고 있어 순록의 미래가 불안하기만 하다.

○ **툰드라 대표 초식동물인 순록.**
순록은 북유럽과 시베리아 그리고 알래스카와 캐나다 북부 등지에 서식하는, 툰드라를 대표하
는 초식동물이다. 순록은 북극권 극한의 추위를 견디며 수천 년 이상 툰드라를 지켜 왔다. 하
지만 지구온난화로 인한 기온상승으로 빙하가 녹으면서 이동 중인 순록이 유빙流氷에 갇히는
위험한 경우가 속출하고 있다. 또한 먹이를 구하기가 어려워져 순록의 멸종위기가 우려된다.

투크토야크툭, 툰드라 동토지대 주빙하지형의 전형

나이카동굴,
세계 최대의 크리스털 보석창고

▶ 나이카동굴의 결정들. 얼음덩어리 같은 사각기둥과 유리조각 같은 석고결정들이 동굴 천장
과 바닥 곳곳을 가득 메우고 있다. 동굴은 오랜 기간 열수에 잠겨 있었고, 1985년 지하 광맥을 굴
착하기 위해 열수가 모두 퍼 올려졌다. 열수 속에 잠겨 결정성장을 하던, 셀레나이트라 불리는 석
고결정체들은 더 이상 자라지 못하고 성장을 멈췄다. 이후 2000년에 이 동굴이 발견되어 세상에
알려지게 되었다. 마치 동화에나 나올 법한 환상적인 지하세계의 이러한 풍광을 멕시코 치와와주
나이카 광산 지하 깊은 곳에 위치한 나이카동굴에서 볼 수 있다.

수정 같은 투명결정의
정체는 셀레나이트

미국과 멕시코의 국경 부근 치와와사막의 중부 광산도시 나이카에 위치한 나이카Naica동굴은 2000년 멕시코 광부인 산체스 형제가 납과 은을 캐기 위해 더 깊은 곳으로 터널을 파 내려가던 중 지하 290m 부근에서 발견한 동굴이다. 깊이 약 27m, 폭 약 9m의 나이카동굴은 세계 최대 규모의 크리스털동굴로, 동굴 안에는 수정같이 투명한 거대한 결정이 빼곡히 채워져 있다.

결정의 크기는 대부분은 6~10m 정도 되고, 가장 큰 것은 길이 약 11m, 두께 약 1m로 세계 최대를 자랑한다. 이 결정들은 수정처럼 보이지만 실제로는 자연상태에서 만들어진 석고다.

석고는 분필, 조각, 시멘트, 의료용 깁스 따위의 재료로 쓰이는 비금속광물이다. 석고는 토양 내에서 가장 흔히 볼 수 있는 광물로, 무색이거나 흰색 또는 회색이며, 주로 물이 많이 증발된 곳에 생성된 증발암인 암염 등과 함께 대규모로 묻혀 있다. 석고 가운데 투명하거나 반투명한 것을 셀레나이트selenite라고 하는데, 나이카동굴에서 발견된 석고가 바로 셀레나이트에 해당된다.

동굴의 공식 명칭은 크리스털동굴Cave of the Crystals이다. 이때 크리스털을 우리말로 수정으로 옮겨 수정동굴이라고 하기도 한다. 왜냐하면 흔히 크리스털이라고도 부르는 유리제품이, 두드리면 경쾌한 소리가 나며 맑고 투명한 수정(水晶, quartz, 이산화규소로 구성된 석영石英의 결정광물)과 같기 때문이다. 하지만 여기서 말하는 크리스털 또는 수정은 보석이나 유리제품이 아니라, 가스나 액체 또는 흩어져 있는 물질들이 모여 고체 형태를 이룬 것을 뜻하는 '결정結晶, crystal'을 가리키는 용어다. 석고결정체인 셀레나이트는 석영의 결정광물인 수정과는 관련이 없기 때문에 수정보다는 결정이 더 정확한 우리말 표현이라 하겠다.

특수 장비를 착용해야만
출입할 수 있는 동굴

나이카동굴은 광석을 캐내기 전에는 물에 잠겨 있었다. 그러나 광맥을 뚫으면서 동굴에 고인 물을 퍼내자 그 모습이 드러난 것이다. 본래 지하수위는 120m 부근에 있었지만 더 깊은 곳의 광석을 캐내면서 점차 낮아져 현재는 지하 590m 부근까지 이르렀다. 현재 지하 760m 부근까지 채굴된 상태이며, 광석을 캐내기 위해 분당 평균 55m²의 지하수를 지상으로 퍼올리고 있다.

나이카동굴의 내부 환경은 온도가 45~50℃, 습도가 90~100%에 달할 만큼 살인적이다. 이곳에서 지하로 더 깊이 내려갈수록 기온과 지하수의 온도 또한 높아진다. 동굴 아래 약 3~5km 부근에 자리 잡고 있는 뜨거운 마그마에 의해 공기와 지하수가 영향을 받기 때문이다. 따라서 특수 제작한 냉방장치가 달린 아이스배낭을 착용해야만 동굴에 들어갈 수 있다. 들어간다 해도 30분 이상 머물기 힘들다고 한다.

셀레나이트 결정.
지표로부터 지하수를 따라 흘러 들어온 티끌이나 먼지 그리고 무기물 등과 같은 작은 파편 등이 플러스(+)인 핵 역할을 하며, 핵을 중심으로 마이너스(−)인 황산칼슘 이온들이 일정한 방향으로 달라붙어 서서히 결정이 만들어지면서 성장한다. 때로는 눈꽃이 핀 모양을 이루기도 하여 자연의 신비함이 느껴지기도 한다.

열수작용과 결정작용으로
만들어지는 셀레나이트

동굴 아래 깊은 곳의 뜨거운 마그마가 없었다면 셀레나이트는 생성되지 못했을 것이다. 지구상 천연광물 중 가장 단단한 다이아몬드(탄소결정체로, 지각 약 120~200km 깊이의 맨틀 상부에서 초고압과 초고온의 조건에서 생성된다)를 제외한 대부분의 광물은 화산활동으로 일어나는 열수작용과 결정작용結晶作用으로 만들어진다.

마그마의 열로 데워진 지하수, 즉 열수가 주위의 암석을 녹인다. 이후 암석에서 광물이 녹아 만들어진 뜨거운 광물수용액이 지하의 단층과 절리를 따라 이동하여 마그마가 없는 장소에 오면, 서서히 열을 상실하여 냉각된다. 그러고는 액체 내부에 포화상태로 있던 물질들이 모여 고체상태로 결정됨으로써 광물이 만들어진다. 바닷물이 증발해 소금결정이 만들어지는 원리와 비슷하며, 셀레나이트는 다음과 같은 과정으로 생성된다.

주로 땅속 깊은 곳의 마그마에 의해 가열되어 올라온, 황 성분을 함유한 약 130℃의 열수와 지표면에서 흘러 들어온, 산소가 녹아 있는 물이

동굴에서 만나 황산이온이 만들어진다. 그리고 황산이온이 동굴의 석회암에서 용해된 칼슘이온과 만나 서로 반응하여 고농도의 포화상태인 황산칼슘 열수 용액이 생성된다.

이후 마그마의 열기가 공급되지 않아 황산칼슘 열수 용액이 서서히 냉각되고, 약 58℃의 일정한 온도에서 오랜 시간 천천히 결정성장結晶成長함으로써 거대한 석고침전물인 셀레나이트가 만들어지는 것이다.

셀레나이트가 천장에 매달린 고드름 또는 기둥 모양 그리고 눈꽃 모

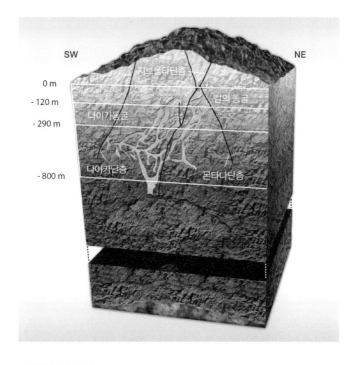

○ **나이카 광산 단면도.**
현재 갱도를 따라 지하 760m 부근까지 채굴된 상태이며, 광석을 캐내기 위해 배수펌프를 24시간 가동하여 지하수를 퍼내고 있다. 이 때문에 본래 지하 약 120m에 있던 지하수위가 590m 부근까지 내려갔다. 나이카단층과 몬타나단층은 지하수를 퍼내는 통로로 이용되고 있다. 한편 지하수의 산소와 중수소 동위원소 연대측정 결과, 현재의 지하수는 약 50년 전 지표에서 흘러든 물로 알려졌다.

양으로 생성되는 이유는 무엇일까? 이러한 결정들은 결정이 성장할 만한 일정한 빈 공간, 즉 지하에 동공이 있어야만 생길 수 있다.

　나이카동굴은 석회암이 용식되어 만들어진 석회동굴이다. 포화상태인 황산칼슘의 열수 용액이 고일 만한 동굴이 있었기 때문에 셀레나이트가 생성될 수 있었다. 만약 동굴이 없었다면 열수 용액이 암석의 갈라진 틈이나 절리면을 따라 파고 들어가 굳어져 암맥(dike, 마그마가 지층이나 암석의 갈라진 틈으로 뻗어 나가 굳은 줄기)과 같은 것이 되고 말았을 것이다. 그리고 결정은 핵을 중심으로 상하좌우 구분 없이 어느 한 방향으로 성장하기 때문에 동굴 내부의 셀레나이트 결정들이 동굴 바닥 또는 천장이나 벽면 등에서 각각 다양한 방향으로 뻗어 나가게 된 것이다.

열수에 좌우되는
셀레나이트의 결정성장

현재 나이카동굴의 셀레나이트는 동굴의 열수가 빠져나갔기 때문에 결정성장이 멈췄으며, 공기에 노출되어 중력의 영향으로 쉽게 부서지거나 무너질 수 있는 상태다. 지금 크기의 거대한 셀레나이트가 결정성장하는 데 적어도 약 50~60만 년은 걸렸을 것으로 추정된다. 셀레나이트는 광석 채집이 중단되면 다시 지하의 열수가 차올라 물에 잠길 것으로 예상된다. 그러면 멈췄던 결정성장이 다시 시작될 것이다.

　현재 나이카동굴은 셀레나이트가 도난당하는 것을 방지하기 위해 일반인은 출입이 금지된 상태이며 정부의 허가를 받은 경우에만 들어갈 수 있다. 나이카동굴 이외에도 1910년에 지하 약 120m에서 '칼의 동굴^{The}

cave of Sword'이 발견되었고, 2000년에는 '여왕의 눈 동굴The cave of Queen's Eye'과 '양초 동굴The cave of Candles'이 발견된 바 있다. 안타깝게도 칼의 동굴 내부의 셀레나이트는 박물관 등지로 대부분 반출되었다고 한다.

셀레나이트 안에서 발견된
약 5만 년 전의 생명체

지하 약 300m 깊이에 있는 동굴의 내부는 뜨거운 수증기와 강强산성의 유황가스가 올라오는 고온다습한 극한 환경이어서 생명체가 살기 어렵다. 그러나 2017년 미국항공우주국NASA 연구팀에 의해 셀레나이트 안에서 오랜 기간 활동하지 않은 40여 종의 미생물이 발견되어 소생되었다. 미생물들은 밀폐된 암흑공간에서 햇빛 대신 거대한 셀레나이트 안에 함유된 철과 황 같은 광물질minerals을 처리하며 에너지를 얻어 생존할 수 있었다.

셀레나이트가 결정성장하는 시간을 토대로 어림짐작해 보면, 이 미생물들은 약 1만~5만 년 전에 셀레나이트 안에 갇힌 것으로 추정된다. 이는 생명체가 지구의 극한환경에서 어떻게 생존하는지를 보여 주는 사례로, 우주의 극한환경에서도 외계생명체가 존재할 가능성을 암시한다는 면에서 그 의의가 크다.

암염 예술공간과 전시장으로 변신한
비엘리치카 소금광산

폴란드 크라쿠프 남서쪽 약 15km 지점에 유럽에서 가장 역사가 오래되었으며, 세계에서 규모가 가장 큰 소금광산인 비엘리치카Wieliczka 소금광산이 있다. 비엘리치카 소금광산은 인근 보흐니아 소금광산과 함께 1978년 유네스코 세계문화유산으로 등재되었다. 가장 눈길을 끄는 공간은 지하 약 100m 지점에 있는 킹가 예배당으로, 성서의 주요 장면이 조각되어 있다. 1290년부터 암염을 캐내기 시작하여 1992년까지 약 700년 동안 총 면적 2,600km²의 암염이 채굴되었다.

광산 내부에는 약 300개의 방과 180개 이상의 갱도가 있고, 갱도는 총연장 약 350km에 달한다. 암염층은 약 1,000만 년 전 이곳이 내륙호수였을 당시 호수의 물이 증발되고 포화상태의 소금 성분이 결정성장하여 형성된 것으로 두께는 약 100~300m이다. 가장 깊은 곳에 있는 갱도의 깊이는 지하 330m 정도이며, 광산 내부로 흘러드는 지하수는 분당 260ℓ로 배출되고 있다.

산화철 함량에 따라 더 아름다워지는
언양 자수정 동굴

울산광역시 울주군에는 한국을 대표하는 보석인 자수정 광산이 있다. 자수정紫水晶, amethyst은 이산화규소의 화합물인 석영의 변종으로, 산화철 성분함량이 많을수록 짙고 아름다운 자주색을 띤다.

수정은 규산염이 함유된 열수 용액이 암석의 틈 사이 일정 공간에 고인 상태에서 서서히 냉각되면서 결정성장하여 생성된다. 이 과정에서 산화철 성분이 섞이면 자주색 자수정이 만들어진다. 그리고 자수정을 가

열하면 탈색되어 무색 또는 황색의 황수정黃水晶이 된다.

현재 폐광된 광산은 '언양 자수정 동굴나라'라는 동굴테마파크로 조성되었다. 총연장 2.5km에 이르는 동굴 내부에서는 자수정의 실제 광상鑛床을 살펴볼 수 있으며, 지하에 물을 끌어들여 띄운 보트를 타면서 갱도 곳곳을 살펴볼 수 있다.

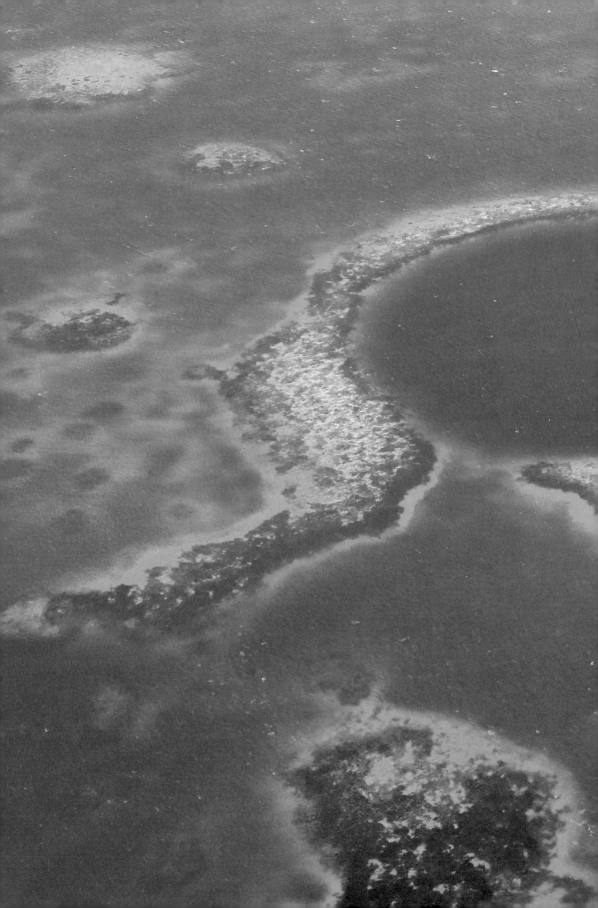

그레이트블루홀,
해저 싱크홀 환초의 원형

▶ 벨리즈 앞바다의 그레이트블루홀. 중앙아메리카 카리브해 내륙과 도서 연안 수심이 얕은 바다에는 산호초 군집이 넓게 발달해 있다. 이들 산호초 한가운데 거대한 원형 구멍이 뚫려 있는데, 이는 중심부가 내려앉은 해저 싱크홀로 수심이 깊어 짙푸른 색을 띤다. 생김새가 사람의 눈 모양을 닮았고 우주에서도 관측할 수 있어 '지구의 눈'이라 불리기도 한다. 보고 있으면 어떤 마력에 빨려 들어가는 듯해 '다른 세계로 통하는 문', '신이 만든 함정'이라는 별칭도 얻었다. ◆ 벨리즈 산호초 보호 지역/1996년 유네스코 세계자연유산 등재, 2009년 위험에 처한 세계유산 등재/벨리즈.

해저수중에 발달한
수직 동공

중앙아메리카 유카탄반도 동남쪽에 위치한 벨리즈는 카리브해에 면한 작은 나라로, 아름다운 산호초 군집이 바다를 가득 채워 '카리브해의 보석'으로 불린다. 벨리즈 앞바다에는 연안과 평행하게 발달한 앰버그리스키배리어리프(Ambergris Caye Barrier Reef, 배리어리프는 '보초堡礁'라고도 하며 육지에서 분리되어 해안을 따라 나란히 길게 이어진 산호초를 말한다)와 동쪽으로 글로버Glover, 투르네페Turmeffe, 라이트하우스 등 세 개의 환초(環礁, atoll, 안쪽은 얕은 바다, 바깥쪽은 큰 바다와 이어진 고리 모양으로 배열된 산호초)가 남북으로 약 250km 이어지는 북반구 최대의 산호초 군집이 발달해 있다.

　라이트하우스 환초 중심부에 있는 그레이트블루홀Great Blue Hole은 그동안 벨리즈 어부들 사이에서만 얘기되던 비밀스러운 곳이었다. 1971년 프랑스 해양탐험가 자크 쿠스토Jacques Cousteau가 최초로 탐험에 나서면서 그레이트블루홀이 지름 약 300m, 깊이 약 120m에 달하는 해저의 거대한 수직 동공임이 밝혀졌다.

　그레이트블루홀의 매력적인 풍광이 전 세계에 알려지면서 이곳은 다이버 마니아들의 성지가 되었다. 그러나 동공 내부의 지형이 복잡하고 유속이 빠르며 내부 퇴적물이 물속에 떠다녀서 시야를 확보하기 어려워 다이버들의 목숨을 앗는 곳이 되기도 한다.

화산섬이 가라앉으면서 생겨난 환초

산호초는 산호가 죽은 뒤 석회성 골격과 분비물인 탄산칼슘이 쌓여 형성된 암초를 말하는데, 섬과 산호의 위치에 따라 거초(裾礁, fringing reef, 섬이나 육지에 접하여 이것들을 둘러싸듯 발달한 산호초), 보초, 환초로 구분된다. 바다 위에서 고리 모양의 띠로 배열된 환초는 해수면 아래 둥근 분화구의 가장자리에 착생한 산호초들이 성장하여 만들어지는 것으로 여겨져 왔다. 그러나 영국의 생물학자인 찰스 다윈이 환초는 그와 반대로, 섬이 가라앉으면서 화산섬 주변에 자란 산호초가 고리 모양으로 남아 만들어지는 것임을 밝혀 냈다.

1836년 다윈은 인도네시아 남서쪽 코코스제도에서 고리 모양의 수많은 환초를 관찰하고는 환초의 형성이 화산섬의 침강과 관련이 있다고 생각했다. 다윈은 화산섬에 환초가 형성되려면 섬이 가라앉으면서 '거초→

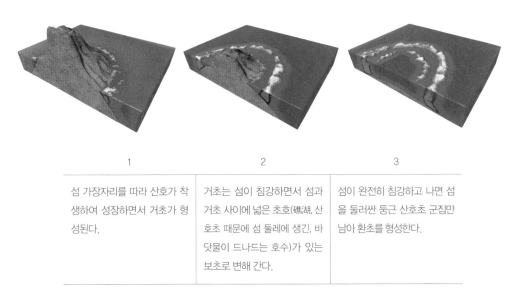

1	2	3
섬 가장자리를 따라 산호가 착생하여 성장하면서 거초가 형성된다.	거초는 섬이 침강하면서 섬과 거초 사이에 넓은 초호(礁湖, 산호초 때문에 섬 둘레에 생긴, 바닷물이 드나드는 호수)가 있는 보초로 변해 간다.	섬이 완전히 침강하고 나면 섬을 둘러싼 둥근 산호초 군집만 남아 환초를 형성한다.

환초 형성과정

그레이트블루홀, 해저 싱크홀 환초의 원형

○ **환초가 발달한 인도양 섬나라 몰디브.**
남아시아 인도와 스리랑카의 남서쪽 인도양에 있는 몰디브는 남북방향의 해저화산대를 따라 26개의 환초가 길게 늘어서 있다. 환초가 발달한 대부분의 화산섬들은 화산활동이 중단되면서 지각이 냉각되고 무거워져 서서히 가라앉고 있다. 섬이 완전히 하강하여 해수면 아래로 잠기면 섬 가장자리에 착생한 산호초들만이 남아 원형의 환초로 변해 갈 것이다.

보초 → 환초'의 3단계 과정을 거친다는 결론을 내렸다. 오늘날 다윈이 제안한 산호초 진화론은 과학계에 정설로 받아들여지고 있다.

거대한 구멍은
석회암이 함몰되어 생긴 싱크홀

그레이트블루홀 주변의 환초는 중심부 지반이 함몰하여 생긴 싱크홀의 가장자리에 산호가 성장하여 형성된 것이다. 이는 다윈의 산호초 진화론에서 환초가 생겨나는 원인과 다르다.

싱크홀은 땅속 지하수에 의해 침식되거나 용식되어 생긴 빈 공간이 중력의 하중을 받아 붕괴되면서 만들어진 거대한 구멍을 말한다. 싱크홀은 땅속 석회암이 용식되어 동굴과 같은 빈 공간이 잘 만들어지는 석회암 분포 지역에 주로 발달한다.

우리나라 지질은 주로 편마암과 화강암이어서 자연 형태의 싱크홀은 그다지 발달하지 않은 편이다. 하지만 석회암이 많이 분포하여 지하에 석회동굴이 발달한 충청북도 북부의 단양과 제천, 강원도 남부의 태백, 영월, 평창 등지에서는 이를 볼 수 있다.

그레이트블루홀을 포함한 벨리즈 앞바다의 산호초 군집 하부의 지질은 약 1억 4,000만~6,500만 년 전 사이 이곳이 얕은 바다였을 당시 산호와 조개껍데기가 쌓여 형성된 석회암이다. 석회암은 탄산과 유기산을 다량 함유한 빗물과 지하수에 쉽게 잘 녹는다. 석회암층에 발달한 단층과 절리의 틈을 타고 지하수가 스며들어 석회암이 용식되고, 지하수가 흐르는 물길을 따라 동굴이 발달한다. 시간이 지날수록 동굴은 점점 더 커지고, 이후 지하수가 더 낮은 곳으로 이동하여 새로운 물길을 내면 상층의 기존 통로는 지하수가 흐르지 않는 동굴이 된다.

이후 상층부의 동굴이 중력의 무게를 못 버티고 붕괴되어 지반이 함몰하면 거대한 구멍(카르스트 지형에 해당되는 돌리네^{Doline}를 말한다)이 발달한다. 지하의 동굴 내부에는 지하수에 함유된 탄산칼슘이 침전·퇴적되어 종유석, 석순, 석주 등과 같은 동굴지형이 형성된다. 이와 같이 그레이트블루홀이 석회동굴이 형성되는 과정에서 싱크홀에 의해 생겨난 것으로 보아, 해저 지하에 여러 개의 동굴이 발달했으며 같은 원리로 또 다른 그레이트블루홀이 생겨날 가능성 또한 높다.

해수면 상승으로
물속에 잠긴 그레이트블루홀

해수면의 상승과 하강은 빙하의 발달과 쇠퇴에 영향을 받는다. 지구의 기온이 내려가면 극지방과 고산지대의 빙하가 세력을 확장하여 해수면은 하강한다. 반면 지구의 기온이 올라가면 빙하가 녹아 해수면은 상승한다. 약 200만 년 전부터 현재까지 다섯 번의 주요 빙하기와 그사이 네 번의 간빙기(빙기와 빙기의 사이로 빙기에 비해 기온이 상대적으로 높았던 온난한 시기)가 있었다. 이로 인해 그레이트블루홀은 빙하의 성쇠에 따라 해수면이 상승하여 바다에 잠기고 하강하여 육지가 되는 과정을 여러 차례 반복했다.

　그레이트블루홀은 현재 바다에 잠겨 있지만, 지하의 석회동굴과 싱크홀이 형성된 시기는 바다 위에 드러난 육지였을 때다. 그레이트블루홀의 가장 깊은 곳 수심 약 120m는 과거 석회동굴 내부의 지하수가 흘렀던 통로의 높이인 약 120m를 말한다. 빙하기가 지속되는 동안에는 해수면이 약 120m 이하로 내려갔기 때문에 그레이트블루홀은 육지 상태에서 석회암이 용식작용을 받아 지하에 동굴이 생겨나고, 동굴 내부에 석순과 종유석 등이 형성되었다.

　빙하기가 물러난 뒤 간빙기에는 해수면 상승으로 다시 바다에 잠겼다. 약 50만 년 전(163쪽 그림 A)을 전후하여 빙하기의 육지 상태였을 때 지하수가 석회암에 가하는 용식작용으로 지하에 동굴이 생겨났을 것으로 추정된다. 언제 지반이 함몰되어 싱크홀이 생겼는지는 정확히 알 수 없다. 현재보다 해수면이 120m가량 낮아 육지상태였던 약 15만~12만 년 전(163쪽 그림 B) 그리고 약 2만~1만 8,000년 전(163쪽 그림 C) 두 시기에 걸쳐 석회암이 용식되어 지하에 동굴이 단계별로 생겼고, 지반이 붕괴하여 싱크홀이 만들어졌을 것으로 추정된다.

그레이트블루홀은 마지막 빙하기가 극성기에 달했던 약 2만~1만 8,000년(163쪽 그림 C) 전을 지나면서 해수면이 상승하여 바다에 잠기기 시작했다. 현재 그레이트블루홀의 환초는 수심 약 5m 지점에 발달해 있다. 약 6,000년 전 수심은 현재보다 6m가량 낮았다. 약 6,000년 전까지만 해도 그레이트블루홀은 약 1m 높이로 바다 위에 드러나 있었고, 현재의 해수면을 유지하게 된 약 3,000년 전부터 바다에 완전히 잠겨 오늘에 이르고 있다.

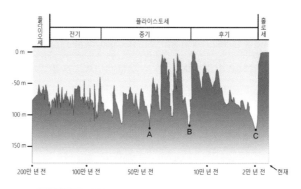

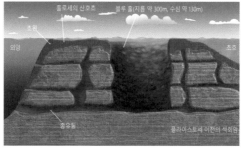

○　**해수면의 변화 곡선과 산호초 단면 모습.**
　빙하의 성쇠에 따라 해수면은 상승하거나 하강한다. 약 50만 년 전 전후 해수면이 현재보다 약 120m 낮았을 만큼 추웠던 빙하기가 세 차례 있었다. 석회암 지층에 각기 다른 높이에 있는 동굴들은 지하 깊은 곳으로 갈수록 가장 최근과 가까운 시기에 형성된 것이다. 동굴이 중력의 영향으로 붕괴되면서 약 120m 함몰되어 만들어진 원형의 싱크홀이 그레이트블루홀이다.

'지옥으로 가는 문'이라 불리는
다르바자의 불타는 싱크홀

중앙아시아 투르크메니스탄 아할주의 카라쿰사막 한복판에 위치한 다르바자에는 50년 가까이 꺼지지 않고 불타고 있는 거대한 불구덩이가 있다. 1971년 소비에트연방 시절, 연방정부가 석유 채굴 과정에서 지하 깊게 파 내려가던 중 지반 붕괴로 지름 약 70m, 깊이 약 30m 크기의 싱크홀이 생겼으며, 이곳에서 천연가스가 새어 나오기 시작했다. 자연 상태의 천연가스 누출은 대형 폭발 사고의 위험이 커, 정부는 싱크홀에 불을 붙여 가스를 모조리 태워 버리기로 했다. 그러나 갖은 방법으로 불을 끄려 했으나 불은 꺼지지 않았고 현재까지도 계속 불타고 있다. 황량한 사막벌판에서 불타오르는 싱크홀의 모습이 지옥의 입구처럼 보여 '지옥으로 가는 문'이라고 불린다.

싱크홀에 바닷물이 흘러들어 생긴,
록아일랜드의 해파리호수

태평양 미크로네시아에 속한 섬나라 팔라우 남쪽 록아일랜드제도Rock Islands에는 해파리로 유명한 호수가 있다. 해파리호수는 신생대 약 2,600만~700만 년 전 사이 형성된 석회암이 용식되어 발달한 싱크홀에 바닷물이 흘러들어 형성되었으며, 마지막 빙하기가 끝난 이후 약 1만 2,000년 전부터 서서히 바다에 잠겼을 것으로 추정된다.

외부 바다와 격리된 해파리호수는 수면 부근의 세 개 터널을 통해 바닷물이 드나들고 있지만, 이는 호수용적의 약 2.5%에 해당될 만큼 극히 일부로서 거의 고립되어 있다고 할 정도다. 이런 독특한 환경에서 해파리는 오랫동안 포식자인 거북 천적과 격리되어 진화했고, 먹이를 공격하는 촉수가 퇴화되어 독이 없어져 버렸다. 팔라우의 해파리호수가 스노클링의 대표명소가 된 것은 바로 이 때문이다.

카나이마 국립공원,
원시세계의 비경을 간직한 테푸이 천국

▶ 베네수엘라 카나이마 국립공원의 로라이마테푸이. 드넓은 고원 위로 수직으로 솟아오른 거대한 탁자 모양의 독특한 암석산지가 곳곳에 흩어져 있다. 요새와도 같은 웅장한 암석산지가 안개에 휩싸여 있을 때는 원시세계의 태곳적 신비감이 느껴진다. 사각형의 거대한 암석산지를 보면 《구약》 〈창세기〉에 나오는 노아의 방주가 연상된다. ◆ 카나이마 국립공원/1994년 유네스코 세계문화유산 등재/베네수엘라.

'신들의 정원' 테푸이 천국

남아메리카 북부 오리노코강 동쪽과 아마존강 북쪽 사이 기아나 순상지 (楯狀地, shield, 지질학적으로 가장 오래되고 안정된 지각으로 고생대 이후 지각변동을 받지 않은 가운데 오랜 침식으로 방패를 엎어 놓은 듯한 완만한 대지를 말한다)에 위치한 베네수엘라 볼리바르주 카나이마Canaima 국립공원은 베네수엘라, 브라질, 가이아나 3개국과 접해 있으며, 면적 약 3만 km²로, 우리나라 경상도와 비슷하다. 카나이마 국립공원의 가장 큰 특징은 약 100개가 넘는

○ **폭포가 생성된 우기의 로라이마테푸이.**
정상부 암석은 조직이 치밀한 사암이어서 빗물이 잘 스며들지 않는다. 우기에는 정상에 내린 빗물이 모여 절벽으로 떨어지는 폭포가 곳곳에 생긴다. 대부분의 테푸이는 직벽의 수작이어서 오를 수 없지만 로라이마테푸이는 걸어서 오를 수 있어서 관광객이 많이 찾는다.

테푸이가 발달해 있다는 점이다. 테푸이Tepui는 산 정상부가 평평한 대지臺地로, 탁자 모양인 지형을 일컫는 용어다. 탁자 모양을 닮았다 하여 영어로는 '테이블마운틴'이라 하며, 에스파냐어로는 '메사'라고 한다.

테푸이는 지구상 가장 오래된 땅덩어리의 일부로, 다른 곳에서는 보기 어려운 독특한 지형이다. 테푸이는 아메리카 원주민 페몬족의 말로 '신들의 집'이란 뜻이라고 한다. 이는 해발고도 약 1,000m~3,000m에 달하는 테푸이의 위용에 경외감을 느낀 원주민들이 테푸이를 신앙의 대상으로 삼아 붙인 말인 듯하다.

영화 〈킹콩〉이나 〈쥐라기 공원〉에 등장하는 테푸이는 외부 세계와 단절되어 있는 듯 보인다. 카나이마 국립공원의 테푸이는 코난 도일의 소설 《잃어버린 세계》의 배경으로 등장하면서 전 세계에 알려지기 시작했다.

테푸이 중에서 베네수엘라, 브라질, 가이아나 3개국의 경계에 위치한 로라이마테푸이Roraima Tepui(해발고도 2,772m)는 카나이마 국립공원에서 가장 높은 테푸이로 베네수엘라의 랜드마크다. 로라이마는 원주민 언어로 '위대하다'라는 뜻으로, 전체 둘레 길이 약 14km에 높이 약 400m인 수직 절벽으로 이루어져 마치 요새와도 같다.

탁상 모양 테푸이의 형성과정

테푸이의 지질은 약 17억 년 전에 만들어진 사암으로 지구상에서 가장 오래된 암석에 속하며 사암층의 두께는 약 200~3,000m에 이른다. 정상부가 평평한 대지이고 지층에 습곡과 단층이 거의 발견되지 않는 것으로 보아, 지층이 생성된 이래 커다란 지각변동이 거의 없이 안정을 유지하며 오랜 기간 침식되어 평탄대지를 이루었음을 알 수 있다.

테푸이는 순상지가 지층이 융기하여 지표에 드러난 뒤, 지층에 발달
된 수직 균열인 절리를 따라 오랫동안 빗물과 빙하 등에 침식·풍화되면서

1	2
약 17~16억 년 전 해저에서 모래, 자갈, 진흙 등이 교대로 번갈아 가며 쌓여 두터운 퇴적층이 생성되었다.	지반이 융기하여 해저가 육지가 된 뒤, 지각변동으로 지층에 격자형 수직 균열이 생겼다.
3	4
균열선을 따라 오랜 세월에 걸쳐 비바람에 의해 침식·풍화되어 균열의 폭과 깊이가 확대되며, 사각형의 암괴들이 붕괴되기 시작했다.	중력의 영향으로 수직 절벽을 따라 암괴들이 더욱더 붕괴되면서 직벽에 가까운 또는 비탈면을 이루는 테이블 모양의 지형이 형성되었다.

테푸이 형성과정

형성된 것이다. 일반적으로 이렇게 테푸이의 형성과정을 설명해 왔는데, 최근에 '테푸이는 라테라이트화(laterization, 화학적 풍화작용이 활발한 습윤열대지역에서 진행되는 토양생성작용으로, 물이 암석과 반응하면서 나오는 염기물질에 의해 암석이 풍화되는 과정에서 규산이 녹아 빠져나가고 철과 알루미늄이 집적되는 현상)와 차별침식이 일어난 결과'라는 새로운 형성모델이 제기되어 주목받고 있다. 그 형성모델을 소개하면 다음과 같다.

지금의 테푸이를 구성하는 사암층은 라테라이트화작용으로 생성된 운모, 장석, 진흙 등의 퇴적물질로 덮여 있는데, 라테라이트화작용은 고생대 석탄기 약 3억 4,500만~2억 8,000만 년 전 남아메리카 북부 지역이 적

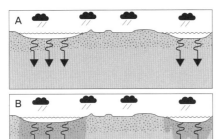

현재의 테푸이를 구성하는 사암층 지역이 고생대 약 3억 4,500만~2억 8,000만 년 전 적도 부근의 열대지역에 위치했을 당시 비와 강물에 의해 라테라이트화작용을 받기 시작했다.

사암층이 물과 접촉하여 라테라이트화작용이 일어나 생성된 이산화규소가 사암층에 서서히 집적되어 암석을 견고하게 만들었다.

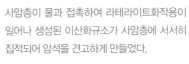

기후조건이 변하여 강수량이 줄어들면서 라테라이트화작용이 멈추었다.

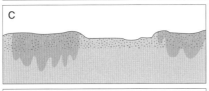

라테라이트화작용이 중지된 상태에서 이산화규소가 집적되지 않은 부드러운 사암층이 먼저 침식·풍화되기 시작하면서 깊게 깎여 나가고, 라테라이트화작용을 받은 단단한 사암층이 남아 수직 절벽의 테푸이를 형성했다.

라테라이트화작용에 의한 테푸이 형성과정

카나이마 국립공원, 원시세계의 비경을 간직한 테푸이 천국

○   **사바나초원에 우뚝 솟은 테푸이.**
탁자 모양의 기암절벽을 이루고 있는 테푸이는 전 세계에서 몇 군데밖에 없는 특이지형이
다. 내륙 깊숙한 곳에 위치하여 원시 자연의 모습을 그대로 간직해, 대자연의 위용을 느끼
게 한다. 중앙에 있는 쿠케난테푸이의 오른쪽이 유일하게 등반 가능한 테푸이인 로라이마
테푸이다.

도 부근의 열대 지역에 있었을 때 일어났다. 이렇게 라테라이트화작용은
강수량이 풍부하고 물과 호수 등이 발달한 곳에서 활발히 일어난다. 라테
라이트화작용으로 사암층 내부로 이산화규소가 집적되어 사암층은 더욱
단단해졌다. 반면 물과 접촉하지 않아 라테라이트화작용이 일어나지 않은
사암층은 상대적으로 부드러워 쉽게 침식되어 빠르게 깎여 나갔다. 이후
단단해진 사암층이 수직 형태로 남아 지금의 테이블 모양의 테푸이가 형
성되었다는 것이다.

세계 최대 폭포, 앙헬폭포

테푸이의 또 다른 특징은 우기인 6~11월에 비가 그치면 테푸이에 정상부 커다란 폭포가 생긴다는 것이다. 테푸이 정상부는 암질 조직이 치밀한 사암이어서 빗물이 잘 스며들지 않는다. 내린 빗물은 작은 도랑이나 개울을 따라 흐르다가 절벽에서 떨어져 폭포를 이루는데, 세계에서 가장 높은 폭포인 앙헬Ángel폭포(해발고도 979m)가 바로 카나이마 국립공원의 아우얀테푸이Auyán Tepui에 있다.

앙헬폭포는 1933년 제임스 크로퍼드 앤젤James Crawford Angel이라는 미국의 한 조종사가 폭포 주변을 비행하다가 우연히 발견하여 세상에 처음 알려졌다. 폭포를 발견했다는 앤젤의 주장은 1949년이 되어서야 인정받았다. 그의 명예를 기리어 앤젤폭포라는 이름을 붙였는데, 이로 인해 전 세계에 앙헬('앤젤'의 에스파냐어)폭포로 알려지게 되었다. 2009년 이후부터는 현재 폭포의 공식 명칭인 '케레파쿠파이 메루Kerepakupai Merú('가장 깊숙한 곳에서 나오는 폭포'라는 뜻)'로 바꿔 불러야 한다는 목소리가 높아지고 있다.

카나이마 국립공원, 원시세계의 비경을 간직한 테푸이 천국

○ **세계에서 가장 높은 앙헬폭포.**
대규모 폭포들은 대부분 큰 규모의 하천이나 배후산지에서 눈 또는 빙하가 녹은 물이 대량으로 공급되어 생긴다. 하지만 앙헬폭포는 '악마의 산'이라 불리는 아우얀테푸이의 정상에 우기에 내린 많은 양의 빗물이 모여 거대한 물줄기를 만들며 절벽에서 떨어진다. 따라서 건기에는 우기와 같은 위용을 기대하기 어렵다.

고립무원의 세계에서
독특한 고유종으로 진화

테푸이의 꼭대기와 지표의 해발고도 차는 무려 1,000m에 육박한다. 이와 같이 높은 절벽이 주변과의 교류를 차단하는 막이 되어 정상부의 동식물은 외부와 단절된 상태에서 독립적으로 진화해 왔다. 그래서 고유종과 특이한 고대 생물종이 많아 테푸이를 '생물학적 섬'이라고 하기도 한다.

카나이마 국립공원은 적도 가까이 위치하여 거의 매일 비가 내려 연평균강수량이 약 3,000mm에 달한다. 이 때문에 토양이 많이 유실되어 토

○ **로라이마숲두꺼비(좌)와 판테푸이(우).**
카나이마 국립공원 테푸이에는 고립된 환경에서 진화한 고유종의 동식물이 많다. 판테푸이pantepui는 토양이 척박한 테푸이의 환경에서 살아남기 위해 곤충을 유인하여 먹잇감으로 삼는 방식으로 유기물을 얻는 식충식물이다.

양층이 두텁지 못하고 토질 또한 영양분이 적어 식생이 빈약한 편이다. 이곳 식물 가운데 일부는 부족한 영양분을 곤충에서 얻기 위해 곤충 포획에 유리하도록 꽃이 종 모양이거나 끈끈이주걱과 같이 곤충을 잡아먹는 식충식물로 진화했다.

로라이마숲두꺼비는 테푸이 정상에서만 볼 수 있는 보호종으로, 알에서 올챙이 단계를 거치지 않고 바로 성체로 부화한다. 건기의 열악한 환경에 적응하고 천적을 피하기 위한 방식으로 진화한 것이다. 이 두꺼비는 로라이마테푸이와 그 옆에 있는 쿠케난테푸이Kukenan Tepui에만 살고 있어, 과거에 두 테푸이가 하나로 붙어 있었음을 알 수 있다.

카나이마 국립공원, 원시세계의 비경을 간직한 테푸이 천국

+

읽을거리

하나의 대륙이었던
남아메리카와 아프리카

지도에서 보면 남아메리카 대륙 동쪽 기슭과 아프리카 대륙 서쪽 기슭이 마치 비스킷을 잘라 놓은 듯 서로 맞물려 보인다. 두 대륙을 끌어다 붙이면 퍼즐처럼 딱 들어맞는데, 지금으로부터 약 2억 년 전에 두 대륙은 판게아라고 불리는 하나의 거대한 초대륙의 일부였다.

이후 초대륙이 약 1억 3,500만 년 전부터 서로 분리되어 이동하면서 남아메리카 대륙과 아프리카 대륙은 대서양을 사이에 두고 지금과 같은 모습이 되었다.

초대륙 판게아의 일부로서 두 대륙은 붙어 있었기 때문에 공통점이 많다. 먼저 당시 동시대에 살았던 동식물 화석이 공통으로 발견되고, 고생대 말 빙하퇴적층도 공통으로 분포하며, 지층과 지질구조 또한 서로 연속성을 띠며 일치한다. 그 예로 남아메리카 대륙에만 있을 것 같은 테푸이가 대서양 건너 아프리카에도 분포하는 것을 들 수 있다.

남아프리카공화국 케이프타운 해안에는 남아메리카 대륙의 테푸이와 비슷한 모양의 테이블마운틴이 우뚝 솟아 있다. 케이프타운의 테이블마운틴도 약 17억 년 전에 형성된 사암으로 이루어져 있다. 이와 같이 테푸이는 두 대륙이 과거에 하나의 대륙으로 붙어 있었음을 말해 주는 증거지형으로서 자연사적 가치가 높다.

○ **남아프리카공화국의 테이블마운틴(위)과 베네수엘라 테푸이(아래).**
남아메리카 대륙과 아프리카 대륙은 분리되기 이전인 약 2억 년 전에는 서로 붙어 있었다. 이런 이유로 테이블마운틴은 두 대륙이 붙어 있던 곳 모두에서 나타난다. 남아프리카공화국 케이프타운의 상징인 테이블마운틴과 베네수엘라의 테푸이는 모두 동일시대의 사암으로 이루어져 있다.

카나이마 국립공원, 원시세계의 비경을 간직한 테푸이 천국

카뇨 크리스탈레스,
세상에서 가장 아름다운 무지갯빛 강

✣

▶ 무지갯빛 천연 팔레트 같은 카뇨 크리스탈레스. 1년 중 몇 달 동안 이곳의 물이 다채로운 색상으로 물들어 지구상에서 가장 아름답고도 기묘한 강으로 변한다. 남아메리카 콜롬비아 메타주의 시에라 데 라 마카레나 국립공원에 위치한 카뇨 크리스탈레스는 오랫동안 분쟁 지역에 속하여 접근할 수가 없었다. 하지만 2016년부터 개방되어 널리 알려지면서 많은 사람이 찾고 있다.

세계에서 유일한
오색 무지갯빛의 비밀

콜롬비아 메타주의 시에라 데 라 마카레나^{Sierra de La Macarena} 국립공원에
위치한 카뇨 크리스탈레스는 베네수엘라를 거쳐 대서양으로 흘러드는 오
리노코강 최상류 지류 가운데 하나다. 길이는 약 100km에 이르지만 폭은
20m밖에 안 돼 계곡 같아 보이기도 한다. 우기가 시작되는 6월부터 건기
가 시작되는 11월 사이에 빨강, 노랑, 초록, 파랑, 검정의 무지갯빛 물 빛
깔이 드러나는데, 이러한 광경은 지구상에서 유일하게 이곳에서만 볼 수
있다. 그래서 현지인들은 카뇨 크리스탈레스를 '무지개 강' 또는 '오색의
강'이라 부른다.

　　오색의 물 빛깔 가운데 특히 분홍색과 자주색 등 붉은색 계열이 대부
분인 이유는 이곳에만 서식하는 마카레니아 클라비게라^{Macarenia Clavigera}라
는 수생식물 때문이다. 이 식물은 강바닥의 단단한 암석 표면에 붙어 철과
인 등의 미네랄을 양분으로 하며, 광합성에 알맞은 수심과 수온 그리고 일
사량 등 여러 조건이 충족되면 붉은색 꽃을 피우며 번식·성장하는 것으로
알려졌다. 그래서 우기에 수위가 너무 높아지면 햇빛이 강바닥까지 가지
못해서, 이와 반대로 건기에 수위가 너무 낮아지면 성장이 어려워서 휴면
상태를 유지하는 특징이 있다. 오색의 물 빛깔을 1년 내내 볼 수 없는 것
은 이 때문이다.

강바닥 곳곳에
발달한 물웅덩이들

카뇨 크리스탈레스는 비가 와도 물이 탁하지 않고 맑다. 이는 강기슭과 강바닥의 기반암이 선캄브리아기 약 12억 년 전에 생성된 규암^{硅巖}(모래가 쌓여 생성된 사암이 열과 압력에 의해 변성된 암석)으로 이루어졌기 때문이다. 카뇨 크리스탈레스가 아름다운 강으로 유명해질 수 있었던 것은 물의 빛깔뿐 아니라 독특한 폭포와 웅덩이가 수없이 발달해 있기 때문이기도 하다.

○ **마카레니아 클라비게라의 개화 이전(왼쪽)과 이후(오른쪽) 모습.**
초록색을 유지하던 마카레니아 클라비게라는 우기가 시작되면 화려한 붉은색 꽃을 피우는데, 그 모습이 강바닥에 붉은색 카펫을 깔아 놓은 듯하다. 여기에 강바닥 암반의 검은색과 모래의 노란색 등이 함께 어울려 환상적인 색채의 향연이 벌어진다. 우기와 건기 사이인 9~11월에 무지갯빛 물 빛깔이 최고로 잘 드러난다.

○ **카뇨 크리스탈레스의 포트홀 지형.**
우기에 유량이 증가하면 유속이 빨라져 강물의 침식력이 커진다. 강바닥에 생긴 수많은 웅
덩이는 강바닥의 홈에 들어간 자갈이 소용돌이치면서 암반을 깎아 생긴 지형이다.

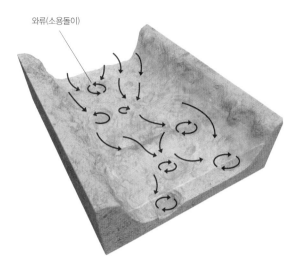

와류(소용돌이)

○ **포트홀 형성과정.**
강바닥의 작은 홈에 자갈이 들어가 물의 흐름에 따라 소용돌이치면서 암반을 깎고, 점점 깊이
와 폭이 확대되어 포트홀이 생성된다.

　강바닥에 마치 일부러 조각해 놓은 것 같은, 원형의 크고 작은 수많은
웅덩이는 강물의 침식작용으로 생겨났다. 카뇨 크리스탈레스는 최상류에
위치하여 강바닥의 경사가 크기 때문에 유속이 빨라 침식력이 크다. 특히
우기에 유량이 증가하면 유속이 빨라져 침식력은 더 커진다.

　이곳의 웅덩이들은 포트홀 지형에 속한다(81쪽 참고). 우리말로는 돌
개구멍이라고 하며, 경기도 가평천 상류와 강원도 영월 주천강 요선암 등
지에서도 흔히 볼 수 있다.

보존해야 할,
세상에서 가장 아름다운 강

카뇨 크리스탈레스는 2016년까지 콜롬비아의 분쟁 지역에 속하여, 반군 게릴라 단체인 콜롬비아무장혁명군이 통제했기 때문에 접근할 수가 없었다. 그러나 2016년 정부군과의 평화협정으로 내전이 종식되면서 일반 대중에게 개방되었고, 최근 이곳의 아름다움이 널리 알려지면서 점차 많은 사람이 찾는 명소가 되었다.

콜롬비아 관광청에서는 카뇨 크리스탈레스의 생태를 보전하기 위해 다각적으로 노력하고 있다. 건기에 이곳 생태계 회복을 위해 입장을 잠정 폐쇄하며, 우기 때에는 마카레니아 클라비게라가 화학물질에 민감하게 반응하기 때문에 선크림이나 벌레퇴치 스프레이 등을 뿌리고 수영하는 것을 금하고 있다. 또한 하루에 200명만 입장을 허용하고 있다.

그러나 최근 카뇨 크리스탈레스 주변 일대에 대한 개발압력이 커지고 있어 자연이 훼손될 가능성이 높아지고 있다. 약 60km 떨어진 곳에서

○ **카뇨 크리스탈레스가 그려진 콜롬비아 화폐.**
카뇨 크리스탈레스강은 2,000페소짜리 화폐 뒷면에 새겨질 만큼 콜롬비아 최대의 자연관광 명소로 알려진 곳이다.

○ **연약한 생태 구조를 지닌 마카레니아 클라비게라.**
단단한 암반에 뿌리를 내리고 햇빛을 받아 광합성을 통해 번식·성장한다. 강물의 수위와
탁도濁度에 매우 민감할 뿐만 아니라 손으로 만지면 쉽게 물러질 만큼 연약하다. 세계적으
로 희귀한 종으로 생태 보전을 위한 노력이 절실하다.

미국 정유회사가 석유시추사업 추진문제로 콜롬비아 정부와 법정분쟁을
벌이고 있고, 더 심각하게는 코카인을 추출하거나 자급농업을 위해 무분
별한 벌목이 행해지고 있기 때문이다. 벌목이 계속되면 강우량에 영향을
미쳐 수위변동이 극심해지고 혼탁한 물이 흘러들어 마카레니아 클라비
게라의 광합성을 방해해 카뇨 크리스탈레스가 훼손되고 말 것이다.

카뇨 크리스탈레스, 세상에서 가장 아름다운 무지갯빛 강

쿠스코의 레드 리버,
우엘바의 틴토강, 시카고강

잉카제국의 수도였던 페루의 쿠스코에서 남동쪽 130km 떨어진 비니쿤카 인근 팔코요Palcoyo산에서 발원하는 강은, 우기에 강물 빛이 붉은색을 띠어 레드 리버Red River(에스파냐어로는 리오 로호Río Rojo)라고 불린다. 비니쿤카는 무지개산으로 널리 알려진 곳인데, 팔코요산 또한 비니쿤카와 동일한 지층으로 이루어져 있어 무지갯빛을 띠고 있다.

레드 리버가 붉은색을 띠는 이유는 비가 내리면 무지갯빛 지층 가운데 붉은색 사암층에 함유된 붉은 산화철이 녹아 흐르기 때문이다. 건기에는 유량이 현저하게 줄어 강물이 갈색이지만, 우기에 비가 많이 내리면 짙은 붉은색을 띤다.

에스파냐 남서부 안달루시아의 시에라모레나산맥에서 발원하는 틴토Tinto강도 강물이 붉은 것으로 유명하다. 틴토강의 발원지는 약 5,000년 전부터 금, 은, 구리 등을 채굴하던 광산지대였다. 광산의 노천 암석층에 있는, 산화된 철분이 녹아 나와 하천으로 흘러들어 강물이 붉은색을 띤다. 산소가 거의 없는 강물은 강산성을 띠어 고농도의 철분과 유황 성분이 집적되어 있다. 도저히 생명체가 살 수 없을 것처럼 보이지만, 놀랍게도 황화물을 섭취하는 박테리아와 조류가 살고 있다. 틴토강의 수질환경이 화성과 비슷할 것으로 여겨져 과학자들은 이 강을 연구하여 화성의 생명체를 밝히려 하고 있다.

미국 시카고의 도심을 흐르는 강물은 매년 영미권 축일인 '성 패트릭의 날'(3월 17일)을 앞두고 초록색으로 변한다. 인공으로 초록색 식물성 분말 염료를 뿌려 강물을 염색하는 것이다. 1955년 시카고강의 오염을 조사할 때 사용된 용액이 강을 초록색으로 물들였는데, 초록색은 패트릭 성인이 포교할 때 사용한 토끼풀 색이었다고 한다. 그런 이유로 1962년부터 성 패트릭의 날 기념 행사의 하나로 강물 염색 행사가 시작되었다고 한다.

○　**페루 쿠스코의 레드 리버(왼쪽)와 에스파냐 우엘바의 틴토강(오른쪽).**

레드 리버는 우기에 많은 비가 내리면 붉은 사암층에 포함된 산화철이 녹아 나와 강물이 붉은
색이 된다. 에스파냐 우엘바의 틴토강은 광산의 노천 지층에 포함된 산화철이 녹아 강물로 흘
러들어 붉은색을 띤다.

○　**초록색으로 물든 미국의 시카고강.**

60년이 넘는 오랜 전통을 지닌 시카고강 염색은 도심 일부 구간에서만 진행된다. 초기에 염료
에 포함된 일부 물질이 수질을 오염시킨다는 지적이 일자 1966년부터 식물성 염료를 사용하
게 되었다고 한다.

　　　　　　　　　　　　　　　　　카뇨 크리스탈레스, 세상에서 가장 아름다운 무지갯빛 강

렌소이스사구, 사막과 호수를
넘나드는 아름다운 모래언덕

▶ 브라질의 마라냥주 렌소이스 마라넨시스 국립공원에 위치한 렌소이스사구. 새하얀 사구들이 물결치듯 끝없이 이어진다. 렌소이스사구는 건기에는 물 한 방울 없는 메마른 사막 같지만 우기에는 엄청난 양의 빗물과 강물이 흘러들어 새하얀 사구들 사이로 에메랄드 빛깔의 수많은 호수가 생겨난다. 해안에 모래가 쌓여 만들어진 사구가 이토록 아름다운 곳은 이곳이 유일하다.

사막이 아닌
거대한 모래언덕의 바다

브라질의 마라냥주 렌소이스 마라넨시스^{Lençóis Maranhenses} 국립공원에 위치한 렌소이스사구는 마라냥주 북동쪽 해안선 70km를 따라 9만 개에 이르는 초승달 모양 사구들이 마치 거대한 사막처럼 펼쳐져 있는 곳으로, 그 면적이 약 1,550km²(서울시 면적 605.41km²의 약 2.5배)에 이를 만큼 광활하다. 그래서 이곳을 사막이라 부르기도 하지만 이는 정확하지 않다. 기후학적으로 사막은 연 강수량 250mm 이하의 지역을 말하는데, 이곳은 연 강수량이 1,200mm(최대 2,000mm)인 다우지역이기 때문이다. 이곳 기후는 1~6월인 우기와 7~12월인 건기로 구분되는데, 우기에는 엄청난 양의 비가 내려 사구와 사구 사이에 수많은 호수가 생긴다. 다만 지형학적으로 모래가 끝없이 펼쳐지는 사구의 경관 때문에 사막이란 명칭이 생겨난 듯하다.

렌소이스사구의 모래가 다른 사구 지역의 모래와 달리 하얀색인 것은 모래가 석영질이기 때문이다. 렌소이스^{lençóis}라는 포르투갈어는 '침대보'를 뜻하는데, 이는 침대보가 하얀색인 데서 유래한 것이다. 사구들의 높이는 해발 10~30m가량으로 가장 높은 곳은 약 70m, 길이는 약 20~75km에 이를 만큼 장대하다.

렌소이스사구의 수많은 모래는 육지와 바다 사이에서 암석이 순환되며 생겨난 것이다. 사구 지역을 흐르는 대표적인 두 하천인 프레기사스^{Pre-guiças}강과 파르나이바강에 의해 육지부에서 침식된 모래가 바다로 운반된 뒤, 이 모래들이 조류와 해류에 밀려 다시 해안에 퇴적되어 거대한 해빈(海濱, 바닷가의 오목하게 들어간 해안에 모래가 쌓인 해변의 백사장)을 이루었다.

이곳 해안은 수심 약 70m까지 대륙붕의 경사가 평균 0.06°로 거의

○　　**렌소이스사구 위성사진.**

렌소이스사구는 해안의 모래가 바람에 날려 와 쌓여 형성된 것이다. 해안으로부터 약 50km 까지는 생성과 소멸을 반복하는 활동사구에 속하며, 그보다 안쪽 내륙의 사구들은 적어도 약 1만 4,000년 전 이전에 형성된 것으로, 지금은 식생으로 덮여 있다. 사구는 밀도가 큰 바닷물이 육지로 유입되는 것을 막아 주고, 모래는 물을 정화할 뿐만 아니라 저장하는 기능도 뛰어나다. 사구의 모래밭에 원주민들이 정착지를 마련한 것도 이 때문이다.

　　　　　　　　렌소이스사구, 사막과 호수를 넘나드는 아름다운 모래언덕

○ **우기에 생긴 렌소이스사구의 호수(왼쪽)와 네그루강물이 흘러들어 검게 변한 호수(오른쪽).**
수온 30℃의 호수들은 맑은 민물호수로, 천연수영장과 낚시터로 이용되며 건기가 되면 증발되어 사라진다. 또한 우기에 에메랄드 빛 맑은 호수에 네그루강의 물이 흘러들어 추상적인 초콜릿색 무늬가 생긴다. 네그루강은 숲에서 유입된 초목의 잔해가 완전하게 분해되지 못한 상태에서 생기는 유기산 탄닌 때문에 검은색이다. 강의 이름 네그루(negro, '검정'을 뜻한다)는 이것에서 유래했다.

수평에 가깝고 밀물과 썰물의 차가 7~8m 정도로 크다는 점이 거대한 해빈이 만들어지는 데 한몫했다. 해빈의 모래는 건기에 시속 약 70km의 강한 북동무역풍에 이끌려 내륙으로 날려 와 쌓여 거대한 사구를 형성했다. 사구들은 바람에 의해 1년에 약 20m씩 내륙으로 전진하고 있으며, 모래가 이동하면서 사구식물이 묻히기도 하고 인접한 사구 사이의 호수를 메우기도 하여 사구의 지형이 바뀐다.

　　해안으로부터 내륙 약 50km까지 사구들은 현생의 활성사구다. 해수면이 현재 수준을 유지한 약 6,000년 전 이후부터 쌓이기 시작한 사구의 면적은 약 1,000km²에 달한다. 내륙 약 50~150km 안쪽의 사구는 약 1만 9,000~1만 4,000년 전에, 150km 이상 안쪽의 사구는 약 24만~3만 년 전에 모래가 쌓여 형성된 고古사구다. 이들은 과거의 고古기후와 해안지형을 연구하는 데 귀중한 자료가 되기도 한다. 현재 내륙 50km 안쪽의 사구에는 식생이 안착하여 숲을 이루고 있어 모래가 많이 이동하지는 않는다.

렌소이스사구, 사막과 호수를 넘나드는 아름다운 모래언덕

우기에만 생기는
사막의 오아시스 같은 호수들

렌소이스사구는 우기만 되면 사구와 사구 사이에 수만 개의 천연 민물호수가 생긴다. 각각의 호수는 길이 약 100m, 깊이 1~3m 정도이며, 공원의 40%가량인 약 640km²의 면적을 차지한다. 이 호수들은 건기에는 뜨거운 태양열에 모두 증발되어 사라져 사구만 남는다. 그러나 이곳 원주민 말에 따르면 약 16~20년 전에 생긴 마르지 않는 호수도 몇 개 있다고 한다.

우기 때마다 호수가 생기는 이유는 무엇일까? 1,400~2,000mm에 이르는 엄청난 양의 비가 내리면 빗물이 사구의 모래 속으로 빠르게 스며들고, 모래 아래에 있는 방수 효과를 지닌 점토층이 물이 빠져나가는 것을 막아 두터운 지하수층이 만들어진다. 이것이 지하수위를 상승시켜 사구와 사구 사이에 물웅덩이인 호수가 생기는 것이다. 사구 내부로 흘러드는 가장 큰 강인 허우그란지강과 네그루강 또한 사구 내로 흘러들어 지하수위를 높이는 데 결정적인 역할을 하며, 이들 강이 호수와 호수를 연결하기도 한다.

우기 때만 생기는 호수에는 생명체가 살기 어려울 것으로 보이지만 물고기, 개구리, 거북 등 다양한 생명체가 살고 있다. 물고기는 우기에 강물이 사구로 흘러들 때 함께 떠내려오며, 모래에 묻힌 곤충의 애벌레를 먹이로 한다. 건기가 되어 물이 증발해 호수가 말라버리면 물고기는 모두 죽고 만다.

그러나 늑대물고기라는 어종과 모래거북 두 종만큼은 건기 동안 모래 밑 수분을 머금은 진흙 속에 휴면상태로 숨어 있다가 다음 해 우기 때 호수가 생기면 다시 깨어나 활동하는 것으로 알려졌다. 이 호수는 남북아메리카를 오가는 철새들의 중요한 중간기착지로 생태적 가치가 높다.

척박한 사구와
호수에 기대어 사는 원주민

렌소이스사구 내부, 모래만이 가득한 열악한 환경에서 오래전부터 이곳에서 살아가는 사람들이 있다. 퀘이마다 도스 브리토스Queimada dos Britos와 바이샤 그란지Baixa Grande 두 오아시스 주변에 약 300가구가 야자잎 지붕과 진흙담 오두막집을 짓고, 가족단위로 생활한다. 이곳에서는 1년 내내 식수와 생활용수를 얻을 수 있고, 우거진 숲이 거센 모래바람을 막아 주고, 숲에서 약간의 농지를 마련할 수도 있다.

원주민의 생활방식은 우기와 건기에 각각 달라진다. 비가 내려 농사를 지을 수 없는 우기에는 바다에서 물고기를 잡아 소금에 절이고 말려 도시의 상인에게 판다. 건기에는 염소와 소를 기르며 식용으로 돼지, 닭, 오리를, 운송수단으로 말을 키우기도 한다. 그리고 카사바와 콩, 망고, 레몬, 야자 등을 재배한다. 원주민들은 아무리 식량이 부족해도 그들이 신처럼 여기는 오아시스에는 절대 손대지 않는다고 한다.

2002년 마라냥의 주도州都인 상루이스와 이곳을 연결하는 고속도로가 놓이면서 매년 약 6만 명에 가까운 관광객이 찾고 있다. 이들을 상대로 관광업에 종사하는 이들도 조금씩 늘고 있다.

바람에 따라
모양이 바뀌는 다양한 사구

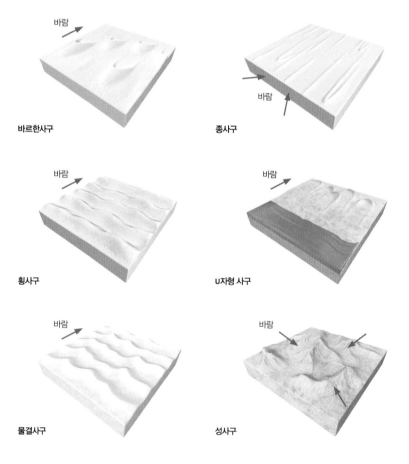

바르한사구

종사구

횡사구

U자형 사구

물결사구

성사구

○   다양한 모양의 사구.

사구는 바람에 모래가 날려 쌓인 언덕으로, 바람이 강한 내륙과 해안의 사막 지역에 생긴다. 사구는 풍속과 풍향 그리고 모래의 공급량과 주변 지형조건에 따라 그 형태가 다양하다.

일정한 방향으로 강한 바람이 좁은 지역에 국한되어 부는 경우는 초승달처럼 생긴 가장 단순한 사구인 바르한Barkhan이 생성된다. 바르한에서 모래공급량이 많아지면서 바르한이 횡적으로 연결되면 횡Transverse사구가 생성된다.

늘 일정한 강도의 바람과 모래가 공급되면 바르한과 횡사구의 중간 형태인 물결Barchanoid사구가, 두 종류의 강한 바람이 방향과 계절을 달리하면서 불면 종으로 배열된 종Longitudinal사구가 생성된다.

바람이 여러 방향에서 불어오면 피라미드 또는 별 모양의 성Star사구가 생성된다. 해풍의 영향을 많이 받는 해안 지방의 사구에서는 포물선 모양의 U자형Parabolic 사구가 생성된다.

사구로 덮인 모래사막을 에르그erg라고 한다. 에르그는 바람과 모래에 의해 다양한 형태의 사구가 생겨나고 사라지기를 반복하며 모습을 바꿔 가고 있다. 아래 위성사진은 사하라사막 북부 알제리의 동부 지역에 위치한 이사오우아네 에르그Issaouane Erg이다.

사진을 보면 전체적으로 별 모양의 성사구가 우세하며, 곳곳에 초승달 모양의 바르한, 위쪽으로 선형의 종사구 등 다양한 사구가 발달했음을 알 수 있다. 움푹 파인 분지는 비가 왔을 때 물이 고였던 곳으로, 흰색 물질은 물이 증발하고 남은 소금 침전물이다.

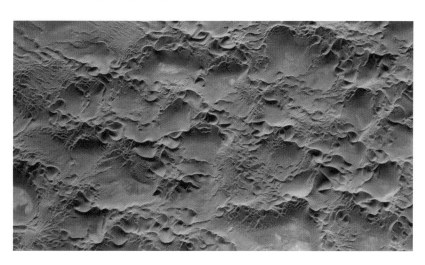

○ **사하라사막 북부 알제리 동부 이사오우아네 에르그의 위성사진.**
알제리사막 북서쪽에는 종사구, 중심부 일대는 별 모양의 성사구가 발달했음을 알 수 있다. 계절에 따른 바람의 방향이 사구 모양에 큰 영향을 미친다.

렌소이스사구, 사막과 호수를 넘나드는 아름다운 모래언덕

아마존강, 열대우림을 키워 낸 남아메리카의 점잖은 거인

세계에서 가장 큰 강인 아마존강. 1년 내내 변함없는 모습으로 초록빛 열대우림 사이를 S자 모양으로 자유곡류하며 유유히 흘러간다. 우기에는 아마존강의 너비가 30km 이상으로 늘어나 밀림이 잠기고, 수만km²의 호수와 습지가 이곳저곳에 생겨난다. 아마존 유역에서는 배와 비행기가 아니면 이동할 수가 없다. 아직도 세상에 알려지지 않은 많은 곳을 흐른다고 해서 '지구의 마지막 비경'이라는 별칭도 붙었다.

'지구의 허파',
아마존분지를 품에 안고 흐르는 강

남아메리카의 브라질을 관통하여 대서양으로 흘러드는 아마존^{Amazon}강
(약 6,400km)은 나일강(약 6,600km) 다음으로 세계에서 긴 강이다. 1,000개
이상이 되는 지류의 길이를 모두 합치면 5만km가 넘고, 유역면적은 최상
류 페루를 시작으로 에콰도르, 볼리비아, 콜롬비아, 브라질 등 5개국에 이
르는 705km²로 우리나라 면적의 32배에 달한다. 이는 세계 민물의 5분
의 1을 차지할 만큼의 규모다. 바다와 만나는 하구의 폭이 240km에 이를
만큼 거대하며, 초당 100억ℓ 이상의 물을 대서양으로 방출할 만큼 유출량
도 어마어마하다.

　아마존강 유역은 적도 바로 아래 위치하여 1년 내내 기온이 높고 비
가 많이 내려 울창한 열대우림을 이룬다. 세계 삼림의 3분의 1을 차지하
는 아마존강 유역의 열대우림은 지구 산소의 4분의 1을 생산하여 '지구의
허파'라고 불린다. 그리고 열대우림에는 8만여 종의 식물과 아마존 고유
종인 피라냐와 아나콘다를 비롯하여 16만여 종의 동물이 서식하는데, 이
는 지구 생물의 10분의 1에 해당될 정도다.

　강의 어느 지점에서 수년 동안 있었던 최대 유량^{流量}과 최소 유량과의
비율을 하상계수^{河狀係數}라고 한다. 하상계수가 클수록 유량변동이 크고, 하
상계수가 작을수록 유량변동이 작다. 아마존강의 하상계수는 1:4(한강은

1:393인데, 여름철에 내리는 집중호우 영향으로 하상계수가 크다)로서 연중 내내 거의 수량변동이 없다.

이는 두 개의 지류, 즉 북쪽에서 흘러드는 지류를 대표하는 네그루강과 남쪽에서 흘러드는 지류를 대표하는 마데이라강의 우기가 다르기 때문이다. 북쪽의 네그루강은 3~7월 사이에, 남쪽의 마데이라강은 10~1월 사이에 집중적으로 비가 내린다. 아마존강은 연중 거의 홍수가 나지 않는 강으로 아마존분지를 품에 안으며 유유히 흐른다. 이런 이유로 아마존강을 '남아메리카의 점잖은 거인'이라고 부른다.

해소현상, 아마존강 하구가 울부짖는 소리

아마존강이 바다와 만나는 하구에서는 독특한 현상을 볼 수 있다. 아마존강 하구 지역은 심한 조수간만의 차이로 인해 밀물 때 해수면이 하천의 수면보다 높아진다. 이때 강물이 바다로 흘러들지 못하고 파고 5m 내외의 엄청난 파도를 일으키며 시속 약 70km의 빠른 속도로 상류를 향해 역류한다. 마치 해일이 밀려오는 모습과 같은데, 이를 '해소海嘯현상'이라고 한다. 아마존강의 해소현상은 포르투갈어로는 '포로로카pororoca'라고 한다. 포로로카의 어원은 원주민인 아마존인디언 투피족의 말로 '짐승의 울부짖음'을 뜻하는데, 강물이 으르렁 소리를 내며 밀려오는 것을 묘사한 것이다.

강물이 역류하는 해소현상이 나타날 때, 서핑마니아들이 파도타기를 즐기는 진풍경이 벌어지기도 한다. 역류하는 파도를 탈 수 있는 시간은 보통 6~15분이라고 한다. 아마존강 유역의 대지는 평탄하여 낙차가 1km당 4mm밖에 되지 않기 때문에 사리 때는 바닷물이 하구에서 내륙 800km 부근까지 역류하기도 한다.

서로 다른 두 색의 물줄기

아마존분지 중심부에 있는 마나우스에서는 아마존강의 거대한 두 물줄기, 즉 네그루강과 아마존강 본류인 황토색의 솔리몽이스Solimões강이 합쳐진다. 이곳에서는 검은색과 황토색인 두 강의 물줄기가 물과 기름처럼 섞이지 않은 채 10km가량을 나란히 흘러가고 난 다음 합류된다.

　앞에서 이야기했듯이, 네그루강물은 낙엽의 부식토가 휩쓸려 와 강바닥에 가라앉아 부식되면서 낙엽 속의 탄닌 성분이 물에 녹아 검은색이다. 반면 솔리몽이스강물은 황토색인데, 안데스산맥에서 시작된 물줄기가 산지를 흐를 때 침식된 황토가 강물에 흘러들기 때문이다. 두 물줄기가 섞이지 않고 나란히 흐르는 것은 두 강물의 비중과 온도, 유속과 화학성분이 각기 다르기 때문인 것으로 알려졌다.

안데스산맥이 생기면서 바뀐 물길

1995~2003년 위치확인시스템GPS으로 측정한 바에 따르면, 아마존강의 연중 범람과 때를 맞춰 아마존분지의 기반암이 상승과 하강을 반복한다고 한다. 우기에 강수량이 많아 아마존강 유역이 범람하면 불어난 물의 무게

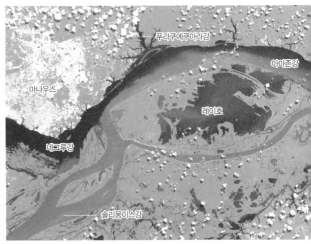

푸라쿠에쿠아라강

아마존강

마나우스

레이호

네그루강

솔리몽이스강

○ **섞이지 않고 흐르는 각기 다른 색의 물줄기(왼쪽)와 우주에서 바라본 마나우스(오른쪽).**
마나우스에서 아마존강의 본류인 황토색 솔리몽이스강(마나우스 부근에서 불리는 아마존
강 본류 명칭)과 북쪽 지류인 검은색 네그루강이 합류하는데, 서로 다른 색의 물줄기가 섞
이지 않은 채 10km가량 나란히 흘러간다.

에 눌려 아마존분지의 지반이 내려앉고, 우기가 끝나 강수량이 줄면 반대
로 지반이 올라가는데, 그 높이의 차가 평균 약 7.6cm나 된다는 것이다.

지금은 아마존강이 대서양 쪽으로 흐르지만, 과거에는 정반대인 태평
양 쪽으로 흘렀다는 주장도 있다. 남아메리카 대륙의 지질은 동부와 서부
지역이 서로 다르다. 동부 지역은 약 25억 년 전 시생대에 형성된 지층으
로, 남아메리카 대륙이 아프리카 대륙과 붙어 있을 당시의 지질이다. 그래
서 남아메리카 대륙은 아프리카 대륙과 마찬가지로 금, 은, 구리, 다이아
몬드 등 지하자원이 풍부하다. 반면 서부 지역은 약 6,500만 년 전 신생대
초기 태평양판과 남아메리카판이 충돌하여 안데스산맥이 생길 당시에 형
성된 지층으로 비교적 나이가 어린 지질이다.

아마존강 중부 지역의 퇴적암 성분을 조사한 결과, 이곳의 암석에서

아마존강, 열대우림을 키워 낸 남아메리카의 점잖은 거인

동부 지역에서 온 고대 광물질 입자가 발견되었다. 이는 물이 과거에는 동쪽에서 서쪽으로 흘렀다는 사실을 말해 준다. 약 1억 3,500만 년 전에 중생대 쥐라기에 아프리카 대륙과 붙어 있던 남아메리카 대륙이 떨어져 나오면서 강물은 고지대였던 동쪽에서 서쪽으로 흘렀다. 그러나 신생대 초 약 6,500만 년 전 신생대 초기 환태평양조산운동으로 안데스산맥이 생기면서 서쪽으로 흐르던 강물이 막혀 반대편인 동쪽으로 흘러가게 되었다는 것이다.

안데스산맥이 생기기 이전 아마존강과 태평양을 오가던 일단의 돌고래 무리가 안데스산맥이 생기면서 강에 갇힌 채 민물체계에 적응하며 독

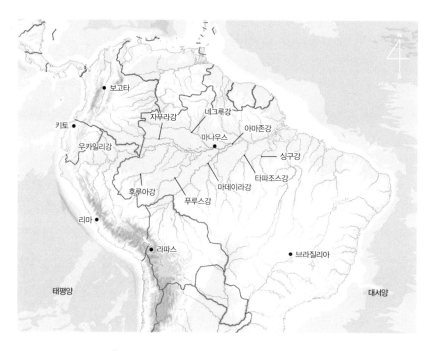

○ **대서양으로 흘러가는 아마존강.**
약 6,500만 년 전 태평양 연안을 따라 안데스산맥이 남북으로 길게 생겨나기 이전까지는 강이 서쪽 태평양으로 흘러들어갔다. 하지만 안데스산맥이 생겨 물길이 막혀, 아마존강은 반대편인 동쪽 대서양으로 흘러가게 되었다.

○ **아마존강의 분홍색 강돌고래, 보토.**
본래 태평양과 아마존강을 오가던 돌
고래였지만 안데스산맥이 생기면서
아마존강에 갇힌 채 강돌고래로 진화
했다. 아마존강의 상징이자 브라질의
상징으로 사랑을 받고 있지만, 서식지
오염과 무분별한 포획으로 점차 그
수가 줄고 있다.

자적으로 진화했다. 강돌고래 중 가장 큰, '보토'라 불리는 아마존강돌고
래가 그것이다.

강돌고래는 희귀종으로 중국의 창장강, 브라질의 아마존강과 베네수
엘라의 오리노코강에만 모두 4종이 서식한다. 바다돌고래와 달리 분홍색
이며 등지느러미가 없고, 탁한 물속에 적응하여 눈은 퇴화했고 초음파로
먹이를 잡는다. 원주민들은 강돌고래를 신성한 것으로 여겨 보호하지만,
개발과 수질오염 그리고 무분별한 포획 등으로 점차 개체수가 줄고 있다.

급속도로 훼손되고 있는
아마존 열대우림

전 세계 열대우림의 약 40%를 차지하는 아마존 열대우림이 급속도로 파괴되고 있다. 가축 사육을 위해 대규모로 목초지를 조성하고, 사료를 얻기 위해 경작지를 일구고, 벌목을 위해 도로를 내고, 도시를 건설하고 광물을 채굴하기 위해 나무들이 잘려 나가고 숲이 불태워지고 있다. 하루에 파괴

○ **파괴되고 있는 아마존 밀림.**
'지구의 허파'로 불리는 아마존 열대우림이 매년 빠르게 줄어들고 있다. 목장과 농지 확보 그리고 광물자원을 얻기 위한 불법 벌목과 채굴 때문이다. 이러한 무분별한 삼림 벌채는 온실가스 배출량을 증가시켜 기후변화를 촉진한다.

되는 열대우림의 면적이 축구장 7만 2,000여 개에 달한다고 한다. 현 추세대로라면 앞으로 30~50년 안에 아마존 생태계가 대재앙을 맞을 것이다.

열대우림은 대부분 대기업의 무분별한 농지개발 때문에 파괴된다. 특히 햄버거용 패티를 생산하기 위해 소를 대량으로 사육하는데, 햄버거 하나에 한 그루의 나무가 사라진다고 한다. 또한 미국과 중국의 무역전쟁으로 중국이 소와 돼지 등의 사료인 콩을 미국에서 수입하지 않고 브라질에서 수입하게 되자 보다 많은 경작지를 확보하기 위해 열대우림을 파괴한다고 한다.

아마존 열대우림은 오래전부터 원주민의 삶터로, 그들은 숲에서 먹거리와 약재 등을 찾고 가재도구와 잠자리를 마련했다. 숲이 사라지면 동식물도 사라지고 결국은 사람도 살 수 없게 된다. 500여 년 전까지 아마존 열대우림에는 약 300만 명의 원주민이 거주한 것으로 추정된다. 오늘날엔 그 수가 약 10만 명으로 현격히 줄었다.

천연고무 집산지로 번영하고 쇠퇴한 도시, 마나우스

일상생활에서 많이 쓰이는 천연고무는 파라고무나무에서 얻는다. 나무줄기에 상처를 내면 '라텍스'라 불리는 하얀 유액이 흘러나오는데, 이를 응고·처리하여 원료로 사용한다. 현재 세계적인 천연고무 생산국은 말레이시아와 인도네시아이지만 본래 천연고무의 원산지는 브라질 아마존강 유역이다. 아마존인디언들은 나무에서 라텍스가 마치 눈

○   **'눈물 흘리는 나무', 파라고무나무**
    고무나무는 열대지역에서 잘 자란다. 라텍스를 채취하기 위해 고무나무 줄기에 상처를 내고 그 밑에 수액을 담는 컵을 받쳐 둔다.

물처럼 흘러나온다고 하여 파라고무나무를 '눈물 흘리는 나무'라고 불렀다. 이들은 라텍스로 신발, 가방, 물병 등을 만들었다.

1770년에 영국의 과학자 조지프 프리스틀리Joseph Priestley가 라텍스에서 얻은 물질에 연필 글씨를 지우는 특성이 있음을 알아냈다. 이로 인해 고무가 '문질러서 지우는 물건rubber'이라는 이름을 얻게 되었다. 우리말 고무는 프랑스어 곰Gomme에서 유래한 일본어 고무ゴム를 차용한 말이다.

이후 1839년에 미국의 발명가 찰스 굿이어Charles Goodyear가 라텍스에 황과 납을 섞으면 단단해지는 성질을 이용해 신발을 만들었는데, 이로써 라텍스의 실용성과 유용성이 입증되었다. 특히 자전거와 자동차가 보급되면서 타이어를 생산하는 데 필요한 라텍스에 대한 수요가 급증했다.

1870년까지 라텍스 가격이 10년 만에 10배로 뛰자, 아마존강 유역에서 고무 '러시'가 일어나 거의 모든 고무나무에서 라텍스가 채취되었다. 이로써 아마존 유역의 도시 마나우스가 생겨났고, 마나우스는 브라질 최대 도시로 급성장했다.

그러나 1910년경 마나우스는 갑작스럽게 공황을 맞았다. 1876년 영국이 브라질에서 고무나무 종자를 몰래 가져다가 동남아시아의 말레이시아, 인도네시아, 스리랑카 등지에서 대규모로 재배하는 데 성공했기 때문이다. 그리고 영국, 프랑스, 네덜란드 3개국이 고무시장을 독점하는 바람에 마나우스는 곧 쇠퇴하고 말았다.

✛

우유니 소금사막,
사막과 호수의 두 얼굴

✛

▶ 볼리비아 포토시주 남서쪽에 위치한 우유니 소금사막. 눈이 내린 것처럼 하얀 소금으로 뒤덮인 드넓은 평원에 비가 내려 물이 고이면 '세상에서 가장 큰 거울'이 생긴다. 그 수면 위로 하늘과 땅이 만나, 하얀 구름과 파란 하늘이 데칼코마니로 대칭이 되는 장관이 연출된다. 우유니 소금사막은 건기와 우기 때의 모습이 다르다. 건기에는 소금이 드넓게 펼쳐진 사막이 되지만, 우기에는 빗물이 고여 호수로 모습을 바꾼다.

1년에 한 번 모습을 바꾸는 소금사막

우유니Uyuni 소금사막은 볼리비아가 에스파냐의 식민지였을 당시 은 광산으로 널리 알려진 포토시주 우유니시의 서쪽 끝에 있다. 해발고도 3,653m에 위치해 있으며 면적은 10,582km²로 우리나라 경상남도와 비슷한 크기이고 지구상에서 가장 넓은 소금평원이다. 하얀색의 우유니 소금사막은 얼음판과 같이 반사가 잘되고 규모도 어마어마해서 우주에서도 쉽게 관측할 수 있기 때문에 미국항공우주국에서 인공위성의 높이를 조절할 때 가상지표로 참고한다고 한다.

우유니 소금사막은 1년 내내 변화무쌍하다. 건기인 4~11월에는 소금만이 펼쳐진 사막이고, 우기인 12~3월에는 약 20~30cm 깊이로 물에 잠기는 호수여서 소금호수라고 불리기도 한다. 물에 잠길 때의 우기보다 사막일 때의 건기가 더 오래 지속되기 때문인지 국내에는 사막으로 알려졌다. 그러나 영미권에서는 드넓은 평원이라는 지형 특징에 주목하여 '소금평원Salt Flat'으로 불리기도 한다.

소금사막에 건기와 우기가 반복되는 것은 열대몬순기후에 의한 계절풍의 영향 때문이다. 소금덩어리 속에는 과거 건기와 우기가 반복된 시간의 흔적이 담겨 있는 셈이다.

이곳 지역 주민은 대부분 목재나 철재 등과 같은 건축자재가 부족하기 때문에 단단한 소금덩어리를 벽돌 모양으로 잘라 쌓아 집을 짓는다. 소금벽돌을 보면 샌드위치처럼 갈색과 흰색이 교대로 띠를 이루고 있다.

우기에는 주변 산지에서 점토성분의 물질이 빗물과 함께 호수로 흘러들어와 바닥에 쌓인다. 그러나 건기에는 호수 물이 모두 증발하고 소금만 우기에 쌓인 점토물질 위에 쌓인다. 이와 같이 우유니 소금사막은 1년에 한 번씩 사막과 호수의 모습을 수만 번 번갈아 가며 지금의 모습이 된 것이다.

쓸모없는 소금벌판에서 '안데스의 보석'으로

예전에 포토시주는 볼리비아에서 가장 가난한 곳이었으며, 특히 우유니 소금사막이 위치한 곳은 오지 중 오지로 가장 낙후된 곳이었다. 사막 주변에 사는 대부분의 주민은 사막의 소금을 캐서 생필품과 교환하며 생계를 유지했다. 그들의 눈에 사막은 생활에 불편을 주는 소금벌판일 뿐이었다.

○　　**소금벽돌과 소금벽돌로 지은 집.**
잘라 놓은 소금벽돌 속의 진한 색 띠는 우기에 물속에 가라앉은 점토, 연한 색 띠는 건기에 증발하고 남은 소금이 쌓여서 만들어진 것이다. 소금층 두께는 120m가량 되는데, 띠를 통해 각각 우기와 건기가 얼마나, 어떻게 진행되었는지 알 수 있다. 소금벽돌로 지은 집은 소금을 채취하는 사람들이 임시로 머물기 위해 만든 것이다.

그러나 소금사막이 2000년부터 전 세계적인 명성을 얻으면서 지금은 한해 100만 명이 넘는 관광객이 찾는 명소가 되었다. 그러자 그동안 소금에만 의존해 살던 주민의 약 76%가 현재는 관광업에 종사하며 생활하게 되었다.

1976년 미국지질조사국USGS은 이곳에서 생산되는 소금에 다량의 마그네슘, 칼륨, 리튬, 붕소 등의 광물질이 포함되어 있음을 알아냈다. 리튬은 오늘날 노트북, 휴대전화, 전기자동차 등에 사용되는 리튬전지의 주원료로서, 오일위기와 기후변화를 맞아 기존의 자원을 대체할 자원으로 주목받고 있다.

현재 우유니 소금사막의 리튬 매장량은 약 1억 4,000만t으로 전 세계 매장량의 약 55%를, 세계 생산량의 약 38%를 차지한다. 우유니 소금사막은 세계적 관광지, 그리고 미래 대체에너지 자원의 생산지로 탈바꿈하면서 '안데스의 보석'이라는 명칭을 얻게 되었다.

방대한 양의 소금은
분지, 증발량, 바람의 합작품

우유니 소금사막의 소금 총량은 약 100억t으로 추정되며, 현재 매년 25만t의 소금이 채취되고 있다. 이 엄청난 양의 소금은 어떻게 만들어지는 걸까?

페루, 볼리비아, 칠레 3개국이 남북으로 이어지는 중앙 안데스산맥 중심부에는 해발고도 약 4,000m의 알티플라노고원이 있다. 거대하게 움푹 파여 저지대를 이루는 이 고원은 약 6,500만 년 전 태평양의 나즈카판이 남아메리카판과 충돌하면서 안데스산맥이 생겨날 당시, 지각변동으로 단층대가 발달하여 중심부가 함몰되어 형성된 폐쇄형 구조분지다.

　다량의 소금은 고원이 생겨날 당시 바다에서 흘러든 바닷물과, 분지 내부로 주변 산지의 암석에서 염분이 녹아 흘러든 물이 합쳐진 뒤 빠져나가지 못한 가운데, 강수량보다 증발량이 더 커 물이 빠르게 말라가면서 염분이 지표에 쌓여 만들어진 것이다.

　알티플라노고원은 동쪽의 코르디예라오리엔탈^{Cordillera Oriental}산맥이 대서양에서 유입되는 수증기를 차단하고, 서쪽의 코르디예라옥시덴탈^{Cordillera Occidental}산맥이 태평양에서 유입되는 수증기를 막아 건조한 공기만이 중심부로 유입되어 강수량이 적은 소우지를 형성한다. 그리고 우유

○　**건기의 우유니 소금사막.**
건기가 되면 햇빛이 강하게 내리쬐고 바람에 물이 증발하면서 소금만 남아 흰색의 소금사막으로 변한다. 이때 소금의 분자활동에 의해 바닥이 벌집 또는 거북 등껍질과 같은 다각형 구조로 갈라지는 것을 볼 수 있다.

　　　　　　　　　　　　　　　우유니 소금사막, 사막과 호수의 두 얼굴

니 소금사막 일대는 아열대 고압대에 위치하여 상승기류가 형성되지 않아 연평균강수량이 150mm에 불과하며, 일사량이 풍부하기 때문에 증발량이 강수량을 앞선다. 또한 1년 내내 시속 90km 이상으로 부는 강한 바람도 물의 증발을 촉진한다.

이와 같이 폐쇄형 내륙분지라는 지형적 특징과 적은 강수량에다가 강수량을 능가하는 증발량 그리고 강한 바람 등의 기후적 특징이 결합되어 방대한 양의 소금이 만들어질 수 있었던 것이다.

최종빙기 이후 세 차례에 걸쳐 확장된 호수

현재 알티플라노고원 내의, 북부 티티카카호에서 흘러나온 물은 데사과데로강을 따라 남쪽으로 흘러 포오포^Poopo호로 유입된다. 이후 그 아래 위치한 우유니 소금사막으로는 더 이상 물이 공급되지 않아 소금사막이 빠르게 만들어질 수 있었다. 그러나 마지막 빙하가 극성기였던 약 1만 8,000년 전 이후, 지구의 기온이 올라가면서 강수량이 많아지고 안데스 산지의 빙하가 녹은 물이 고원 내부로 흘러들어 남부 우유니 소금사막 일대는 포오포호와 연결된 거대한 호수의 일부가 되었다(217쪽 지도 1 참고).

최근 연구결과로, 세 번 강수량이 증가하면서 세 차례에 걸쳐 호수가 확장된 시기가 있었음이 밝혀졌다. 첫 번째 시기인, 약 1만 8,000~1만 4,000년 전 당시 고대 호수를 타우카^Tauca호라고 하는데, 크기는 지금의 우유니 소금사막 면적보다 6배가량 큰 약 6만km², 깊이는 약 110m에 달했다. 두 번째 시기인, 약 1만 3,000~1만 1,500년 전 당시 고대 호수를 코이파사Coipasa호라고 하는데, 크기는 지금의 우유니 소금사막 면적보다 3배가량 큰 약 3만km², 깊이는 약 60m에 달했다. 마지막 시기인 1984~1986년에 호수는 현재의 우유니 소금사막과 거의 비슷한 면적이었고 깊이만 2m가량 깊어졌을 뿐이다(217쪽 지도 2 참고).

우유니 소금사막은 한랭건조한 빙하기를 여러 차례 거치며 오랜 기간

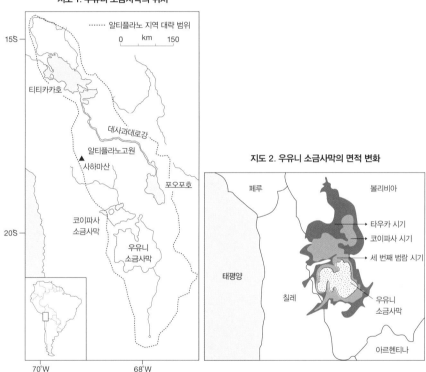

지도 1. 우유니 소금사막의 위치

지도 2. 우유니 소금사막의 면적 변화

○ **우유니 소금사막 형성과정.**
지도의 점선 내부가 폐쇄형 분지인 알티플라노고원지대다. 동쪽으로 코르디예라오리엔탈산맥, 서쪽으로 코르디예라옥시덴탈산맥이 가로막고 있어 대서양과 태평양에서 수증기가 유입되지 않는다. 최종빙기 이후 강수량이 증가하고 산지의 빙하가 녹아 흘러든 물이 많아지면서 고원의 절반가량이 물에 잠기며 거대한 호수가 생겼다. 이후 점차적으로 강수량이 감소하고 증발량이 증가하여 호수의 크기가 줄어들었다.

우유니 소금사막, 사막과 호수의 두 얼굴

○ **소금사막을 찾는 아메리카낙타와 홍학.**
소금사막의 가장자리 주변 산지에서 흘러들어오는 개울은 비교적 염분이 적은 편이다. 이 곳 일대에 사는 아메리카낙타인 야마와 알파카가 물과 염분을 섭취하기 위해 간간이 찾아온다. 우기에는 호수로 변하지만 염도가 높아 다른 동물이나 식물이 살지 못한다. 건기가 끝나고 우기가 시작될 무렵에는 염분이 많은 호수에 서식하는 홍조류 박테리아가 주 먹이인 홍학이 번식을 위해 찾아온다..

남아메리카

소금사막의 형태를 유지했다. 그러나 약 2만 년 전 이후 빙하기가 끝나면서 지구의 기온이 올라가고 강수량이 증가하여 알티플라노고원의 절반가량이 물에 잠기는 호수로 변했다. 이후 강수량이 부족한 건조한 사막환경에서 강한 햇빛으로 물이 증발해 호수 물이 빠르게 증발하면서 점차 호수의 크기는 줄어들었고, 결국에는 소금이 두껍게 퇴적된 사막으로 변했다.

소금사막에서 살아가는 생명체

우유니 소금사막은 안데스 고산지대에 위치해 있으며 연평균기온이 약 8.5℃로 비교적 기온이 안정적인 편이다. 연평균강수량은 약 150mm로 매우 건조하며, 한낮에 내리쬐는 햇빛이 강한 사막기후여서 동식물이 서식하기 어렵다. 그러나 몇몇 종의 동식물이 이러한 환경에 적응해 살아가고 있다.

매년 11월 건기가 끝나갈 무렵, 염분이 많은 호수에 적응한 홍조류 박테리아가 먹이인 홍학이 번식을 위해 찾아온다. 그리고 비스카차라는 설치류가 사막 일대에 굴을 파고 이끼와 잔풀을 먹으며 서식한다. 사막소금에서 염분을 얻기 위해 아메리카낙타인 야마(라마)와 알파카도 간간이 찾아온다. 식생으로는 사막 한가운데 잉카와시^{Incahuasi}섬(멀리서 보면 물고기를 닮았다고 하여 '물고기섬'이라고도 한다)에 서식하는 1~3m 크기의 거대한 원주형 선인장을 들 수 있다. 대부분의 산지에서는 이끼류와 잔디류의 키 작은 풀과 톨라 등과 같은 관목류가 서식하고 있다.

세계에서 가장 높은 곳에 있는 호수, 티티카카호

알티플라노고원 북쪽에 위치한 티티카카호는 페루와 볼리비아의 국경에 위치하며, 면적 약 8,135km²로 남아메리카에서 가장 크고, 해발고도 3,810m로 세계에서 가장 높은 곳에 있는 호수다. 형성 초기에는 바닷물이 고인 짠물호수였지만 점차 강수와 주변 산지에서 빙하가 녹은 물이 지속적으로 공급되어 지금은 민물호수로 바뀌었다.

알티플라노고원 남부의 우유니 소금사막과 달리 티티카카호가 민물호수로 남게 된

○ **동쪽은 볼리비아, 서쪽은 페루 영토로 나뉜 티티카카호.**
1998년 볼리비아쪽 수역 약 800km²가 람사르협약 등록지로 지정되어 보호받고 있다. 인공섬에서 수상생활을 하는 원주민들은 과거 잉카제국의 지배를 피해 호수로 들어왔다고 한다

것은 적도에 가까워 연 강수량이 800mm에 이를 만큼 습윤했기 때문이다.

티티카카호에는 원주민인 우루족이 인공섬을 만들어 수상생활을 하고 있다. 그들은 호수 가장자리 얕은 곳에 서식하는 갈대의 일종인 토토라를 엮어서 우로스Uros라는 인공섬을 지어 생활한다. 현재 이들은 밭을 일궈 감자와 옥수수를 재배하고 닭과 돼지 등의 가축을 키우지만 주로 어업에 종사하며, 최근 관광객이 증가하면서 관광업 종사자도 크게 늘었다. 우루족이 이처럼 호수에서 살게 된 것은 잉카제국 시절 지배세력이었던 케추아족의 박해를 피해 호수로 숨어들었기 때문이라고 한다.

티티카카호에는 볼리비아 해군 약 5,000명이 주둔하고 있다. 볼리비아가 해군을 배치한 것은 칠레 때문이다. 과거 볼리비아는 태평양 연안에서 채취되는 구아노(비료의 원료가 되는 바다새의 배설물)와 초석(화약의 원료가 되는 질산칼륨)을 둘러싸고 1879~1884년에 칠레와 태평양전쟁('초석전쟁' 또는 초석 100kg당 10센트의 세금을 부과했기 때문에 '10센트 전쟁'이라고도 한다)을 벌였다.

초석이 나오는 아타카마사막지대는 볼리비아 영토였지만 초석은 전적으로 칠레인이 팔았다. 볼리비아 정부가 이들에게 세금을 매기려 하자 칠레가 군대를 동원한 것이다. 이 전쟁으로 볼리비아는 초석의 보고寶庫를 칠레에 빼앗겼을 뿐만 아니라 태평양으로 가는 진출구가 막혀 내륙국이 돼 버리고 말았다. 볼리비아가 티티카카호에서 해군을 훈련·양성하고 있는 것은 내륙국에서 벗어나 바다로 나아갈 그날을 위해서라고 한다.

우유니 소금사막, 사막과 호수의 두 얼굴

● 그린란드

● 아이슬란드

피오르 ●

자이언츠 코즈웨이 ●

세븐시스터즈 ●

돌로미티산군 ●

몬세라트산 ●

에트나산 ●

3부

유럽

⁜

세븐시스터즈 | 자이언츠 코즈웨이 |
돌로미티산군 | 에트나산 | 피오르 | 아이슬란드 |
그린란드 | 몬세라트산

세븐시스터즈,
백악 해식암벽의 파노라마

▶ 영국 남부 이스트서식스주의 세븐시스터즈 해안. 새하얀 암벽이 수직의 낭떠러지를 이루며 펼쳐져 있다. 눈이 부실 만큼 새하얀 그 모습이 '천국과 통하는 문' 같아 보이기도 한다. 일곱 봉우리 가운데 가장 높은 헤이븐브라우Haven Brow는 해수면에서의 높이가 77m나 된다. 아찔할 정도로 위험해 보이고, 관광객이 추락사했다는 뉴스가 있기도 한데 절벽에는 난간 하나 없다. 자연 그대로를 보존하기 위해서라고 한다.

일곱 개 구릉으로 이어진
해안절벽

바다 건너 프랑스와 마주한 영국해협의 해안도시 이스트서식스주의 이스트본과 브라이턴 사이에는 해안을 따라 새하얀 수직 암벽이 26km가량 이어진다. 그 가운데 쿠크미어강 하구에서 벨타우트$^{Belle\ Tout}$ 등대까지 약 6km 구간의 풍경이 가장 아름다운데, 이곳은 해안절벽이 일곱 개 구릉으로 이어져 있어 세븐시스터즈$^{Seven\ Sisters}$라 불린다. 이름만으로 보면 전설이 있을 법한데, 특별히 전하는 이야기는 없다.

영국에서 유럽으로 통하는 관문 역할을 하는 도버 항구 뒤편의 약 16km에 이르는 해안에도 백색의 수직 암벽이 발달해 있다. 대항해시대의 영국 뱃사람들도 본국으로 귀환할 때 제일 먼저 보이는 이 순백의 암벽을 본국의 징표로 삼았을 것이다. 암벽이 마치 요새와 같은 느낌을 주는데, 실제로 영국은 제2차 세계대전 당시 독일군의 침입에 대비하여 절벽 곳곳에 군사기지를 건설하기도 했다.

수직의 새하얀 암벽은 백악

세븐시스터즈의 해안에 다가서면 수직의 새하얀 암벽에 압도된다. 이 암석들은 모두 백악$^{白堊,\ chalk}$이다. 백악은 흰색의 부드러운 미립질 석회암의

○ **도버항구 뒤편의 수직 암벽.**
백악암벽인 이곳은 영국을 상징하는 자연유산으로, 신항로 개척과 교역 그리고 전쟁 등을 위해 조국을 떠났던 이들에게 제일 먼저 고국에 대한 향수를 불러일으키는 곳이었다. 도버의 백악암벽이 영국의 노래, 영화, 문학작품 등에 자주 등장하는 것은 이처럼 영국인에게 특별한 의미가 있기 때문이다.

일종으로, 시멘트 보도나 분필을 만들거나 경기장 코트의 선을 긋는 데 사용된다. 중생대 백악기 말 약 8,700만~8,400만 년 전 이곳이 바다였을 당시에 살았던 석회비늘편모류(단세포 식물성 플랑크톤의 일종. 표면에 코콜리스 coccolith라고 불리는 탄산칼슘 성분의 석회질 비늘을 두르고 살았던 생명체를 말한다)의 탄산칼슘 성분 껍데기가 쌓여 바다에서 형성된 퇴적암이다.

백악은 이곳 세븐시스터즈와 도버 항구 일대를 포함하여 영국 남부 해안과 프랑스 노르망디해안, 독일 뤼겐섬 그리고 지중해 크레타섬에 이르기까지 유럽 전역에 분포하며, 층의 두께는 전체적으로 약 400m에 달한다. 이는 과거 중생대 백악기 말 당시 백악 분포 지역 전역이 테티스해(고생대 말 약 3억 5,000만 년 전부터 신생대 초 약 6,500만 년 전까지 현재의 알프스산맥에서 히말라야산맥을 거쳐 아시아 대륙으로 이어지는 지역에 펼쳐져 있던 바다로, 고古지중해라고도 한다)라는 동일한 바다환경에 있었기 때문인데, 테티스

세븐시스터즈, 백악 해식암벽의 파노라마

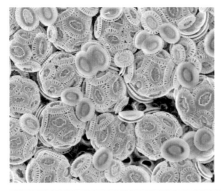

○ **현미경으로 본 백악의 주성분인 코콜리스.**
백악은 석회비늘편모류가 죽은 뒤 그것의 겉껍질이었던 석회질 코콜리스가 떨어져 나와 쌓여 생성된 것이다.

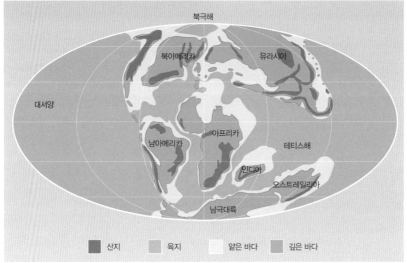

○ **중생대 백악기 말 약 8,000만 년 전 대륙의 모습.**
중생대 백악기 말 남반구의 곤드와나대륙과 북반구의 로라시아대륙 사이에는 고대의 바다인 테티스해가 존재했다. 당시 유럽 대륙은 형성되지 않았으며 북위 30° 부근의 바다에서 백악 퇴적층이 생성되었는데, 오늘날 영국 남부해안과 프랑스와 독일의 해안 그리고 지중해의 그리스와 튀르키예 등지의 해안에서 발견되는 백악이 바로 그것이다.

해는 당시 북위 30° 부근에 있었다. 성게, 해면, 암모나이트, 대합과 홍합 등 그 당시 조개류 화석이 세븐시스터즈 절벽 아래 해변에서 발견되는 것이 이러한 사실을 잘 말해 준다.

에게해에 위치한 크레타섬은 기원전 2000년경 고대 미노아문명이 번성했던 곳으로, 이 섬의 지질 대부분이 중생대 백악기에 생성된 백악이었다. 지질시대 이름인 백악기의 영어 표기 크레테이셔스Cretaceous는 섬 이름인 크레타Creta에서 파생되었다.

따뜻한 지구, 무너지는 해안절벽

해저에 퇴적된 세븐시스터즈 일대의 백악층은 신생대 약 3,300만 ~2,300만 년 전 유라시아판과 아프리카판이 충돌해 알프스산맥이 생기고 유럽대륙의 지반이 융기할 때 육지가 되었다. 이곳은 약 2만 년 전만 해도 빙하에 덮여 있었는데, 빙하의 무게에 눌리고 빙하가 이동하면서 지표가 깎여 구릉성 준평원이 만들어졌다. 빙하기가 끝나고 기온이 올라가면서 해수면이 상승하여 약 6,000년 전부터 현재의 해수면이 유지되었다. 이후 약 3,000년 동안 해풍과 파도에 침식되어 지금의 세븐시스터즈 해안이 형성되었다.

백악은 구멍이 많은 다공질多孔質 암석이어서 물을 잘 빨아들이기 때문에 물을 머금으면 하중이 커진다. 또한 탄산이 있는 물에 잘 녹는 특성이 있으며, 지층의 절리면을 따라 흘러드는 지하수의 양이 많을수록 붕괴 위험이 커진다. 특히 1년에 2~3회 내리는 폭우는 지하수 양을 증가시키고, 구릉의 저지대를 따라 많은 양의 물을 절벽 아래로 떨어뜨리는 폭포를 만들어내 암벽을 붕괴시킨다. 그러나 무엇보다 파랑이 암벽붕괴에 결정적인 요인이다. 밀물과 썰물 때의 수위 차이가 약 5m에 이를 정도로 크며, 밀물 때의 파도가 암벽의 하단부를 빠르게 침식하기 때문이다.

현재 해안암벽이 지속적으로 침식·붕괴되면서 해안선이 후퇴하고 있다. 세븐시스터즈 벌링갭Birling Gap 일대를 1873년부터 2001년까지 조사한 기록에 따르면, 1년에 약 62cm씩 암벽이 침식되는 것으로 나타났다. 이는 침식량이 1,000년에 약 620m로, 매우 빠른 속도로 해안침식이 진행되고 있음을 알 수 있다. 현재 세븐시스터즈 전 구간의 평균침식량은 1년에 약 30~40cm(300~400m/1,000년)이며, 최근 지구온난화로 해수면이 상승하면서 파랑에너지가 커져 침식량이 점차 증가하고 있다. 세븐시스터즈 해변에서는 백색의 갯벌과 모래사장 등을 찾아볼 수 없는데, 이는 절벽에서 떨어진 백악의 탄산칼슘 성분이 바다에 녹아들었기 때문이다.

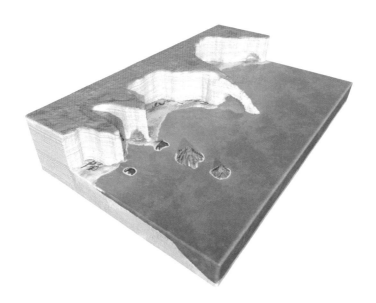

○　　**암석해안의 변화과정.**
　　바람과 파도 등의 에너지가 끊이지 않는 암석해안에서는 바다로 돌출된 곶串, 헤드랜드 head land의 약한 부분의 암석이 파랑과 해풍에 침식되어 먼저 깎여 나가면서 해식동굴이 생기고, 일부 단단한 부분의 암석이 코끼리 모양의 시아치sea arch, 촛대 모양의 시스택sea stack으로 남게 된다. 이후 지속적인 침식으로 시아치는 붕괴되어 시스택으로 변하며, 나중에는 모두 침식되어 사라지면서 해안선이 육지 쪽으로 후퇴하게 된다.

백악 해식절벽의 침식과 붕괴.
백악층을 덮고 있는 상단부의 황토층은 과거 빙하기 당시 북아메리카대륙, 그린란드, 스칸
디나비아반도 등지에서 실트silt가 바람에 날려 와 쌓인 뢰스Löss 토양이다. 백악의 약한 틈
이 지하수에 녹으면서 지표 부근의 황토가 그 틈을 따라 점차 아래로 이동하는데, 이 때문
에 암벽이 더 빨리 붕괴되기도 한다. 그러나 절벽 붕괴의 가장 결정적인 요인은 파랑으로,
바다와 접한 절벽의 하단부가 깊게 깎여 나갔음을 알 수 있다. 최근 지구온난화의 영향으
로 해수면이 상승하면서 파랑에너지가 커져 침식량이 증가하는 추세다.

세븐시스터즈, 백악 해식암벽의 파노라마

파링던에 있는
'어핑턴의 백마'

영국 옥스퍼드셔주 소도시 파링던에서 남쪽으로 약 8km 지점 해발고도
261m의 언덕에는 남북 길이 약 110m의 거대한 말 그림이 그려져 있다.
'어핑턴의 백마'라고 불리는 이 그림은 달리는 말 모습을 본뜬 뒤 도랑을
파내고 백악자갈을 채워 넣어 그려졌다. 평지에서는 한눈에 그림을 보기
어려워 기구나 비행기를 타고 공중에서 보아야 한다.

○ **어핑턴의 백마.**
이를 그린 주인공들은 켈트족보다 앞선 영국의 선주민으로, 이곳에서 남서쪽으로 약
40km 떨어진 윌트셔 솔즈베리평원에 세워진 거석군ᵗᵒᵐᵇ 스톤헨지를 세운 에식스문화인
(기원전 2000년~1100년)일 것으로 추정된다. 기원전 46년 영국이 로마제국에 점령되기
이전부터 동전, 양동이 등에 말이 그려진 것으로 보아, 말이 일찍부터 운송 및 교통, 전쟁
등에 말이 주로 쓰였음을 알 수 있다. '어핑턴의 백마'는 이러한 의식이 종교적으로 반영된
결과라 할 수 있다.

일각에서 말이 아니라 다른 동물을 그린 것이라는 의견이 제기되기도 했다. 그러나 적어도 11세기부터는 말 그림이라고 여겼던 것으로 추정된다. 동쪽으로 약 25km 떨어진 곳에 있는 애빙던 수도원에서 1072~1084년 사이에 수도사들이 양피지에 쓴 수도원 문서에서 '백마白馬의 언덕'이란 뜻의 'mons albi equi'라는 라틴어 글귀가 발견되었기 때문이다.

말의 형태가 고대 켈트족 문양과 비슷하여 기원전 600~서기 100년 사이에 그려진 것으로 알려졌지만, 백악자갈의 방사선 연대측정을 통해 '어핑턴의 백마'는 기원전 1400년 무렵 청동기시대 스톤헨지를 세운 에식스문화인들에 의해 제작되었음이 밝혀졌다. 그렇다면 그림에 사용된 백악은 남부해안의 세븐시스터즈 또는 도버 항구 일대에서 운반한 걸까? 이곳의 지질 또한 표토가 초목의 식생으로 덮여 있을 뿐, 식생 바로 밑에는 세븐시스터즈 일대의 백악과 같은 시기에 형성된 백악이 자리하고 있다. 지금은 내륙에 위치해 있지만 중생대 백악기 말 당시 이곳도 바다였고, 백악이 퇴적되었기 때문에 백악을 쉽게 이용할 수 있었던 것이다.

해식기암을 대표하는
'열두 사도 바위'

오스트레일리아 빅토리아주 멜버른 남서쪽 약 265km 떨어진 포트캠벨 국립공원 해안의 그레이트 오션 로드Great Ocean Road는 세계에서 가장 아름다운 해안도로로 손꼽힌다. 해안을 따라 기암절벽과 백사장 그리고 푸른 바다가 어우러진 멋진 절경이 즐비하게 이어진다. 그 가운데 특히 예수의 열두 제자를 연상케 하여 이름 붙여진 '열두 사도 바위Twelve Apostles'가 압권이다.

열두 사도 바위는 1922년까지만 해도 가장 큰 바위인 뮤턴버드섬이 암퇘지, 이보다 작은 다른 바위들은 새끼돼지로 여겨져 '암퇘지와 새끼돼지들Sow and Piglets'이라고 불렸다. 남빙양 고래잡이로 호황을 누리던 이곳 일대는 포경이 법적으로 금지되면서 쇠퇴하였다. 이를 극복하고자 생각해 낸 묘안이 해안도로를 만들어 관광산업을 발전시키는 것이었다. 열두 사도 바위란 이름 또한 관광 마케팅 전략 차원에서 만들어졌다고 한다.

열두 사도 바위는 약 2,000만~1,500만 년 전 생성된 석회암이 오랜 세월 파랑과 해풍에 침식되어 육지로부터 분리되면서 해안에 우뚝 솟은 암석기둥으로, 시스택이라고 한다. 본래 바다로 돌출된 헤드랜드가 파랑에 침식되어 약한 부분이 먼저 깎여 나가 해식동굴이 생겨나고, 지속적으로 침식되면서 구멍이 뚫려 코끼리 모양의 시아치가 만들어진다. 이후 침식이 더 진행되어 시아치가 무너져 지금의 고립된 바위만 남게 되었다.

열두 사도 바위가 파랑과 해풍의 침식을 받아 생성되기 시작한 것은 마지막 빙하가 극에 달했던 1만 8,000년 전 이후 지구 기온이 상승하면서 빙하가 녹아 현재의 해수면을 유지하게 된 약 6,000년 전이다. 열두 사도 바위는 원래 12개였던 시스택이 해안침식으로 무너져 현재는 8개만 남았다. 1년에 약 2cm씩 암석이 침식되고 있어 남은 시스택도 점차 무너져 사라지지만, 한편으로는 다른 곳에서 새로운 시스택이 생기기도 하면서 해안의 모습이 계속 바뀌고 있다.

○ **오스트레일리아의 열두 사도 바위.**
열두 사도 바위는 오스트레일리아를 대표하는 자연지형의 하나로, 원래 12개였던 시스택이
침식으로 무너져 현재는 8개만 남아 있다. 이곳은 1년 내내 남극해에서 밀려오는 거친 파도로
인해 파랑에너지가 큰 곳이다. 현재 지구온난화로 해수면이 상승하여 침식이 빨라지고 있어
머지않아 열두 사도 바위는 붕괴될 것으로 보인다.

세븐시스터즈, 백악 해식암벽의 파노라마

자이언츠 코즈웨이,
다각형 주상절리의 향연

▶ 영국 북아일랜드 북부 앤트림주 해안의 자이언츠 코즈웨이. 모래와 자갈은 없고 다각형 암석기둥만이 해안 곳곳을 가득 채우고 있다. 자연이 조각한 천연의 수석(水石)공원인 이곳은 현무암질 용암이 냉각·수축되어 만들어진 다양한 주상절리 암석군으로, 영국(북아일랜드)을 대표하는 자연명소다. ◆자이언츠 코즈웨이와 해안/1986년 유네스코 세계자연유산 등재/영국.

거인들이 힘을 겨루기 위해
오가려고 만든 둑길

자이언츠 코즈웨이Giant's Causeway는 영국 북아일랜드 앤트림주 북부해안 부시밀스Bushmills 부시풋 해변에서 포트볼린트래Portballintrae까지 약 6km 구간의 해안에 발달한, 현무암질 각주角柱로 이루어진 절벽이다. 검은색 현무암질 각주는 평균지름 40~50cm, 평균높이 6~7m에 이르며 규칙적인 모양으로 4만여 개가 모여 있는데, 이는 세계에서 가장 규모가 큰 주상절리柱狀節理 암석군이다.

　주상절리를 이루는 암석은 지하의 마그마가 분출하여 굳은 현무암이다. 신생대 약 6,200만 년 전 북아메리카대륙과 유라시아대륙이 분리되면서 대서양이 열리기 시작하던 무렵, 유럽 일대에 거대한 화산활동이 있었다. 화산이 적어도 6~7차례 분출하여 자이언츠 코즈웨이의 주상절리 현무암이 생성되었는데, 층의 두께는 최대 100m에 이른다. 분출한 용암은 북쪽으로는 약 150km 떨어진 스코틀랜드까지 흘러갔으며, 남쪽으로는 벨파스트를 지나 약 30km 지점까지 흘러갔다.

　핑갈의 동굴Fingal's Cave로 유명한 스코틀랜드 서해안 헤브리디스Hebrides 제도의 스태퍼Staffa섬에 발달한 주상절리 또한 자이언츠 코즈웨이와 동시대에 생긴 것으로 그 규모가 엄청나다. 이렇게 아일랜드와 스코틀랜드 두 지역에 형성된 주상절리로 인해 이곳에 거주하던 켈트족에게는 다음과 같은 거인의 전설이 생겨났다. 아일랜드의 거인 맥 쿠윌(Fionn mac Cumhaill, 아일랜드 신화에 등장하는 영웅)과 스코틀랜드의 거인 베넌도너 (Benandonner, '천둥의 산'이란 뜻의 전쟁의 신)가 힘을 겨루기 위해 오가려고 만든 둑길 causeway이 바로 자이언츠 코즈웨이라는 것이다.

○ **스코틀랜드 헤브리디스 제도의 스태퍼섬에 발달한 핑갈의 동굴.**
주상절리 암벽에 파랑과 해풍이 침식을 가하여 약한 부분이 깎여 나가 해식동海蝕洞이 생겼다. 스코틀랜드 일대에 발달한 주상절리 또한 자이언츠 코즈웨이와 동시대에 형성된 것으로 거인 전설의 토대가 되었다. 펠릭스 멘델스존의 대표작 〈헤브리디스〉의 서곡 '핑갈의 동굴'은 1829년 그가 이곳을 여행하면서 신비로운 동굴의 풍광에서 얻은 강렬한 영감을 음악으로 묘사한 것이라고 한다.

자이언츠 코즈웨이, 다각형 주상절리의 향연

중심점을 향하는 힘이 만든
다각형의 주상절리

자이언츠 코즈웨이의 크고 작은 수많은 주상절리 암석은 대부분 5~8각형의 규칙적인 형태를 띠고 있어 주상절리 암석들은 마치 일부러 조각해 놓은 듯해 보이기도 한다.

화구에서 분출한 현무암질 용암은 점성(粘性, 유체의 흐름에 대한 저항)이 낮다. 치약처럼 용암의 점성이 높아 끈적하여 유동성이 적으면 용암이

○　　**자이언츠 코즈웨이의 다각형 균열.**
거북 등 모양의 다각형 균열은 분출한 용암이 냉각·고체화되어 생긴 것이다. 오랜 세월 절리면을 따라 빗물과 얼음의 쐐기작용이 일어나고 파랑과 해풍에 침식·풍화되어 지금도 암석조각들이 떨어져 나가고 있다.

멀리 흘러가지 못한다. 따라서 끓는 팥죽처럼 점성이 낮아야만 멀리까지 흘러가 지표를 광범위하게 덮을 수 있게 된다.

주상절리의 모양과 크기는 용암이 식는 속도와 방향에 따라 결정된다. 초기에 지표로 분출한 뜨겁고 부피가 팽창된 현무암질 용암이 대기 중에 서서히 냉각되면서 수분과 가스가 빠져나가 점차 수축하게 된다. 이때 가뭄 때 점토질 논바닥의 수분이 증발되면서 논바닥이 거북 등과 같이 갈라지는 것처럼 용암의 표면도 갈라진다.

용암에 있는 광물의 성분이 균질이며, 용암 내부의 중심점을 향해 같은 힘이 고르게 전달되면서 같은 속도로 냉각되면 5~8각형의 균열이 일어난다. 이후 이 힘이 식지 않은 아래 내부의 용암으로 천천히 전달되며 냉각되어 다각형의 돌기둥, 즉 주상절리가 형성된다. 한편 지표면이 지속적으로 침식되거나 지각변동으로 상부의 누르는 압력이 감소하면 지표면과 평행한, 양파껍질 모양의 판상절리가 나타난다.

1	2	3
부피가 팽창한 뜨거운 용암이 초기 지표로 분출해 대기 중에 서서히 냉각하기 시작한다.	냉각되면서 부피가 감소하며 수축하는데, 이때 중심점을 향해 같은 힘과 속도로 냉각되어 5~8각형으로 균열된다.	균열을 따라 비바람과 얼음, 파랑 등에 의해 침식과 풍화를 받아 암석이 분리되어 떨어져 나간다.

육각기둥 주상절리 형성과정

자이언츠 코즈웨이, 다각형 주상절리의 향연

자이언츠 코즈웨이 일대의 주상절리 암석들은 생성된 이후 오랜 세월 침식·풍화되어 왔다. 이곳은 2만 년 전만 해도 빙하에 덮여 있었다. 무거운 하중의 빙하가 이동하면서 주상절리의 많은 암석조각이 붕괴되어 사라졌으며, 절리면을 따라 빗물과 얼음이 들어가 녹고 얼기를 반복하면서 암석조각이 떨어져 나갔다. 약 2만 년 전 마지막 빙하기가 끝나고 기온이 상승하여 약 6,000년 전 현재의 해수면을 이룬 이래로 바닷물에 잠기고 파랑과 해풍에 침식되어 암석조각이 떨어져 나가기를 반복하며 지금의 형상이 되었다.

어둠의 울타리, 마법의 숲길

자이언츠 코즈웨이 남동쪽 약 10km 지점, 작은 두 마을 아모이Armoy와 스트래노쿰Stranocum 사이, 브레가 도로Bregagh Road가 끝나는 지점 약 500m 구간에는 마치 동화 속의 마법 같은 몽환적 분위기가 물씬 풍기는 아름다운 숲길이 조성되어 있다. 2011년 판타지 TV시리즈 8부작 〈왕좌의 게임〉 중 '왕의 길' 배경으로 소개되면서 일약 전 세계적인 명소가 되었다.

1775년 가로수로 식재된 150그루가량의 너도밤나무(참나뭇과의 낙엽활엽수로서, 우리나라에서는 건조한 육지에서는 생육이 불가하며 습한 울릉도에서만 서식하는 특산종으로 생태적 가치가 높음)가 무성하게 자라 오늘날 병풍처럼 생울타리를 둘러쳐 마치 터널처럼 어두워서 '어둠의 울타리Dark Hedges'란 이름을 얻게 되었다. 현재는 나무들이 수령 250년을 넘어 고사하거나 폭풍으로 뽑혀 나가거나 하여 약 90그루만이 남아 있다.

○ **자연이 만들어 낸 마법의 숲길.**
너도밤나무의 미려한 숲길이 세계적으로 유명세를 타며 탐방객이 급증하자, 차량통행과
낙서로 나무가 훼손되는 등 여러 문제가 발생했다. 이에 주정부는 2017년 숲길을 보호하
기 위해 도로를 전면 폐쇄했다.

자이언츠 코즈웨이, 다각형 주상절리의 향연

부채꼴 주상절리의 명소,
경주 양남 주상절리군

우리나라에도 화산활동의 산물인 주상절리 암석지형이 전국 여러 곳에 분포한다. 광주 광역시 무등산 서석대·입석대 주상절리대는 국내에서 유일하게 중생대 말 약 8,500만 년 전에, 제주도 중문·대포해안과 경상북도 울릉도, 강원도 철원 한탄강 유역의 재인 폭포 등지의 주상절리대는 신생대 약 30만 ~15만 년 전에 형성되었다. 이들 대부분이

○ **경주 양남 주상절리군.**
세계적으로 보기 드물게 수평 방향으로 원목을 포개어 놓은 듯한 부채꼴이어서 주목을 받고 있다. 지형·지질학적 희소성이 인정되어 2012년 천연기념물 제536호로, 2017년 국가지질 공원으로 지정되었다.

수직 방향의 주상절리를 이루고 있다.

그런데 세계적으로 보기 드물게 수평 방향의 부채꼴 주상절리가 발달한 곳이 있다. 바로 경상북도 경주 양남면 해안에 발달한 주상절리로, 마치 원목을 부채꼴로 포개 놓은 듯해 보인다. 양남의 부채꼴 주상절리군은 신생대 약 5,400만~460만 년 전에 경주와 울산 해안지역 일대에서 화산활동이 활발히 일어나 생긴 지형이다. 오목한 와지窪地 안으로 용암이 흘러들거나 와지 밑에서 용암이 솟아나는 등 용암연못이 만들어지는 특수 환경에서 생성된 것이다.

와지에 고인 용암은 대기와 접촉하며 표면이 냉각된다. 동시에 땅속 지면과 접촉한 용암연못의 내부에서도 냉각이 진행된다. 이때 용암연못의 중심점을 향해 용암이 같은 속도로 서서히 냉각·수축되어, 중심점을 기준으로 부채꼴의 주상절리가 만들어지는 것이다.

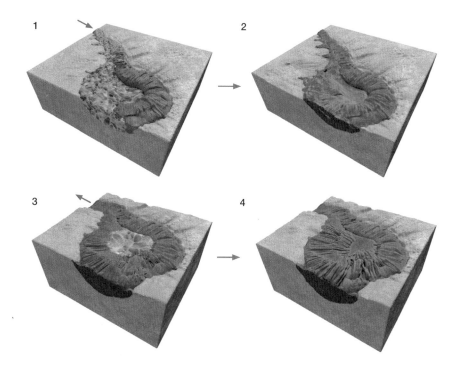

○ **부채꼴 주상절리 형성과정.**
　　– 1, 2: 용암이 외부에서 와지로 흘러 들어와 용암연못을 형성한 경우.
　　– 3, 4: 와지 내부의 지하에서 용암이 분출하여 용암연못을 형성한 경우.
　　용암연못의 지표와 내부에서 동시에 중심점을 향해 균일한 속도로 냉각과 수축이 진행되면서
　　방사상放射狀 부채꼴 주상절리가 형성된다.

돌로미티산군,
알프스 백운암 산악경관의 전형

▶ 이탈리아 북동부 볼차노의 카레차호에서 바라본 돌로미티산군. 거대한 산줄기의 능선을 따라 우람한 수직암봉과 날카로운 침봉암벽이 끝없이 펼쳐지고, 깊은 협곡 숲속 사이에 에메랄드빛 빙하호들이 곳곳에 자리 잡고 있어 산악경관의 장엄함과 수려함을 만날 수 있는 곳이다. 카레차 Carezza호의 수면에 돌로미티의 기암들이 대칭으로 드리워 있다. 돌로미티산군은 본래 오스트리아 영토였지만 오스트리아가 제1차 세계대전에서 패하면서 티롤의 남쪽 일부를 이탈리아에 양도하여 현재는 이탈리아의 남티롤에 속하게 되었다. ◆돌로미티 산맥/2009년 유네스코 세계자연유산 등재/이탈리아.

'돌로미티' 이름의 기원

이탈리아 북동부 남트롤 지방에 위치한 돌로미티^{Dolomiti}산군은 알프스산맥 동쪽 끝자락, 오스트리아와 이탈리아 국경 사이에 남북길이 약 90km, 동서길이 약 100km, 면적 약 5,500km²를 차지하며, 최고봉인 마르몰라다산 (3,343m)을 비롯하여 해발고도 3,000m급 고봉 18개가 솟아 있는 험준한 고산지대다. 돌로미티산군을 두고 산맥이라고 하기도 하는데, 15개의 독립된 산과 봉우리가 모여 있어 산계^{mountain systems}에 포괄되는 산군^{山群} 또는 산괴^{山塊, mountain massif}라고 하는 것이 더 정확하다. 산맥^{mountain ranges}은 위치와 방향, 형성과정, 그리고 형성시기 등에서 뚜렷한 상관성이 있는 산지들이 연결된 경우를 말하며, 몇 개 산맥이 유사한 형태와 형성과정으로 생겨나 나타나는 경우에는 좀 더 포괄적으로 산계라고 하기 때문이다.

돌로미티산군 곳곳 정상의 고봉들은 거대한 성벽을 연상케 하며, 능선 곳곳에 송곳날 모양의 기암괴석들이 위용을 과시하고 있다. 산지 암석층 전역에서는 중생대 생명체의 화석이 발견되고 있고, 빙하에 깎인 협곡과 암석지형도 발달해 있다. '돌로미티'라는 이름은 산군 대부분을 차지하고 있는 암석인 돌로마이트(dolomite, 우리말로 백운암^{白雲岩})에서 유래했다.

돌로마이트는 자연계에서 석회암과 더불어 가장 많은 탄산염 암석의 하나로, 1789년 프랑스 지질학자 디외도네 돌로미외^{Dieudonne Dolomieu}가 발견한 당시에는 지질학계에 보고된 적이 없는 암석이었다. 탄산칼슘이 주성분인 석회암은 염산과 닿으면 거품이 일어난다. 그런데 석회암과 유사해 보이는 이곳 암석은 석회암과 달리 염산에 아무런 반응이 없었다. 돌로미외는 이를 연구한 결과, 이곳 암석은 석회암의 칼슘 성분이 마그네슘 성분으로 바뀐 새로운 암석임을 최초로 밝혀냈다. 이 새로운 암석에 그의 이름을 딴 돌로미티라는 이름이 붙여졌다.

○　**돌로미티산군을 대표하는 세 봉우리, 트레치메**Tre Cime.
산지 전체의 돌로마이트 암석 빛깔이 흰색, 옅은 회색, 분홍색, 갈색 등 옅은 색 계열로 다양하여 햇빛을 받는 낮 동안에는 시간대에 따라 각기 다른 분위기의 신비로움을 느낄 수 있다. 돌로미티산군 전체의 암석 빛깔은 다양한데, 트레치메 부분의 암석 빛깔은 옅은 회갈색으로 창백한 느낌을 주기 때문에 돌로미티산군은 '창백한 산pale mountains'이란 별칭으로 불리기도 한다.

돌로미티산군, 알프스 백운암 산악경관의 전형

돌로미티산군에서 발견되는
암모나이트 화석

돌로미티산군 전역의 암석에서 중생대 바다를 주름잡았던 연체동물인 암모나이트의 화석이 발견되고 있다. 돌로미티산군 일대는 중생대 내내 얕은 바다였는데, 이때 해저에 퇴적된 석회암층에 동물들의 사체가 묻혀 화석으로 남은 것이다. 중생대 약 2억 3,000만~1억 8,000만 년 전에 이곳은 고ㅂ지중해라고도 불리는 테티스해의 얕은 열대 바다환경에 있었다. 당시 그곳에 살던 산호와 조개의 껍질 등이 오랫동안 쌓여 무려 1,000m 두께의 석회암층이 형성되었으며, 이후 단단히 굳어지는 과정에서 돌로마이트로 변한 것이다. 산지 곳곳의 암석층에서 발견되는, 중생대 바다에 살았던 암모나이트를 포함한 다양한 조개류 생명체 화석이 이런 사실을 잘 말해주고 있다.

해저에 쌓인 중생대 석회암의 퇴적지각은 약 7,500만 년 전부터 시작된 유라시아판과 아프리카판의 충돌로 생긴 힘(이를 '알프스조산운동'이라고 하며, 그 힘은 현재까지 지속되고 있어 매년 알프스산맥이 조금씩 융기하고 있다)을 받아 서서히 융기하기 시작했다. 이 과정에서 테티스해는 사라지고, 심한 습곡과 단층 작용의 영향으로 지각이 휘어지고 갈라지는 등 지각변동이 일어났다.

지각변동으로 유라시아판의 고생대 변성암과 화강암 일부가 중생대 석회암층의 갈라진 틈을 타고 위로 밀려 올라왔다. 이 때문에 알프스산맥은 중심부의 고생대 변성암대를 기준으로 중생대 석회암층이 남북으로 대칭을 이루는 지질구조를 갖게 되었다. 돌로미티산군은 알프스산맥의 남쪽 중생대 퇴적층 끝자락에 자리 잡게 되었다.

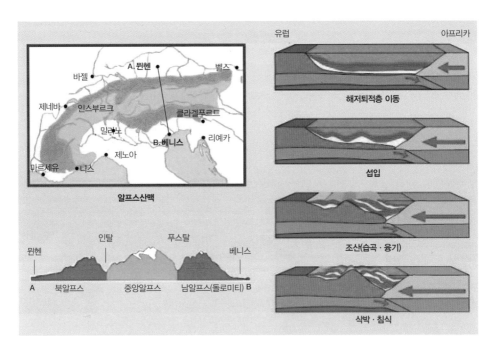

○ **알프스산맥 형성과정.**

알프스산맥은 약 7,500만 년 전 아프리카판과 유라시아판이 충돌하면서 그 사이에 있던 테티스해의 해저에 퇴적된 석회암층이 융기하여 생겨났다. 그 과정에서 유라시아판의 고생대 변성암과 화강암이 중생대 석회암층의 단층대를 따라 밀려 올라왔다. 이로 인해 알프스산맥은 중심부는 고생대 변성암과 화강암이, 이를 기준으로 남북으로는 중생대 석회암이 대칭을 이루는 지질구조를 갖게 되었다. 습곡 및 융기 과정에서 석회암의 절반가량이 돌로마이트로 변질하여 지금의 돌로미티산군이 이루어졌다.

뾰족한 암봉을 만든 차별침식

알프스조산운동에 의해 돌로미티산군을 포함한 알프스산맥이 융기하여 현재의 고산지대를 이루게 된 것은 약 3,500만~1,500만 년 전 일로, 지각변동의 힘이 컸기 때문에 일반적인 지질변화보다 그 과정이 급격하고 빠르게 진행되었다. 그로 인해 융기과정에서 돌로미티산군의 퇴적층은 휘어

251

지는 습곡과 끊어지고 갈라지는 단층 작용의 영향을 심하게 받았다. 암석층 사이의 수많은 금과 틈새, 급하게 경사진 암석층 등이 그런 사실을 잘 말해 준다. 단층과 습곡 작용의 영향에서 벗어난 지층들은 수평층을 유지하고 있음을 능선 곳곳의 암벽 줄무늬에서 볼 수 있다.

돌로미티산군은 송곳 모양의 침봉들이 산지 정상부 능선 전역에 넘쳐 나는데, 이곳의 모습은 종종 미국 뉴멕시코주의 십록Shiprock과 비교되기도 한다. 십록은 화산지대의 분화구가 차별침식을 받아 단단하고 견고한 화도火道, 즉 마그마가 분출되는 출구 부분만 남아 있는 화성암이다. 이와 달리 돌로미티의 침봉기암들은 퇴적암층에 발달한 수직 방향의 단층선을 따라 차별침식이 진행되어 약한 부분은 모두 제거되고 침식에 강한 일부가 남아 형성된 퇴적암이다. 그 과정에서 약 200만 년 전부터 시작된 빙하작용이 큰 역할을 했다.

오늘날 돌로미티산군을 포함하여 알프스산맥의 험준한 산악지형은

라가주오이Lagazuoi **산장 부근에서 바라본 돌로미티산군의 침봉능선(왼쪽).**
돌로미티산군 능선상의 암봉들은 수직의 절리와 단층선을 따라 차별침식이 진행된 결과,
대부분 뾰족한 봉우리 모양을 하고 있다.

미국 뉴멕시코주의 십록(오른쪽).
십록은 화산분출구 주변의, 침식에 약한 대지가 모두 깎여 나간 뒤 단단한 화도의 화성암
부분만 남은 것이다.

고산지대의 암석층 대부분을 두껍게 덮고 있던 빙하의 하중에 눌려 암석
층이 부서지고, 빙하가 이동하면서 깎아 낸 결과다. 퇴적암층에 발달한 수
직의 단층선을 따라 침투한 물과 눈이 얼고 녹기를 반복하며 암석을 쪼개
뾰족한 암봉들이 형성되는 것을 촉진했기 때문이다.

알프스빙하에서 발견된
얼음미라 '외치'

1991년 이탈리아 돌로미티산군 서쪽에서 약 90km 떨어진 곳에 있는 외츠탈^{Ötztal}산군의 빙하 협곡에서 꽁꽁 얼어붙은 시신 한 구가 발견되었다. 당시 시신이 냉동상태로 완벽하게 보존되었기에 그 누구도 5,300여 년 전 청동기시대에 사망한 남성의 시신이라고는 생각하지 못했다. 이 얼음미라는 발견장소인 외츠탈 계곡과 전설의 설인雪人인 예티(Yeti, 티베트나 히말라야에 산다고 전해지며 발자국만 알려졌을 뿐 그 정체가 밝혀지지 않

○ **사우스티롤 고고학박물관의 외치 복원 모형.**
고고학자들은 외치로 명명된 얼음미라가 왜 알프스의 험한 깊은 산중 빙하협곡에서 발견되었는지 알아내려고 했다. 얼음에 미끄러져 추락사했거나 왼쪽 어깨뼈 부근의 화살촉 자국으로 보아 과다출혈로 사망했을 것이라 추측되지만 아직도 뚜렷한 증거를 찾지 못해 그의 죽음은 여전히 미스터리로 남아 있다.

은, 전신이 긴 털로 덮인 수수께끼의 동물)의 이름을 딴 외치ÖTZI로 널리 알려졌다.

2020년 오스트리아과학원이 외츠탈산군의 해발고도 약 3,500m 부근에서 얼음기둥(ice pillar, 빙하에 구멍을 뚫어 얻어 내는 원통 모양의 얼음기둥)을 채취하여 연구한 결과, 기반암 바로 위, 즉 가장 밑바닥의 얼음이 약 5,900년 전에 생성된 것을 확인했다. 적어도 약 5,900년 이전에는 그곳에 얼음이 없었다는 것이다. 그런데 외치가 발견된 곳은 약 11km 떨어진, 그보다 낮은 해발고도 3,210m 지점이다. 이는 불과 600년 사이에 얼음이 없던 곳이 갑자기 빙하지대로 바뀌었음을, 즉 지구의 기온이 빠르게 하강하여 빙하가 급격하게 성장했음을 뜻한다.

약 9,000~5,000년 전 지구의 기온은 지금보다 약 2~3℃ 높았다. 따라서 빙하의 설선(雪線, 높은 산에서 만년설이 시작되는 부분의 경계선)이 지금보다 더 높은 곳에 형성되었을 것이기 때문에 외치가 발견된 해발고도 3,210m 지점에도 얼음이 없었을 확률이 더 높다. 그런데 외치는 어떻게 해서 빙하 속에 갇혀 얼음미라로 있었던 것일까?

최근 고고학자들이 제시한 새로운 추측이 흥미롭다. 외치는 사냥하러 산에 올랐다가 싸움에 휘말려 부상을 당했고, 산 위로 도망치다가 피를 너무 많이 흘려 숨을 거두었다는 것이다. 이후 그의 몸은 따스하고 건조한 가을바람에 빠르게 바싹 말라 미라 상태가 되어 오랜 시간이 지나며 점차 눈에 쌓이고, 쌓인 눈이 얼어 굳으며 만들어진 빙하 속에 갇혀 있다가 약 5,300여 년이 흘러 모습을 드러냈다는 것이다.

에트나산, 지구의 생명력을 보여주는
활화산의 대명사

▶ 2015년 12월 3일, 에트나산 정상 분화구에서 원자폭탄이 폭발한 듯 버섯구름 모양으로 화산재를 약 1만 m까지 치솟아치며 엄청난 양의 용암이 분출하여 산사면을 타고 흘러내렸다. 화산분출은 탄산가스가 담긴 병의 뚜껑을 열면 액체 속에 녹아 있던 탄산가스가 거품으로 분출되는 원리 과정 원리를 떠올려진다. 화산분출은 지구가 살아 있는 행성임을 보여 주는 증거이자 지구 내부의 순환 지구 시스템 가운데 하나로, 폭발적 에너지로 파괴력을 지니고 반 끊임없이 새로운 것을 창조한다. 에트나산은 세계에서 화산분출이 가장 활발한 활화산 가운데 하나로 지구가 살아 있음을 확인할 수 있는 곳이다. ◆에트나산/2013년 유네스코 세계문화유산 등재/이탈리아.

신화적 상상력의 원천이 된
에트나산의 지진과 화산활동

에트나^{Etna}산은 지중해 중심부 이오니아해와 티레니아해가 접하는 이탈리아 시칠리아섬 동부에 위치해 있다. 알프스산맥 남쪽 최고봉(3,350+3~7m, 정상의 잦은 분화로 인해 측정값이 정확하지 않으나 2021년 8월 3,357m로 측정되었다)이며, 면적 약 1,900km², 남북 길이 약 35km, 둘레 약 200km에 이르는 세계에서 가장 큰 화산체다. 에트나산 주변으로는 로마의 고대도시 폼페이시를 집어삼켰던 베수비오산과 에올리에제도의 불카노섬, 스트롬볼리섬 등의 화산섬을 비롯하여 많은 화산이 밀집해 있다.

고대 그리스인과 로마인에게 지중해 곳곳에서 끊임없이 분화하는 화산은 막대한 재앙을 초래하는 두려움의 대상이었다. 그러나 한편으로 고대인들은 어떻게 해서 화산분출이 일어나는지에 관해 기록을 남겼고, 나아가 그 원인을 찾아보려 했다.

그리스의 시인 핀다로스는 그리스신화에 나오는 반인반수의 괴물이며 눈에서 불을 뿜는 100개의 뱀머리를 가진 티폰이 최고신 제우스에게 사로잡혀 지하에 갇힌 뒤, 분함을 이기지 못하고 몸부림치기 때문에 화산분출이 일어난다고 생각했다. 그리스인은 화산을 '거대한 지하 대장간의 굴뚝'이라 여겼는데, 에트나산은 불과 대장간의 신인 헤파이스토스가 지하 대장간에서 신들의 무기를 만들기 때문에 분출한다고 생각했다.

로마인도 에올리에제도에 위치한 불카노^{Vulcano}섬의 화산분출은 땅속

에트나산의 화산분출.
붉은 마그마가 솟구치는 시칠리아섬 에트나산의 분출. 때로는 산 정상을 송두리째 날려 버릴
만큼의 강력한 폭발로 화산재와 화산쇄설물이 치솟아 오르고, 분화구에서 흘러나온 용암이
조용히 산사면을 따라 흘러내리기도 한다. 지각 약 60km 부근의 암석은 열과 압력에 녹아
휘발성분이 강한 마그마로 변한다. 마그마는 주위의 고체보다 밀도가 낮기 때문에, 지구 내
부의 압력의 균형이 깨지면 서서히 부력이 커져 지각의 약한 틈을 타고 상승하여 지표로 분출
한다.

에트나산, 지구의 생명력을 보여주는 활화산의 대명사

깊은 곳에 사는 불과 대장간의 신인 불카누스가 대장간에서 불을 지필 때 일어난다고 생각했다. 로마인들은 그리스인들이 히에라산이라고 불렸던 섬의 이름을 불의 신인 불카누스에서 따와 불카노섬이라고 명명했는데, 여기서 화산을 뜻하는 '볼케이노volcano'가 유래되었다.

로마의 시인이자 철학자인 루크레티우스는 에트나산 가운데가 텅 비어 있다고 논하면서, 그 속에 가득 차 있는 바람과 공기가 발광發光함으로써 가열되어 하늘 높이 엄청난 무게의 돌을 내던지고 칠흑 같은 연기를 내뿜는다고 보았다.

수차례의 분출과 퇴적으로 형성된 성층화산

이탈리아에 지진과 화산활동이 활발한 이유는 이 지역이 아프리카판과 유라시아판이 만나는 경계부로서 수많은 단층이 충돌하는 복잡한 지각으로 구성되어 있기 때문이다. 특히 에트나산은 지각에 발달한 수많은 단층선이 교차하는 지점에 위치하여 연중 지진과 화산분출이 활발히 일어나고, 다양한 화산지형이 발달했다.

에트나산은 수십만 년에 걸쳐 폭발식 분화와 용암류가 조용히 흘러넘치는 분화가 번갈아 일어나, 화산쇄설물과 용암류층이 교대로 쌓여 층을 이룬 성층화산(成層火山, stratovolcano, 화산분출이 여러 차례 반복되면서 용암과 화산재가 쌓여 이루어진 원뿔형 화산. 우리나라 백두산과 일본 후지산이 이에 속한다)다. 성층화산은 점성이 높은 용암을 분출하기 때문에 폭발식 분화가 자주 일어나며, 분출된 용암도 멀리 흐르지 못해 화산체는 사면斜面 경사가 급한 원뿔 모양이 된다. 대표적인 성층화산으로는 미국의 세인트헬렌스산과 일본의 후지산이 있다. 에트나산은 약 50만 년 전부터 분출했고 현재까지 크게 세 차례 분화하여 지금의 성층화산을 이루었다. 에트나산은 약

○ **타오르미나**^{Taormina}**시 고대 그리스 극장에서 바라본 에트나산.**
에트나산의 북동쪽 해안도시인 타오르미나에서 약 25km 떨어져 있는 에트나산의 모습이다. 에트나산은 해발고도 약 3,350m로 알프스산맥 남쪽 최고봉이지만 사면경사는 비교적 완만해 보인다. 폭발식 분화로 분출된 다량의 화산쇄설물과 점성이 높은 용암이 교대로 쌓여 층을 이룬 대표적인 성층화산이다. 시칠리아섬 가운데서도 에트나산 일대는 화산활동과 함께 지진도 자주 일어나는 곳이다. 그런데도 무너지지 않고 원형 대부분을 유지하고 있는 그리스 극장의 모습을 볼 수 있다.

50만 년 전부터 분출했고 현재까지 크게 세 차례 분화하여 지금의 성층화산을 이루었다.

약 22만~11만 년 전, 이오니아해 부근의 해저에서 화산이 분출하여 육상에 화산체의 모습을 드러냈다. 이후 약 11만~6만 년 전, 분화구는 서쪽으로 이동·분출하여 지금의 보베 계곡 부근의 화산체를 형성했다. 약 6만 년 전부터 현재에 걸쳐 분화구는 더 서쪽으로 이동하여 여러 차례 분출이 일어났고 그 결과, 겹층의 성층화산을 이루었다. 마지막으로 중심 화도火道가 굳어 막혀 버려 지하의 마그마가 산중턱 기슭에서 측면분화한 250여 개의 측화산(側火山, 화산체의 주 분화구가 막혀 산등성이의 약한 지반을 뚫고 분출한 작은 규모의 분석구)이 발달하여 현재의 모습에 이르게 되었다.

화산분출이 일으키는 해일

약 1만 5,000년 전 강력한 화산폭발로 정상의 분화구가 붕괴되어 약 3,600m였던 해발고도가 약 3,300m로 낮아졌다. 이후 약 8,000년 전 또다시 정상부에서 강력한 분출이 일어나 막대한 양의 화산재와 화산쇄설물이 흘러내려 57명이 사망했으며, 폭발로 해발고도가 2,950m에서 2,550m로 낮아졌다. 이때 엄청난 양의 화산쇄설물이 동쪽 사면으로 흘러내리며 산사태가 일어나 약 5km 폭으로 함몰된 보베 계곡Valle del Bove이 생겼다. 그때 흘러내린 화산쇄설물이 바다로 유입되어 거대한 해일(쓰나미)을 일으켜 지중해 동부해안 여러 곳이 큰 피해를 입었다.

현재 에트나 화산체는 연평균 14mm 속도로 조금씩 동쪽으로 이동하고 있는데, 학자들은 중력 때문에 이런 현상이 나타나는 것으로 보고 있다. 그리고 지각판 충돌대의 단층작용에 의해 동쪽과 남쪽 해안의 지각이 1년에 약 2~3mm씩 융기하고 있는 것으로 나타났다. 이는 에트나산의 해발고도가 높아져 산사면의 경사가 더 심해지는 것이기 때문에 산사태가 일어난다면 큰 피해가 초래될 확률이 그만큼 커짐을 뜻한다.

학자들은 향후 에트나산이 또다시 강력히 폭발할 경우 해일을 일으켜 지중해 동부해안에 막대한 피해를 입힐 수 있다며 경고하고 있다. 특히

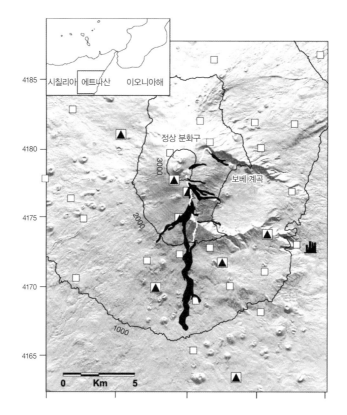

○ **에트나산의 해발고도 음영도.**
정상부에서 오른쪽으로 푹 파인 곳이 보베 계곡으로, 약 8,000년 전 정상의 분화구가 붕괴되면서 화산쇄설물과 함께 산사면이 깎여 나가 형성된 것이다. 이때의 산사태로 일어난 해일은 지중해 동부해안에 큰 피해를 주었으며, 현재도 매년 지반이 조금씩 융기하고 있어 산사태와 해일의 위험성이 커지고 있다.

○　　　**에트나산의 측화산.**
에트나산에는 제주도의 오름과 같은 측화산이 250여 개나 된다. 중앙분출이 아닌 바다와 가까운 사면에서 일어나는 측면분출로 산사태가 일어날 경우, 바다로 화산쇄설물이 흘러들어 거대한 해일이 일어날 수 있다.

정상부에서 일어나는 중앙분출보다 바다와 가까운 사면에서 일어나는 측화산이 해일을 일으킬 위험이 더 크다고 말한다.

위험을 감수하며
화산 주변에 사는 사람들

역사 이래로 수차례 일어난 대형 화산분출은 인류에게 공포의 대상이었다. 79년 베수비오산이 분출하여 폼페이시를 두께 6m의 화산재로 덮었고, 미처 피하지 못한 주민 약 2,000명이 화산재에 묻혔다. 에트나산도 엄청난 규모로 폭발해 1196년 1만 500여 명, 1669년 2만여 명이 사망하고, 150년마다 마을 하나가 초토화될 만큼의 참사가 일어났다.

이런 위험에도 화산 주변 일대에는 많은 사람이 모여 살고 있다. 바로 화산 주변의 비옥한 토양 때문이다. 화산재에 포함된 풍부한 칼륨, 인, 질소 등 필수무기질은 토양을 기름지게 하여 농작물을 잘 자라게 한다. 화산을 가리켜 두 얼굴을 지녔다고 말하는 것은 화산이 '위험'인 동시에 '축복'이라는 양면성을 갖기 때문이다.

2000년대 들어서도 지진과 화산활동이 지속되고 있는 에트나산의 해발고도 500~600m의 산기슭에는 많은 농부가 포도, 올리브, 석류 등을 경작하며 살아가고 있다. 과수원과 민가가 밀집한 이곳 일대는 과거에 측면 분출한 측화산이 밀집한 지역으로, 토양이 비옥하다. 시칠리아산 포도와 포도주의 명성은 바로 여기서 비롯되었다.

에트나산, 지구의 생명력을 보여주는 활화산의 대명사

산토리니산의 분화가 과연
미노아문명을 멸망시켰을까?

그리스 크레타섬에서 북쪽으로 약 150km 떨어진 곳에 위치한 산토리니^{Santorini}섬은 초승달 모양의 섬과 주변 4개의 작은 섬을 품고 있다. 본래는 중심부에 해발고도 약 1,500m의 산토리니산이 솟아 있던 하나의 섬이었다. 기원전 1640년 무렵 산토리니산에서 엄청난 규모의 화산폭발이 일어나 산꼭대기와 산허리 대부분이 공중으로 날아갔다.

현재 산토리니섬의 가장 높은 프로피티스일리아스^{Profitis Ilias}산의 해발고도가 567m인 것을 보면, 당시의 폭발이 얼마나 강력했는지 알 수 있다. 마그마가 모두 분출된 뒤

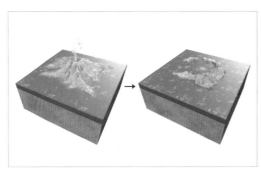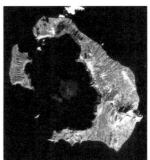

○ **산토리니섬의 화산폭발 조감도(왼쪽)와 위성사진(오른쪽).**
그리스 역사가 헤로도토스에 의하면 산토리니는 당시 스트롱기리(Strongyli, 그리스어로 '둥근 것'이란 뜻)로 불렸다. 이로 보아 당시 분화 이전에는 둥근 모양의 하나의 섬이었음을 알 수 있다. 기원전 1640년 무렵에 일어난 화산폭발 이전 섬의 중심부에는 산토리니산(약 1,500m)이 솟아 있었다. 하나였던 섬이 화산폭발로 4개의 섬으로 나뉘었고, 이후 중심부가 함몰한 칼데라 내부로 바닷물이 흘러들어 지금의 모습으로 바뀐 것이다. 바다에 잠긴 칼데라 중앙의 세로운 섬은 기원전 197년에 시작된 분출로 형성되었다.

중심분화구가 자체 중력에 의해 함몰되어 거대한 칼데라가 생겼다. 터진 분화구 사이로 바닷물이 흘러들어 내해가 만들어져 지금의 모습이 되었다. 이때 분출한 화산재가 멀리 북유럽 스칸디나비아반도와 아시아, 아프리카에까지 이르렀고 지중해 전역이 며칠 동안 화산재로 뒤덮였다. 또한 화산폭발로 일어난 약 90m 높이의 거대한 해일이 반경 200km 안에 있던 크레타섬을 포함한 에게해의 여러 섬을 모두 삼켜 버렸다. 기원전 20~15세기에 최대 절정기를 누리던 크레타섬의 미노아문명은 이로써 종말을 맞았다는 것이 그동안 정설로 여겨져 왔다.

그러나 이는 지나친 비약이며 과장인 듯하다. 화산학자들은 크레타섬의 화산암층에 묻힌 올리브나무의 나이테를 분석하고 동굴 침전물의 방사성 원소 연대를 측정했다. 이들은 기원전 1600년 무렵 에게해를 휩쓴 화산폭발이 있었다는 사실에는 의견을 같이한다. 하지만 화산폭발로 생긴 해일 퇴적물이 크레타섬 북동쪽 일부에서만 발견된 것으로 보아 직접적으로 해일 때문에 미노아문명이 급작스럽게 무너졌다고 보기엔 무리가 있다고 주장한다. 이보다는 화산재의 영향으로 농업과 상업이 쇠퇴하여 경제가 피폐하고, 이에 따라 사회갈등이 심화되어 국력이 쇠약해지는 상황에서 기원전 1400년경 그리스 본토에서 쳐들어온 미케네인에게 멸망당했을 것이라고 주장하고 있다.

○ **지진에 대비해 지어진 건물들.**
산토리니섬 칼데라 외륜 약 150m의 절벽 위에 세워진 새하얀 집들이 푸른 바다와 조화를 이룬 풍광이 아름답다. 대부분의 집이 흰색인 것은 여름철 지중해의 뜨거운 햇볕을 반사시켜 열기를 피하기 위해서다. 또한 지진이 일어났을 때 피해를 줄이기 위해 건물들을 조밀하게 지었다.

에트나산, 지구의 생명력을 보여주는 활화산의 대명사

피오르,
빙하가 빚어낸 북유럽의 비경

✣

▶ 노르웨이 스타방에르의 뤼세피오르. 거대한 암반이 병풍처럼 둘러쳐진 협곡 안으로 짙푸른
바닷물이 밀려 들어와 좁고 긴 형태의 만이 만들어졌다. 노르웨이 남서해안 전역에 발달한 피오르
다. 빙하가 깎아 만든 천혜의 비경으로, 대자연의 위용 앞에 시간이 멈춘 듯한 광경이 마치 판타지
영화의 한 장면 같다. ◆ 노르웨이 서부 피오르-에이랑에르피오르와 네뢰위피오르/2005년 유네
스코 세계자연유산 등재/노르웨이.

피오르로 해안선이 복잡해진
노르웨이

북유럽 '바이킹의 나라'로 알려진 노르웨이는 약 32만km²의 국토 면적에 해안선의 길이가 약 1만 8,000km로, 지구 둘레인 약 4만km의 거의 절반에 가깝다. 노르웨이 지도를 보면, 마치 모세혈관처럼 바닷물이 육지 내부에 깊숙이 길게 이어져 남서해안의 해안선이 들쭉날쭉 매우 복잡하다. 이처럼 노르웨이가 길면서도 복잡한 해안선을 가지게 된 것은 대서양과 맞닿은 남서해안에 발달한 피오르라는 빙하지형 때문이다. 피오르는 빙하가 산지 계곡을 깎아 내 형성된 지형으로, 극지방과 알프스산맥, 히말라야산맥, 로키산맥, 안데스산맥 등의 고산지대에서만 볼 수 있다.

피오르(노르웨이어로는 '피오르fjord', 우리말로는 '협만峽灣', 영어로는 '피오르드 fiord'라고 한다)는 '내륙 깊이 들어온 만'이란 뜻으로, 빙하가 깎아 만든 U자 모양 골짜기에 바닷물이 흘러들어 형성된 좁고 기다란 만을 말한다. 이는 노르웨이 일대가 약 250만 년 전부터 여러 차례 빙하로 뒤덮이며 침식된 결과다. 해발고도 2,000m 이상의 노르웨이 고지대에는 만년설이나 빙하가 지금도 남아 있는데, 빙하 면적은 만년설을 포함하여 약 3,400km²에 이르며, 약 1,700개의 빙하와 약 1,190개의 피오르가 발달한 것으로 알려졌다. 피오르가 없었다면 노르웨이의 해안선은 약 2,500km밖에 되지 않았을 것이다.

빙하는 퇴적된 눈이 굳어 만들어진 얼음덩어리로, 중력에 따라 낮은

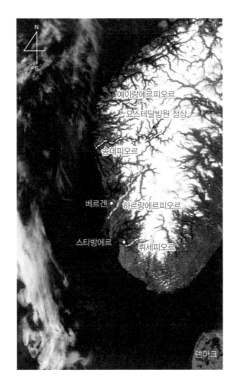

○ **인공위성에서 바라본 노르웨이 남서해안.**
노르웨이 남서해안선은 내륙 깊숙하게 이어진 피오르가 발달하여 매우 복잡하다. 아이슬란드 남쪽에 발달한 빙하를 제외하고는 유럽에서 가장 큰 빙원인 요스테달빙하가 남부 지역에 발달했다.

곳으로 서서히 이동한다. 이 얼음덩어리의 두께가 30m 이상이 되면 상당한 하중이 지표에 가해진다. 그래서 중력에 따라 비탈 경사면을 타고 빙하가 이동하게 되면 지표의 바닥과 측면이 깎여 나가 U자 모양의 골짜기가 만들어진다. 이후 빙하기가 끝나고 기온이 올라가면서 해수면이 상승하고, 바닷물이 과거에 빙하가 흐르던 U자 모양의 골짜기인 빙식곡으로 밀려 들어와 좁고 긴 협만인 피오르가 생긴다. 미국 알래스카주 남부해안, 캐나다 동부해안, 그린란드해안 그리고 뉴질랜드 남섬과 칠레 남부해안 등지의 피오르 또한 모두 빙식곡에 바닷물이 밀려 들어와 생긴 것이다. 지금도 그린란드에서는 깊숙한 협만 안쪽에서 빙하가 밀려 나오면서 피오르가 형성되고 있다.

지구온난화의 영향으로 빙하가 빠르게 녹으면서, 최근 빙하지역의 지반이 빙하의 하중이 가하는 압력에서 벗어나 서서히 융기하고 있다. 100년마다 최대 약 1m 융기한다고 알려졌으며, 유럽 최대의 빙원인 노르웨이의 요스테달빙하가 녹으면서 노르웨이는 약 250m 융기한 것으로 알려졌다.

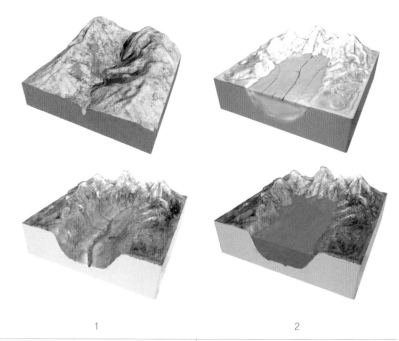

1	2
250만 년 전 빙하기가 시작되기 이전 하천이 흐르면서 계곡을 침식하여 V자 모양의 협곡이 형성되었다.	빙하기의 반복으로 계곡에 두껍게 쌓인 얼음이 이동하면서 V자 계곡을 깎아내어 U자 모양의 협곡이 만들어졌다.
3	4
빙하기가 끝나고 기온이 상승하면서 계곡을 채웠던 빙하가 모두 녹아 사라지자 U자 모양의 협곡이 모습을 드러냈다.	해수면의 상승으로 U자 모양의 협곡에 바닷물이 밀려 들어와 현재의 피오르가 형성되었다. 약 6,000년 전의 일이다.

피오르 형성과정

피오르의 전형, 송네피오르

노르웨이에 발달한 약 1,190개 피오르 중에 송네피오르, 예이랑에르피오르Geirangerfjord, 뤼세피오르, 노르피오르 등이 유명한데, 그 가운데 송네피오르는 최대길이 약 200km, 평균 폭 약 4.5km, 최대수심 약 1,300m, 암

○　　**예이랑에르피오르 크루즈의 정박지 헬레쉴트.**
노르웨이 피오르에는 바닷물이 유입되기 때문에 물이 얼지 않아 연중 배가 피오르를 오갈수 있다. 조수의 영향도 거의 없을 뿐만 아니라 내륙 깊숙이 위치하여 파도가 거의 일지 않아 잔잔한 수면을 유지한다. 피오르의 절경을 즐기려는 관광객을 위한 크루즈선은 피오르여행의 백미로 인기가 높다.

피오르, 빙하가 빚어낸 북유럽의 비경

벽의 평균높이 1,000m 이상으로 가장 길며, 가장 규모가 크다. 송네피오르는 네뢰위피오르와 루스트라피오르Lustrafjord, 에울란피오르 등 5개 지류피오르가 발달하여 나뭇가지처럼 뻗은 지형을 이룬다.

　송네피오르는 약 250만 년 전 빙하기가 시작되기 이전에는 모두 V자 모양의 골짜기를 이루며 흐르는 하천의 물길이었던 곳이다. 이후 빙하기가 도래하면서 유럽대륙에서 가장 큰 빙원水原인 요스테달빙하가 송네피오르를 덮혔는데, 빙하의 두께는 무려 3,000m에 달했다. 마지막 빙하기가 끝나 갈 무렵인 약 1만 년 전까지 빙하가 얼고 녹기를 반복하면서 이동하여 계곡의 암반을 깎아 낸 이후 후빙기 해수면 상승에 영향을 받아 지금의 피오르가 형성된 것이다.

　빙하학자들은 현재 남극과 그린란드 등지에서 측정된 빙하의 이동속도는 연간 약 500m이며, 노르웨이에서의 이동속도도 과거에는 이와 유사했을 것으로 추정한다. 그리고 빙하작용이 약 250만 년 전부터 시작되었을 것이라는 가정 아래 노르웨이 빙하의 특성과 지반의 융기율 등을 고려하면 1,000년에 약 2±0.5m(약 2±0.5mm/1년) 정도로 암석이 침식되었을 것이라고 한다. 송네피오르의 경우 빙하가 이동하면서 평균적으로 약 600m 높이의 암반을 침식했을 것으로 추정된다. 현재 송네피오르를 감싸고 있는 협곡의 높이는 평균 1,000m 이상이며, 해안 부근에서는 약 500m, 내륙 깊은 곳에서는 약 1,600m에 이를 만큼 높다.

인접 바다보다 깊은 수심

피오르의 수심은 인접한 바다보다 깊다. 그 이유는 빙하가 형성되기 이전

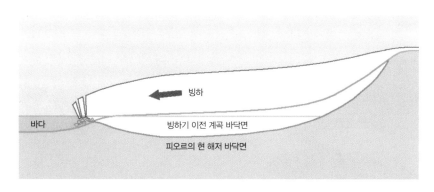

○ **피오르 단면도.**
피오르는 입구의 바다보다 내륙의 수심이 더 깊다. 빙하가 바다로 이동하면서 계곡을 침식
하면서 이끌고 내려온 퇴적물질을 피오르 입구에 쌓아 두었기 때문이다.

V자 계곡을 빙하기에 빙하가 이동하면서 깊게 침식했기 때문이다. 그리
고 빙하가 이동하면서 상류에서 이끌고 내려온 모래와 자갈 등의 퇴적물
질을 하구 부근의 빙하 말단부에 쌓아놓아 피오르의 입구는 내륙부에 비
해 수심이 얕다. 송네피오르 입구 해저에는 높이 약 200m의 퇴적물이 쌓
여 있다.

어떤 사람들은 송네피오르를 세계에서 가장 긴 피오르라고 하기도
하는데, 세계에서 가장 긴 피오르는 그린란드에 있는 길이 약 350km의
스코레스뷔순피오르Scoresbysundfjord다. 세계에서 가장 깊은 피오르는 남극
에 있는 수심 약 1,900m의 스켈턴 인렛 피오르Skelton Inlet Fjord다. 송네피오
르는 세계에서 두 번째로 길고 깊은 피오르다.

피오르, 빙하가 빚어낸 북유럽의 비경

빙하가 만드는
암석 조각예술

부피와 하중이 어마어마한 빙하는 중력에 따라 이동하면서 주변 산지의
단단한 암석을 깎을 정도로 힘이 엄청나다. 노르웨이의 피오르 가운데는
빙하가 깎아 낸 암석 모양이 이색적이어서 찾는 이들이 많은 곳이 있다.
뤼세피오르의 프레이케스톨렌^{Preikestolen}과 셰라그볼텐^{Kjeragbolten} 그리고 하
르당에르피오르^{Hardangerfjord}의 트롤퉁가가 대표적이다.

뤼세피오르의 프레이케스톨렌은 빙하가 깎아 낸 수직의 사각형 암석
모양이 마치 설교단 같아 보여 '펄핏 록^{Pulpit Rock}'으로도 불린다. 그리고 수
직 절벽의 암벽 사이에 낀 달걀 모양의 암석으로 널리 알려진 셰라그볼텐
도 뤼세피오르의 볼거리다. 하르당에르피오르에는 '트롤의 혀'라는 뜻의

○ 노르웨이 피오르 절경의 극치이자 진수, 하르당에르피오르의 트롤퉁가(왼쪽), 뤼세피오르의 프레이케스톨렌(가운데)과 셰라그볼텐(오른쪽).

하르당에르피오르의 트롤퉁가는 빙하에 침식되고 남은 날카로운 암석의 끝자락이 혀를 닮아 그 모습이 특이하다. 뤼세피오르의 프레이케스톨렌은 예리한 칼로 암석을 사각형으로 잘라 낸 듯한 형상으로, 정상에 서면 피오르의 풍광이 한눈에 들어온다. 셰라그볼텐은 두 암석 사이에 끼어 있는 달걀 모양의 암석으로, 아슬아슬하게 중력을 이겨내고 있다.

트롤퉁가라는 암석이 유명한데, 이 암석은 이름 그대로 혀 모양으로, 노르웨이의 전설 속 요정인 트롤의 헛바닥을 닮았다고 하여 붙여진 이름이라고 한다.

특이 빙하지형,
알프스의 상징 마터호른

피오르가 발달한 주변 산지는 빙하에 침식되어 대부분 칼날 같은 능선과 정상부가 뾰족한 산세를 이루고 있다. 그 가운데 이탈리아와 스위스 국경 부근 알프스산맥에 피라미드 모양으로 날카롭게 우뚝 솟아오른 4,478m의 마터호른Matterhorn은 일찍이 관광

○   **알프스산맥의 상징, 마터호른.**
'초원에 솟은 봉우리'라는 뜻의 마터호른은 빙하가 침식하여 만든 피라미드 모양의 산으로, 알프스산맥을 상징하는 대표적 명소다.

명소로 널리 알려졌다.

평균적으로 경사가 45°가량인 가파른 네 개의 암벽이 1,500m 이상의 높이로 솟아 있는데, 정상에서 네 개 능선이 만나 정사면체의 산세를 이룬다. 계곡에 빙하가 인접해서 분포하는 산지에서는 각각의 빙하가 계곡의 암반을 깊게 뜯어내고 마모시켜 산지의 경사면을 마치 숟가락으로 도려낸 것 같은 푹 파인 권곡圈谷, Kar을 만들어 낸다. 두 계곡의 권곡 사이에는 즐형산릉櫛形山稜, arête이라는 날카롭고 들쑥날쑥한 능선이 형성된다. 빙하가 네 개 사면에서 발달함과 동시에 암반을 깎아, 각각 네 개 권곡과 즐형산릉을 지닌 뾰족한 마터호른이 만들어진 것이다.

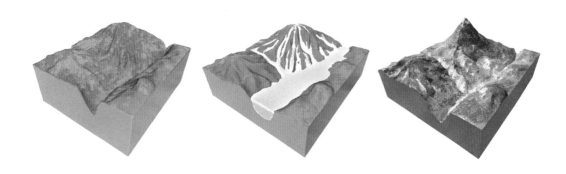

1	2	3
빙하기가 시작되기 이전, 산간 계곡은 계곡을 흐르는 하천에 침식되어 경사가 급한 V자 모양의 협곡이 발달했다.	빙하기를 거치며 산지 협곡에 쌓인 빙하가 이동하면서 협곡의 암반이 서서히 뜯겨 나가 깊게 파인 권곡이 생겼다. V자 모양의 협곡 또한 빙하작용의 영향을 받았다.	지속적인 빙하작용으로 산지 네 개의 사면에 권곡과 네 개의 날카로운 능선이 남아 피라미드 모양의 뾰족한 마터호른이 생겼다. V자 모양 협곡은 U자 모양 협곡으로 바뀌었다.

마터호른 형성과정

피오르, 빙하가 빚어낸 북유럽의 비경

아이슬란드,
불과 얼음이 공존하는 곳

▶ 아이슬란드 남부의 스비나펠스요쿨 Svínafellsjökull 빙하. 유럽에서 가장 큰 빙하인 바트나이외
쿠틀의 지류빙하로서, 접근성이 좋아 많은 사람이 손쉽게 찾고 있다. 빙하가 계곡을 가득 채우고
있으며, 빙하에 이끌려 온 자갈과 진흙 등의 빙하퇴적물이 빙하 말단부에 쌓여 있다. 스비나펠스
요쿨 빙하는 얼음 층층마다 화산재가 끼어 있어 순백색 빙하결정체를 기대하기 어렵다. 스비나펠
스요쿨 빙하는 영화 〈007 어나더 데이〉와 〈인터스텔라〉의 촬영지로 알려지면서 세계적인 명소가
되었다. 최근 빙하트래킹을 즐기려는 탐방객이 늘고 있는데, 빙하에 생긴 깊은 균열인 크레바스
때문에 반드시 전문 가이드와 동행해야 한다.

해마다 국토가 조금씩 넓어지는 나라

아이슬란드는 유럽의 끝인 북극권 가까이 있으며 북대서양에 위치한 섬 나라로, 30개 이상의 활화산 지대에서 마그마와 화산재 및 가스가 뿜어져 나오고 뜨거운 수증기와 온천수가 솟구쳐 오른다. 동시에, 유럽 최대의 빙하가 산골짜기를 타고 흘러내리며 곳곳에 수많은 폭포와 호수, 얼음동굴

○ **대서양 중앙해령 화산대의 중심에 위치한 아이슬란드.**
아이슬란드는 대서양을 관통하는 대서양 중앙해령 화산대에 위치하여 북아메리카판과 유라시아판이 분리됨에 따라 국토 면적이 매년 조금씩 늘어나고 있다. 사진 속 갈라진 협곡은 싱벨리르 ᵇingvellir 지구대로서, 함몰된 골짜기의 왼쪽은 유라시아판, 오른쪽은 북아메리카판이다.

등 다양한 빙하지형을 형성하여 '불과 얼음의 나라'라고 불리기도 한다.

　아이슬란드는 약 6,000만 년 전 유라시아판과 북아메리카판이 서로 분리되면서 시작된 해저의 화산분출로 마그마가 솟아올라 생긴 섬이다. 약 1,500만 년 전 마그마가 지속적으로 분출하면서 해저의 화산이 바다 위로 모습을 드러낸 것으로 추정된다. 아이슬란드는 현재도 계속되고 있는 화산활동으로 마그마가 분출되어 국토 면적이 해마다 조금씩 넓어지고 있다. 아이슬란드국토조사국이 2017년에 측정한 바에 따르면 국토가 동부는 동쪽으로, 서부는 서쪽으로 매년 2cm 정도씩 넓어지고 있다. 지난 9,000년 동안 동서로 약 70m가 넓어졌는데, 주원인은 아이슬란드가 대서

○　**아이슬란드의 블루라군.**
아이슬란드는 화산과 빙하라는 천혜의 아름다운 지형·지질 자산을 관광자원으로 활용하여 수입을 올리고 있다. 수도 레이캬비크 남서쪽 약 40km 지점에 있는 블루라군은 땅속열을 이용한 세계 최고의 바닷물 온천시설이다. 한 해 약 40만 명의 관광객이 찾고 있는데, 이는 아이슬란드 관광수입의 약 70%를 차지한다.

　　　　　　　　　아이슬란드, 불과 얼음이 공존하는 곳

양 중앙해령 화산대에 걸쳐 있는 화산섬이라는 데 있다.

대서양 중앙해령 화산대는 태평양과 인도양으로 연결되는 가장 길고도 거대한 화산대(여러 화산이 띠 모양으로 길게 배열된 화산지대)로, 총연장 약 6만 5,000km에 이른다. 화산활동은 육지보다 해저에서 더 활발하게 일어난다. 이곳 해저의 화산대를 중심으로 맨틀대류에 의해 유라시아판과 북아메리카판이 서로 반대 방향으로 갈라져 이동하면서 새로운 땅이 계속해서 만들어지고 있다. 아이슬란드를 남북으로 가로지르는 중심부에는 '갸우gja'라고 불리는 갈라진 긴 틈이 있다. 바로 대서양 중앙해령이 통과하는 곳으로, 용암이 계속해서 솟아나면서 땅덩어리를 북서~남동쪽에 걸쳐서 계속 밀어내고 있는 것이다.

대서양 중앙해령 화산대를 중심으로 해저 면적 또한 동서로 조금씩 넓어지고 있다. 이로 인해 아프리카대륙과 남아메리카대륙이 점점 멀어지

1	2	3
지각의 약한 틈을 타고 지하의 마그마가 지표면 가까이 이동하여 갈라진 여러 개의 화구를 통해 분출하려고 한다.	화구를 통해 팥죽처럼 묽은 현무암질 용암이 가스와 화산재 등과 함께 분출하여 주변 저지대를 향해 흘러간다.	용암의 분출이 멈춘 이후 주변 저지대로 흘러간 용암이 서서히 냉각, 고체화되어 평탄한 대지가 형성된다.

아이슬란드식 열하분출에 의한 화산분출(라키 화산)

면서 대서양의 면적이 넓어지고 있는 셈이다. 반면 태평양은 그 면적이 점점 좁아지고 있다. 이는 태평양판이 유라시아판·필리핀판 등과 충돌하면서, 밀도가 높고 무거운 해양판인 태평양판이 밀도가 낮고 가벼운 대륙판인 유라시아판 밑으로 밀려 들어가고 있기 때문이다.

열하분출로 형성된 젊은 땅덩어리

아이슬란드는 현재 30여 개의 활화산 지대를 중심으로 지진이 수시로 일어나고 화산가스와 화산재 등이 솟아나고, 간헐적으로 용암이 분출하는 등 화산활동이 활발하다. 또한 남서부의 중앙구조대에 있는 간헐천을 총

○ **열하분출로 형성된 라키산.**
1783~1784년 아이슬란드 남동부의 라키산이 분화하면서 현무암질 용암이 분출하여 약 32km에 걸쳐 흘러가며 넓은 용암대지를 이루었다. 라키산의 갈라진 틈을 따라 땅덩어리가 서로 반대 방향으로 조금씩 벌어지고 있으며, 이로 인해 아이슬란드의 국토가 조금씩 확장되고 있다.

아이슬란드, 불과 얼음이 공존하는 곳

칭하는 게이시르에서는 분기공을 통해 뜨거운 증기와 온천수가 솟아나고 있다. 이렇듯 아이슬란드는 지진과 화산활동과 같은 역동적인 지각운동을 거의 찾아보기 어려운, 지질연대가 오래된 땅덩어리인 우리나라와 달리 매우 젊은 땅덩어리에 속한다. 2010년 4월 14일 에이야퍄들라이외퀴들Eyjafjallajökull산의 대폭발로, 엄청난 양의 화산재가 상공 약 11km까지 솟아올라 바람을 타고 남동 방향으로 흘러 유럽 전역의 하늘을 뒤덮었다. 이로 인해 유럽의 항공교통망이 마비되는 사태가 일어나기도 했다.

화산이 폭발한다고 하면 분화구에서 화산분출물이 터져 나오고 화산재가 버섯구름처럼 솟아오르는 모습을 대개 떠올리곤 한다. 그러나 아이

○ **아이슬란드 남부 에이야퍄들라이외퀴들산 폭발.**
2010년 4월 14일 화산분화구에서 분출된 화산재가 상공 약 11km까지 솟아올라 유럽 전역으로 퍼져 나가면서 유럽 대부분의 항공기가 무더기로 결항되기도 했다. 에이야퍄들라이외퀴들산이 약 200년 만에 다시 강력히 분화했지만, 한 달 전인 3월 마그마가 솟아나와 용암이 시냇물처럼 흘러 폭발의 조짐이 보였고 이에 따라 관광객들을 미리 대피시켜 인명피해를 막을 수 있었다.

슬란드의 화산은 열하분출裂罅噴出, 즉 지각의 갈라진 틈으로 용암이 서서히 흘러나오는 양상으로 분출한다. 마그마의 점성이 낮아 유동성이 큰 현무암질 용암이 대량으로 흘러나와 저지대로 이동하며 굳어 넓고 평평한 용암대지熔岩臺地, lava plateau를 형성하는 것이다. 백두산의 개마고원과 철원평야, 인도의 데칸고원 등도 이렇게 형성되었다. 이른바 현생누대(顯生累代, 생명체의 골격화석이 비교적 많이 발견되어 지질시대를 구분하는 기준으로 이용되는 시기. 약 5억 4,200만 년 전부터 현재까지 고생대, 중생대, 신생대로 구분한다) 이래 열하분출로 형성된 용암대지는 아이슬란드에서 처음 발견되었다. 이런 이유로 아이슬란드에서처럼 열하분출되는 화산분출을 '아이슬란드식 분출 Icelandic eruption'이라고 한다.

빙하가 푸르게 보이는 이유

북위 63°~66°의 고위도에 위치한 아이슬란드는 북극과 가까워 매우 추울 듯하지만 실제로는 그렇지 않다. 연평균기온이 3℃로 연평균기온이 영하 7℃~1℃인 그린란드보다 더 따뜻하며, 수도 레이캬비크의 겨울철 1월 평균기온 또한 약 1~2℃로 영상을 유지한다. 이는 북대서양의 북아메리카 연안을 따라 북쪽으로 흐르는 멕시코만류의 영향을 받기 때문이다.

그럼에도 국토의 남쪽에는 유럽 최대의 빙하가 발달했다. 남동부의 바트나이외쿠틀Vantnajökull 빙하는 총면적이 서울시 면적의 13배에 달하는 약 8,000km²로, 국토 면적의 10% 정도를 덮고 있으며, 평균두께가 400m, 최대 1,000m인 곳도 있다. 이처럼 빙하가 남쪽에 발달한 이유로는 4,000mm가 넘는 남부 지역의 강수량을 들 수 있다. 아이슬란드는 지역에

아이슬란드, 불과 얼음이 공존하는 곳

따라 강수량이 연간 400mm 미만에서 4,000mm 이상일 정도로 강수편차가 큰 편인데, 남부 지역에서는 겨울철에 멕시코만류와 아이슬란드의 저기압이 많은 눈을 내려 빙하가 발달한 것이다.

바트나이외쿠틀 빙하의 지류빙하인 스카프타펠^{Skaftafell} 빙하의 끝자락에는 푸른빛 수정처럼 맑고 아름다운 빙하동굴이 발달했다. 이곳 빙하지대의 지하는 마그마의 활동이 활발한 곳으로, 땅속열이 가득 차 있어 여름철에는 특히 지표면과 접한 빙하 하부가 빨리 녹는다. 그리고 빙하가 녹아 생긴 다량의 융빙수가 빙하 내부의 갈라진 틈인 크레바스를 따라 흐르며 얼음을 깎아 천장에 물결무늬를 만들어 냈다.

일반적으로 얇은 얼음은 투명하거나 흰색을 띠지만 두꺼운 빙하는 푸르게 보인다. 빙하가 푸르게 보이는 것은 '빛의 산란^{散亂}과 빙하의 두께'와 관련이 있다. 눈에 보이지 않는 햇빛(무지갯빛 파장을 지닌 가시광선)이 밀도가 높은 얼음과 부딪히면, 파장이 긴 붉은색 쪽 파장은 얼음 깊숙이 투과되지만 파장이 짧은 보라색 쪽 파장은 표면 가까이서 반사되어 산란된다. 그래서 사람의 눈에는 얼음표면에 산란된 보라색 파장이 파란색 파장으로 인식되어 빙하가 푸르게 보인다. 바다가 파랗게 보이는 이유와 같은 원리다.

그리고 빙하가 만들어지는 과정에서 동굴얼음의 두께가 두꺼울수록 얼음 속에 갇힌 공기가 압력에 의해 더 많이 빠져나가고 얼음의 밀도가 더 높아지기 때문에 더 푸른색을 띤다. 빙하 안에 갇힌 조류가 미세한 알갱이가 되어 빛의 산란을 강화하여 푸른 색조가 더 선명하게 나타나기도 한다. 얼음 안에 띠 모양의 검은 반점들은 화산이 폭발할 때 화산재가 눈과 함께 쌓여 얼음으로 굳은 것이다.

○ **스비나펠스요쿨 빙하 말단부에 발달한 얼음동굴 내부.**
빙하 말단부 내부에는 융빙수가 흘러 얼음을 녹이면서 생긴 빙하동굴이 발달한다. 유리로 만든 천장처럼 반투명한 파란빛의 동굴 내부로 들어서면 자연의 신비감을 느낄 수 있다. 천장의 물결무늬는 융빙수가 흐르며 얼음 표면을 녹인 흔적이다. 겨울철에는 얼음이 얼고 빙하가 단단해져 융빙수가 적게 흐르기 때문에 동굴 내부에 들어가 볼 수 있다. 반면 여름철에는 얼음이 녹아 융빙수가 많이 흐르고 붕괴위험이 커 주의해야 한다.

아이슬란드, 불과 얼음이 공존하는 곳

탐보라산 분출이
불러온 핵겨울

인류 역사에 기록된 가장 강력했던 화산분화로는 1815년에 일어난 인도네시아 탐보라산(2,821m) 분출을 들 수 있다. 탐보라산의 분출기둥은 약 43km로, 어마어마한 양의 이산화황과 화산재가 성층권까지 뚫고 올라가 전 세계로 퍼져 나갔다. 화산재의 양은 대기권을 가릴 정도여서, 이듬해 1816년에는 핵겨울(핵전쟁이 일어나면 계속될 것으로 예

○ **화산폭발로 생긴 탐보라산 정상 칼데라 분화구.**
1815년 탐보라산의 폭발로 높이 4,000m 이상되었던 산체山體의 상부가 날아가 현재의 높이가 되었고 분화구에는 지름 6~7km의 거대한 칼데라가 생겼다. 이때의 폭발력은 전 세계 화산폭발 기록 가운데 가장 강력했던 것으로 꼽힌다.

상되는 겨울 상태)이 나타나 지구 온도가 내려가고 '여름이 없는 해'가 지속되었다.

전 세계에 일시적인 한랭화로 인한 흉년이 계속되어 식량난으로 많은 이가 굶어 죽었을 뿐만 아니라 널리 퍼진 콜레라와 페스트와 같은 질병으로 죽는 사람들 또한 많았다. 약 20만 명이 사망한 유럽에서는 민심이 흉흉해지고 식량약탈과 폭동으로 혼란한 상황이 지속되어 '심판의 날'이 닥칠 것이라는 종말론적 분위기가 감돌았다. 메리 셸리Mary Shelley의 소설《프랑켄슈타인》과 조지 고든 바이런George Gordon Byron의 시 〈어둠〉은 이 시기의 암울하고 절망적인 사회분위기에서 나온 작품이다.

1815년 6월 18일 벌어진 워털루전투(엘바섬에서 돌아온 나폴레옹 1세가 이끈 프랑스군이 영국, 프로이센 연합군과 벨기에 남동부 워털루에서 벌인 전투)에서 나폴레옹이 패배한 것도 탐보라산과 관련 있다는 주장이 제기되고 있다. 탐보라산에서 분출된 화산재가 대기 속에서 정전기를 일으켜 전투 전날 밤 폭우가 내렸고, 이로 인해 진창이 된 땅에서 프랑스 군대의 주력인 포병부대가 제대로 움직이지 못한 결과라는 것이다.

탐보라산 분출은 우리나라에도 영향을 미쳤던 것으로 보인다.《조선왕조실록》〈순조신록 19권〉에 순조 16년(1816년) 호조판서 정만석이 흉작으로 인한 세입감소로 재정부족 문제를 왕에게 고하는 내용이 있다. 세입이 감소한 이유는 순조 14년의 호구조사 때는 790만 명이었으나, 순조 16년에는 659만 명으로 약 130만 명이 감소한 데서 찾을 수 있다. 기근으로 굶어 죽은 사람뿐만 아니라 화전민이나 도적이 되어 호구조사를 받지 않은 사람도 있었을 것으로 생각된다. 흉작은 고종 때까지 지속되었는데, 이는 탐보라산 분출이 미친 영향이라는 것이 국내 학자들의 공통된 견해다.

아이슬란드, 불과 얼음이 공존하는 곳

덴마크　# 빙하지형

그린란드,
순백의 얼음세상에서 초록의 땅으로

▶ 　그린란드 남부 나르사수와크 상공에서 바라본 그린란드의 빙하. 그린란드를 덮고 있는 빙상
과 빙하의 상층부 마지막 빙하기 약 2만 년 전경 내린 눈이 쌓여 생성된 것이다. 빙상의 두께는 평
균 약 2,000m이며, 해안에는 빙상에서 흘러내린 빙하들이 계곡을 따라 바다로 이동하는 모습과
빙하가 녹은 계곡에 바닷물이 유입되어 피오르가 생겨나는 모습도 보인다. 현재 지구온난화로 그
린란드를 비롯한 북극권 빙하들이 빠르게 녹고 있다.

북극권의 엘도라도로
떠오른 그린란드

세계에서 가장 큰 섬인 그린란드는 북아메리카 북동부 대서양과 북극해 사이에 있으며 덴마크의 영토다. 면적이 약 217만km²이고 국토의 약 80%가 만년설과 얼음이 쌓인 거대한 빙상으로 덮여 있는데, 그 두께가 평균 약 2,000m이며 최대 3,200m에 이른다. 이는 남극대륙에 이어 세계에서 두 번째로 큰 규모로, 그린란드의 해안에는 수많은 빙하가 발달하여 산악빙하의 원형原型을 이룬다.

그린란드는 관례적으로 섬과 대륙을 구분하는 기준이 되고 있다. 지질학적으로 구분하면, 독립된 지각판을 구성하면 대륙이고 그러지 않으면 섬이다. 그린란드는 본래 북아메리카대륙에 붙어 있던 땅덩어리였지만 나중에 그것과 분리되어 생긴 섬으로, 북아메리카와 동일한 지질시대를 겪었다. 오스트레일리아는 독립된 지각판을 이루고 있어 대륙이 된다.

그린란드의 면적은 한반도 면적의 약 10배에 이르지만 인구는 5만 6,000여 명 뿐이다. 그린란드는 기온이 낮고 국토 대부분이 얼음으로 덮여 있어 농사를 지을 수 없으며, 농산물 전량을 수입에 의존하기 때문에 경제적 토대도 취약하다.

그러나 최근 지구온난화로 기온이 올라가고 얼음이 빠르게 녹자 주민들이 척박한 땅에 감자와 양배추 등을 재배하고, 목초지에서 양과 염소를 키우는 등 생활환경이 바뀌고 있다. 또한 빙하가 빠르게 녹으면서 빙하에 갇혀 있던 석유와 천연가스, 우라늄과 희토류 등과 같은 천연자원을 보다 쉽게 채굴할 수 있게 되어 북극권의 엘도라도로 떠오르고 있다.

○ **그린란드 서부 마니트소크**^{Maniitsoq}**의 겨울(11월)과 동부 타실라크**^{Tasiilaq}**의 여름(8월).**
동토의 땅, 그린란드는 빙하가 녹는 여름철인 6~8월 세 달을 제외하면 모두 눈으로 덮여 있다. 그러나 기후변화로 여름이 길어지면서 주민의 생활환경이 점차 바뀌고 있다. 국민 약 90%를 차지하는 원주민인 이누이트는 주로 사냥과 어업으로 생계를 유지하는데, 기온상 승으로 2000년부터는 이곳에 순무, 감자 농장과 양떼 목장까지 생겨났다.

그린란드, 순백의 얼음세상에서 초록의 땅으로

설선
(눈이 녹지 않는 경계선)

빙하호수
(빙하에 존재하는 호수)

빙산 빙하

빙산
(빙하에서 분리돼 바다를 떠다니는 얼음)

빙하구혈
(빙하에 생긴 작은 구멍)

분리빙하
(빙하가 분리돼 바다로 흘러가는 현상)

❶
빙하 속에 살던 조류와 미생물이 밖으로 노출됨

❷
대기중에 떠다니던 에어로졸, 검댕이 등이 빙하에 내려앉아 검은 빙하 형성

❸
빙하 표면에 '크라이요코나이트 구멍'이 생김

❹
빙하 밑바닥에 흐르는 물이 빙하의 이동을 가속시킴

○ **그린란드 해안에 발달한 빙하 모식도.**

빙하가 바다와 만나는 끝부분을 빙붕, 빙붕의 가장자리가 떨어져 나가 바다에 떠다니는 것을 빙산이라고 한다. 빙하의 얼음이 녹아 만들어진 호수를 빙하호라 하며, 빙하에 균열이 생겨 빙하호의 물이 지반으로 빠져나가는 구멍을 빙하구혈이라고 한다. 빙하구혈을 통해 지반으로 떨어진 융빙수는 윤활유 같은 역할을 하여 빙하의 이동을 가속화시킨다. 내륙 고원지대의 빙하가 흐르는 속도는 연간 수 센티미터~수 미터지만, 낮은 곳으로 내려와 모여들었다 흩어졌다 할수록 속도가 빨라져 해안 가까이에서는 연간 약 1km가 넘기도 한다. 얼음표면의 검은색 물질은 발전소와 자동차에서 나온 검댕, 즉 매연soot으로 크라이요코나이트cryoconite라고 하는데, 태양열을 흡수하여 얼음을 빨리 녹게 하는 촉진제 역할을 한다. 빙하표면의 붉은 색은 고산지대 만년설이나 극지방 해안에 서식하는 녹조류의 한 종류인 클라미도모나스 니발리스Chlamydomonas nivalis가 태양빛을 받아 붉게 변했기 때문이다. 붉은 조류의 색깔 또한 태양열을 흡수하여 얼음을 빨리 녹게 한다.

약 300만 년 가까이 내린 눈이 만든
얼음덩어리

빙상과 빙하는 무엇이 다를까? 매년 설선(雪線, 고지대에 1년 내내 눈이 녹지 않는 부분과 녹는 부분의 경계선) 위로 내리는 눈이 나무의 나이테처럼 오랫동안 층층이 쌓여 단단히 굳어져 얼음으로 변한다. 그 얼음이 햇빛에 의해 승화(昇華, 고체가 액체 상태를 거치지 않고 곧바로 기체 상태로 변하는 현상)되거나 바람에 깎이고 날려서 없어지는 양보다 더 많은 눈이 쌓여 다져지는 곳에 얼음덩어리가 생긴다. 그 얼음덩어리가 남극대륙이나 그린란드처럼 대륙 크기가 되는 넓은 지역을 덮으면 빙상氷床, ice sheet이라고 한다.

빙상의 얼음은 질량이 커 무게가 상당하기 때문에 중력에 따라 지형이 낮은 곳으로 이동하는데, 이를 빙하氷河, glacier라고 한다. 산골짜기를 따라 흐르는 빙하는 산악빙하 또는 곡빙하谷氷河라고 하며, 곡빙하가 이동하여 낮고 넓은 평지를 덮는 경우에는 빙원氷原, ice field이라고 부른다.

그린란드를 덮고 있는 빙상은 약 300만~200만 년 전부터 빙하기가 시작되면서 고산지대를 중심으로 생성되었다. 약 200만 년 전에는 추위가 더욱 심해지면서 중부고원을 동서로 가로질러 빙상이 넓게 확산되었다. 이후 약 200만~100만 년 전 각각의 빙상이 결합되어 약 2km 두께의 빙상을 이루면서 섬 전체를 덮었다. 이런 거대한 빙상의 하중에 눌려 대지 중심부의 지반이 약 900m 가라앉았다. 현재 빙상은 지구온난화로 빠르게 녹고 있으며, 현재와 같은 추세로 빙하가 녹는다면 약 2100년에는 빙상의 무게가 가벼워져 눌려 있던 지반이 서서히 융기할 것이다.

그린란드, 순백의 얼음세상에서 초록의 땅으로

그린란드 남동부 이토코르토르미우트Ittoqqortoormiit에서 남서쪽으로 약 170km 떨어진 해안에 발달한 빙하.

계곡을 이동하는 빙하의 모습이 한 폭의 그림처럼 수려하다. 내륙 깊숙한 빙원에서 출발한 빙하가 중력의 영향으로 낮은 해안으로 이동하고 있으며, 말단부의 빙붕에서 떨어져 나온 빙산들이 피오르에 떠 있는 모습을 볼 수 있다. 지구온난화로 인해 빙하가 녹는 속도가 빨라지고 있으며, 빙하가 사라진 계곡은 바다에 잠겨 피오르가 내륙으로 연장되고 있다.

그린란드 남부 바다에 떠 있는 빙산.
빙붕에서 떨어져 나온 얼음 가운데 해수면 위의 높이가 5m를 넘는 얼음덩어리를 빙산이라고 하며, 그 이하는 유빙이라고 한다. 빙산은 북위 40°부근까지 떠내려와 북태평양을 항해하는 선박에 장애가 되기도 한다. 빙산은 해수면 위로 드러난 얼음이 태양열에 의해 녹는 것보다는 해수면 아래 얼음이 바닷물에 침식되어 점차 크기가 작아지면서 녹아 사라진다. 북극해의 빙산이 모두 녹으려면 대략 2년이 걸린다고 한다.

해빙을 촉진하는
빙하호와 빙하구혈

그린란드의 빙상은 1980년대와 1990년대에는 축적되는 눈과 얼음의 양, 얼음이 녹거나 빙하가 깎여 나가는 양, 이 두 양이 균형을 이뤄 어느 정도 유지되었다. 그러나 2000년대로 들어서면서 지구온난화로 얼음이 빠르게 녹기 시작해 지난 20여 년 동안 연간 4,500억t가량의 빙상이 사라진 것으로 알려졌다. 이로 인해 그린란드의 빙하는 1985년 이래 당시 해안선으로부터 평균 약 3km 뒤로 물러난 상태다.

  빙하가 녹는 융빙融氷현상은 특히 여름철에 심한데, 여름철에 녹는 얼음의 양이 겨울철에 생성되는 얼음의 양보다 많기 때문이다. 얼음은 기온이

○　　　**그린란드 베스트그로이란드**Vestgronland**(현재 키타**Kitta**) 빙하에 발달한 빙하구혈.**
  1년 내내 만년설과 두꺼운 얼음으로 뒤덮인 빙하는 여름철이면 얼음이 녹아 만든 곳곳에
  빙하호와 빙하구혈이 생겨난다. 빙하구혈을 통해 빙하의 기저 바닥으로 융빙수가 폭포수처
  럼 떨어져 빙하의 이동을 촉진하는 역할을 한다.

올라가는 4~10월 사이, 특히 여름철인 7~8월에 많이 녹고 있다. 그린란드의 얼음은 지구상에서 얼어붙은 민물의 약 10%를 차지한다. 이 얼음이 모두 녹으면 지구의 해수면이 약 7m 상승할 것으로 예측된다. 이렇게 되면 전 세계 해안도시에 거주하는 약 3억 명의 생명이 위협받게 될 것이다.

　　얼음이 녹아 생긴 융빙수는 빙하의 이동을 촉진해 얼음을 빨리 녹게 한다. 융빙수가 저지대에 고이면 빙하호가 생겨난다. 빙하호에 갇힌 물은 낮은 곳으로 흘러가면서 빙벽을 침식하여 수 킬로미터의 빙하협곡을 만들기도 하며, 빙하구혈氷河甌穴을 따라서 빙하 바닥으로 폭포수처럼 떨어지

○　　**그린란드 노르덴스키욀드 빙하.**
2015년 7월, 그린란드 서해안 카시기앙우잇Qasigiannguit 남쪽으로 약 50km 떨어진 곳에 발달한 노르덴스키욀드Nordenskiöld 빙하가 바다로 흘러 들어가고 있다. 빙하의 상류 동쪽 지역은 1년 내내 만년설과 두꺼운 얼음으로 뒤덮여 있는 빙원이다. 그러나 여름철이면 드넓은 순백의 얼음평원 위로 얼음이 녹아 만든 수많은 푸른빛 빙하호가 생긴다. 빙하호 가운데 일부에는 빙하구혈이 발달하여 빙하의 이동을 촉진한다.

○ **지구 해양대순환 컨베이어벨트.**
지구의 고위도와 저위도 사이에 부는 바람이 대기의 열적 평형을 유지하듯이, 고위도와 저
위도 사이를 흐르는 해류 또한 수온의 열적 평형을 유지하는 역할을 한다. 파란색은 바다 밑
바닥을 흐르는 한류를, 붉은색은 바다 표면을 흐르는 난류를 표시한 것이다. 대양의 경우 눈
에 보이지 않지만 해양대순환이라는 시스템이 거대한 컨베이어벨트처럼 쉴 새 없이 움직이
며 지구의 기후를 조절하고 있다. 학자들은 해양대순환의 고리가 끊어진다면 지구가 엄청
난 기후변화를 겪게 될 것으로 보고 있다.

기도 한다. 빙하구혈은 융빙수가 흐르며 깎아 낸 빙하에 수직으로 발달한
원통형 구멍으로, 그 깊이가 1km에 이르기도 한다.

　빙하구혈을 따라 흘러든 융빙수는 빙하의 이동속도를 배가해 빙하를
빠르게 사라지게 한다. 빙하 그 자체의 질량과 하중은 엄청나지만, 그 이
동속도는 연간 수 센티미터~수 미터에 불과하다. 그러나 빙하구혈을 통
과한 융빙수가 빙하 내부를 지나며 열을 전달하고, 빙하를 받치고 있는 기
반암 사이로 흘러들어 빙하를 살짝 들어 올리는 수막水膜현상(빗길을 달리는
자동차의 타이어와 도로 표면 사이에 물의 막이 생기는 현상)을 일으켜 기반암과
빙하 사이의 마찰을 줄여 주는 윤활유 역할을 함으로써 빙하의 이동속도
를 가속화하고 있다.

그린란드 빙상이 중요한 이유

평균두께가 약 2,000m나 되는 그린란드의 빙상은 그 양이 지구 민물의 약 10%를 차지할 만큼 어마어마하다. 이런 그린란드의 빙상이 모두 녹는다면 어떻게 될까?

먼저 전 세계 해수면이 약 7m가량 상승하여 인구가 밀집한 해안지대가 물바다가 될 것이다. 또한 지구 전체의 대기와 해양 순환 시스템을 교란해 이상기후 등으로 인한 자연재해가 속출할 것으로 예상된다.

북대서양의 그린란드 남부 해역은 수온이 매우 낮고 염분이 많아 바닷물의 밀도가 높고 무겁기 때문에 표층의 바닷물이 해저로 수직 침강하는 곳이다. 이곳의 해저에서 출발한 차가운 심층수는 북태평양에서 돌아흘러 인도양과 대서양의 멕시코만을 거쳐 다시 이곳까지 약 1,600년 동안 지구 전체를 돌며 대순환을 해 왔다.

그린란드 빙상이 빠른 속도로 녹으면 북대서양 그린란드 남부 해역의 바닷물이 민물의 비율이 높아져 염분이 낮아지고 그로 인해 밀도가 낮아져 가벼워진다. 이렇게 되면 바닷물이 침강하지 못해 해양대순환의 고리가 끊어진다. 이로 인해 따뜻한 멕시코만류가 북상하지 못해 유럽 전역과 북아메리카가 기온이 급강하하여 한파가 지속되는 빙하기를 맞을 수도 있다. 재난영화 〈투모로우〉는 이런 가능성 있는 상황을 영화화한 것이다.

약해지는 제트기류,
남하하는 극소용돌이

2000년대 들어 전 세계적으로 혹한과 폭설, 폭염 등 기상이변이 속출하고 있다. 2012년 우리나라는 제주도 서귀포가 영하 6℃ 이하로 떨어졌으며, 전국이 폭설과 한파로 피해가 속출하는 사태가 벌어졌다. 또한 미국 워싱턴, 중국 상하이, 일본 도쿄, 영국 런던 등에서도 역대급 기록적인 폭설과 한파로 교통이 두절되고 얼어 죽는 사람들이 생겨날

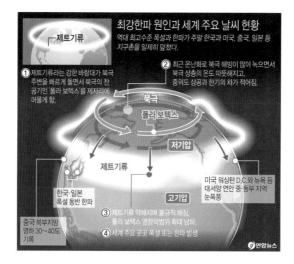

○　**극소용돌이의 영향.**

지구의 한파와 폭설은 제트기류가 약화되었기 때문에 일어나는 현상이다. 북극권 상공에는 북극의 찬 공기가 남하하지 못하도록 막아 주는 제트기류가 소용돌이처럼 돌고 있다. 그런데 지구온난화로 제트기류가 약해지면서 남북으로 크게 구부러져 흘러 극소용돌이가 남하하게 되었다. 이렇게 북극권의 기상시스템이 바뀌어 중위도 곳곳에 한파와 폭설이 증가하고 있다.

만큼 지구촌 일대가 '겨울왕국'으로 변하는 사건이 일어났다. 이러한 현상은 지구온난화의 영향으로 그린란드를 포함하여 북극권 일대의 얼음이 급격히 녹으면서 북극권의 기후 시스템이 변화한 데서 비롯되었다.

지구온난화는 지구의 기온이 상승하는 현상이지만, 오히려 폭설과 한파가 증가하는 기상이변이 빈번해지고 있다. 바로 '온난화의 역설'로, 이는 북극 찬 공기의 소용돌이로 알려진 극極소용돌이polar vortex가 남하했기 때문이다. 극소용돌이는 북극과 남극 대류권 중상부와 성층권에 위치하는 강한 소용돌이로, 일반적으로 제트기류jet stream에 갇혀 북극에서는 반反시계 방향으로 회전하고 남극에서는 시계 방향으로 회전하면서

찬 공기세력을 유지한다.

제트기류는 대류권 9~11km 상공 서쪽에서 동쪽으로 부는 풍속 100~250km/h의 강한 공기의 흐름으로, 위도 30° 부근의 아열대 제트기류와 겨울철에는 위도 35° 부근, 여름철에는 위도 50° 부근으로 남북을 오가는 한대 제트기류로 구분된다. 제트기류는 사행蛇行하며 고위도와 저위도의 열과 수증기를 교환함으로써 대기운동을 조절하는 역할을 한다. 그러나 지구온난화로 인해 북극 지역의 기온이 올라가 극 지역과 중위도 지역 간의 기온차가 줄면서 제트기류가 약해졌다. 이로 인해 극소용돌이가 남하하여 중위도 지역의 기온이 급격히 내려간 것이다.

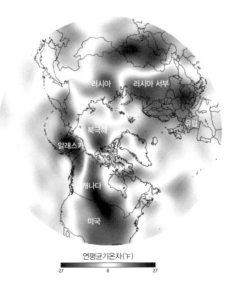

연평균기온차(°F)

-27 　 0 　 27

○ **북반구 극소용돌이 모습.**
2014년 1월 5~7일까지 북반구 평균기온의 차이를 나타낸 것이다. 제트기류의 소용돌이로 인하여 캐나다와 미국 전역 그리고 중앙아시아와 러시아 전역에 걸쳐 한파가 발생했다. 반면 동아시아와 베링해와 알래스카, 유럽 전역은 상대적으로 기온이 높음을 알 수 있다.

몬세라트산,
톱니꼴 역암 첨봉의 명승

▶ 에스파냐 바르셀로나의 몬세라트산. 바르셀로나평원의 북서쪽 카탈루냐 해안산맥에 속하는 몬세라트산은 역암덩어리로 이루어진 거대한 암산이다. 산을 가득 메운 암석에 발달한 절리와 단층을 따라 침식·풍화를 받아 형성된 톱니 모양의 첨봉과 기암괴석이 구릉성 대지 위로 우뚝 솟아올라 주변경관을 압도하는데, 그 모습이 마치 난공불락의 요새 같다.

천재 건축가 가우디에게
영감을 준 몬세라트산

에스파냐 바르셀로나에서 북서쪽으로 약 57km 떨어진 곳에 위치한 몬세라트^{Montserrat}산(1,236m)은 카탈루냐 해안산맥의 일부로, 가로 약 10km, 세로 약 5km, 둘레 약 25km에 이르는 거대한 암산이다. 몬세라트라는 이름은 우뚝 솟은 기암들의 모습이 들쭉날쭉 뾰족한 톱니와 같다고 하여 카탈루냐 지방 말로 '톱니 모양의 산'이란 뜻에서 유래했다.

몬세라트산은 거대한 분홍빛 첨탑 모양의 기암괴석이 온 산을 가득 채워 자연이 빚어낸 거대한 암석공원 같다. 몬세라트산은 그리스도교 성지로 알려진 산타마리아 데 몬세라트 수도원이 위치하여 많은 사람이 찾는 세계적인 명소다. 관광객의 증가에 따라 몬세라트산의 경이로운 자연경관과 생태계를 보존하기 위해 1987년 국립공원으로 지정되었다.

몬세라트산은 에스파냐의 유명한 천재 건축가 가우디에게 영감을 준 자연물이기도 하다. 건축의 근원을 자연에서 찾고자 했던 가우디는 살아생전 몬세라트산을 자주 찾았다. 바르셀로나의 사그라다 파밀리아 대성당의 4개 첨탑과 가우디의 작품 중 가장 혁신적인 건축물로 평가받는 카사밀라 옥상의 굴뚝과 환기구는 몬세라트산의 기암괴석과 첨봉에서 얻은 영감과 아이디어로 제작되었다고 한다.

○ **몬세라트산의 산타마리아 데 몬세라트 수도원.**
몬세라트산은 빼어난 경치와 더불어 산 중턱에 그리스도교 성지로 알려진 산타마리아 데
몬세라트 수도원이 있어 매년 에스파냐뿐 아니라 전 세계에서 많은 사람이 찾고 있다.
11세기에 세워진 수도원에는 카탈루냐 지방의 수호성물로 알려진 검은 성모 마리아상이
안치되어 있다.

몬세라트산, 톱니꼴 역암 첨봉의 명승

역암층의 삼각주가 융기하여
이룬 산지

몬세라트산의 가장 큰 특징은 온 산을 메운 엄청난 양의 암석이다. 이 많은 암석은 삼각주나 범람원 등에서 큰 홍수에 이끌려 내려온 자갈, 모래, 진흙 등이 호수나 바다로 흘러들어 뒤섞이며 쌓여 굳어 생긴 역암礫岩이다. 따라서 몬세라트산 일대는 과거에 호수나 바다의 일부였던 곳이다.

신생대 약 5,000만~3,000만 년 전 몬세라트산 일대는 작은 내해(內海, 흑해와 같이 육지로 둘러싸여 있고 해협으로 대양과 통하는 바다)를 이루고 있었다. 반면 현재 지중해와 접한 바르셀로나 해안지역 일대는 고생대 석회암과 중생대 화강암이 주가 되는 고산지대를 이루고 있었다. 이곳 고산지대에서 약 2,000만 년에 걸쳐 여러 차례 홍수가 일어나 막대한 양의 자갈과 토사가 내해로 흘러들고 퇴적되어 폭 약 100km, 두께 약 1,000m에 이르는 거대한 역암층의 삼각주가 만들어졌다.

약 2,000만 년 전부터 삼각주가 형성된 내해 일대는 서서히 융기하여 육지가 되었다. 반대로 바르셀로나 고산지대 일대는 오랜 세월 침식·풍화되어 평원으로 바뀌었으며, 단층작용으로 침강沈降하여 바닷물이 들어와 해저로 변했다. 이후 2,000만 년을 거치며 바르셀로나 고산지대 일대는 바다가 물러나고 육지가 되었다. 몬세라트산 일대는 더욱 융기하여 지표에 모습을 드러냈는데, 오랜 세월에 걸쳐 침식·풍화되는 과정에서 암질이 약한 이암층과 사암층은 모두 깎여 나가고 이에 비해 암질이 단단하고 견고한 역암층은 거의 그대로 남아 지금의 높은 역암층 산지가 생긴 것이다.

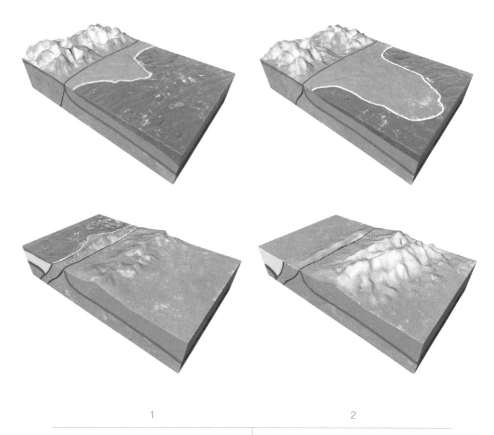

1	2
약 5,000만 년 전부터, 지중해와 접한 바르셀로나 일대 고산지대에서 일어난 큰 홍수에 의해 에브로강을 따라 이끌려 온 막대한 양의 자갈, 모래, 진흙 등이 하구에 쌓여 역암층의 삼각주가 생기기 시작했다.	약 3,000만 년 전까지 여러 차례 홍수가 일어나면서 면적과 두께 면에서 규모가 커진 거대한 역암층의 삼각주가 형성되었다.

3	4
약 2,000만 년 전 바르셀로나 일대 고산지대는 오랫동안 침식·풍화되어 모두 깎여 나가고, 단층의 영향으로 침강하여 바닷물이 유입되면서 바다로 변했다. 반면 역암층의 삼각주 지역은 서서히 융기하기 시작했다.	바르셀로나 일대 고산지대였던 곳은 바다가 물러나면서 평탄대지로 바뀌었다. 역암층의 삼각주 지역은 암질이 주변 지역의 사암과 이암에 비해 단단하고 견고하여 침식을 덜 받은 채 그대로 남아 지금의 몬세라트 산지가 형성되었다.

몬세라트산 역암층 형성과정

몬세라트산, 톱니꼴 역암 첨봉의 명승

다양한 모양의
암석을 만들어 낸 차별침식

몬세라트산의 또 다른 특징은 고깔, 당근 또는 바나나 모양 등 특이하고 다양한 형태를 띠는 기암괴석이다. 몬세라트산의 역암층은 지각변동에 의해 지층이 휘어진 습곡구조가 거의 없는 수평층을 이루고 있다. 이는 몬세라트산 일대가 아프리카판과 유라시아판이 충돌하여 알프스조산대가 형성되는 과정에서 습곡의 영향을 거의 받지 않았기 때문이다. 그 대신 지각이 금이 가고 내려앉거나 올라가는 등 심한 단층의 영향으로 북서~남동 방향으로 이어지는 수많은 단층선이 발달했다.

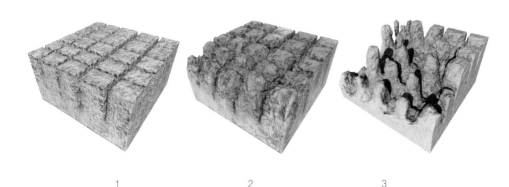

1	2	3
단층작용이 일어나고, 지하 깊은 곳에서 두터운 표토물질에 눌려 있던 역암층이 표토물질이 침식으로 제거되자 팽창하여 수많은 수직 방향의 격자 모양 절리가 생겨났다.	역암층에 발달한 단층과 절리의 틈새를 따라 빗물과 눈 등이 들어가 얼고 녹기를 반복하고, 나무뿌리에 의한 쐐기작용, 바람에 의한 침식 그리고 태양열에 의한 축소와 팽창이 반복되면서 점차 암석의 틈새가 벌어졌다.	격자 모양 절리면을 따라 이런 침식·풍화 과정이 장기간 반복되면서 수직의 첨탑 모양을 한 수많은 암석기둥이 생겼다.

첨탑기암의 형성과정

역암을 구성하는 자갈의 모양이 각이 지지 않은 원형인 것으로 보아, 역암이 생성될 당시 자갈들이 큰 홍수에 이끌려 이동하면서 심하게 마모되었음을 알 수 있다. 또한 지하 깊은 곳의 역암층을 두껍게 덮어 엄청난 하중과 압력을 가하던 표토층이 침식되어 모두 사라지자, 역암층은 점차 부피가 팽창하며 부풀어 오르게 되었다. 이때 역암층에 수직 방향의 수많은 격자 모양의 절리가 생겼다.

이후 역암층에 발달한 단층과 절리의 틈새를 따라 빗물과 눈이 들어가 얼고 녹기를 반복하고, 나무뿌리 등에 의한 쐐기작용의 영향으로 점차틈새가 벌어지기 시작했다. 그리고 바람과 물이 침투하면서 침식이 장기간 지속되어 틈새가 더욱 벌어져, 길쭉길쭉한 첨탑 모양의 독립된 암석기둥이 군집한 암괴지형이 형성된 것이다.

역암지대에서 일어나는 낙석사고

역암은 자갈, 모래와 진흙 등이 뒤섞여 콘크리트처럼 굳은 암석으로, 물에 화학적으로 풍화되는 정도와 열에 팽창하는 정도가 구성물질마다 다르다. 이로 인해 암석과 자갈이 빗물과 눈에 의해 반복적으로 동결·융해되고 낮과 밤이 번갈아 가며 바뀌는 과정에서 팽창·축소되면서 잇몸에서 이가 빠지듯 진흙으로부터 분리되는 현상이 나타난다. 따라서 역암지대에서는 자갈과 암석 등이 떨어지는 낙석사고가 흔하게 일어나 사고위험이 높다.

역암으로 이루어진 몬세라트산 또한 약 1만m^3의 암석 등이 1년에 10회 정도 떨어져 나가는 것으로 알려졌다. 탐방로 곳곳에 보호철망과 안전 펜스가 설치되어 있는 것은 이러한 낙석사고를 방지하기 위해서다.

○ **몬세라트산 역암층의 기암괴석.**
몬세라트산 역암층에 발달한 수직 방향의 틈새인 절리와 단층대를 따라 물리적·화학적 침식과 풍화가 진행되어 점차 그 틈새가 벌어지면서 독립적인 첨탑 모양의 암봉들이 형성되었다. 현재도 역암층이 지속적으로 침식·풍화되어 새로운 암봉들이 생겨나고 있다. 풍화작용에 의해 역암층의 암봉에서 자갈이 빠져나와 떨어지는 낙석현상이 자주 발생하고 있다.

○ **마이산 탑사와 돌탑.**

마이산의 역암층은 중생대 백악기 약 9,000만 년 전 이곳 일대가 내륙의 거대한 호수 가장 자리였을 때 퇴적되어 생성되었다. 마이산은 역암층이 지표에 모습을 드러낸 이후 오랜 침식과 풍화를 받아 형성된 거대한 암봉들이 산지를 가득 메우고 있다. 그 가운데 암마이봉 바로 아래에 있는 탑사에 기거하던 한 선사가 암마이봉의 풍화혈에서 떨어진 자갈들을 모아 돌탑을 쌓았는데, 세워진 이후 100여 년이 지난 지금까지 강풍에 단 한 차례도 무너지지 않았다고 한다.

우리나라에서는 전북 진안에 있는 마이산馬耳山이 대표적인 역암산지다. 말의 귀를 닮은 마이산 암봉 곳곳에 자갈과 암석이 빠져나가 벌레 먹은 듯해 보이는 커다란 구멍인 풍화혈風化穴(타포니tafoni)이 집중적으로 발달한 것을 확인할 수 있다. 마이산 암마이봉 남쪽 사면에 자리 잡은 탑사塔寺의 80여 개의 일(1)자 모양과 원뿔 모양 돌탑은 모두 역암의 풍화과정에서 떨어져 나온 자갈로 쌓아 만든 것이다.

신과 인간이 만나는 곳,
메테오라 암석군

몬세라트산의 기암첨봉과 똑같은 역암으로 이루어져 있으며, 형성과정과 산지 내에 수도원이 자리 잡고 있는 것 또한 유사한 곳이 있다. 그리스 수도 아테네에서 북서쪽으로 약 400km 떨어진 트리칼라Trikala평원 북단의 소도시 칼람바카Kalambaka 뒤편에, 첨탑 모양으로 우뚝 솟은 암봉 약 1,000개가 군집한 메테오라 암석군이 바로 그곳이다. 메테오라Meteora라는 이름은 '공중에 떠 있는'이란 뜻으로, 몇몇 봉우리의 정상에 새 둥지를 튼 듯이 보이는 수도원의 모습에서 유래했다. 이런 이유로 이곳을 '신과 인간이 만나는 곳'이라 부르게 되었다.

평균높이 약 300m, 최고높이 약 550m에 이르는 메테오라의 첨탑기암들은 모두 역암이다. 신생대 약 2,500만 년 전 이곳이 내해의 가장자리에 위치했을 때, 여러 차례 일어난 홍수로 고古카람바카강을 따라 하구로 이끌려 온 자갈과 모래, 진흙 등이 함께 퇴적되어 삼각주를 형성했는데, 그 층의 두께가 2,000m 정도에 이른다. 이후 역암층 위로 또다시 사암과 석회암이 약 1,800m 두께로 쌓였는데, 삼각주의 규모가 세로 약 30km, 가로 약 130km에 이를 만큼 방대했다.

삼각주는 약 7,000만 년 전부터 시작된 알프스조산운동의 영향으로 서서히 융기하여 육지화되었다. 융기한 이후 하부의 역암층을 덮고 있던 상부의 사암과 석회암층은 오랜 세월을 거치며 모두 깎여 나가 하부의 역암층이 지표에 모습을 드러냈다. 역암층이 거의 수평을 유지하는 것으로 보아 융기과정에서 습곡의 영향은 크게 받지 않았음을 알 수 있다. 반면 심한 단층작용을 받아 역암층 곳곳이 갈라지는 수많은 단층선이 생겨났다. 이 단층선을 따라 오랜 기간 몬세라트산과 같은 지형 형성과정을 통해 지금의 모습이 된 것이다.

메테오라 암석군 가운데 꼭대기 몇 군데에 그리스정교회 소속의 수도원이 아찔하게 세워져 경이로움을 자아낸다. 이곳에 수도원이 처음 만들어지기 시작한 때는 11세기경으로, 수도자들이 속세와 인연을 끊고 수행에만 전념하고자 기암 내부의 동굴에 암자를 만들고 은둔생활을 하면서부터다. 기암 정상에 수도원이 세워진 것은 16~17세기에 이르러서였으며, 당시 수도원 24곳이 세워질 정도였다. 그러나 17세기 이후 화재와 전쟁 등으로 쇠락하여 현재는 수도원 6곳만 남아 있다. 어떻게 꼭대기까지 벽돌, 기왓장, 나무 등 건축자재를 날라 수도원을 짓고, 지상은 어떻게 오갔는지 궁금하다. 정상으로 오를 수 있는 계단이 없었기 때문에 누군가가 밧줄을 감고 먼저 올라가 밧줄과 사다리, 도르래 등을 이용하여 건축자재와 식량 및 물, 그 외의 생필품 등을 실어 올렸다고 하는데, 지금도 일부는 사용 중에 있다.

○ **신과 인간이 만나는 곳, 그리스 메테오라 암석군.**
그리스 메테오라 암석군은 산세의 암질과 모양, 형성과정 등의 자연요소뿐 아니라 수도원이 자리 잡고 있는 것 등이 에스파냐의 몬세라트산과 유사하다. 자연적으로 형성된 조각품 같은 거대한 암석군 정상에 수도원이 세워져 '신과 인간이 만나는 곳'이라 부르게 되었다. 트리칼라 평원은 그리스에서 가장 넓은 평원으로 밀과 포도 그리고 올리브의 재배가 활발한 곡창지대다. 트리칼라평원 북단에 있는 메테오라의 수많은 첨탑 암석들은 북쪽의 내륙에서 침입하는 외적을 막아주는 훌륭한 요새로서의 기능을 하였다. ◆메테오라/1988년 유네스코 세계복합유산 등재/그리스.

몬세라트산, 톱니꼴 역암 첨봉의 명승

파묵칼레 ●
● 괴뢰메 계곡

● 시베리아

치차이단샤 ●
● 황룽거우와 주자이거우

히말라야산맥 ●
● 황허강

● 창장강

우링위안 ●
황산 ●

할롱베이 ●

● 보홀섬 콘카르스트

● 클리무투호

4부

아시아

✤

시베리아 | 치차이단샤 | 황허강 |
황룽거우와 주자이거우 | 창장강 | 황산 | 우링위안 |
할롱베이 | 히말라야산맥 | 보홀섬 콘카르스트 |
클리무투호 | 괴뢰메 계곡 | 파묵칼레

시베리아,
'잠자는 땅'이라 불리는 혹한의 대지

▶   러시아 동부 시베리아의 타이가. 아시아 대륙 북부 러시아의 우랄산맥 너머 동쪽으로 태평양 연안까지 시베리아의 겨울은 모든 것을 얼어붙게 할 만큼 춥다. 사람들은 이곳을 '동토의 땅' 또는 '혹한의 대지'라고 부른다. 광대하게 펼쳐진 침엽수림인 타이가가 흰 눈에 덮여 있다. 이곳에는 순록의 무리를 쫓으며 살아가는 사람들이 있고, 동서를 횡단하는 세계에서 가장 긴 철길이 놓여 있다. ◆바이칼호/1996년 유네스코 세계자연유산 등재/러시아. ◆캄차카화산군/1996년 세계자연유산 등재(2001년 확장)/러시아.

'잠자는 땅'이라 불리는 이유

러시아의 시베리아^{Siberia}는 우랄산맥에서 동쪽 태평양 연안의 캄차카반도와 북쪽 북극해에서 남쪽 카자흐스탄, 중국, 몽골의 국경에 이르는 광대한 지역으로, 러시아 국토 면적의 70%가량인 약 1,400km²의 면적을 차지한다. 시베리아는 크게 우랄산맥과 예니세이강 사이의 서시베리아평원과 예니세이강과 레나강 사이의 중앙시베리아고원, 레나강 동쪽의 동시베리아산지, 카자흐고원과 바이칼호 일대의 남시베리아산지로 구분된다.

시베리아는 러시아어로는 '시비리'라고 하는데, 1681년 멸망한 킵차크한국의 잔류 몽골계가 세운 시비르한국의 국명 시비르에서 기원한 용어다. 시비르는 타타르(튀르크)어로 '잠자는 땅'을 뜻한다. 15세기 이전까지 우랄산맥 동쪽의 땅은 서방에 알려진 바가 없어 어둠에 싸인 미지의 세계라는 뜻에서 '암흑의 땅'이라고 불렸다고 한다.

지구상에서 가장 오래된 땅덩어리

시베리아 지형의 가장 큰 특징은 땅덩어리가 지질학적으로 고생대 이전 약 6억 년 이전에 형성된 시원육지(始元陸地, 고생대 이전 선캄브리아대에 형성되었으며 지구에서 가장 오래되고 습곡과 단층, 지진과 화산활동 등의 지각변동을 거의 받지 않은 안정된 평원을 이루는 땅덩어리로 순상지라고 한다)로서 서시베리아

평원과 중앙시베리아고원에 광대한 준*평원이 발달했다는 점이다. 이 평원들은 퇴적물이 쌓여서 형성된 퇴적평야가 아니라 오랜 세월에 걸쳐 지속적으로 침식을 받아 평탄해진 구조평야다. 반면, 준평원의 시베리아를 둘러싼 베르호얀스크산맥, 스타노보이산맥, 알타이산맥 등은 신생대 약 6,500만 년 전 이후에 형성된 젊은 습곡산지다.

시베리아는 춥고 긴 겨울, 척박한 토양, 불편한 교통여건 등으로 개발이 저조한 편이다. 그러나 안가라강과 예니세이강, 오비강의 풍부한 수력자원과 러시아 전체 면적의 70%에 이르는 타이가지대의 임산자원이 분

○ **평지와 구릉으로 이어지는 서시베리아평원.**
유라시아 대륙 한가운데 위치한 서시베리아평원은 환태평양화산대와 히말라야조산대로부터 멀리 떨어져 있어 지진이나 화산활동 등이 거의 없는 안정된 지각을 유지한다. 땅덩어리가 형성된 이래 오랜 세월 침식작용을 받아 생겨난 평지와 구릉으로 이어지는 구조평야로 험준한 높은 산을 찾아보기 어렵다.

시베리아, '잠자는 땅'이라 불리는 혹한의 대지

포한다. 또한 우랄산맥과 야쿠츠크 일대에는 금, 은, 동, 철, 다이아몬드와 같은 광석자원이, 쿠즈네츠크에는 석탄이, 북극해 부근에는 석유와 천연가스 등 화석연료가 다량 매장되어 있다.

혹한의 대지,
영구동토의 땅

시베리아는 그 무엇보다도 혹독한 겨울 추위가 압권이다. 시베리아의 대부분 지역은 1년의 절반가량이 겨울이며, 최북단은 겨울이 무려 9개월이나 지속된다. 1월 평균기온은 영하 48~14℃이며, 바이칼호에 1.5~2m 두께의 얼음이 얼 정도로 춥다.

사하공화국의 베르호얀스크와 오이먀콘은 1월 평균기온이 약 영하 50℃일 만큼 추위가 매섭다. 1933년 2월 오이먀콘의 기온이 영하 71℃로 떨어져 이곳이 지구촌에서 가장 추운 마을로 알려졌다. 시베리아가 이렇게 추운 이유는 비열(물질 1g을 1℃ 올리는 데 필요한 열량. 물과 모래를 가열할 때 물보다 빨리 뜨거워지고 빨리 식는 비열이 작은 모래를 대륙에, 모래보다 천천히 뜨거워지고 천천히 식는 비열이 큰 물을 해양에 대비하면, 해양과 인접한 지역이 내륙 지역에 비해 여름에는 덜 덥고 겨울에는 따뜻하다)이 큰 해양의 영향을 받지 못하는 대륙성 기후에다가 연중 북극권의 차가운 고기압 세력의 영향을 많이 받기 때문이다.

지구상에서 자취를 감춘 거대 포유류인 매머드는 죽은 지 수만 년이 지났음에도 시베리아에 냉동보존되어 온전한 형태로 발굴되고 있다. 매머드 화석은 면적 약 300km²에 달하는 사하공화국 전역에 매장되어 있다.

○ **영구동토층의 눈 속에서 발견된 매머드 새끼 사체(왼쪽).**
북극권 가까이 있는 사하공화국의 야쿠츠크 일대의 영구동토층에서는 매머드 새끼 사체가
발견되기도 했다. 강력한 추위로 사체가 1만 년 이상 부패하지 않고 그대로 보존될 수 있었다.

시베리아의 순록(오른쪽).
사슴류 중 유일하게 가축화된 종으로 토나카이라고도 한다. 털이 많고 눈 속에서도 이끼
등의 먹이를 찾을 수 있도록 코끝은 털로 덮여 있다. 지구온난화로 영구동토층이 빠르게 녹
으면서 서식지의 생태계가 변하고 있어 생존을 위협받고 있다.

이곳 토양이 영구동토, 즉 최소 2년 이상 장기간에 걸쳐 지층의 온도가 연
중 0℃ 이하로 항상 얼어 있는 땅이어서 매머드를 보존하는 냉동고 역할
을 했기 때문이다.

시베리아의 이러한 추위를 이겨 내며 원주민인 야쿠트족, 네네츠족,
퉁구스족 등이 일찍이 순록을 기르며 살고 있다. 순록은 이들에게 귀중한
자산이다. 고기와 우유는 식용으로, 가죽은 천막과 의복의 재료로, 뼈와
뿔과 힘줄 등은 골각기骨角器 등 각종 도구와 끈의 재료로 쓰이기 때문이다.
또한 순록은 이곳의 이동수단인 눈썰매를 끌기도 한다. 순록은 겨울철 추
위를 피하고 먹이를 얻기 위해 가을철에 남쪽의 타이가지대로 이동하여
겨울을 보내고는, 봄철에 새끼를 낳기 위해 다시 북쪽의 툰드라로 이동한
다. 원주민들은 이 순록의 무리를 따라 유목생활을 하며 강인한 생명력을
이어가고 있다.

시베리아, '잠자는 땅'이라 불리는 혹한의 대지

○ **바이칼호 원주민의 정신적 고향, 올혼섬(왼쪽).**
올혼섬은 바이칼호에서 가장 큰 섬이자 유일하게 사람이 사는 섬으로, 이곳 원주민인 부랴
트족의 정신적 고향과도 같은 곳이다. 학자들은 바이칼호와 몽골 일대에 살던 부랴트족 일
파가 남쪽으로 내려와 한반도에 정착해 한민족의 기원이 되었다고 말하고 있다.
겨울철 얼어 버린 바이칼호(가운데, 오른쪽).
바이칼호는 겨울철이면 1.5~2m 두께로 얼어붙어 차량이 오가는 교통로로 이용되기도 한
다. 바이칼호 얼음 속에는 물속 조류에서 방출된 메탄의 기포가 갇혀서 물방울 모양이 만
들어지는 신비한 현상이 나타나기도 한다.

시베리아의 진주, 바이칼호

시베리아의 심장부에는 사계절 풍광이 뛰어나 '시베리아의 진주'로 통하
는 바이칼호가 있다. 바이칼^{Baikal}이란 이름은 '풍요로운 호수'를 뜻하는
타타르어 '바이쿨'에서 유래했다. 바이칼호는 평균수심 744m, 최대수심
1,642m로 세계에서 가장 깊은 호수이며, 길이 636km, 둘레 2,200km, 수
량은 2만 3,000km³로 세계 민물의 약 5분의 1을 차지한다.

　　바이칼호는 수심 깊은 곳까지 산소가 공급되고 자체 정화능력이 뛰어나 약 40m 수심까지 투명하게 보일 만큼 물이 맑은 것으로 유명해 '시베리아의 푸른 눈'이라고 불리기도 한다. 겨울철(1~2월)에는 약 1.5m 두께의 얼음이 얼어 호수 위로 자동차가 다니기도 한다.

　　바이칼호는 신생대 약 2,500만 년 전에 지각변동으로 일어난 단층작용의 영향을 받아 지각이 내려앉은 지구대에 물이 고여 형성된 초승달 모양의 단층호다. 지금도 단층작용의 영향을 받아 주변 일대에서 지진과 화산활동이 활발하며, 매년 호수 면적이 동서로 1~2cm씩 넓어지고 있다. 수면의 표고는 455m이고, 호수 바닥은 해수면보다 1,285m 아래에 있어 육지에서 가장 낮으며, 그 바닥에는 약 7,000m 두께의 퇴적물이 쌓여 있다. 주변 330여 개 지류에서 바이칼호로 강물이 흘러들고 있지만 빠져나가는 곳은 안가라강 한 곳뿐이다.

　　바이칼호의 동식물은 오지의 고립 지역에서 오랜 기간 독자적인 진화의 길을 걸어왔기 때문에 이곳의 동식물 2,500여 종 가운데 약 60%가 이곳에서만 서식하는 희귀종이다. 이런 이유로 바이칼호를 '러시아의 갈라파고스'라고도 한다.

바이칼호는 북극해와 멀리 떨어진 내륙의 민물호수다. 그런데 북극해에 사는 물범과 생김새가 비슷한 물범 약 13만 마리가 현재 이곳 바이칼에 살고 있다. 과거 바이칼호와 북극해가 레나강 또는 예니세이강을 통해 이어져 있을 당시 물범들이 이 강줄기를 따라 바이칼호로 들어온 뒤 지각 변동과 해수면 변동으로 북극해와 이어진 물길이 차단됨으로써 이곳에 갇히게 되었고, 이후 민물에 적응하면서 독자적으로 진화한 결과라는 주장이 설득력을 얻고 있다.

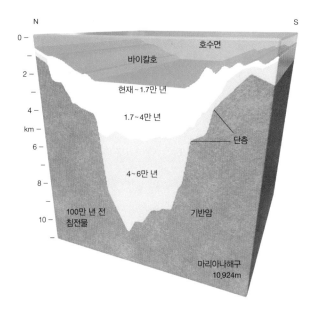

○ **바이칼호 단면도.**
바이칼호는 동아프리카지구대처럼 지각의 단층작용으로 지각이 양쪽으로 갈라지고 중심부가 내려앉아 형성된 지구대에 물이 고여 형성된 단층호다. 최대수심인 약 1,700m 밑으로 100만 년 전에 쌓인 약 7,000m 두께의 퇴적층이 있다. 퇴적층을 모두 제거하면 최대수심은 약 8,700m에 이른다.

'불의 땅', 캄차카반도

러시아 동쪽 끝자락에 위치한 캄차카반도는 현재도 화산이 불을 뿜어내고 있는 '불의 땅'으로 활화산이 분출되는 광경이 압권이다. 캄차카반도는 클류쳅스카야Klyuchevskaya산과 크로노츠카야산을 비롯한 160여 개의 화산이 있어 전 세계적으로 화산이 가장 밀집해 있는 화산지대에 속한다. 이

○ **환태평양화산대에 자리 잡은 캄차카반도.**
화산 밀집지대인 캄차카반도는 전 세계에서 화산활동이 가장 활발한 곳이다. 160여 개 화산 가운데 현재 29개가 활화산이며, 19개는 캄차카화산군으로 분류된다. 캄차카반도 남부 동해안에 위치한 페트로파블롭스크 캄차츠키시 뒤로 보이는 아바친스카야산 정상에서 화산가스와 증기가 분출되고 있다.

곳은 태평양판과 유라시아판이 만나는 경계부로 '불의 고리rings of fire'라는 환태평양화산대의 일부다. 이런 이유로 화산활동과 함께 지진도 빈번히 일어나고, 간헐천과 온천 등이 곳곳에 발달했다.

　캄차카반도는 원시 비경을 간직한 청정지역에 속한다. 사람의 손길이 닿지 않는 곳이 많고 먹이가 되는 연어가 풍부하여 전 세계적 불곰의 약 20%가 이곳에 서식하고 있다. 캄차카반도는 연어의 고장으로도 유명하다. 보통 8월이면 연어가 산란하기 위해 자신이 태어난 고향을 찾아 4년 만에 회귀한다. 이때가 되면 겨울철 동면을 앞둔 불곰들이 하천 곳곳으로 몰려들어 먹이경쟁을 벌이기도 한다.

시베리아 개발의 대동맥,
시베리아 횡단철도

16세기에 러시아제국은 시베리아로 주민을 이주시키는 정책을 추진했지만 실효를 거두지 못했다. 시베리아는 러시아-오스만튀르크 전쟁(1768~1774)과 오스만튀르크, 영국, 프랑스 연합국과의 크림전쟁(1853~1856)에서 러시아제국이 패한 뒤부터 본격적으로 개발되기 시작했다. 즉 러시아제국이 남쪽인 발칸반도로 더 이상 진출하기 어려워지자 동쪽인 시베리아와 중국으로 눈을 돌리면서부터다. 아시아권과 태평양 연안을 지배하고 개발하려면 철도망을 구축해야 했다.

　1891년 러시아제국은 철도공사를 시작했다. 겨울에는 영하 50℃ 이하의 극심한 추위가 덮치고, 여름에는 모기떼가 들끓고 동토가 녹아 거대한 습지대로 변하여 공사는 아주 힘겨웠다. 막대한 노동력과 자본을 투입

○ **세계에서 가장 긴, 시베리아 횡단철도.**
러시아제국이 시베리아 개발과 태평양 연안 극동 지역의 군사적 지배를 목적으로 건설한, 유럽과 아시아를 연결하는 세계에서 가장 긴 철도다. 화물열차가 바이칼호 남단을 지나고 있다. 출발역인 모스크바에서 종착역인 블라디보스토크까지 7박 8일 정도 걸리며, 2002년 전 구간이 전철화되었다.

한 결과, 1916년 철도가 완공되었다. 러시아 수도 모스크바에서 연해주 블라디보스토크까지 이어지는 약 9,400km의 시베리아 횡단철도는 지구 둘레의 5분의 1에 해당되는 길이로 세계에서 가장 긴 철도다. 시베리아 횡단철도가 놓이면서 시베리아의 금, 은, 철, 석탄 등 지하자원이 개발되고 강제 이주정책이 실효를 거두었다.

시베리아 횡단열차의 종착역인 극동의 블라디보스토크는 '동방을 향하여'라는 뜻의 도시로, 시베리아 개발로 압축되는 동방정책을 대표하는 도시다. 오늘날 시베리아 횡단철도는 시베리아의 대동맥으로, 인적·물적 자원을 실어 나르는 중요한 역할을 하고 있다.

시베리아, '잠자는 땅'이라 불리는 혹한의 대지

1908년 시베리아 퉁구스카
폭발 사건의 실체

1908년 6월 30일 오전 7시경, 시베리아 중심부 퉁구스카(좌표 북위 60°55′, 동경 101° 57′) 지역에서 거대한 폭발과 함께 검은 구름이 피어올랐고, 몇 초 후에 천지가 진동하는 굉음이 울려 퍼졌다. 불덩이가 하늘을 가로질러 날아가다가 지평선 아래로 사라지자마자 벌어진 일이었다. 이 사건은 아직까지도 과학적 해석이 불가능해 미스터리로 남은 시베리아 퉁구스카 대폭발이다.

당시 폭발의 위력은 상상을 초월했다. 히

○ **퉁구스카 폭발로 파괴된 삼림.**
퉁구스카 대폭발로 인해 8,000만 그루 이상의 나무들이 불에 탔으며 충격에 의해 모두 쓰러져 있다. 이 폭발로 충청남도(8,752km²)보다 조금 작은 8,000km² 규모의 삼림이 모두 불에 타고 말았다. 폭발은 히로시마 나가사키 원폭의 2,000배 규모였고, 그 충격파는 런던 지진관측소에서도 감지되었다.

로시마 원자폭탄의 185배에 달하는 강력한 폭발의 충격파는 약 48시간, 지구가 두 바퀴를 자전한 후에야 진정이 되었다. 폭발과 함께 일어난 빛 역시 강렬해, 한밤중이던 유럽의 런던과 파리 등지에서도 독서가 가능할 정도였다. 폭발의 충격으로 두세 달간 지구 곳곳에서 화산이 분화하였으며, 북반구의 기후체계는 심각한 교란 상태에 빠졌다.

소비에트 과학아카데미에서는 폭발 사건이 발생한 지 10년이 지나서야 조사에 나섰다. 조사 결과, 사망자나 중상자는 한 명도 없었다. 사람이 살지 않는 시베리아 대삼림 한가운데에서 폭발이 일어났기 때문이다. 폭발 중심부로부터 반경 20km, 약 1,300km² 면적의 숲에 있던 나무 8,000만 그루가 방사상으로 쓰러져 있었다. 이를 두고 당시 사람들은 거대 운석이 떨어진 것으로 생각했다. 그러나 그 어디에도 운석이 떨어진 거대한 구멍(크레이터)이 없었고, 운석 파편도 발견되지 않았다.

만약 운석 구멍이 없다면 핵폭발일 가능성이 크다. 폭발 지점 바로 밑의 나무는 멀쩡한데 그 주변의 나무는 모두 쓰러진 점, 퉁구스카 지역의 개와 순록의 몸에 방사능에 의한 화상으로 부풀어 오른 물집이 생긴 것 등이 그 증거가 되었다. 실제로 일본 나가사키와 히로시마의 핵폭발 당시 폭발 지점 바로 아래의 건물들은 온전했으며, 방사능과 고열에 의한 화상으로 물집이 생긴 사람이 많았다. 그러나 폭발 후 50년이 지난 뒤, 사건 지역의 방사능 측정 결과 방사능이 검출되지

않아, 핵폭발은 아닌 것으로 판명되었다.

한편 메탄가스 폭발설도 제기되었다. 그러나 메탄가스 폭발의 경우, 규모상 지진파가 발생해야 하는데 지진파도 전혀 감지되지 않았다. 초소형 블랙홀 충돌설도 신빙성 높게 제기되었으나, 블랙홀이 지구에 돌입했다면 당연히 지구 중심부를 통과하여 정반대편 출구인 아이슬란드 부근에서도 폭발이 있어야 하는데, 이런 폭발이 보고되지 않았다. 일각에서는 혜성 충돌설도 제기되었으나, 당시 천문학자들에 의해 지구로 향하는 혜성이 관측된 바가 없었다. 일부는 외계인이 우주여행 중에 사고로 지구에 불시착하다가 폭발한 것이라는, 또는 물을 찾아 바이칼호에 착륙하다가 실수로 발생한 사고라는 등의 허무맹랑한 주장을 하기도 했다.

2020년 5월 러시아 시베리아연방대학 연구진에 의해 당시 퉁구스카를 강타한 우주물질은 철 성분의 소행성이 폭발한 결과라는 새로운 주장이 제기되어 주목을 받았다. 소행성이 얼음인 경우 지면에 도달하기 전에 모두 녹아버리고, 암석인 경우 압력과 충격에 의해 모두 부서지지만, 철인 경우는 열과 압력의 영향을 받지 않는다고 한다. 철로 이루어진 소행성이 지구로 떨어질 때 지구의 대기와 마찰에 의해 고열로 뜨거워진 내부 철 원자가 일순간 폭발과 함께 승화되었을 것이라는 주장이다. 함께 발생한 거대한 섬광은 철 성분과 대기 속 먼지의 마찰로 생겨난 광학현상이라는 것이다.

치차이단샤,
일곱 빛깔 무지개로 피어난 습곡

▶ 중국 서부 간쑤성 장예시의 치차이단샤. 일곱 빛깔 무지개가 하늘이 아닌 땅에 펼쳐졌다. 낙
타등처럼 이어지는 산등성이가 무지갯빛 색깔로 오르락내리락 물결치듯 끝없이 이어지고, 햇빛
에 반사된 색색의 지층은 불이 타오르는 것처럼 맹렬하다. 특히 해가 뜨고 질 무렵 붉은 햇살에
물든 풍경은 너무나 인상적이다. ◆중국 단샤(광둥성, 구이저우성, 푸젠성, 후난성, 장시성, 저장
성)/2010년 유네스코 세계자연유산 등재, 2011년 단샤국립지질공원 지정/중국.

실크로드 요충지 장예의 숨겨진 보석,
치차이단샤

중국의 서부 간쑤성 장예시, 칭짱青藏고원과 내몽골 고비사막의 경계인 치렌산祁連山 북쪽 기슭에 면적 약 500km² 규모로 자리한 치차이단샤七彩丹霞는 '일곱 빛깔의 산'이라는 뜻의 치차이산七彩山이라고 하며 일명 무지개 산으로 통한다.

단샤丹霞는 우리말로 '붉은 노을'이라고 하는데, 중국에서 붉은색 퇴적암이 독특한 기암을 이루는 다양한 지형 경관을 통칭하는 말이다. 중국의 많은 단샤지형 가운데 장예의 치차이단샤는 다양한 색상의 줄무늬 지층으로 이루어져 대지의 색채예술을 감상할 수 있는 보기 드문 지형이다. 이런 이유로 영화나 드라마의 배경으로 자주 등장한다.

치차이단샤가 있는 장예의 옛 이름은 간저우甘州, 즉 '달콤한 물의 도시'라는 뜻으로 고대 사막의 오아시스 도시 가운데 하나였다. 장예는 한나라 때 실크로드에 있는 주요 도시로 성장했는데, 고대 중국의 중원에서 서역의 신장, 인도, 중앙아시아, 또는 서역에서 중원으로 가기 위해서는 반드시 이곳을 거쳐야 했다.

장예가 위치한 실크로드는 지리적으로 시안에서 간쑤성의 란저우를 지나 우웨이武威, 장예, 주취안, 둔황으로 이어지며, 북서에서 남동 방향으로 약 1,200km에 이르는 좁고 길다란 계곡의 회랑을 이룬다. 단층선을 따라 침식되어 깎여 나간 이 회랑은 황허강 서쪽에 위치하여 허시통로河西通路

라고 한다. 한나라 때 장건이 서역을 개척하고, 당나라 때 승려인 현장이 인도와 서역을 방문하고, 원나라 때 마르코폴로가 중국으로 들어올 당시 모두 이곳을 거쳐 갔다.

다양한 광물이 산화되어 만들어진 색색의 지층

치차이단샤가 세상에 알려진 것은 그리 오래되지 않았다. 2000년 장예의 지역신문에 치차이단샤가 소개되었을 때, 사람들은 그 풍경이 희귀할 뿐 아니라 놀라워 조작된 사진이 아닌지 의구심을 품었다. 그러나 그 사진은 실제 지형을 촬영한 것이었다.

치차이단샤의 여러 색상의 띠는 서로 다른 시기에 차례로 쌓인 퇴적 암층이다. 지층이 비스듬히 경사져 있어 습곡과 같은 지각변동을 겪었음을 알 수 있다. 치차이단샤는 고생대 약 5억 년 전부터 생성되기 시작했다. 치차이단샤의 붉은색 지층 바로 옆의 흰색 지층은 약 5억 년 전 이곳이 바다 였을 당시 산호와 조개껍질 등이 퇴적된 석회암으로 이루어져 있다. 장예 가 위치한 간쑤성과 네이멍구자치구 어얼둬쓰鄂爾多斯 일대는 당시 모두 바 다였던 곳으로 이 지역들에서는 같은 시대에 형성된 석회암이 산출된다.

이후 바다가 물러나고 지각이 융기해 오랫동안 육지로 있다가 중생 대 약 8,000만 년 전에는 이 일대가 거대한 호수로 변했다. 오랜 세월을 거쳐 호수 바닥의 석회암층 위로 모래가 쌓여 사암층이, 진흙이 쌓여 이암 층이, 자갈과 모래 등이 함께 쌓인 역암층이 교대로 쌓여 두꺼운 퇴적층을 이루었다.

신생대 약 2,400만 년 전 이곳 일대는 다시 육지가 되었다. 이때부터 히말라야산맥을 만들어 냈던, 인도판과 유라시아판이 충돌해 생겨난 힘이 중국 내륙 깊숙이 있던 장예의 간쑤성까지 전달되었다. 이러한 힘은 지금도 지속되고 있다. 2008년 규모 8.0의 지진을 비롯하여 2013년 이후 매년

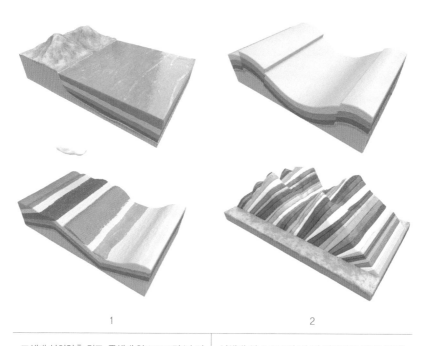

1	2
고생대 석회암층 위로, 중생대 약 8,000만 년 전 육지의 거대한 호수환경에서 오랜 세월에 걸쳐 모래, 진흙, 자갈 등이 교대로 퇴적되어 사암·이암·역암 층이 형성되었다.	신생대 약 2,400만 년 전 인도판과 유라시아판의 충돌로 생겨난 힘이 내륙 깊숙이 위치한 장예까지 전달되어 지반이 융기하면서 지각이 휘어지고 갈라지는 습곡과 단층이 생겨났다.

3	4
습곡과 단층이 일어난 지각이 오랜 기간 빗물과 하천수, 바람과 빙하 등에 의해 지속적으로 침식·풍화되어 약한 지층이 보다 빨리 깎여 나가 높낮이가 다른 구불구불한 산세가 만들어졌다.	습곡으로 휘어져 드러난 지표가 지속적으로 차별 침식되어 능선과 계곡이 반복되는 산세가 만들어졌다. 이후 지층에 포함된 광물이 산화되어 다채로운 색상을 드러내게 되었다.

치차이단샤 형성과정

지속되고 있는 쓰촨에서의 지진이 그 증거다. 이로 인해 지층이 횡압력을 받아 휘어지는 습곡과 지각이 깨져서 갈라지는 단층이 곳곳에 발달했다.

이후 지층의 약한 부분이 하천, 지하수, 바람과 빙하 등에 의해 지속적으로 깎여 나가고 단단한 부분만이 남아 표고가 다른 지층의 단면이 드러난 산세가 만들어졌다. 지층이 다양한 색으로 채색된 것은 지층을 구성하는 암석에 포함된 각기 다른 광물이 산화되었기 때문이다. 붉은색 지층은 철 성분이, 노란색 지층은 황 성분이, 흰색 지층은 방해석方解石이, 초록색 지층은 구리 성분이 산화되어 각각의 색을 띠는 것이다.

○　**건조한 환경에서 형성된 치차이단샤.**
대부분의 단샤가 물로 둘러싸였거나 물에 영향을 직접 받았던 것에 비해 이곳은 물이 거의 없는, 건조한 환경에서 형성되었다. 이는 현재의 건조한 환경이 아닌 과거 온난다습했던 시기에 집중적으로 침식·풍화되고 광물이 산화됐음을 말해 준다.

단샤지형이 넘쳐 나는 중국

단샤는 지하에 있던 사암과 역암의 퇴적층이 조산운동에 의해 융기하여 습곡·단층 작용을 받은 이후, 오랜 기간 하천과 지하수와 바람 등에 의해 침식·풍화되어 형성된 붉은 수직 절벽, 뾰족한 첨탑, 깊은 협곡과 폭포 그리고 동굴 등이 있는 지형을 말한다. 중국에는 800여 곳에 단샤지형이 발달한 것으로 알려졌는데, 웅장하고도 수려한 경관을 이루어 일찍이 한시와 산수화에 자주 등장하곤 했다.

○　**중국 단샤지형의 원형, 광둥성 단샤산.**
약 1억 4,000만~6,500만 년 전 이곳이 거대한 호수였을 당시 퇴적된 사암과 역암이 광둥성 단샤산의 주를 이루고 있다. 최고 높이가 408m로 높지 않지만 산지 전체에 수직 절벽의 기암괴석, 동굴과 폭포 등이 발달하여 산악 조형미가 뛰어나다. 단샤산은 암석에 함유된 철분이 산화되어 붉은색을 띠는데, 노을이 지는 저녁 무렵에는 일곱 가지 색깔이 나타나 무지개산으로도 불린다.

중국의 단샤지형은 남부 양쯔강 이남 남서부 아열대 지역에 집중 발달하였다. 이 지역은 과거 고생대 당시 바다에 잠겼던 곳으로 석회암과 사암, 역암 등 퇴적암이 대부분을 차지하고, 기후 또한 강수량이 풍부한 곳으로 침식량이 커서 단샤지형이 발달하기에 유리했다. 광둥성 단샤산丹霞山, 구이저우성 츠수이赤水, 푸젠성 타이닝泰寧, 후난성 건산崀山, 장시성 룽후산龍虎山, 저장성 장랑산江郞山, 이 여섯 명승지가 단샤지형을 대표하여 2010년 유네스코 세계자연유산으로 등재되었다. 그 가운데 광둥성 단샤산이 가장 전형적으로 단샤지형을 보여 주며 조형미가 뛰어나다는 평가를 받고 있다.

○ **장시성을 대표하는 단샤지형, 룽후산.**
붉은색을 띤 수직 암벽 24개와 돔형 암봉 99개의 산세가 용龍과 호랑이虎를 닮은 듯 맹렬한 기운이 넘쳐난다고 하여 룽후산龍虎山이라는 이름이 붙었다. 붉은색의 암석은 중생대 백악기 말 약 1억~8,000만 년 전 이곳 일대가 호수였을 당시 모래가 쌓여 형성된 사암 내부의 철 성분이 산화된 것이다. 중국 도교의 성지 가운데 하나로, 수직의 암벽에 굴을 파고 묘지를 쓰는 소수민족 먀오족의 특이한 장례 풍습인 현관장懸棺葬으로 유명하다.

치차이단샤, 일곱 빛깔 무지개로 피어난 습곡

무지갯빛 보물,
비니쿤카산과 오르노칼산

남아메리카 페루와 아르헨티나의 안데스산맥 산지에서도 형형색색으로 물든 무지갯빛 산등성이를 볼 수 있다. 페루의 수도 쿠스코 부근 피투마르카Pitumarca 지역의 비니쿤카Vinicunca산(4,350m)과 아르헨티나 후후이주 부근 우마우아카Humahuaca 지역의 오르노칼 Hornocal산(5,200m)이다.

두 지역 모두 나스카판과 남아메리카판이 충돌하여 일어난 조산운동으로 안데스산맥이 생겨날 당시, 습곡과 단층의 영향으로 생긴 단층선과 절리면을 따라 비, 바람과 빙하 등에 의해 지속적으로 침식되어 지표가

○ **아르헨티나의 오르노칼산.**
14가지 색상이 중첩된 삼각형 문양의 산악풍경이 이색적이어서 '14색의 산'이란 별칭이 있다.

깎여 나가면서 지금의 모습을 드러낸 것이다. 산지의 줄무늬들은 치차이단샤와 마찬가지로 지층에 포함된 다양한 광물이 산화되어 무지갯빛을 띤다.

페루의 비니쿤카산은 현지어인 케추아어로 '일곱 빛깔 산', 즉 무지개 산을 뜻한다. 이곳은 비교적 최근인 2015년에 일반인에게 알려졌다. 그동안 만년설로 덮여 있었는데, 지구온난화로 눈이 녹아 무지갯빛 산지가 드러나면서 알려진 것이다. 아르헨티나의 오르노칼산은 아직 비니쿤카산만큼 알려지지는 않았지만 흰색, 노란색, 보라색, 황토색 등 14가지 색상이 중첩된 삼각형 문양의 산악풍경이 이색적이어서 '14색의 산'이란 별칭이 있다.

○ **페루의 비니쿤카산.**
지구온난화로 눈이 녹아 무지갯빛 산지가 드러났다.

치차이단샤, 일곱 빛깔 무지개로 피어난 습곡

황허강,
중국문명의 요람

▶   중국문명의 요람이며 황토고원을 굽이쳐 흐르는 황허강. 발원지에서 시작된 물길이 다양한 기
후와 지형을 지닌 곳들을 통과하며 천의 얼굴을 가진 듯 변화무쌍한 모습을 보여 준다. 이 물줄기는
누런 황토색으로 때로는 소리 없이 흐르고, 때로는 호랑이가 포효하듯 난폭하게 흐른다. 황토고원
은 부드러운 진흙이 쌓여 생성되었기 때문에 여름철 집중호우에 토사가 쉽게 침식되어 황허강으로
흘러 들어가 강이 누런색을 띤다. 황토고원 위로 물이 흐른 자욱은 침식으로 깊게 파여 나가 협곡이
광범위하게 발달했다.

누런빛 황허강에 흐르는
황토고원의 진흙

중국 북부를 흐르는 황허^{黃河}강은 중국에서 창장(양쯔)강 다음으로 긴 강으로, 길이가 약 5,460km, 유역 면적은 약 75만 2,400km²에 이른다. 황허강은 상류인 칭하이성 해발고도 4,450m의 티베트고원 호소^{湖沼}지대에서 발원하여, 중류 북동쪽의 황토고원을 휘감아 돌아 하류인 화베이평야를 동쪽으로 가로질러 보하이만으로 유입된다.

  황허강의 이름은 강물 색이 누런 데서 비롯되었다. 발원지에서 간쑤

○   **황허강의 물길과 황허강이 통과하는 주요 도시들.**
  황허강은 티베트고원 칭하이성에서 발원하여 북쪽의 황토고원을 휘돌아 화베이평야를 동
  쪽으로 가로질러 보하이만으로 유입되는 물줄기다. 요순시대부터 청나라에 이르기까지
  중국 역대 황제들의 최우선 과제가 황허강의 치수^{治水}였을 만큼 황허강은 중국문명의 중심
  축을 이루었다.

성 란저우 부근에 이르기까지 약 1,600km의 상류 지역을 흐를 때는 강물이 비교적 맑은 편이지만 중류 지역의 황토고원을 지나면서 진한 황토색으로 변한다. 황토고원의 진흙이 침식되어 하천으로 흘러들기 때문이다. 《한서漢書》에 "물 1말에 진흙이 6되"라는 과장된 표현이 나올 정도로 흐르는 물에 진흙의 양이 많았다고 하는데, 연간 약 13억 8,000만t의 진흙이 하류로 운반되어 화베이평야에 쌓이거나 바다로 유입된다.

○　**황허강의 숨은 비경 황허스린**黄河石林.
황허강 상류 황토고원지대의 간쑤성 바이인白銀시 징타이景泰현에는 황허강의 물길 양쪽 기슭에 죽순 같은 첨봉을 비롯하여 천태만상의 거대한 역암기암들이 숲을 이루고 있어 장관을 이룬다.

황허강, 중국문명의 요람

○ **닝샤후이족자치구 사포터우**沙波頭**관람구 텅거리**騰格里**사막에서 바라본 황허강과 황토고원.**
황허강 상류 고비사막 가장자리와 황허강의 물길이 만나는 곳에 텅거리사막이 발달했다. 반半
건조지대로 강수량이 부족하여 농경에 불리하지만 황허강 양쪽 기슭 범람원을 개간하여 사람
들이 농사를 짓고 있다. 강을 길게 두 줄로 갈라놓은 석축石築은 관개용수를 끌어 대고 침식을
막는 역할을 한다. 하천이 침식되는 것을 방지하기 위해 사막 가장자리에 나무를 심어 숲을 조
성했다. 사막의 사구와 황허강의 물길이 어우러진 풍경이 아름다워 많은 사람이 찾고 있다.

황허강 중상류의 벌거숭이 황토고원

황토고원은 신생대 약 200만 년 전부터 여러 차례 빙하기를 거치며 한랭
건조한 기후조건에서 몽골의 고비사막으로부터 바람에 실려 날려 온 고운
모래 입자보다 작은 먼지인 실트가 오랫동안 쌓여 형성되었다. 황토고원
과 같이 대륙의 반半건조지역에 바람에 운반되어 쌓인 실트 퇴적층을 뢰
스라고 한다. 황토고원의 뢰스층 두께는 보통 50~80m로, 200m에 달하
는 지역도 있으며, 면적은 약 40만km²에 이른다.

　　황토고원은 고운 입자의 실트가 쌓여 형성된 만큼 침식에 약하여 토양이 쉽게 유실된다. 고원의 가장자리를 따라 흐르는 황허강과 고원지대 전역을 흐르는 200여 개의 지류 하천에 의해 지표면이 오랜 기간 침식되어 수많은 협곡이 발달했다. 현재 고원은 녹지율이 약 5%로 식생이 거의 자라지 않는 나대지와 다름없지만, 과거에는 나무가 빽빽하게 들어선 숲 지대였다. 약 6,000년 전부터 이곳 일대에 인간이 거주하면서 가옥의 자재와 연료 등으로 나무가 벌목되어 지금처럼 황량한 고원이 된 것이다. 고원은 반⁺건조지대로 연평균강수량이 400mm로 많지 않은 편이지만, 여름철 집중호우에 의해 고원의 실트가 빠르게 침식되어 황허강으로 유입되고 있다.

　　황토고원 뢰스층의 토질은 다공질로 부드럽기 때문에 가공에 유리하며, 공기 중에 노출되면 쉽게 단단하게 굳는 특성을 지녀 의외로 지지력이 강하다. 이런 특성을 이용하여 고원 일대의 주민들은 황토층에 굴을 파서 만든 암굴가옥인 야오둥窯洞에서 생활하고 있다. 야오둥은 단열과 보온

황허강, 중국문명의 요람

이 잘되어 더위와 추위를 막아 주는 천혜의 주거공간이다. 야오둥은 약 4,000년 전부터 산시성 북부에서 만들어져 고원 전역으로 퍼져 나갔으며, 명·청 시대에 많이 만들어졌다. 잦은 전쟁으로 목재를 찾는 곳이 많아지면서 삼림이 급속히 황폐화되어 벽돌을 구울 땔감조차 구할 수 없게 되자, 가공하기 쉬운 황토를 깎아 집을 지었던 것이다.

두 얼굴을 가진 황허강의 홍수

뱀처럼 S자로 굽이쳐 흐르는 사행천인 황허강은 과거 약 3,500년간 무려 26번이나 흐름길이 변경되었으며, 1,500여 번의 홍수가 일어났다. 홍수는

○　**허난성 북부 뤄양 일대의 야오둥.**
　　황토고원에 쌓인 황토층은 다공질로 부드러워 손쉽게 가공할 수 있다. 황토가 쌓인 언덕을 수직으로 깎고 굴을 파서 만든 동굴집 야오둥은 황량해 보이지만 보온과 단열이 잘 되어 여름에 시원하고 겨울에 따뜻하다. 최근 젊은이들이 도시로 나가면서 빈집이 늘어나고 있다.

많은 인명피해와 재산피해를 가져왔으며, 여러 해에 걸쳐 삶의 기반을 통째로 무너뜨릴 만큼 가혹했다. 그래서 황허강의 치수治水는 중국이 고대로부터 안고 왔던 '영원한 우환거리'였다. "황허강을 다스리는 자가 천하를 다스린다"라는 말이 생긴 것은 바로 이 때문이다. 황허강의 홍수는 주로 중류와 하류에서 일어나는데, 두 지역에서 홍수가 일어나는 시기와 원인이 각각 다르다.

중류 네이멍구자치구 바오터우 부근에서는 겨울이 가고 봄이 오는

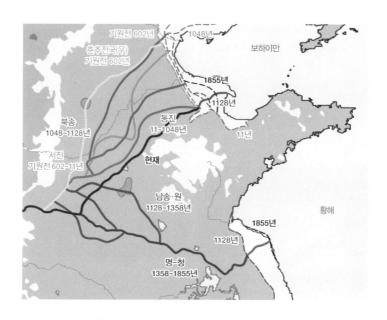

○　　**약 3,500년 동안 26회 유로변경이 일어난 황허강.**
기원전 602년경 춘추전국시대(우禹나라)의 가장 오래된 기록에 의하면, 당시 황허강은 톈진 쪽 보하이만으로 유입되었다. 이후 동진·북송시대를 거치며 1128년까지는 현재의 유로와 비슷한 톈진과 산둥반도 사이를 통해 보하이만으로 유입되었다. 그러나 남송·원 시대에 이르러 대홍수로 인해 황허강의 물길이 남동쪽으로 약 960km 떨어진 창장강에 합류하여 황해로 흘러갔다. 이후 명·청 시대를 거치며 1855년 이후에는 다시 북쪽으로 약 800km 떨어진 현재의 수로를 따라 보하이만으로 흘러갔다. 황허강과 창장강 하구 연안에 진·한·당·송 시대 황허강의 퇴적물이 쌓이면서 토지가 바다 쪽으로 새롭게 형성되어 전진했음을 알 수 있다.

　　　　　　　　　　　　　　　　　　　　　　　　　황허강, 중국문명의 요람

해빙기에 홍수가 난다. 해빙기가 되면 남쪽에 위치한 상류 간쑤성 일대 강의 얼음이 녹아 물과 얼음덩어리가 뒤섞인 채 중류 바오터우 부근으로 떠내려온다. 바오터우 부근은 북쪽에 위치하여 강이 여전히 얼어 있는 상태다. 떠내려온 얼음덩어리들이 강으로 밀려들지만 서로 뒤엉키어 흐르지

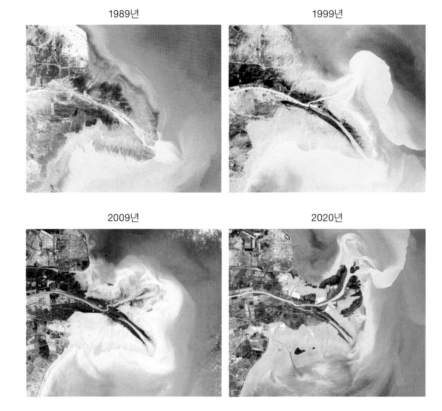

○　**황허강 하구 삼각주의 변화.**
하천이 바다와 만나는 하구에서 유속이 느려지고 밀물과 썰물의 차가 크지 않은 경우, 상류에서 이끌고 온 토사물질이 하구에 쌓여 삼각주가 형성된다. 황허강이 황토고원을 지나면서 엄청난 양의 토사입자가 휩쓸려 와 쌓여 하구에 거대한 삼각주가 형성되었다. 해에 따라 유량이 변화하여 홍수가 나면 삼각주의 지형이 변하면서 많은 양의 토사가 바다로 유입된다. 사진을 통해 1989~2020년 사이 약 30년 동안 하구에서 일어난 삼각주 지형의 변화를 알 수 있다.

못하고 갇히게 되면 수위가 상승하여 홍수가 나는 것이다. 중국 정부는 해마다 일어나는 이러한 홍수를 막기 위해 공군을 동원해 강의 얼음을 폭격으로 부숴 물길을 열어 주는 작전을 펴고 있다.

허난성 뤄양부터 정저우, 카이펑, 산둥성 지난을 거쳐 보하이만으로 유입되는 하류에서는 여름철 집중호우로 강 수위가 상승하여 홍수가 난다. 그 원인으로 제일 먼저 황허강이 황토고원을 지나면서 쓸고 온 실트가 오랜 기간 강바닥에 쌓여 강바닥이 사람들이 거주하는 평지보다 높아진 천정천天井川이 된 것을 들 수 있다. 하류 지역에서는 강바닥이 높아지면 높아질수록 강의 수면도 올라가서 이에 따라 제방도 더 높이 쌓아 홍수를 미리 막고자 했다.

또 다른 원인으로는 하류 뤄양에서 보하이만까지 이르는 약 800km 물길에서의 평균 구배(勾配, 비탈길이나 지붕 등 경사면의 기운 정도)가 1km에 16cm 정도 기울어져 (즉 800km거리의 해발고도가 약 128m밖에 차이가 나지 않아) 거의 평지나 다름없다는 것을 들 수 있다. 하류에서 강의 유속이 느려지면 실트가 쉽게 바닥에 가라앉는다. 결국 강바닥이 높아지고 수심이 얕아져 하류에서는 큰비가 오면 늘 홍수가 났던 것이다.

황허강의 홍수는 주변 지역을 초토화하기도 했지만, 상류에서 몰고 온 비옥한 토사를 범람원에 뿌려 척박하고 건조한 중원(中原, 허난성·산둥성 서부·산시성 동부에 걸친 황허강의 중·하류 유역으로 한족 본래의 생활영역권을 말한다) 지역을 옥토로 만들기도 했다. 하류에 중국 최대의 곡창지대이자 최대의 인구밀집 지역인 화베이평야가 만들어진 것은 황허강의 홍수 덕분인 셈이다.

농경사회에서 가장 필수적인 요소는 물이다. 물을 다루어 토지생산성을 높이기 위해서는 관개시설을 구축하고, 홍수를 예방하기 위한 각종 토

목·건축 기술과 홍수 이후 토지를 측량·구획·정리하는 등의 다양한 사업
이 필요하다. 이를 위해서는 많은 인력과 이러한 인력을 관리·통제하는
정치권력이 필요했고, 이는 중국문명 탄생의 밑거름이 되었다.

메마른 황허강 그리고 불안한 미래

중국은 예측하기 어려운 황허강의 홍수에 대비하기 위해 1955년부터 근대
적인 토목사업을 추진했다. 하류인 허난성 뤄양 부근에 1960년 싼먼샤댐
과 상류 간쑤성 란저우 부근에 1961년 류자샤댐 등 대규모 댐을 건설하고,
하천 유역에 나무를 심는 녹화사업 등을 통해 홍수가 일어나는 일이 급격

○ **간쑤성 란저우 도심을 통과하는 황허강.**
황허강 상류 실크로드 길목에 위치한 란저우는 과거 낙타 또는 말을 탄 대상들이 묵어가던
변방의 오지에 불과했다. 그러나 황허강 주변으로 수력발전소와 공장이 들어서고 유럽으
로 이어지는 철도와 고속도로가 건설되면서 인구가 빠르게 늘고 산업화와 도시화가 이루
어지고 있다.

히 줄었다. 그런데 이번에는 정반대로 물 부족이라는 상황을 맞고 있다.

중국의 급속한 경제발전으로 황허강 유역 주요 도시들의 도시화 및 산업화가 진행되어 물 소비량이 현저히 증가했다. 상류에서는 아직도 황허강이 자연성을 잃지 않고 원시적인 흐름 형태를 이어가고 있지만 중·하류 중원 지역에서는 지하수면과 하천수위가 낮아지고 있으며, 하천의 흐름이 끊기는 단류斷流현상도 곳곳에서 나타나고 있다.

1970년대부터 시작된 단류현상은 해가 갈수록 심해지고 있으며, 일부 구간에서는 황허강이 홍수 시기에만 물이 흐르는 마른강이 되어 버렸다. 황허강의 물을 확보하기 위해 황허강 유역의 각 성省별로 물 사용량을 일정하게 할당하는 협정까지 맺을 정도다. 정부가 지속적인 경제성장 정책을 펴고 있고 인구 증가와 기후변화로 건조화가 심화되고 있어 황허강의 물 부족 문제는 쉽게 해결되지 않을 듯하다.

황허강, 중국문명의 요람

중국 역사 속에서 숱하게
무너진 황허강의 제방

황허강의 홍수로 제방이 무너지면 또다시 쌓는 일이 숱하게 반복되어 중국 역사는 황허강의 역사라 할 정도다. 그런데 인위적으로 황허강의 제방을 붕괴시킨 사건들이 현대까지 여러 차례 있었다. 황허강을 수공水攻 작전을 감행하는 무기로 이용했을 때다.

기원전 225년 중국을 최초로 통일한 진나라가 위나라를 정복할 당시 위나라 수도

○　**중일 전쟁 때 펼쳐진 제방 폭파 작전.**
　　대홍수를 방불케 한 이 작전으로 수많은 무고한 인민이 희생되었다. 홍수로 범람한 물이 무려 7년 동안이나 빠지지 않았으며, 일본제국이 패망한 뒤 1946년에서야 피해복구가 완료되었다.

대량(大梁, 지금의 카이펑)의 성곽은 견고했으며 식량도 넉넉했다. 여러 달에 걸친 공격에도 끄떡 않던 대량성을 무너뜨리기 위해 진나라는 황허강을 이용한 수공작전을 계획했다. 황허강의 물길을 끌어들여 제방을 쌓아 물을 가둔 것인데, 때마침 봄철이라 강물이 불어 있었다. 수위가 높아지자 진나라는 둑을 허물었으며 성곽이 잠겨, 결국 위나라는 멸망했다.

923년, 후량이 후당과의 전쟁에서 황허강의 둑을 일부러 무너뜨려 홍수가 나게 하여 적을 물리치고자 하였다. 그러나 토지만 황폐화시키고 국력을 쇠퇴시키는 결과를 가져왔을 뿐, 오히려 후당의 군사들에게 역공의 빌미를 제공하여 결국은 멸망을 초래하였다.

1642년 명나라 말기 농민군을 이끌었던 이자성은 몇 달 동안 카이펑을 공격해도 함락되지 않자, 황허강에 제방을 높이 쌓아 여름 장맛비를 모아 두었다가 둑을 터 카이펑을 물에 잠기게 하여 겨우 함락할 수 있었다. 그러나 전화戰禍를 피해 카이펑에 들어와 있던 100만 명 이상의 주민 가운데 약 90만 명이 목숨을 잃었다.

1938년 중일전쟁 발발 이후 연패를 거듭하던 중국의 국부군(國府軍, 당시 국민당 정부의 군대로서 공산당의 홍군을 토벌하여 중국을 통일하려 한 군사조직)은 일본의 공격목표인 허난성 정저우를 필사적으로 지키고자 했다. 국부군을 이끌던 장제스는 일본의 진격을 막을 방법으로 정저우 인근의 황허강 제방을 폭파하여 허무는 수공작전을 폈다. 이로써 일본군을 물리칠 수 있었지만 2만 3,000km² 이상의 토지가 물에 잠겼으며, 약 90여 만 명의 사상자와 1,250여 만 명의 이재민이 발생하는 끔찍한 재앙이 일어나기도 했다.

황룽거우와 주자이거우,
쓰촨에서 펼쳐지는 물의 향연

▶ 황룽거우 최대의 비경인 우차이츠. 비췻빛, 옥빛, 에메랄드빛 등 여러 물빛을 지닌 타량이 모양의 계단식 연못 약 700개가 계곡을 가득 채우고 있다. 시간대와 햇빛의 각도에 따라 형형색색의 아름다운 풍광을 만들어 내는 황룽거우의 우차이츠는 천상의 화원을 연상케 한다. ◆ 황룽 자연경관 및 역사지구/1992년 유네스코 세계자연유산 등재/중국. 주자이거우 계곡 경관 및 역사지구/1992년 유네스코 세계자연유산 등재/중국.

물 빛의 경연장 같은
다채로운 빛깔의 연못과 호수

중국 내륙 쓰촨분지 북서쪽, 칭짱고원 동쪽 끝자락의 산악지대에 영롱한 수많은 호수와 연못 그리고 폭포가 원시림과 어울려 비경을 그려 내고 있는 곳이 있다. 중국을 상징하는 동물 자이언트판다가 서식하는 황룽거우黃龍溝와 주자이거우九寨溝가 그곳이다.

황룽거우는 중국 쓰촨성 청두에서 북서쪽으로 약 360km 떨어진 쉐바오딩雪寶頂산(5,588m) 북사면 해발고도 3,100~3,600m 사이에 면적 약 22km² 규모로 발달해 있는 협곡지대로, 길이 약 3.5km의 협곡을 3,400여 개나 되는 논다랑이 모양의 계단식 석회화 연못이 가득 메우고 있다.

황룽거우에서 북쪽으로 약 90km 떨어진 곳에 있는 협곡지대인 주자이거우에는 100개가 넘는 호수들이 해발고도 2,200~4,800m 사이에 면적 720km² 규모로 발달해 있다. 수정거우樹正溝, 르쩌거우日則溝, 쩌차거우則查溝, 이 세 협곡이 Y자 모양을 이루며 총길이는 약 30km에 이른다. 투명하고 맑은 푸른 색채의 호수 절반은 수정거우에 집중되어 있다. 주자이거우에 황룽거우의 연못보다 규모가 큰 호수들이 생긴 것은 계곡의 규모가 크고, 산사태로 사면의 암석이 붕괴되어 협곡에 자연 댐이 만들어졌기 때문이다.

황룽거우와 주자이거우는 이름에 있는 '거우溝'자에서 알 수 있듯이 물과 관련된 곳이다. '거우'는 우리말로 '구溝'로서 '도랑', '해자垓字' 등을 뜻하는데, 이는 호수, 연못, 폭포가 즐비한 협곡 지대를 가리키는 말이다. 황룽거우는 협곡의 모양이 마치 황금빛 거대한 용이 누워 있는 형상과 같다고 해서 붙여진 이름이며, 주자이거우는 협곡 가까이에 칭짱족 아홉 마을이 자리 잡은 데서 유래한 이름이다. 황룽거우와 주자이거우의 협곡은 에메랄드색 또는 코발트색 호수와 연못과 폭포 들이 벌이는 물의 향연을 만끽할 수 있는 곳이다. 험준한 산간오지에 있어 1975년에서야 두 협곡의 비경이 세상에 알려졌다.

○ **주자이거우 최고 명승지 수정췬하이호.**
수정췬하이호樹正群海는 주자이거우에서 풍광이 뛰어난 곳 중 하나로 신록과 에메랄드 물빛깔이 어울려 환상적인 느낌을 준다. 주자이거우는 2017년 8월 규모 7.0의 지진으로 큰 피해를 입어 폐쇄되었다가 2019년 9월 2년 만에 다시 개방되었다.

황룽거우와 주자이거우, 쓰촨에서 펼쳐지는 물의 향연

탄산칼슘이 퇴적되어 생성된
연못과 호수

황룽거우는 석회화 연못, 그리고 주자이거우는 이보다 규모가 큰 호수로 협곡이 채워져 있다. 두 지역의 연못과 호수는 모두 기반암인 탄산염암이 융빙수와 지하수에 의해 오랜 기간 융해融解되는 과정에서 이산화탄소가 대기 중으로 빠져나가고 탄산칼슘 성분이 물속에 가라앉아 퇴적되면서 둑이 쌓이고 여기에 물이 고여 만들어진 것이다.

석회화 연못에서 탄산칼슘 침전물질로 형성된 둑을 트래버틴이라고 하며, 트래버틴이 둑을 형성하여 물이 고인 작은 연못을 휴석소 또는 제석소堤石沼라고 한다. 이러한 휴석소가 계단식으로 있는 석회암 지형을 석회화단구 또는 석회붕石灰崩이라고 한다.

황룽거우와 주자이거우가 위치한 지역의 기반암은 고생대 약 4억 ~3억 년 전 이곳이 얕은 바다였을 당시 산호와 조개의 껍질 등이 쌓여서 형성된 탄산염암(탄산칼슘과 같은 탄산염 광물로 구성된 암석. 방해석方解石을 주성분으로 하는 석회암이 대표적이다)이다. 이후 지반이 융기하여 육지가 되었으며, 신생대 약 6,500만 년 전 인도판과 유라시아판이 충돌하면서 히말라야산맥이 형성될 당시에 조산운동의 영향이 칭짱고원 동쪽까지 전달되어 민산岷山산맥(5,000m)이 생겨났다.

지금도 만년설에 덮여 있지만, 약 250만 년 전부터 여러 차례에 걸쳐 빙하의 영향을 받아 능선과 계곡 곳곳이 두꺼운 빙하에 덮였다. 현재의 뾰족한 봉우리와 U자 모양 협곡으로 이루어진 이곳의 험준한 산세가 만들어진 것은 빙하에 의해 능선과 계곡이 침식되었기 때문이다. 약 1만 년 전까지만 해도 이곳은 빙하의 영향을 받았다. 빙하가 녹은 물인 융빙수와 지하수가 오랜 기간 협곡을 흐르며 곳곳에 연못과 호수를 만들어 낸 것이다.

황룽거우의 기반암인 탄산염암의 퇴적층 두께는 약 4,000m이며, 수많은 석회화 연못을 구성하는 탄산칼슘 침전물의 두께는 최대 250m에 이른다. 석회화 연못은 황룽사가 있는 우차이츠五彩池 부근 해발고도 3,580m를 기점으로 아래쪽에만 발달했으며, 그 위로는 찾아볼 수 없다. 그 이유는 해발고도 3,580m 지점에서 단층대를 따라 지하수가 솟아나는

○ **황룽거우의 백미, 우차이츠.**
　황룽거우 협곡 가운데 가장 높은 곳에 있는 우차이츠는 풍광이 뛰어나다. 이곳은 다랑이처럼 계단을 이룬 수많은 석회화단구가 발달했다. 석회화단구 안에 고인 비췻빛, 옥빛, 에메랄드빛의 물빛을 보면 자연의 신비함이 느껴진다.

황룽거우와 주자이거우, 쓰촨에서 펼쳐지는 물의 향연

데, 이곳을 기준으로 위쪽 계곡에서는 지표수가 땅속에 침투하여 지하수로 흘러서 탄산칼슘 침전물이 생길 수 없기 때문이다.

주자이거우의 기반암인 탄산염암의 두께는 4,300m에 달한다. 협곡을 흐르는 융빙수와 지하수에 의해 탄산염암이 융해되는 과정에서 탄산칼슘 성분이 지속적으로 가라앉아 퇴적되어 둑을 더욱 튼튼하고 높게 만드는 셈이다. 특이하게도, 가장 꼭대기에 위치한 칭하이青海호는 빙하의 퇴적물이 쌓여 만든 둑에 물이 고인 빙하호다. 조사에 의하면 탄산칼슘의 침전율은 연 2.5~9.5mm이며, 탄산칼슘이 가라앉아 퇴적되어 호수가 생긴 시기는 약 2만 7,000년~1만 5,000년 사이인 것으로 나타났다. 같은 지질인 황룽거우 협곡의 연못들도 이와 유사한 시기에 형성되었을 것으로 보인다.

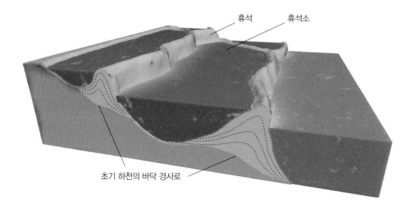

○ **석회화단구(석회붕) 형성과정.**
황룽거우의 석회화 연못은 탄산염암이 융해되면서 이산화탄소는 공기 중으로 빠져나가고 탄산칼슘은 물속에 가라앉아 퇴적되어 형성된 것이다. 초기에는 탄산칼슘 침전물이 흘러가면서 상대적으로 높은 곳에 모여 계속 쌓여 작은 둑이 만들어진다. 또한 떠내려온 나뭇가지, 나뭇잎, 돌조각 등이 상대적으로 낮은 곳에 쌓이고 그 위로 탄산칼슘 침전물이 쌓여 작은 둑이 만들어지기도 한다. 이후 둑 위로 탄산칼슘 침전물이 계속 쌓여 높아지고 굳어져 논두렁과 같은 반원 모양의 트래버틴(휴석)이 생겨나고, 그다음으로 트래버틴 안에 물이 고여 웅덩이(휴석소)가 만들어진다. 그리고 먼저 형성된 연못에서 넘쳐 흐른 물이 다시 아래로 흐르며 탄산칼슘이 같은 방식으로 가라앉아 트래버틴과 웅덩이가 순차적으로 만들어진다. 이런 방식으로 상류에서 하류로 가면서 계단 모양의 여러 석회화단구가 형성된다.

오색 물 빛깔의 우차이츠

황룽거우와 주자이거우 두 지역에 발달한 수많은 연못과 호수 가운데 가장 아름다운 곳은 우차이츠다. 물 빛깔이 오색을 띨 만큼 다채롭고 아름답다고 하여 붙여진 이름으로, 파란색 잉크를 풀어 놓은 듯한 에메랄드 빛깔의 오묘한 색채가 호수를 황홀하게 물들인다. 연못과 호수의 파란 빛깔은 시간대, 각도, 수심 등에 따라 달리 보인다.

○ **주자이거우의 눈, 우차이츠.**
우차이츠는 쪽빛, 비췻빛 등의 물빛이 아름답다고 하여 붙여진 이름으로 '주자이거우의 눈'이라 불린다.

물의 빛깔을 결정하는 주된 요인은 물의 깊이와 빛의 산란이다. 가시광선('빨주노초파남보'색 파장을 지닌 전자기파)이 물속으로 투사되면, 파장이 긴 붉은색 쪽 파장은 물속 깊숙이 투과되지만 파장이 짧은 보라색 쪽 파장은 표면 가까이서 산란된다. 그런데 사람의 눈에는 물속의 산란된 보라색 파장이 파란색 파장으로 인식되어 물이 푸르게 보인다. 물이 깊을수록 붉은색을 더 많이 흡수하게 되어 보색관계에 있는 푸른색이 더 뚜렷하게 보이는 것이다. 얕은 곳에서는 기반암인 석회암의 흰색이 반영되어 물 빛깔이 옅은 푸른색을 띤다.

호수와 연못에 서식하는 조류도 물 빛깔에 영향을 미친다. 조류의 엽록소와 카로틴 그리고 조류껍질 등이 물속에 떠다니면서 빛을 굴절·산란시켜 호수와 연못이 밝은 청록색을 띠기도 한다. 조류의 초록색과 바닥에 쌓인 모래의 색이 반영되어 누런 초록색을 띠기도 하며, 가장자리는 이끼와 같은 선태류가 자라 연한 초록색을 띠기도 한다. 푸른색도 자세히 들여다보면, 수심이 깊어질수록 하늘색, 전기의 불꽃과 비슷한 차가운 초록색의 강청색鋼靑色, 터키석과 같은 짙은 물빛의 푸른색으로 조금씩 저마다 다르다.

조류가 증가하면서
사라지고 있는 석회화단구

황룽거우와 주자이거우의 비경을 보기 위해 이곳에 온 관광객이 1984년 개방 당시에는 2만 7,000여 명이었지만 2015년에는 약 510만 명으로 급증했다. 1990년대 들어 관광객을 위한 편의시설이 곳곳에 들어서면서 석회화 연못의 석회화단구가 심각하게 무너져 내려 자연이 훼손되고 있다. 편의시설에서 나온, 영양과 염분이 풍부한 오폐수가 계곡의 지표수로 흘러들어 조류의 성장과 번식을 촉진했기 때문이다.

탄산칼슘이 가라앉아 퇴적되는 현상은 물속의 이산화탄소가 빠르게 대량으로 빠져나갈수록 활발하게 이루어진다. 물속에 서식하는 조류는 광합성을 통해 이산화탄소를 흡수하고 산소를 내보낸다. 따라서 조류의 개체 수가 증가하면 이산화탄소가 빨리 제거되어 탄산칼슘이 활발하게 침전·퇴적되어야 하는데, 이와는 반대로 퇴조하는 현상이 나타난다. 조류가 탄산칼슘이 가라앉아 퇴적되는 데 미치는 영향이 미미한 데 비해, 조류의 대사 촉진과정에서 생기는 유기산有機酸은 탄산칼슘을 융해시키기 때문이다.

생활 오폐수에 포함된 질산염, 인산염, 황산염 등은 조류의 성장을 촉진하는 역할을 하는데, 이로 인해 현재 두 협곡의 연못과 호수에서 탄산칼슘의 침전과 퇴적은 둔화되고, 융해가 촉진되어 기존의 석회화단구가 물러지고 녹아 사라지고 있는 것이다. 중국 정부에서는 석회화 연못과 호수를 보존하기 위해 두 협곡에서 손을 물에 담그는 행위도 현재 엄격히 금하고 있다.

황룽거우와 주자이거우, 쓰촨에서 펼쳐지는 물의 향연

다양한 고유종의 희귀동물 서식지, 쓰촨

황룽거우와 주자이거우가 위치한 중국의 쓰촨 지역은 해발고도 약 5,000m의 험준한 산악지대로 사람이 접근하기 쉽지 않아 원시 그대로의 다양한 산림생태계를 유지할 수 있었다. 이곳은 전 세계 유일종으로 멸종위기종을 대표하는 동물인 자이언트판다를 비롯하여 레서판다, 황금들창코원숭이 등과 같은 다양한 고유종의 희귀동물이 사는 곳으로 알려졌다. 이 지역에 고유종이 많은 것은 험준한 오지로 주변 지역과 교류가 차단되어 고립된 공간에서 오랫동안 독립적으로 진화했기 때문이다.

자이언트판다는 곰과 동물로, 2018년 기준 약 2,000마리밖에 남지 않아 멸종위기에 처해 있다. 그 이유로 가임기가 1년에 2~3일밖에 되지 않아 번식이 어려운 점을 들기도 한다. 그러나 이보다는 채광, 벌목, 댐과 도로 건설, 토지개간 등의 대규모 토목사업으로 인한 서식지 파괴가 주된 원인이다. 지구온난화 또한 원인 가운데 하나다. 자이언트판

다는 영양분이 적은 대나무가 주식이라 상대적으로 얻을 수 있는 에너지의 양이 적기 때문에, 다른 곰들에 비해 유달리 움직임이 적다. 그런데 대나무는 약 15~120년 만에 한번씩 꽃을 피우는 식물로, 기후변화에 적응하는 속도가 매우 느리다. 따라서 지구온난화로 대나무 숲의 서식지가 높은 곳으로 이동할 경우 자이언트판다는 먹이 활동에 어려움을 겪을 수 있다.

레서판다는 곰보다는 족제비와 스컹크에 더 가까운 동물로, 레서판다과로 분류되며 대나무를 즐겨 먹는다. 가임기간이 1년에 1일 정도로 자이언트판다보다 번식이 더 어렵고 애완용으로 포획되어 멸종위기에 처했다.

황금들창코원숭이는 구ㅅ세계원숭이에 속하는 긴꼬리원숭이과의 하나로, 짧고 뭉툭한 코와 들창코가 특징이다. 약재용과 모피용으로 밀렵되고 있으며, 생태계 파괴로 서식지가 위협받고 있다. 독특한 생김새 때문에 중국에서는 《수호지》의 주인공 손오공

의 모델로 알려졌으나, 이는 잘못된 정보이
다. 황금들창코원숭이가 발견된 것은 청나
라 말기인 1870년 무렵인데 반해, 서유기 원
작자인 오승은(吳承恩, 1500?~1582?)은 명
나라 시대의 인물로, 약 300년의 격차가 있
기 때문이다.

○   **쓰촨 지역에 사는 희귀동물들.**
자이언트판다(위쪽)는 세계자연기금^WWF의 상징으로 멸종위기종을 대표하는 동물이다. 레서
판다(아래 왼쪽)는 생김새가 너구리(라쿤)와 비슷하여 너구리판다라고도 하는데, 애완용으로
포획되고 있다. 황금들창코원숭이(아래 오른쪽)도 약재용과 모피용으로 포획되고 있다. 한편
이 동물들은 모두 쓰촨 지역의 고유종으로, 쓰촨 지역은 1997년 세계생물권 보전지역으로 지
정되었다.

창장강,
중국문명을 일궈 낸 대하의 역사

▶ 황허강과 함께 중국문명의 한 축을 태동시킨 대하의 물줄기, 창장강. 힘준한 설산과 암산의 협곡을 돌아 흐르고, 때로는 고원과 구릉을 흐르고, 때로는 들녘에 거대한 호수와 습지를 만들고, 바다와 만나는 곳에는 상류에서 이끌고 온 퇴적물을 쌓아 드넓은 평원을 만들었다. 싼샤댐 건설로 만들어진 취탕샤의 물길이 마치 북유럽 피오르와 유사한 풍광을 연출한다. ◆윈난성 싼장빙류 보호구/2003년 유네스코 세계자연유산 등재(2010년 수정)/중국.

여러 이름으로 불리는 창장강

창장長江강은 티베트고원에서 발원하여 중국 중부 지방을 동쪽으로 횡단한 다음 동중국해로 흘러 들어가는 약 6,300km의 물길로, 세계에서 세 번째로 길고 중국에서는 가장 긴 강이다. 유역 면적은 약 180만km²로 한반도 면적의 여덟 배에 달한다. 창장강은 오늘날 양쯔강이란 이름으로 더 널

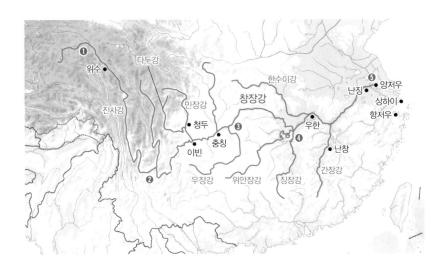

○ **지역마다 이름이 다른 창장강.**
상류 지역 티베트고원에서 칭하이성을 흐르는 곳에서는 퉁톈허❶, 탕구라산맥과 바얀하르巴顔喀喇산맥 사이를 통과하여 윈난성을 거쳐 쓰촨성 이빈宜賓시에 이르는 곳까지는 진사강❷, 중류 지역 쓰촨성 충칭에서는 촨장강❸, 후베이성 징저우荊州에서는 징장강❹, 하류 지역 장쑤성 양저우에서 동중국해로 유입되는 하류부 약 300km 부근에서는 양쯔강❺이라고 부른다. 대부분의 사람들은 양쯔강이 익숙한 이름이라 양쯔강이 창장강과 같다고 생각한다. 하지만 양쯔강은 창장강의 일부 구간을 칭하는 이름일 뿐이다. 중국인들이 양쯔강을 포함한 하천 전체를 창장강이라 부르고 있다.

리 알려져 있기도 하다.

　중국에서 하河는 황허黃河강을, 강江은 창장長江강을 가리킨다. 중국인들은 창장강의 남쪽을 강남, 북쪽을 강북, 동쪽을 강동이라고 부르며, 바다와 만나는 하구 일대를 흐르는 창장강을 양쯔강이라 불렀다. 양쯔강이라는 이름은 양저우 지방에 있는 포구 촌락인 양자진揚子津에서 유래했다. 중국 개화기 당시에 서양 선교사들이 창장강을 양쯔강이란 이름으로 해외에 알려서 대부분의 나라에서는 양쯔강이 창장강 전체를 아우르는 말이 돼 버렸다. 창장강은 이름처럼 그 길이가 엄청나게 길어 여러 지역을 흐르기 때문에 발원지에서 하구에 이르기까지 지역마다 퉁텐허通天下, 진사강, 촨장강川江, 징장강, 양쯔강과 같이 여러 이름으로 불리기도 한다.

하천쟁탈로 변경된 흐름길

현재의 창장강 물줄기는 티베트고원에서 발원하여 중국 중심부를 동으로 횡단한 뒤 동중국해로 유입되고 있다. 과거에는 하나의 물줄기가 후베이성 일대의 우산산맥을 기준으로 두 강으로 분리되어 서로 반대로 흐르고 있었다. 이후 이 강들이 하나로 연결되어 지금의 창장강이 된 것이다. 이와 같은 창장강의 흐름길은 미국 서부 그랜드캐니언을 흐르는 콜로라도강과 같이 두부침식과 하천쟁탈 그리고 유로변경 등의 과정이 복잡하게 결부된 결과로 볼 수 있다.

　중생대 말 약 7,000만 년 전, 옌산운동(중생대 쥐라기~백악기 사이 약 1억 8,000만~7,000만 년 전 중국, 우리나라와 일본 등에서 일어난 지각변동으로 우리나라의 대보조산운동이 이에 해당된다)에 의해 타이항산맥과 우산巫山산맥의 습곡

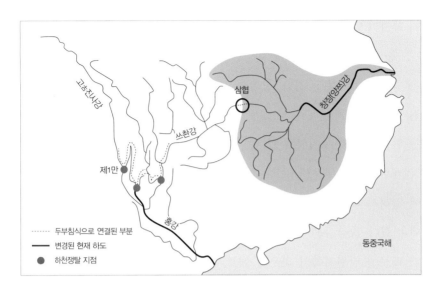

○ **창장강 물줄기의 변화.**
약 7,000만 년 전 지각변동으로 중국의 중심부가 솟아올라 타이항산맥과 우산산맥이 형
성되었다. 이로 인해 현재의 창장강 물줄기는 동쪽의 고古창장강과 서쪽의 쓰촨강으로, 서
로 반대 방향으로 흘렀다. 이후 두 하천이 두부침식과 하천쟁탈로 싼샤를 뚫고 연결되어
하나의 물줄기가 되었다. 그 시기가 대략 258만 년 전이다.

산맥군이 형성되었다. 이로 인해 중국 중심부가 높이 융기했으며, 우산산
맥의 싼샤 일대를 분수령으로 하여 동쪽으로는 고古창장강이 흘러 동중국
해로 유입되었고, 서쪽으로는 쓰촨강이 티베트고원에서 발원하는 고古진
사강과 합류하여 홍허강紅江을 통해 남중국해로 유입되었다.

　　이 당시의 고古진사강은 평원의 대지를 흐르고 있었다. 그러나 신생대
약 4,550만 년 전 히말라야 조산운동으로 습곡의 영향을 받아 티베트고원
과 함께 고古진사강과 쓰촨분지 일대도 융기했다. 고古진사강의 해발고도
가 높아짐에 따라 유속이 빨라지자 강바닥을 빠르게 깎아 내는 하방침식
이 활발해졌다. 이로써 지금의 험준한 진사강 물줄기가 만들어졌다. 쓰촨
강도 하방침식이 활발해졌으며, 두부침식도 활발히 일어나 분수계分水界인

○ **고ᄒ진사강 제1만.**

티베트고원에서 발원하여 탕구라산맥과 바얀하르산맥 사이의 협곡을 남하하던 진사강 물줄기가 갑자기 270°회전하여 북동쪽으로 물길을 바꿔 흐른다. 제1만은 물줄기가 처음으로 U자 모양으로 흐름을 크게 바꾼다고 하여 붙여진 이름이다. 진사강은 예전에는 리수麗水라고 불렸으며, 사금 채취가 성행하면서 지금의 이름으로 바뀌었다. 2,308km에 이르는 진사강의 물길은 티베트와 쓰촨의 행정구역 경계가 되고 있다.

싼샤 일대의 우산산맥 쪽인 동쪽으로 하천이 빠르게 연장되었다. 그 반대편인 고ᄒ창장강 유역에서도 우산산맥의 싼샤 일대인 서쪽을 향해 두부침식이 빠르게 진행되고 있었다.

현재 창장강의 하구 삼각주 퇴적층에서 채취한, 티베트고원의 모나자이트(monazite, 희토류 원소가 함유된 적갈색의 인산염 광물) 암석퇴적물의 연대측정 결과 약 258만 년 전 것임이 밝혀졌다. 이는 티베트고원에서 발원한 강물이 창장강 하구까지 흘러갔음을 뜻한다. 따라서 이를 고ᄒ창장강과 쓰촨강의 분수령이었던 우산산맥의 싼샤 일대가 두부침식에 의해 완전히 침식되어 두 강이 하나로 연결된 시기로 볼 수 있다.

고ᄒ진사강과 쓰촨강 사이에서도 하천의 두부침식과 더불어 해발고

○   **고ㅎ진사강 차마고도.**

고ㅎ진사강은 높고 험준한 산의 깊은 협곡을 흐른다. 하방침식량이 많아 계곡이 점점 더 깊어지면 산사태가 일어날 확률도 높아진다. 강을 따라 산 중턱에 놓인 길은 교역로인 차마고도茶馬古道로, 이길을 따라 윈난성과 쓰촨성의 차와 티베트의 말을 교환했다고 한다.

도 차에 의한 하천쟁탈이 세 군데에서 진행되어 더 이상 강물이 홍허강을 따라 남중국해로 유입되지 않게 되었다. 크게 보면 현재의 창장강의 흐름 길은 두부침식과 하천쟁탈에 의해 우산산맥의 싼샤가 관통되면서 하나의 물줄기로 연결되어 만들어진 것이라 하겠다.

석회암의 수직 균열로 만들어진
싼샤의 비경

창장강의 물줄기 가운데 쓰촨성 펑제奉節에서 후베이성 이창까지의 구간
은 수직에 가까운 기암절벽이 하늘을 가려 한낮에도 해를 보기 쉽지 않을

○ **두보가 '구당양애瞿塘兩崖'라는 시로 절경을 칭송한 취탕샤.**
수직 절벽으로 이어지는 긴 회랑의 수려한 절경의 취탕샤는 10위안 지폐의 배경으로 그려질
정도로 중국에서 손에 꼽히는 비경이다. 싼샤댐의 건설로 거대한 인공호가 생겨나면서 화물
선과 유람선이 다닐 수 있게 되어 수운과 관광업이 발달했다.

창장강, 중국문명을 일궈 낸 대하의 역사

만큼 깊은 협곡으로 이어져 있다. 특히 취탕샤 약 8km, 우샤巫峽 약 46km, 시링샤 약 76km로 이어지는 총연장 약 130km 길이의 싼샤의 회랑은 물길 이외의 길로는 접근할 수 없다.

우산산맥의 단층선을 따라 서로 반대 방향으로 두부침식을 가한 동쪽의 고古창장강과 서쪽의 쓰촨강이 산맥의 허리를 관통하여 만나게 된 이후, 창장강이 또다시 오랜 세월 강바닥을 깊이 깎아 내 지금의 협곡이 형성되었다. 싼샤 일대의 지질은, 침식과 풍화에 강하지만 물에는 잘 용식되는 석회암이 주를 이룬다. 석회암에는 균열이 수평보다는 주로 수직으로 일어난다. 균열 부분에 빗물과 지하수가 침투하여 수직 방향으로 침식과 용식이 가해지면 가파른 절벽 모양의 계곡이 발달하게 된다. 창장강 양쪽 기슭에 깎아지른 바위들이 줄지어 있는 것은 바로 이 때문이다.

싼샤댐,
세계 최대의 다목적 댐

창장강 유역의 연평균강수량은 약 1,000mm이며, 창장강은 매초당 약 2만t의 물을 흘려 보내고 있어 집중호우가 내리면 매번 큰 홍수가 일어난다. 이를 해결하기 위해 중국 정부는 천문학적 건설비용과 수몰민의 이주, 수질오염 등의 문제에도 불구하고, 1994년 후베이성 이창 부근에 높이 185m, 길이 2,309m, 너비 135m에 이르는 세계 최대의 다목적 댐인 싼샤댐을 착공하여 2008년 완공했다.

댐이 건설되면서 하류 곡창지대에서 일어나는 물난리로 인한 많은 인명피해와 재산피해를 막을 수 있었다. 싼샤댐은 연간 약 850억kw로,

창장강 싼샤 부근의 싼샤댐.
중국 정부는 역사 이래 만리장성과 황허강~창장강을 잇는 대운하에 이어 세 번째로 큰 토목사업으로 싼샤댐을 건설했다. 창장강의 개발과 보전을 둘러싼 논란이 계속 있어 왔지만, 중국 정부는 창장강의 잠재력을 극대화하려는 구상에서 댐 건설을 강행했다. 최근 댐의 안정성을 두고 또다시 논란이 일고 있다.

발전량이 세계 최대이며 이는 중국 전력발전량의 10분의 1에 이른다. 이곳에서 생산된 전력은 중부 지역의 공업발전에 크게 기여했다. 또한 댐 건설로 상류에 길이 약 660km, 평균 너비 약 1.1km, 총면적 약 630km², 총저수량 약 390억t에 달하는 거대한 인공호가 만들어졌다. 강폭이 넓어진 결과, 화물선과 유람선이 다닐 수 있게 되어 수운과 관광업이 크게 발달했다. 여름철 물이 불어나는 시기에는 우한까지 1만t급 기선이, 상류의 충칭까지는 1,000t급 기선이 다닐 수 있게 되어 창장강은 '중국의 지중해'라는 별칭을 얻게 되었다.

　　　　　　　　　　　　　　창장강, 중국문명을 일궈 낸 대하의 역사

중국 역사의 생생한 무대,
창장강

창장강은 황허강과 함께 중국문명의 요람과 도 같은 역할을 했다. 후베이성, 허난성, 쓰촨성 등지에서 벼농사의 흔적과 신석기시대 의 취락지와 건축물, 청동기와 도자기 등의 다량의 유적이 발견되는 것으로 보아, 창장 강 전 유역에 걸쳐 고대문명이 존재했음을 알 수 있다. 기원전 약 6,600년부터 창장강 유역에서 벼농사가 시작되었으며 현재도 벼

○ **창장강 싼샤의 진주, 스바오자이石寶寨.**
단 하나의 못도 사용하지 않고 지은 12층 목탑사원으로, 특히 산세를 따라 자연풍경과 인공경 관을 결합한 건축물로서 웅장하고 화려하여 '창장강 싼샤의 진주'라는 별칭이 있다. 물막이 둑 으로 둘러싸여 있는 이곳은 싼샤댐 건설로 창장강의 수위가 약 170m 상승하면서 물에 잠겨 섬 이 되었다.

생산량의 70%가 이곳에서 채워지고 있어 중국 대륙의 젖줄이라 할 수 있다.

창장강은 위나라(조조), 촉나라(유비), 오나라(손권) 삼국이 각각 패권을 다퉜던 곳으로, 그 유적이 곳곳에 남아 있다. 유비가 제갈공명을 맞아들이기 위해 세 번이나 찾아갔다는 '삼고초려' 고사가 전해지는 삼고당三顧堂, 유비와 손권 연합군이 조조의 대군을 무찌른 적벽赤壁, 유비가 관우의 원수를 갚기 위해 출병한 오나라와의 싸움에서 패한 뒤 죽은 곳인 싼샤 취탕샤의 백제성白帝城 등이 그곳이다.

창장강은 근현대사의 역사적인 일들이 일어난 현장이기도 하다. 마오쩌둥이 이끄는 공산당의 홍군이 장제스의 국민당의 탄압을 피해, 1934~1936년에 장시성 루이진에서 산시성陝西省 옌안까지 약 1만 2,500km에 걸친 행군을 한 대장정의 역사가 담겨 있기도 하다. 홍군은 진사강의 지류인 다두허大渡河의 루딩교瀘定橋에서 도강작전을 성공시켜 회생의 전기를 마련할 수 있었다. 창장강 하구의 어촌이었던 상하이는 20세기 서구 열강의 조계지로 가장 빨리 개방되어 근대화 및 산업화를 이루어 세계적인 금융·상업 도시로 성장하고 있다.

○ **쓰촨성 다두허의 루딩교.**
1705년 청나라 강희제 때 처음 만들어진 다리로, 1935년 당시 다두허를 건너는 유일한 다리였다. 이를 국민당군이 점령하여 공산당의 홍군은 진퇴양난에 빠졌지만 가까스로 탈취함으로써 대장정 성공의 계기를 마련할 수 있었다.

창장강, 중국문명을 일궈 낸 대하의 역사

황산,
화강암이 빚어낸 천하의 명산

▶ 화강암이 빚어낸 자연예술의 극치, 황산. 깎아지른 거대한 암봉들이 이어지는 산줄기, 협곡마다 가득한 천태만상의 암석돌, 그리고 그 암석 틈에 뿌리를 내린 소나무 군집이 펼쳐 내는 풍광이 웅장하다. 황산의 경치를 보고 나서야 비로소 동양의 산수화를 이해하게 되었다는 서양인들의 말이 실감난다. 황산은 심상적으로 중화민족의 상징으로 통할 만큼 역사적 의미가 큰 곳이기도 하다. ▶ 황산 1990년 유네스코 세계복합유산 등재, 2004년 세계지질공원 등재/중국.

예술적 영감의 원천이 된
황산

중국을 대표하는 강이 황허강이라면, 중국을 대표하는 산은 안후이성의 황산(黃山, 1,864m)이라 할 수 있다. 창장강 하류 안후이성 남쪽 끝자락에 면적 154km²을 차지하는 황산은 일몰과 일출 때 붉은 햇빛에 비친 암봉들이 불타는 듯하며, 특히 산세를 덮은 구름과 안개 위로 솟은 암봉이 공중에 떠 있는 섬처럼 보여 '하늘 아래 첫 번째 산'이라는 별칭을 얻게 되었다. 1년의 절반 이상 비가 내리고 안개가 끼는 날씨 때문이다.

중국에서는 "오악(五岳, 전국시대 이후 오행五行사상과 산악신앙의 영향으로 산신을 숭배하게 되면서 생겨난 중국의 5대 명산의 총칭. 헝산恒山, 화산華山, 쑹산嵩山, 타이산泰山, 헝산衡山을 말한다)을 보고 나면 다른 산이 보이지 않고, 황산을 보고 나면 오악이 보이지 않는다"라는 말이 전해진다. 이는 황산이 5대 명산을 능가하는 모든 특징을 지녔음을 뜻한다. 사람들은 황산을 소재로 예술과 문학에서 풍부한 유산을 남겼는데, 16세기 중엽 운무에 싸인 암봉과 소나무의 풍광을 주제로 번성했던 산수화의 기풍은 이후 '황산문화'라는 중국 회화예술의 한 범주로 자리매김되기도 했다.

진나라 때 황산은 멀리서 보면 거무스름하게 보였기 때문에 '거무스름하다'라는 뜻에서 이산黟山이라 불렸다고 한다. 이후 당나라 황제 현종이 왕조의 신성한 색인 황색을 기리기 위해 747년 지금의 황산으로 이름을 바꿨다고 한다.

온 산을 가득 메운 화강암

중생대 쥐라기 말부터 백악기 초 약 1억 5,000만~1억 2,000만 년 전, 중국과 한반도를 포함한 아시아 대륙 동부 일대에는 대규모의 격렬한 지각변동(중국에서는 옌산운동, 우리나라에서는 대보조산운동이라고 한다)이 있었다. 이로 인해 습곡과 단층이 생겼으며 지하 깊은 곳의 마그마가 화산폭발로 분출하기도 하고, 마그마가 지하 깊은 곳에서 관입(貫入, 마그마가 기반암 사

○ **톈먼즈먼(天門)동굴 부근에서 바라본 황산.**
황산을 이루고 있는 암석은 지하 깊은 곳에서 관입한 마그마가 굳어 생성된 화강암이다. 화강암을 덮고 있던 4~6km 두께의 지표물질이 오랜 세월 침식으로 제거되어 지상에 모습을 드러낸 것이다. 암봉 중턱 너머로 멀리 정상인 롄화펑蓮花峰이 보인다.

이를 뚫고 들어가는 활동)하는 화성활동火成活動도 있었다. 황산을 가득 메운 암석의 약 70%에 해당되는 분홍빛 암석들은 모두 지하 깊은 곳의 마그마가 지각의 약한 틈을 타고 지표로 상승하다가 지하 약 6~10km 부근에서 냉각·고체화되어 형성된 화강암이다.

황산 일대는 화강암이 관입되기 이전인 고생대 초 약 5억 5,000만 년 전경 고古양쯔해에서 퇴적된 사암과 셰일 그리고 석회암 등의 퇴적암이 기반암을 이루고 있었다. 황산의 대부분 지역을 차지하는 화강암을 '황산화강암'이라고 하는데, 황산화강암은 약 1억 4,000만 년 전 기반암을 관입한 것으로 알려졌다. 북한의 금강산을 비롯해 우리나라의 설악산, 북한산 등의 화강암도 모두 황산의 화강암이 지하에 관입될 당시의 화강암으로, 거의 비슷한 시기에 생성되었다.

화강암이 융기하면서 드러난 기암괴석

지금 지표에 모습을 드러낸 화강암은 지하 약 6~10km 부근에 마그마가 관입했던 암석이다. 어떻게 해서 지하 깊은 곳에 있던 화강암체들이 지상에서 특이한 모양의 암석이 된 것일까?

신생대 약 6,500만 년 전 인도판과 유라시아판의 충돌(이로 인해 히말라야산맥이 생겨났다)과 동쪽에서 고古태평양판이 밀어붙이는 힘에 의해 그 사이에 있던 남중국판이 습곡과 단층 그리고 지반이 융기하는 지각변동을 겪었다. 황산 일대의 지반은 지속적으로 융기했는데, 특히 신생대 약 100만 년 전부터 급속히 융기했다. 이로 인해 지표물질이 하천, 바람, 빙하 등에 의해 침식되고 풍화가 빠르게 진행되어 능선과 계곡 등 굴곡 있는 산세가 만들어졌다. 이후 오랜 세월 지질시대를 거치며 화강암을 덮고 있던 고생대 기반암 퇴적층이 제거되자 지하 깊은 곳의 화강암이 점차 지표 가까이 올라오게 되었다.

화강암을 두껍게 덮고 있던 기반암의 지표물질들이 사라지면 화강암은 막대한 하중과 압력에서 벗어나게 되어 부피가 급격히 팽창하는데, 이 때 암석의 표면에 수평 또는 수직의 균열과 틈인 절리가 생긴다. 이후 땅속에서 암석의 갈라진 틈새를 따라 지하로 유입된 수분인 지하수가 동결

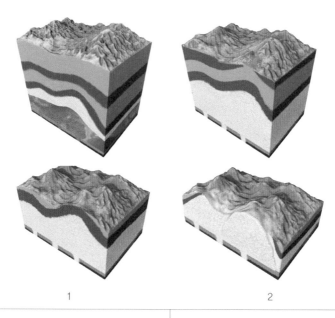

1	2
지하 깊은 곳의 마그마가 초기 기반암 지각의 약한 틈을 타고 상승하여 관입한 이후 서서히 냉각·고체화되어 화강암이 형성된다.	화강암을 덮고 있던 두꺼운 기반암 지각이 오랜 시간 침식되어 하중과 압력이 줄어들게 되자 화강암이 점차 부풀며 팽창한다.

3	4
화강암이 팽창하면서 지각에 수평과 수직 또는 격자상, 판상 등의 다양한 형태의 절리가 생긴다.	절리면을 따라 침식과 풍화가 집중되면서 점차 기이한 형태의 화강암이 지표에 모습을 드러낸다.

화강암 지형 형성과정

황산, 화강암이 빚어낸 천하의 명산

과 융해를 반복하면서 기계적 풍화가 일어나고 나무뿌리가 침투하여 쐐기작용을 하여 그 틈을 벌리기도 한다.

지표로 노출된 뒤에는 암석에 이끼와 초본식물 등이 달라붙어 자라면서 이들이 뿜어내는 유기산 물질에 의해 화학적 풍화가 일어나기도 한다. 이런 풍화작용이 지하뿐 아니라 지상에서도 오랜 세월 지속되어 화강암 표면의 풍화물질들이 빗물과 바람 등에 의해 모두 제거되고 난 뒤 지하의 화강암 덩어리들이 지상에 모습을 드러내는 것이다.

화강암을 마름질하여 기암괴석을 만들어 낸 절리

황산의 기기묘묘한 암석과 거대한 암봉의 경관은 화강암에 발달한 절리의 모양에 의해 결정된다. 절리는 대체로 양파껍질이 벗겨지는 듯한 형태의 판상板狀과 수직, 수평 또는 수직과 수평이 교차하는 격자상格子狀의 형태를 띤다. 날카로운 톱니 모양을 한 서해대협곡의 거대한 암봉들은 수직절리를 따라 침식이 진행된 결과로, 북한 금강산의 집선봉과 유사하다. 최고봉인 연화봉 정상부의 암봉들은 양파껍질이 벗겨지듯 판상절리를 따라 박리剝離 형태의 침식이 집중된 결과로, 우리나라 북한산의 인수봉과 브라질 팡지아수카르Pão de Açúcar가 이에 해당된다.

돌이 하늘에서 날아왔다는 전설로 이름 붙여진 페이라이스飛來石는 땅속에서 수평과 수직이 교차하는 격자상의 절리를 따라 침투한 수분에 의해 침식과 풍화가 모서리에 집중된 이후, 풍화물질과 암석들이 제거되는 과정에서 홀로 남아 형성된 것이다. 이와 같은 암석지형을 토르tor라고 하는데 설악산의 흔들바위와 같은 원형에 가까운 것도 나타난다. 황산의 기암괴석은 화강암을 재단한 최고의 마술사인 절리가 만들어 낸 작품들이다. 현재도 절리면을 따라 침식과 풍화가 진행되고 있어 산세는 계속해서 면모를 바꿔 갈 것이다.

황산 일대가 융기하기 시작한 약 4,500만 년 전을 기준으로 매년 평균 0.07mm 융기한 것으로 보아, 10만 년에 약 7m 융기했음을 알 수 있다. 현재 해발고도가 높은 곳은 이보다 더 많이 융기했음을 뜻한다. 평균융기량은 약 3,400m로, 융기와 동시에 침식과 삭박削剝도 진행되었다. 그리고 평균삭박량이 약 2,340m인 것으로 보아, 평균융기량과 평균삭박량의 차이인 1,060m는 현재 황산(1,864m) 일대의 평균해발고도와 대략 일치한다.

○ **화강암 재단의 마술사, 절리가 만든 토르.**
화강암에 발달한, 수직과 수평이 교차하는 격자상의 절리를 따라 땅속에서 물리적·화학적 풍화가 진행되어 모서리가 깎여 나가면 원형에 가까운 둥근 모양의 암석들이 생긴다. 그 암석들이 성곽 또는 탑을 이루기도 하며, 경사면을 따라 무너져 돌강이라 부르는 암괴류를 이루기도 한다. 황산의 능선 곳곳에는 우리나라 북한산의 오봉을 연상케 하는 토르가 발달해 있다.

황산, 화강암이 빚어낸 천하의 명산

황산을 능가하는 암산,
화산

중국의 중원, 산시성과 허난성 사이 황허강의 물길이 남에서 동으로 꺾이는 지점에는 결코 황산에 뒤지지 않을 만큼의 명산이 있다. 바로 화산(華山, 2,437m)이다. 화산은 중국을 대표하는 오악 중에서도 산세가 가장 뛰어나다. 중국의 지도를 보면 가장 중심부에 위치하고 있어, 중화산中華山이라고도 불린다. 멀리서 보면 다섯 암봉이 연꽃 모양을 하고 있기 때문에 화산이란 이름이 붙여졌다고 한다. 국명인 중화인민공화국과 중화민족, 중화사상 등에서의 중화中華는 바로 화산에 뿌리를 둔 말이다.

화산은 남중국판과 북중국판이 만나는 충돌대에 있으며, 중국의 남북 간 자연의 경계가 되는 친링秦嶺산맥 동쪽 끝자락에 솟아오른 암산이다. 황산과 거의 비슷한 시기인 중생대 말 약 1억 5,000만 년 전 관입한 화강암이 대부분을 차지하고 있으며, 약 6,800만 년 전부터 서서히 지반이 융기하기 시작하면서 오랜 지질시대를 거치며 침식과 풍화가 진행되어 지금의 웅장하면서도 기기묘묘한 산세가 만들어졌다.

화산은 도교의 발상지로서 성지와도 같은 곳이다. 중국의 유명한 모든 산에는 불교사찰이 입지해 있으나, 화산에는 도관道觀만이 있다. 노자는 화산에서 수련을 통해 도교를 창시할 수 있었는데, 산지 곳곳에는 그 흔적과 자취가 남아 있다. 자연 동굴도 많지만 도를 연마하기 위해 수직 벼랑에 굴을 파서 만든 72개의 인공굴이 그것이다. 한편 화산은 도가적 분위기가 강한 중국 무예의 한 문파인 화산파華山派의 발흥지로서 무림의 본산이기도 하다.

○ **중화사상의 뿌리, 화산.**
　　화산은 중원에 높이 솟아오른 암산으로, 중원을 차지하기 위해 난립했던 수많은 왕조의 역사를
　　기억하고 있다. 또한 황허강과 함께 중국을 상징하는 대표 자연물로서 중국인에게 그 의미가
　　각별하다. 화산의 동쪽 차오양펑朝阳峰 정상에는 신선들이 바둑을 두었다는 샤치팅下棋亭이 세워
　　져 있다.

　　　　　　　　　　　　　　　　　　　　　　　　　　황산, 화강암이 빚어낸 천하의 명산

우링위안,
거대한 암석기둥이 가득한 대자연의 미궁

▶ 위안자제의 백미로 알려진 미훈타이. 중국 후난성 우링위안 전역에 높이 200m 이상이 되는
기괴묘묘한 모양의 거대한 수직 바위기둥 3,000여 개가 깊은 협곡을 가득 채우고 있다. 선경이 사
는 무릉도원인 듯 자연이 빚어낸 절경으로 신비함과 기이함이 넘쳐 중국에서도 '대자연의 미궁'
으로 일컬어진다. 중국은 수려한 자연경관과 생태계를 보호하기 위해 우링위안을 1982년 국가
최초의 국가삼림공원으로 지정했다. ◆ 우링위안 자연경관 및 역사 지구/1992년 유네스코 세계자
연유산 등재, 2004년 세계지질공원 등재/중국.

곳곳에 펼쳐지는 황홀경

중국 내륙 후난성 북서부에 위치한 우링위안武陵源은 면적 264km²로 장자제張家界 국가삼림공원, 톈쯔산天子山 자연보호구, 쒀시위索溪峪 자연보호구로 구분되는데, 전역에 걸쳐 우뚝 솟은 기암들로 가득 찬 협곡이 회랑처럼 이어져 있다. 우링위안의 대표 명소 가운데 장자제는 중국인들이 죽기 전에 반드시 가보아야 할 곳 1순위로 꼽는 곳이다. 우링위안이라는 이름은 장자제의 진기한 바위기둥이 펼치는 풍광이 신선이 사는 무릉도원 같다는 데서 비롯된 것으로 보인다.

우링위안을 대표하는 위안자제袁家界는 영화 〈아바타〉에 영감을 준 곳이다. 위안자제의 미훈타이迷魂臺는 그 이름이 '풍광이 너무 아름다워 혼을 잃게 되는 곳'이란 뜻일 정도로 아름답다. 우링위안은 해마다 3,000만 명 이상의 관광객이 찾는 전 세계적인 여행지로, 우리나라에서 관광객이 가장 많이 찾는 곳이기도 하다.

지각변동이 고스란히 담긴 기암괴석

우링위안의 기암괴석은 석영사암이다. 이 석영사암이 오랜 지질시대를 거치며 여러 차례 일어난 복잡한 지각변동으로 융기와 침강을 거듭하면서 침식·풍화되어 지금의 경관이 형성된 것이다. 그 과정은 다음과 같다.

1. 고생대 데본기 약 3억 8,000만 년 전 이곳은 얕은 바닷가에 있었고, 해안의 석영질 모래가 쌓여 석영사암의 기반암층이 형성되었다.

2. 바닷물에 녹아 있던 철 성분이 당시 바다에 살던 남조류가 광합성 과정에서 배출한 산소와 결합하여 해저에 침전되면서 석영사암층 위로 두꺼운 산화철 퇴적층이 형성되었다. 고생대 약 3억 5,000만~2억 9,000만 년 전 사이, 당시의 지각변동(당시 지구를 구성하던 초대륙인 로라시아대륙과 곤드와나대륙이 충돌하여 일어난 헤르시니아조산운동 Hercynian을 말한다)으로 해저의 지층이 융기하여 육지환경에 놓이면서 오랜 기간 침식·풍화되었다.

3. 고생대 페름기 약 2억 9,000만 년 전~중생대 트라이아스기 약 2억 년 전 사이, 지층이 지각변동으로 침강되어 다시 바다로 덮였다. 이때 해저의 기반암 위로 새롭게 산호와 조개껍데기 등이 쌓여 석회암층이 형성되었다.

4. 중생대 트라이아스기 말 약 2억 년 전 해저의 지층이 또다시 지각변동(남중국판과 인도판이 충돌하여 일어난 인도시니아Indosinian조산운동을 말한다)으로 융기하여 육지가 되어 지표에 모습을 드러냈으며, 이후로는 계속 바다가 아닌 육지환경에만 놓여 있었다.

5. 중생대 쥐라기 약 1억 8,000만 년 전~백악기 약 8,000만 년 전 사이, 또다시 격렬한 지각변동(격렬한 화산활동과 함께 일어난 지각변동으로, 중국 동부 지역에서 가장 뚜렷하게 일어난 옌산燕山조산운동을 말한다)으로 지각이 급격히 융기했으며, 지층 하부의 석영사암층과 상부의 석회암층에 단층과 절리 등이 발

우링위안, 거대한 암석기둥이 가득한 대자연의 미궁

달하게 되었다. 그리고 단층과 절리의 균열 틈을 통해 물과 얼음 등이 유입되어 침식과 풍화가 빠르게 진행되었다.

6. 신생대 초 약 6,300만 년 전 이후 지각이 점차 안정되면서 융기된 산지가 지속적으로 침식·풍화되었다. 지표의 높은 곳은 깎여 나가고 낮은 곳은 퇴적물이 쌓이기도 하는 과정을 반복하며 평탄고도가 형성되었는데, 당시의 해발고도는 약 1,200m가량으로 유지되었다.

7. 신생대 약 2,300만 년 전 또다시 6,500만 년 전 시작된 인도판과 유라시아판이 충돌하여 일어난 히말라야조산운동의 영향을 받아 우링위안 일대가 융기했다. 이 때문에 하천의 유속이 빨라져 강바닥을 깎는 하각河刻작용이 활발히 진행되어 깊은 계곡이 형성되면서 지표의 석회암층 대부분이 깎여 나갔다. 곧바로 하천은 석회암층 아래에 있던, 침시에 강한 산화철 퇴적층을 만나면서 저항에 부딪혔고, 이로써 하각작용보다는 지표의 측면을 깎는 측방침식이 활발히 일어났다. 이런 이유로 더 넓은 계곡이 형성될 수 있었다. 이와 같이 산화철 퇴적층은 우링위안의 비경을 확대하는 데 결정적인 역할을 했다고 볼 수 있다. 지속적으로 산화철 퇴적층을 모두 침식한 하천은 마침내 맨 아래 석영사암층을 빠르게 깎아 내면서 협곡을 이루었는데, 이 당시 협곡 일대의 해발고도는 800m가량으로 유지되었다.

8. 신생대 약 260만 년 전 마지막 지각변동(신생대 마이오세 약 530만 년 전부터 현재까지의 유라시아판과 이를 둘러싼 주변 지각판 사이에서 순차적으로 진행된 신기지구조운동Neotectonics을 말한다)으로 협곡 일대는 더욱 융기했다. 이로 인해 하천이 절리와 단층선을 따라 석영사암층을 보다 빠르고 강하게 침식했다. 이때 빙하와 바람, 식생의 뿌리 또한 침식과 풍화에 큰 영향을 미쳐 협곡 내부에 테이블 모양의 탁상지, 첨탑 모양의 암석기둥, 아치 등 다양한 경관이 형성될 수 있었다. 지금도 우링위안 일대의 지각은 조금씩 느리게 융기하고 있으며 하천과 태양, 바람 등에 의해 지속적으로 침식되고 있다.

세계 최대의 아치,
톈먼산 톈먼 아치

우링위안의 장자제 국가삼림공원 내에 있는 톈먼산(天門山, 1,518m)은 장자제에서 가장 높다. 톈먼산 정상 수직 절벽에는 높이 약 131m, 너비 약 57m의 커다란 구멍이 뚫려 있는데, '천국으로 통하는 문'으로 불리는 톈먼 아치다. 이는 자연이 만든 아치로, 세계에서 가장 높은 곳에 있으며 크기 또한 가장 크다. 이 아치는 263년에 기암 일부가 무너져 생성되었다.

텐먼산 일대의 암석은 석회암으로 이루어져 있다. 텐먼산이 현재의 높이까지 융기하기 이전에, 지하에 있었을 때부터 석회암에 발달한 수직 절리를 따라 유입된 지하수가 석회암을 용식하여 깊은 협곡과 날카로운 능선이 많이 생겼다. 이후 지속적으로 침식·풍화되고 중력 등에 의해 석회암이 떨어져 나가 수직 기암이 생겼으며, 수직 기암의 일부가 중력에 붕괴되어 커다란 아치가 형성된 것이다.

○ **하늘로 통하는 길, 텐먼산의 통텐다다오와 구이구잔다오.**
텐먼산을 찾는 대부분의 탐방객은 세계 최장인 7.45km의 케이블카나 버스를 이용해 텐먼산에 오른다. 텐먼산에는 사람이 만든 경이로운 볼거리가 두 가지 있다. 하나는 급경사의 산비탈을 깎아 만들어 약 1,000번을 굽이도는 11km가량의 통텐다다오通天大道(왼쪽). 다른 하나는 해발고도 약 1,400m의 아찔한 수직 절벽에 약 800m의 벼랑길을 만들어 탐방객이 오갈 수 있게 한 것으로, 귀신이 나올 만큼 깊은 계곡에 만든 길이라 하여 구이구잔다오鬼谷栈道라고 부른다(오른쪽).

우링위안, 거대한 암석기둥이 가득한 대자연의 미궁

읽을거리

혼란의 시기에 피난처가 되었던
장자제, 위안자제, 양자제

우링위안은 해발고도 400~1,500m의 험준한 산지가 중첩되고 구릉이 밀집한 산악지대로, 지금은 중국을 대표하는 관광지로 유명하지만 1980년까지만 해도 산속의 오지였다. 이런 이유로 전쟁과 난리를 피하기엔 적격인 곳이 되기도 했다. 우링위안의 대표 명소인 장자제, 위안자제, 양자제의 지명에서 이 사실을 엿볼 수 있다. 세 지명 모두 장張, 원袁, 양楊, 이들 성姓씨에서 비롯되었다.

장자제는 한나라를 세운 유방의 책사이자 개국공신이었던 장량張良과 관련 있는 지명이다. 장량은 유방에게 야박하게 내쳐질 것을 염려하여 지금의 장자제로 숨어들었다. 유방은 장량을 없애려고 여러 차례 군사를 보냈지만 끝내 장량을 찾지 못했다. 그 후 유방은 이곳이 장량의 땅임을 인정하게 되었고, 이 일로 장가 일족의 땅이란 뜻의 장자제란 이름이 붙여졌다고 한다.

위안자제는 당나라 말기에 일어난 황소의 난과 관련 있는 지명이다. 반란이 평정된 이후, 황소의 휘하에 있었던 위안씨 성을 가진 장수가 이곳에 숨어 살며 자신의 성을 지역의 이름으로 삼은 것이라 한다.

양자제楊家界는 북송시대 명장인 양업楊業 장군의 후손과 관련 있는 지명이다. 명나라 때 후난성의 토착민이 조정에 맞서 봉기하자, 양업 장군 가문의 한 장수가 이를 토벌하기 위해 군사를 거느리고 톈쯔산으로 향했다. 이곳 지형에 익숙한 토착민과의 전투에서 번번이 패하여 전쟁이 길어지자 장수의 일족이 이곳에 정착하면서 양씨 성의 지명이 유래되었다고 한다.

○ **톈보푸天波府 전망대에서 바라본 양자제(위)와 톈쯔산 위비펑御筆峰(아래).**
장자제는 도시와 삼림공원 전체의 이름이며, 톈쯔산, 위안자제, 양자제는 풍경구의 이름이다. 자연이 만들어 낸 수많은 기암괴석이 병풍처럼 둘러싸고 있는 양자제 최고의 절경이 바로 이곳이다. 붓을 거꾸로 꽂아 놓은 듯한, 톈쯔산 위비펑 정상에 자라는 소나무 군집의 풍광이 이채롭다.

우링위안, 거대한 암석기둥이 가득한 대자연의 미궁

할롱베이,
옥빛 바다 탑카르스트의 천국

▶　티톱Ti Top 섬에서 바라본 할롱베이. 에메랄드빛 바다 위로 수많은 기암괴석의 섬이 만들어 낸 풍경이 마치 한 폭의 산수화 같다. 할롱베이와 비슷한 경관인 중국의 구이린 또한 탑카르스트에 속한다. 할롱베이는 구이린이 바다에 잠긴 모습과 같아 '바다의 구이린'이라고 불리기도 한다. 바다를 가득 메운 탑카르스트 섬들은 단단한 석회암으로 이루어져 있으며 경사가 급하고 지형이 험하다. 사람이 터를 잡고 살기 어려운 지형이어서 대부분이 무인도로 남아 있다. ◆ 할롱베이/1994년 유네스코 세계자연유산 등재(2000년 확장)/베트남.

베트남 민족의 수호신이
머무는 곳

베트남 북동부 중국과 인접한 통킹만에 위치한 할롱베이는 약 1,500km²에 이르는 면적에 약 2,000개에 달하는 크고 작은 섬과 기암괴석 등이 흩어져 있는데, 그 풍광이 뛰어나 해마다 100만 여 명이 찾는 베트남 최고의 관광지이다.

베트남은 북쪽에 강대국인 중국과 국경을 접하여 중국으로부터 숱한 침략을 받았다. 기원전 111년 한무제에 정복된 뒤 1,000여 년간 중국의 지배를 받다가 972년 독립했으며, 이후에도 잇따라 중국의 여러 왕조가 쳐들어왔지만 모두 물리쳤다. 할롱베이는 수도 하노이로 통하는 길목에 위치하여 많은 전쟁을 겪으며 희생을 치러야만 했던 곳이다.

이곳 이름인 할롱下龍, Ha Long부터가 전설과 관련이 있다. 할롱은 글자 그대로 '하늘에서 내려온 용'이라는 뜻이다. 할롱베이에서 해안을 따라 쳐들어온 중국인들과 베트족 사이에 해전이 벌어졌다고 한다. 베트족이 수세에 몰리자 옥황상제가 용들을 보내 그들을 도왔는데, 그때 용의 입에서 쏟아진 엄청난 양의 진주가 바다에 닿자마자 섬으로 변했고, 적들의 배가 그것과 부딪혀 부서지는 바람에 전쟁에서 이길 수 있었다고 한다. 그리고 용들은 이곳이 너무 아름다워 머물러 살게 되었다는 것이다.

석회암 지대에서만
발달하는 탑카르스트지형

할롱베이의 아름다운 전경은 영화 〈인도차이나〉의 배경과 광고 촬영지로 국내에 소개되면서 널리 알려졌다. 할롱베이의 많은 섬 가운데 키스섬은 베트남 지폐에도 나올 정도로 랜드마크다. 할롱베이의 독특한 기암괴석의 섬들은 석회암 지대에서만 발달하는 특이 지형으로, 뾰족한 탑 모양을 하고 있어 지형학 용어로 탑카르스트(tower karst, 카르스트는 석회암이 용식되어 발달한 지형을 총칭하는 용어다)라고 한다. 할롱베이의 탑카르스트는 어떻게 만들어진 걸까?

고생대 약 4억~2억 5,000만 년 전 적도 부근의 얕은 바다에서 성장한 거대한 산호와 조개껍데기가 오랜 세월 동안 쌓여 두께 약 1,000m의 석회암층이 형성되었다. 약 2억 5,000만 년 전 지각변동이 일어나 지반이 융기하여 육지가 되었으며, 이후 석회암층에 발달한 절리면을 따라 빗물과 지하수가 스며들어 석회암의 탄산칼슘이 용식되기 시작했다. 이후 오랜 기간 석회암이 침식되면서 약한 부분이 빠르게 깎여 나가 신생대 약 6,000만 년 전에는 높낮이가 다른 산과 계곡이 즐비한 산지지형이 형성되었다. 이 과정에서 지하에 거대한 석회동굴이 다수 만들어지기도 했다.

석회암 산지는 이후에도 지속적으로 침식되었으며, 신생대 약 200만 년 전부터 여러 차례 빙하기를 겪으며 간빙기(빙기와 다음 빙기 사이의 기간으로, 전후의 빙기에 비해 온화한 시기가 비교적 오래 계속되던 시기를 말한다)에 산기슭이 바닷물에 잠기고 드러나기를 반복하면서 비바람과 바닷물, 해풍에 의한 침식으로 더욱 뚜렷한 모양의 탑카르스트가 형성되었다. 약 2만 년 전 마지막 빙하기가 물러나면서 해수면이 상승하여 탑카르스트가 물에 잠기게 되었는데, 현재의 해수면을 유지하게 된 것은 약 6,000년 전의 일이다.

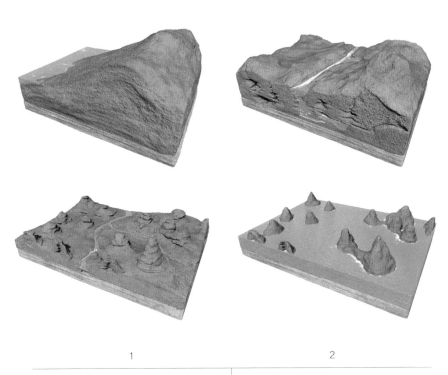

1	2
약 4억~2억 5,000만 년 전 해안의 얕은 바다에서 산호와 조개껍데기가 쌓여 석회암층이 형성된 후, 약 2억 5,000만 년 전 지각변동으로 융기하여 육지가 되었다.	지각변동으로 생성된 석회암 지층의 절리면을 따라 빗물과 지하수 등이 침투하고 석회암이 침식되면서 계곡과 구릉성 산지 그리고 지하동굴이 만들어졌다.
3	3
지속적으로 침식이 진행되면서 석회암층 가운데 침식에 약한 부분은 빨리 깎여 나가고 상대적으로 강한 부분이 덜 깎이고 남아 탑카르스트가 형성되었다.	약 200만 년 전 이후 여러 차례 빙하기를 거치며 탑카르스트가 반복적으로 바다에 잠겼으며, 마지막 빙하기가 끝나면서 해수면이 상승하여 약 6,000년 전 현재의 모습을 갖추게 되었다.

탑카르스트 형성과정

노치 형성에 결정적 영향을 준
조류의 유기산

할롱베이의 탑카르스트에는 바다와 접한 맨 아랫부분 안쪽으로 홈이 깊게 파여 있다. 이와 같이 탑카르스트 하단부의 암석이 파랑의 침식으로 움푹 파여 들어간 지형을 노치^{notch}, 우리말로는 해식와^{海蝕窪}라고 한다. 노치는 일반적으로 바다와 접한 암석에 오랜 기간 파랑에 의한 기계적인 침식작용이 반복적으로 일어나 형성된다.

할롱베이의 탑카르스트도 현재 바다에 잠겨 있으며, 과거에 빙하기가 반복되면서 여러 차례 바다에 잠겨 있었기 때문에 그 과정에서 파랑에 의한 침식이 큰 영향을 미쳤을 것으로 보이기도 한다. 그러나 석회암은 매우 단단하고 강하여 파랑에 의한 침식작용에 저항하는 힘이 크기 때문에 파랑은 생각보다 큰 영향을 미치지 못했다. 또한 석회암은 산성이 아닌 광물이 풍부한 중성의 바닷물에는 잘 녹지 않으며, 바닷물이 이미 탄산칼슘이 더 이상 녹아들 수 없을 만큼 가득 포화되어 있는 용해평형(溶解平衡, 액체에 물질을 용해할 때 더는 용해되지 않을 만큼 포화된 것처럼 보이는 평형상태)을 이루고 있어 민물만큼 석회암을 녹이지 않는다. 따라서 바닷물의 영향은 상대적으로 지극히 경미했다.

그렇다면 노치 형성에 결정적인 영향을 준 것은 무엇일까? 바닷물과 접하는, 탑카르스트 하단부의 석회암 표면에 달라붙어 서식하는 조류가 가장 큰 영향을 미쳤다. 조류가 광합성으로 산소를 배출할 때 함께 생성되는 유기산이 흘러나와 오랜 기간 서서히 석회암을 녹여 지금의 모양이 갖추어진 것이다.

○ **베트남의 랜드마크 할롱베이의 키스섬.**
할롱베이는 베트남 제일의 명승으로 베트남을 상징하는 랜드마크다. 할롱베이를 대표하는
키스섬은 얼굴을 맞댄 두 사람이 입을 맞추려는 모습과 같다고 해서 붙여진 이름이다. 지폐
에 등장하는 키스섬 등에서 보이는, 탑카르스트의 하단부가 깎여 나간 침식지형인 노치는
파랑보다는 암석표면에 착생하는 해조류가 뿜어내는 유기산에 더 큰 영향을 받았다.

○   **탑카르스트 내부의 숨겨진 비경, 티엔꿍동굴.**
할롱베이의 수많은 탑카르스트 내부 곳곳에 발달한 석회동굴은 할롱베이에서 눈여겨 볼
만한 지형이다. 승솟Sung Sot 동굴과 티엔꿍Thien Cung동굴 등은 전쟁이나 재해가 일어났을
때 피난처로 사용되었다고 한다. 동굴 내부에는 종유석과 석순과 같은 생성물이 발달하여
그 풍광이 뛰어나다.

○ **할롱베이 남동부 가장자리에 위치한 깟바섬.**

면적 약 260km²의 가장 큰 섬으로 수상가옥으로 유명한 깟바섬은 할롱베이에서 사람이 가장 많이 사는 섬이다. 약 1만 3,000명의 주민이 거주하는데, 이 가운데 4,000명 이상이 수상가옥에서 생활한다. 깟바섬은 멸종위기종인 깟바랑구르(구5세계 원숭이)의 서식지로도 유명하다.

바다 위에서 살아가는 사람들

대부분의 할롱베이의 섬은 경사가 급한 암석으로 이루어져 있어 터를 잡고 살아가기가 어렵다. 그럼에도 사람들은 수상가옥에서 생활하면서 이곳에 삶의 터전을 마련했다. 바위에 밧줄로 묶어 놓은 수상가옥 20~30가구씩이 모여 몇 개의 마을을 이루며, 1,600여 명이 수상가옥 주민으로 살고 있다.

할롱베이는 태풍이 지나가는 자리에 있어 그 피해가 우려되지만, 옹기종기 모여 있는 섬들이 태풍을 막아 주는 천혜의 방파제 역할을 한다. 연평균강수량이 약 1,500mm로 풍부하여 빗물을 받아 생활용수로 사용하는 데 큰 어려움은 없지만 식수는 육지에서 들여온다. 대부분의 주민은 문맹이지만 최근 학교가 생겨 아이들은 정규교육을 받고 있다. 그리고 많은 주민이 물고기를 잡아 팔거나 굴 양식 등 수산업에 종사하며, 일부는 관광객을 상대로 과일이나 잡화 등을 팔아 생계를 이어 가고 있다. 최근 베트남 정부는 어족자원을 보호하고 환경을 보존하기 위해 수상가옥 주민을 육지로 이주시키는 정착사업을 추진하고 있다.

'중국의 할롱베이'라 불리는
구이린 리강, 리보 완펑린

중국 남부 광시좡족廣西壯族 자치구·윈난성· 광둥성·구이저우성 지역은 전 세계적으로 석회암 용식지형인 카르스트 경관이 집중적으로 발달한 곳이다. 그 가운데 '중국의 할롱베이'라 불릴 만큼 뛰어난 경관을 지닌 대표

적인 곳 구이린 리강灘江과 리보荔波의 완펑린을 들 수 있다.

광시좡족자치구 북동부에 있는 구이린桂林은 계수나무의 고장이다. 8~10월에 계수나무 꽃이 만발하여 향기에 취할 듯해 구이

○ **구이저우성 리보현을 대표하는 탑카르스트 완펑린.**
밭 가운데 소용돌이 모양의 팔괘전 뒤편으로 원뿔과 탑 모양의 카르스트지형이 발달하여 특이한 풍광을 이룬다. 중앙의 팔괘전은 인공적으로 조성한 것처럼 보이지만 자연적으로 형성된 돌리네다. ◆ 중국 남부 카르스트/2007년 유네스코 세계자연유산 등재(2014년 확장)/중국.

린이란 이름이 붙었다. 구이린은 베트남의 할룽베이에 못지않은 비경을 간직한 곳으로, "구이린의 산수山水는 천하제일이다"라는 말이 이어져 올 만큼 하늘 아래 가장 아름다운 곳으로 여겨진다. 기암괴석의 탑카르스트가 대지 위에 가득한 모습이 한 폭의 동양화처럼 아름다워 예부터 이백을 비롯한 당대 수많은 문인과 화가의 작품 속 배경이 되기도 했다.

구이저우성의 리보현 싱이興義시 남동쪽 약 50km 부근에는 원뿔·탑 모양의 1만여 개 봉우리가 숲을 이룬 듯 하다고 하여 완펑린萬峰林이라 불리는 곳이 있다. 완펑린은 탑카르스트를 대표하는 곳으로, 둥펑린東峰林과 시펑린西峰林으로 구분되며 면적은 2,000km²에 이른다. 현재 시펑린만 개방되었는데, 상나후이上納灰 마을의 팔괘전八卦田이 있는 곳의 풍광이 가장 아름다워 많은 사람이 찾고 있다. 팔괘전은 밭 모양이 도교 오행 사상의 팔괘를 새긴 것 같다고 해서 붙여진 이름으로, 지하의 석회암이 용식되어 생긴 동굴 같은 공간이 자연적으로 함몰하여 형성된 와지窪地지형인 돌리네다.

○ **구이린 언덕에서 바라본 탑카르스트.**
구이린 카르스트 명승의 절정은 구이린에서 양쉬陽朔까지 약 80km에 이르는 리강을 따라 유람하는 구간이다. 리강은 과거 탑카르스트 꼭대기 높이의 지표면을 흘렀으나, 하방침식이 진행되면서 계곡을 깊이 깎아 내어 현재의 높이에 이르렀다.

할룽베이, 옥빛 바다 탑카르스트의 천국

히말라야산맥,
세계의 지붕

▶ 세계의 지붕, 히말라야 산맥. 해발고도 8,000m가 넘는 14개의 봉우리들을 거느린 장대한 산
줄기가 세계의 지붕을 이룬 곳이다. 구름 위 만년설에 덮인 고산준봉들에는 인간이 범접하지 못할
신의 영역처럼 숭고함과 영험함이 배어 있다. 이곳 봉우리 가운데 하나인 에베레스트산은 해발고
도 8,848m로 세계에서 가장 높다.

신들의 정원

히말라야Himalayas는 산스크리트어로 '눈의 거처'를 뜻하는 말로, 이는 만
년설에 덮인 장대한 산줄기를 묘사한 것이다. 히말라야산맥은 서쪽의 파
키스탄 잠무카슈미르에서 동쪽의 인도 아삼까지 약 2,500km에 이르며,
크게 네팔히말라야산맥과 파키스탄히말라야산맥으로 구분된다. 네팔히말
라야산맥의 봉우리에는 세계 최고봉인 에베레스트산(8,848m)을 비롯하여
칸첸중가산, 마칼루산, 안나푸르나산, 다울라기리산 등이 있고, 파키스탄
히말라야산맥의 봉우리에는 두 번째로 높은 봉우리인 K2(8,611m)와 브로
드피크산, 가셔브롬산, 낭가파르바트산 등이 있다.

세계에서 가장 높은 산인 에베레스트Everest는 티베트어로 초모랑마
Chomolungma라 하는데 이는 '대지의 여신'이란 뜻이며, 네팔어로는 사가르
마타Sagarmatha라고 하는데 이는 '하늘의 여신'이란 뜻이다. 산스크리트어
로 마칼루Makalu는 '검은 귀신의 산', 마나슬루Manaslu는 '영혼의 산', 안나푸
르나Annapurna는 '풍요의 여신이 사는 곳'이란 뜻이다. 이처럼 사람들은 히
말라야산맥의 고봉들을 신들이 지배하는 신성하고 영험한 곳으로 여겨
숭배의 대상으로 삼았다. 이런 이유로 네팔 정부는 히말라야산맥에 오르
는 것을 오랫동안 금지했지만, 1949년 문호를 개방함으로써 히말라야산
맥 등반은 황금시대를 맞았다. 신의 영역처럼 여겨졌던 세계 최고봉 에베
레스트산은 1953년 5월 29일 영국 등반대가 최초로 등정에 성공함으로써
더 이상 신의 영역으로 머물지 않게 되었다.

약 6,500만 년 전 시작되어
지금도 계속되고 있는 판구조운동

히말라야산맥을 포함한 지구의 거대한 산맥들은 지각의 판과 판이 충돌하는 판구조운동의 산물이다. 히말라야산맥은 대륙판인 인도판과 유라시아판이 충돌하면서 생겨났다. 대륙판끼리 충돌하는 곳의 밀도는 서로 비슷하기 때문에 어떤 대륙판도 맨틀로 내려가려 하지 않는다. 이렇게 대륙판이 충돌하는 전단부에서는 광범한 습곡과 단층을 수반하는 거대한 산맥이 생긴다.

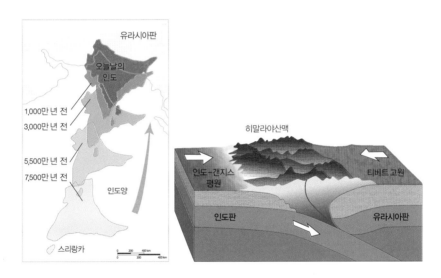

○　**인도판과 유라시아판이 충돌하여 형성된 히말라야산맥.**
두 판이 충돌한 힘이 지금도 지속되고 있어 지진이 빈번히 일어난다. 2015년 4월 25일 네팔에서 일어난 규모 7.8의 대지진으로 약 8,500명이, 그에 앞서 2008년 5월 12일 중국 쓰촨성에서 일어난 규모 8.0의 대지진으로 약 7만 명이 사망했는데, 이는 히말라야산맥에서의 판구조운동이 영향을 미친 것이다. 한편 판구조운동으로 에베레스트산의 고도가 매년 약 5cm씩 높아지고 있는 것으로 알려졌다. 하지만 지진, 바람, 빙하 등에 의한 침식·풍화 작용으로 고도가 그만큼 낮아지고 있어 에베레스트산의 정확한 높이를 측정하는 것은 어렵다고 한다.

약 7,000만 년 전 인도판이 적도를 지나 북쪽으로 이동해 약 6,500만 년 전 유라시아판과 충돌했다. 인도판이 계속해서 유라시아판을 밀어붙이자 두 대륙의 가장자리가 깨지면서 밀쳐져 올라가 두꺼워졌다. 그 결과 생겨난 것이 히말라야산맥으로, 약 800만 년 전에 지금과 같은 높은 산지지형을 이루었다. 히말라야산맥의 날카로운 봉우리들은 침식작용을 오랫동안 받지 않아 그 형성시기가 젊다는 것을 보여 준다. 지금도 북쪽을 향해 판구조운동이 계속되고 있는데, 히말라야산맥 부근에서 계속해서 일어나는 지진이 그 증거다.

에베레스트산 해발고도 8,000m 부근에는 노란색 석회암층인 옐로밴드가 나타난다. 지금은 상상할 수 없을 정도로 먼 남쪽에 있던 인도 대륙과 유라시아 대륙 사이에 바다가 있었는데, 그 바다를 테티스해라고 한다. 인도판과 유라시아판이 충돌하면서 테티스해의 바닥에 있던 퇴적암이 높은 고도로 융기하여 옐로밴드를 형성한 것이다. 이곳에서 조개와 산호 등 바다에서 살던 생물들의 화석이 발견되는 것은 바로 이 때문이다.

기후를 가르는 자연장벽

해발고도 8,000m가 넘는 봉우리가 14개나 있는 히말라야산맥은 그 자체가 하나의 거대한 장벽과도 같아 지구의 기후체계에 적지 않은 영향을 미친다. 인도양에서 발원한 고온다습한 기단이 6월 하순에서 8월 사이 유라시아 대륙으로 이동하는데, 이때 히말라야산맥에 부딪히면서 큰비를 몰고 온다. 세계 최대의 차 생산지로 알려진 아삼 지방의 연평균강수량은 약 1만 1,400mm나 된다. 이는 히말라야산맥이 계절풍인 몬순을 막아 남쪽

○ **인공위성에서 바라본 히말라야산맥.**
히말라야산맥의 남쪽은 계절풍이 산맥에 가로막혀 비가 많이 내린다. 반면 북쪽의 티베트
고원은 산맥에 의해 습기가 차단되어 건조하다. 이러한 기후 차이로 인해 히말라야산맥의
남쪽과 북쪽에는 서로 다른 생활양식이 발달했으며, 이에 따른 문화 차이도 크다. 갠지스
강 유역(A)은 벼농사가 발달한 반면, 티베트고원(B)은 유목이 발달했다.

히말라야산맥, 세계의 지붕

에 지형성 강수를 일으키기 때문이다. 반면 북쪽의 티베트고원으로는 수증기가 공급되지 못해 건조기후가 나타난다. 한편 히말라야산맥은 12월~2월 말 북쪽 시베리아평원 부근에서 발원한 한랭건조한 바람의 이동을 가로막아 냉기가 남쪽으로 빠져나갈 수 없게 한다. 이 바람들이 히말라야산맥을 넘지 못하고 방향을 동쪽으로 바꿔 중국, 한국과 일본으로 차가운 북서풍을 몰고 오는 것이다.

이렇게 남쪽의 인도와 북쪽의 티베트에서 나타나는 서로 다른 기후는 주민의 삶의 양식을 바꿔 놓았다. 강수량이 풍부한 남쪽의 인도에서는 갠지스강 주변 벼농사 중심의 농경문화가 발달했다. 강수량이 적은 북쪽의 티베트에서는 고원의 초원을 중심으로 양과 야크 등을 키우는 목축문화가 발달했다.

빙하홍수는 잠재적 시한폭탄

히말라야산맥은 극지방을 제외하면 최대의 산악 빙하지대다. 녹아내리는 눈의 양과 쌓이는 눈의 양이 같은 지점을 연결한 선을 설선이라고 한다. 만년설이 쌓이면 빙하가 되는데, 빙하 끝자락의 고도는 설선과 맞닿아 있다. 히말라야산맥은 남쪽과 북쪽의 강설량이 달라 북쪽은 평균 해발고도 약 5,000m, 남쪽은 평균 해발고도 약 4,000m에서 설선이 형성된다. 그런데 지구온난화로 빙하와 만년설이 빠르게 녹으면서 현재 이 설선이 점차 높아지고 있다. 두꺼운 빙하는 중력의 영향을 받아 서서히 아래로 이동하는데, 이때 빙하의 이동에 의해 침식된 돌과 자갈 등이 상단부로부터 이끌려 내려와 하단부에 쌓여 둑(모레인moraine, 빙퇴석)이 형성된다.

이후 빙하와 만년설이 녹은 융빙수가 흘러 내려와 둑에 갇혀 빙하호가 생기고, 점차 빙하호의 수량이 증가하면 높은 수압에 의해 둑이 터지는 빙하홍수Glacial Lake Outburst Flood가 일어난다. 빙하홍수는 협곡의 고산마을과 하류 지역 거주지에 막대한 피해를 입힐 수 있다. 네팔에서는 1985년 딕초 빙하홍수와 1998년 탐포카리 빙하홍수로 많은 인명피해와 재산피해가 일어났다.

○ **위험에 처한 산악 빙하호.**
빙하호는 산악빙하가 녹은 융빙수가 고여 형성된 호수로, 지구온난화로 인해 점차 수위가 높아지고 있다. 빙하호는 식수원으로 활용되어 호수 주변에 마을이 들어서기도 한다. 빙하홍수의 위험이 커지고 있는 상황에서 히말라야산맥의 눈과 얼음은 잠재적 시한폭탄이나 다름없다.

히말라야산맥의 빙하는 파키스탄, 중국, 인도, 네팔, 부탄 등 산악지대에 거주하는 약 2,500만 명과 갠지스강, 황허강, 메콩강, 이라와디강 등 아시아 10개 주요 강 유역에 거주하는 약 16억 5,000만 명의 식수원이자 생활용수로 쓰인다. 아시아 곡창지대를 흐르는 하천들이 모두 히말라야산맥에서 발원하고 있다. 빙하가 빨리 사라지면 물 부족으로 농사를 지을 수 없어 식량문제까지 야기될 것이다.

자연과 어울려 살아가는 티베트고원의 사람들

히말라야산맥 북쪽의 티베트고원은 인도판과 유라시아판이 충돌하여 히말라야산맥이 형성될 때 융기한 고원으로 평균 해발고도가 4,500m에 이른다. 이 때문에 습기를 잔뜩 머금은 계절풍이 히말라야산맥을 넘지 못해 연평균강수량이 약 250mm밖에 안 된다. 이런 건조지대에서는 농사를 지을 수 없고, 짧은 여름 동안에만 초원에 풀이 자라 양이나 야크를 키우는 유목이 발달했다.

티베트인에게 야크는 없어서는 안 되는 중요한 가축이다. 야크는 소보다 덩치가 큰 가축으로, 무거운 짐을 운반하거나 밭을 가는 데 쓰인다. 야크의 젖으로는 치즈를 만들고, 똥은 연료나 비료로 사용한다. 털은 직물로 이용하고, 가죽으로는 텐트와 천막을 만들고, 말린 고기는 휴대음식으로 이용한다. 티베트인은 생활필수품 대부분을 야크로부터 얻는 셈이다.

티베트고원은 건조하여 나무가 자라지 못한다. 비가 많이 내려 나무가 잘 자라는 네팔에서는 사람이 죽으면 화장을 하지만, 티베트에서는 나무를 구할 수 없어 화장을 할 수 없다. 또한 1년에 절반가량은 땅이 얼어 있으며, 풀을 찾아 이동하는 유목생활을 하기 때문에 매장과 묘지관리도 어려울 수밖에 없다. 대신에 티베트인은 시신을 독수리가 먹도록 하는 조장鳥葬을 한다. 이는 독수리가 하늘로 날아갈 때 죽은 사람의 영혼도 함께 하늘에 오른다는 믿음에서 비롯된 장례풍속이다.

○ **티베트인 삶의 동반자, 야크.**
야크는 흑갈색의 긴털을 가진 소의 일종으로, 4,000~6,000m 고산지대의 툰드라기후에 적응한 종이다. 티베트 사람들은 젖, 고기, 털, 가죽 등 생활에 필요한 다양한 재료를 야크로부터 얻는다. 또한 힘이 세어 짐 나르는데 운송수단으로도 긴요하게 이용된다.

히말라야산맥, 세계의 지붕

히말라야산맥을 넘는 쇠재두루미와 인도기러기

해발고도 8,000m급 봉우리가 즐비한 히말라야산맥에서는 산소가 부족할 뿐만 아니라 기온이 영하 35℃가량으로 곤두박질친다. 이러한 극한조건을 극복하고 히말라야산맥을 남북으로 넘나드는 새들이 있다. 바로 쇠재두루미와 인도기러기다. 쇠재두루미와 인도기러기는 중앙아시아, 몽골 등지에서 봄, 여름, 가을을 난다. 겨울이 되면 눈과 추위로 먹이를 구할 수 없기 때문에 히말라야산맥을 넘어 남쪽의 인도로 3,000km가량을 날아가 겨울을 난 뒤 이듬해 봄에 다시 본래의 장소로 되돌아온다.

보통 새들은 해발고도 5,000m가 넘으면 산소가 부족하여 날지 못한다. 쇠재두루미와 인도기러기는 어떻게 히말라야산맥을 넘을 수 있는 걸까? 이 새들이 택한 이동통로

○ **인도기러기(왼쪽)와 쇠재두루미(오른쪽).**
이 새들은 해발고도 약 6,500~7,000m를 오르락내리락하며 히말라야산맥을 넘는 것으로 알려졌다. 이들은 산맥을 넘을 때의 굶주림과 극단의 피로를 이겨 내고 매년 이맘때 이들을 노리는 독수리들을 피해야만 살아남을 수 있다.

는 네팔 중서부 다울라기리산과 안나푸르나 산 사이에 있는 칼리간다키계곡(해발고도 약 5,600m)이다. 이 계곡에는 일찍이 티베트의 소금 상인과 인도의 불교 순례자가 왕래했던 교역로가 있기도 하다.

쇠재두루미와 인도기러기는 이 계곡의 험준한 지형을 따라 부는 바람을 최대한 이용하여, 계곡의 바닥(해발고도 약 5,600m)과 산능 지역(해발고도 약 8,000m)을 마치 롤러코스터를 타듯 오르락내리락 날면서 이동한

다. 높은 산을 만나면 날갯짓을 빨리하여 단숨에 정상에 올라가고, 정상에서 계곡을 향해 부는 바람을 타며 날면서 장거리 고공비행을 하는 것이다.

히말라야산맥은 약 6,500만 년 전 형성되기 시작한 이후 지금까지 줄곧 조금씩 융기하여 해발고도가 상승했다. 과학자들은 쇠재두루미와 인도기러기도 이에 따라 점차 비강과 폐활량을 넓히며 강한 체력을 갖도록 진화하면서 적응해 온 것으로 보고 있다.

안나푸르나산군

다울라기리산군

○ **세계에서 가장 높은 티베트고원.**
히말라야산맥 북쪽의 티베트고원은 세계에서 가장 높은 곳에 위치하여 세계의 지붕이라고 불린다. 인도양을 지나면서 습기를 잔뜩 머금은 계절풍이 히말라야산맥에 막혀 비가 내리지 않아 연평균강수량이 약 250mm밖에 안 된다. 이로 인해 짧은 여름에 빙하가 녹은 물이 흐르는 개울 주변을 제외하고는 구릉과 산지 일대가 1년 내내 풀 한 포기 없는 벌거숭이로 있다.

히말라야산맥, 세계의 지붕

보홀섬 콘카르스트,
한곳에 모인 초콜릿 힐의 대향연

▶ 필리핀 보홀섬의 숨겨진 비경, 초콜릿 힐. 필리핀 보홀섬에 가면 일년에 두 번 색깔이 바뀌는 이색적인 지형 경관을 볼 수 있다. 드넓게 펼쳐진 밀림 위로 거대한 무덤 같이 원뿔 모양으로 솟아 오른 수많은 구릉은, 6월~11월 우기에는 녹색 지대이지만 12월~5월 건기에는 초콜릿색 지대가 된다. 그 모양이 유명 초콜릿 제품을 닮았다고 해서 초콜릿 힐이라는 이름이 붙었다.

초콜릿 힐의 다양한 명칭

필리핀 중부, 세부섬 오른쪽에 있는 보홀섬에는 제주도의 오름 같기도 하고 경주의 고분 같기도 한 원뿔 모양의 수많은 구릉이 펼쳐져 있다. 바로 보홀섬을 대표하는 특이 자연경관인 초콜릿 힐이다. 높이 30~120m에 달하는 초콜릿 힐 1,270여 개가 면적 약 50km²에 모여 있는데, 1970년 건기에 그 지대가 초콜릿색으로 변하는 것을 보고 '초콜릿을 닮은 언덕'이라고 한 데서 지금의 이름이 널리 쓰이게 되었다.

초콜릿 힐의 학술적인 지형 명칭은 콘카르스트^{cone karst}이다. 초콜릿 힐을 구성하는 암석인 석회암이 용식되어 형성된 것으로, 그 형태가 마치 원뿔 또는 고깔 모양을 닮았다고 해서 붙여진 이름이다. 콘카르스트는 석회암 지대의 차별침식으로 형성된 잔구^{殘丘}지형에 속한다. 지표면의 절리면을 따라 흐르는 하천이 주변의 석회암을 용식하여 깎아 내고 남은 언덕들이 지금의 초콜릿 힐인 것이다. 원뿔보다 더 용식이 진행되어 탑 모양에 가까우면 탑카르스트라고 하는데, 앞에서 본 중국 구이린과 베트남 할롱베이가 그 예다.

콘카르스트는 나라마다 다양한 이름으로 불리고 있다. 쿠바와 자메이카에서는 평원에 고립된 둥근 탑 모양의 언덕을 가리키는 모고테^{mogote}라고 하며, 푸에르토리코에서는 '오이'를 뜻하는 페피노^{pepino}라고 부른다. 필리핀에서는 여자의 '가슴'을 닮았다고 하여 티트힐^{tit-hill}이라고도 한다.

범상치 않은 경관의 초콜릿 힐에 전설이 따르지 않을 리 없다. 오랜 옛날 아로고라는 거인이 결혼을 약속한 남자가 있는 처자 아로야를 짝사랑한 나머지 그녀를 납치하여 도망치다가 너무 꽉 껴안아 아로야가 숨이 막혀 죽고 말았다. 이에 아로고가 슬퍼하며 눈물을 흘렸는데, 그 수천 방울의 눈물이 초콜릿 힐이 되었다고 한다.

○ **정부와 갈등을 빚고 있는 초콜릿 힐 부근 경작지.**
필리핀 정부는 초콜릿 힐 일대를 보호하기 위해 1990년 초콜릿 힐을 국립공원으로, 1997년 국가유적지로 등록했으며, 1998년에는 초콜릿 힐 국가지질유적지로 이름을 변경했다. 이후 1999년에 생태보호지역으로 선포하자 농부들이 개발에 관한 법적 권리를 박탈당했다며 강하게 저항했다. 결국 군대까지 동원되어 수십 명의 사상자가 나오기도 했다.

보홀섬 콘카르스트, 한곳에 모인 초콜릿 힐의 대향연

콘카르스트 형성과정

초콜릿 힐이 위치한 보홀섬 중심부는 신생대 약 4,000만 년 전에는 남중국해의 얕은 바닷속 산호초가 거대한 군집을 이루고 있었다. 산호초 군집에서 떨어져 나온 산호와 조개껍데기 등이 오랫동안 약 1,000m 두께로 쌓여 굳어 석회암이 생성되었다. 이후 석회암층 위로 셰일과 사암 등이 쌓여 새로운 지층이 만들어졌다.

약 500만 년 전 이곳 일대는 지반이 상승하여 육지가 되었다. 석회암을 덮고 있던 사암층과 셰일층은 모두 깎여 나가고 석회암층이 지표에 모습을 드러냈는데, 그 시기가 대략 약 200만 년 전이다. 이후 석회암층이 오늘날까지 빗물과 지하수 등에 의해 지속적으로 침식·용식되어 지금의 특이한 초콜릿 힐을 형성했다.

초콜릿 힐을 구성하는 석회암은 이산화탄소를 함유한 빗물에 의해 서서히 용해된다. 비가 내리면 처음에는 석회암 지표 위에 발달한 절리면을 따라 작은 도랑^{gully}의 형태로 물이 흐르기 시작한다. 그러다 점점 유량이 많아지면 침식력도 활발해져 도랑의 폭과 깊이를 넓혀 가면서 개울^{stream}의 형태로 성장한다. 지속적인 침식작용으로 유량이 증가하여 강폭이 넓어지고 깊이가 더 깊어지면 강^{river}의 형태로 확대되면서 지표가 더 빠르게 침식된다. 마침내 물이 흘러가는 절리면을 따라 골짜기인 계곡이 발달하고, 침식되지 않은 곳인 계곡과 계곡 사이는 구릉 모양의 언덕으로 남게 된다. 이때 지표에 발달한 절리의 형태가 격자·장방형이나 나뭇가지 모양인 경우에는 구릉이 어느 정도 배열성^{配列性}을 띤다.

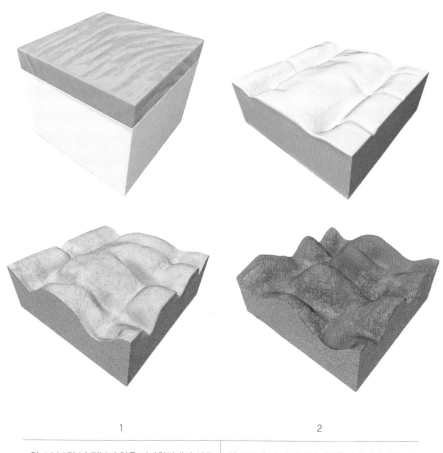

1	2
약 4,000만 년 전부터 얕은 바다환경에서 산호와 조개껍데기가 오랫동안 쌓여 두터운 석회암층이 형성되었으며, 석회암층 위로 모래와 셰일이 쌓여 새로운 퇴적층이 형성되었다.	약 500만 년 전 해저의 퇴적층이 융기하여 육지가 되었으며, 석회암층을 덮고 있던 모래와 셰일 퇴적층이 침식되면서 격자상의 절리가 발달한 석회암층이 지표에 모습을 드러냈다.
3	3
약 500만~200만 년 전 지표에 발달한 절리면을 따라 물이 흐르면서 도랑이 생겨나고, 더 많은 물이 흐르며 침식과 용식으로 낮은 골짜기가 형성되기 시작했다.	약 200만 년 전 이후 지속적인 침식·용식 작용으로 골짜기가 깊고 넓어지면서 계곡 사이 곳곳에 침식되지 않은 구릉 모양의 수많은 언덕이 형성되었다.

초콜릿 힐 콘카르스트 형성과정

세계에서 가장 작은 영장류,
안경원숭이

보홀섬에서는 손바닥만 한 몸집에 안경 모양의 큰 눈을 지녀 안경원숭이라는 이름으로 더 잘 알려진 타르시어^{tarsier}를 만날 수 있다. 두 눈이 크고 튀어나와 올빼미 같아 보여 공포영화 〈그렘린〉에 나오는 신비한 생명체인 기즈모의 모델이 되기도 했다. 눈이 커진 것은 야행성 동물로 진화하면서 눈으로 들어오는 빛의 양을 늘리기 위해서였다.

낮에는 대부분 잠을 자기 때문에 거의 움직이지 않는다. 몸집에 비해 눈이 크지만 눈동자를 돌릴 수 없다. 대신 머리 전체를 360°로 돌릴 수 있

○ **멸종위기에 처한 보홀섬의 안경원숭이(위).**
안경원숭이는 몸길이가 9~15cm이고, 영장류 가운데 가장 작은 세계적인 특이종으로 멸종위기에 처해 있다. 보홀섬 타르시어보호센터에 100마리 정도가 보호받고 있다. 귀여운 외모와 달리 영장류 중에서 유일하게 새, 도마뱀, 곤충 등을 잡아먹는 등 육식만 하는 것으로 알려졌다.
필리핀 지폐에 그려진 보홀섬의 초콜릿 힐과 안경원숭이(아래).
보홀섬의 초콜릿 힐은 필리핀의 랜드마크다. 앙증맞은 외모의 안경원숭이 또한 필리핀을 상징하는 동물로서 사랑받고 있다.

다. 안경원숭이를 영어로 표기한 'tarsier'는 발목뼈^{足根骨, tarsus}를 부르는 이름에서 유래했다. 안경원숭이는 뒷발이 몸길이의 두 배나 된다. 긴 뒷발을 이용하여 나무와 나무 사이를 점프하여 이동하고 몸의 균형을 유지하기 위해 뒤꼬리가 다른 영장류에 비해 길다.

안경원숭이는 필리핀 남부 보홀섬과 민다나오섬, 인도네시아 수마트라섬과 술라웨시섬, 말레이시아의 보루네오섬 등 일부 지역에서만 서식한다. 안경원숭이는 원숭이와 유인원보다 더 오래된 약 4,500만 년 전 등장한 초기 영장류(원원류^{原猿類}, 원숭이와 유인원을 제외한 초기의 하등 영장류)로서 인간과 97% 유사한 디엔에이를 갖고 있다. 이런 이유로 인류진화의 역사를 연구하는 데서 중요한 의미를 갖는다.

콘카르스트의 대표 지역,
푸저헤이풍경구, 비냘레스 계곡

필리핀 보홀섬의 초콜릿 힐에 버금갈 만큼 뛰어난 경관을 지닌 콘카르스트 지형을 중국 윈난성과 쿠바 피나르 델 리오Pinar del Río 주에서도 만날 수 있다.

윈난성 성도 쿤밍昆明시로부터 약 286km 떨어진, 원산좡족먀오족文山壯族苗族자치주 추베이丘北현에는 봉긋하고 아담하게 솟아오른 300여 개의 콘카르스트가 크고 작은 호수, 하천과 어울려 멋진 풍광을 자랑한다. 면적 165km²의 푸저헤이普者黑풍경명승구가 바로

○ **전망대에서 바라본 비냘레스 계곡의 콘카르스트.**
비냘레스계곡에는 평지 위로 콘카르스트인 모고테가 가득 들어서 있어 웅장한 느낌을 선사한다. 최근 우리나라에서도 생태 여행의 붐을 타고 쿠바 여행객이 찾는 명소로 인기가 많다.

그곳이다. 콘카르스트마다 대부분 석회동굴이 발달했으며, 일부는 뾰족한 탑카르스트가 혼재되어 있기도 하다. 광시좡족자치구 구이린의 산수를 방불케 할 만큼 경관이 아름다워 윈난의 구이린이라 불리며, 2004년 중국 국가풍경명승구로 지정되었다.

쿠바의 수도 아바나에서 남서쪽 약 120km 떨어진 피나르 델 리오주 비냘레스^{Viñales} 계곡에는, 약 130km²의 면적에 최대 높이 300m까지 솟아오른 콘카르스트-모고테 수천 개가 솟아 있어 웅장한 경관을 자랑한다. 모고테에 발달한 일부의 동굴은 에스파냐 정복자들이 도착하기 이전 토착민들과 이후 에스파냐의 지배를 피해 도망친 흑인 노예들이 거주지로 활용하였다고 한다. 계곡 내 평지의 토양은 석회암에 포함된 철분이 산화된 붉은색의 테라로사로 이루어져 있으며, 대부분 쿠바의 특산품인 담배가 전통적인 수작업으로 재배되고 있다. ◆비냘레스 계곡/1999년 유네스코 세계문화유산 등재/쿠바.

○ **윈난의 구이린이라 불리는 푸저헤이명승구.**
　　윈난성 추베이현 푸저헤이명승구는 콘카르스트 암봉들이 호수 또는 하천과 어우러져 멋진 풍광을 자아내어 윈난의 구이린이라 불린다.

클리무투호,
산 정상에 놓인 물감단지

✣

▶ 인도네시아 플로레스섬 자연의 팔레트라 불리는 클리무투호. 클리무투산 정상의 세 호수는 칼데라 분화구에 물이 고여 형성되었다. 호수들의 색깔이 저마다 다르고, 놀랍게도 때에 따라 달라져 '자연의 팔레트'라는 별칭이 생겼다. 이런 이유로 인해 일찍이 주변 원주민에게는 신령스러운 곳으로 여겨져 왔다. 신비한 호수의 풍광을 제대로 보려면 건기인 7~8월에 방문해야만 한다.

신이 만든 물감단지

인도네시아 순다열도 중심부에는 난쟁이 인류화석 플로레스인이 발견되어 유명해진 플로레스섬이 있다. 섬의 중심부 클리무투산(1,639m) 정상의 분화구에 빗물이 고여 형성된 인접한 세 호수에서는 화산활동으로 인해 호수물이 끓고 가스가 수증기로 분출되고 있다.

　클리무투산 정상의 세 호수는 때에 따라 색이 달라져 어떤 사람들은 이 호수에 '신이 만든 물감단지'라는 별칭을 붙였다. 클리무투산에 기대어 살아온 원주민 리오족은 호수는 죽은 사람의 영혼이 머무는 안식처라고 여겼으며, 내세의 신인 매Mae가 죽은 사람이 생전에 선행과 가치 있는 일을 얼마나 했는지 심판하여 각각 다른 호수로 영혼을 보낸다고 믿었다.

　세 호수를 신령스러운 곳으로 여기는 신앙적 풍속의 영향으로 호수의 이름이 다음과 같이 지어졌다. 가장 서쪽에 있으며 선을 행한 노인의 영혼이 머무는 호수는 티우 아타 음부푸('노인의 호수'), 가운데에 있으며 선을 행한 젊은이의 영혼이 머무는 호수는 티우 누와 무리 쿠 파이('젊은이의 호수'), 가장 동쪽에 있으며 악을 행한 악한의 영혼이 머무는 호수는 티우 아타 폴로('악한의 호수')다.

　주민들은 죽은 사람의 영혼이 편히 잠들지 못하고 방황하기 때문에 호수의 색깔이 변한다고 생각한다. 그들은 호수를 성소聖所로 여겨 농사를 시작할 때나 사냥을 나갈 때, 병을 치료하거나 결혼 등 소원을 빌 때 호수를 찾아 기도를 올린다.

분화구가 함몰하여 생성된
칼데라호

클리무투산 정상에 있는 세 호수는 화산폭발 뒤 생성된 분화구에 물이 고여 만들어졌다. 일반적으로 화산꼭대기에 분화구는 대부분 하나이지만, 클리무투산 정상에는 분화구가 셋이나 있다. 이는 산 정상부에서 세 번의 분화가 있었음을 뜻한다. 지역 방언으로 클리무투Kelimutu산의 '클리keli'는 '산'을, '무투mutu'는 '끓는'을 뜻한다. 이름에서 알 수 있듯이 클리무투산은 현재까지도 분화구의 분기공에서 화산가스가 계속 방출되고 있는 활화산이다.

현재 인도네시아는 120여 개 활화산이 있어 지진과 화산활동이 활발히 일어나며 이에 따른 해일인 쓰나미도 잦다. 이는 인도네시아가 속한 밀도가 작은 인도-오스트레일리아판이 밀도가 큰 유라시아판과 충돌한 뒤 그 아래로 밀려 들어가는 섭입대(攝入帶, 지각의 판과 판이 서로 충돌하여 한 판이 다른 판의 밑으로 들어가는 지역. 밀려 들어가는 판의 위쪽 면을 따라 지진이 활발히 일어난다)에 위치하고 있기 때문이다. 현재도 인도-오스트레일리아판이 1년에 북쪽으로 약 10cm씩 이동하고 있어 인도네시아 섬 전역에 걸쳐 지진과 화산활동이 빈번히 일어나고 있다.

1865년, 1938년, 1968년 세 차례 걸쳐 클리무투산이 폭발적으로 분화한 뒤, 정상 분화구의 지하에는 한꺼번에 많은 양의 마그마가 분출되어 동공이 만들어졌다. 이후 분화구가 중력에 의해 붕괴·함몰되어 원형에 가까운 커다란 분화구가 생성되었다. 커다란 솥 모양을 닮은 이러한 분화구를 칼데라라고 하며, 칼데라에 물이 고여 생긴 호수를 칼데라호라고 한다. 적도 가까이 위치한 플로레스섬은 연 강수량이 약 1,700mm에 달하는 다

○ **인도네시아 지폐에 그려진 클리무투산의 세 호수.**
클리무투산 정상의 왼쪽 호수가 '악한의 호수'인 티우 아타 폴로, 초록색을 띤 가운데 호수
가 '젊은이의 호수'인 티우 누와 무리 쿠 파이다. 흰색을 띤 뒤편의 호수가 '노인의 호수'인
티우 아타 음부푸다. 호수의 색이 때에 따라 달라지는 것은 일차적으로 호수 안에 함유된
미네랄의 화학반응 정도가 달라서이며, 이차적으로 호수에 함유된 산소의 양과 수온, 강수
량의 영향을 받는 것으로 나타났다. 지금은 통용되지 않는 화폐이지만 지폐에 클리무투산
의 세 호수가 그려진 것으로 보아 이 호수들이 인도네시아에서 매우 상징성이 큰 자연지형
임을 알 수 있다.

우多雨 지역으로, 세 개의 칼데라 분화구에 많은 양의 비가 모여 호수들이 생겨났다.

호수 색깔을 바꾸는 미네랄의 화학반응

클리무투산 정상의 호수들은 때에 따라 색이 달라지기 때문에 '자연의 팔레트'라고 할 수 있다. 서쪽의 티우 아타 음부푸는 1930년대에는 호수 색깔이 초록색이었다가 1970년대에는 흰색을, 1990대 이후에는 거의 일년 내내 진한 파란색을 유지하는데, 가끔 거의 검은색을 띠기도 한다. 중앙의 티우 누와 무리 쿠 파이는 1938년과 1968년에 분화했는데, 호수 색깔이 처음에는 청록색, 다음에는 진한 파란색, 그다음에는 연초록색으로 바뀌었고 거의 푸른색 계열이 주를 이룬다. 동쪽의 티우 아타 폴로는 1929년과 1970년대에 호수 색깔이 진한 붉은색이었다. 이를 보고 악령이 떠올라 사람들이 '악한의 호수'라고 이름 붙인 듯한데, 이후 흰색, 갈색, 노란색, 초록색 등으로 변해 호수 중에서 가장 심하게 색깔이 달라졌다. 호수 색깔은 끊임없이 변해 왔으며, 앞으로 또 언제 어떻게 변할지 아무도 알 수 없다.

어떤 이유에서 호수 색깔이 때에 따라 변하는 걸까? 보통 호수의 색깔은 계절에 따라 번식하는 특정 종의 박테리아 또는 유기물의 함량 등에 의해 결정된다. 화산활동이 활발한 클리무투호는 호수 바닥의 분기공에서 간헐적으로 뿜어져 나오는 화산가스와 고온의 수증기, 그리고 때에 따라 60℃에 달하는 고온의 열수 등 열수(작용)시스템의 전형을 볼 수 있는 곳이다. 이러한 열수시스템에 의해 호수 안에 함유된 아연, 철, 망간, 황 등의 광물인 미네랄이 산화·환원 반응과 같은 화학반응을 일으켜 호수 색깔이 변하는 것으로 알려졌다. 즉 특정 광물이 함유된 정도와 광물끼리 반응하는 정도, 그리고 수온 등에 따라 호수의 색깔이 달라지는 것이다.

강수량의 차이도 호수 색깔이 달라지는 데 영향을 주는 것으로 알려졌다. 2013년과 2014년에 중앙의 티우 누와 무리 쿠 파이는 비가 적게 내리는 건기에는 밝은 청록색이었지만 비가 많이 내리는 우기에는 어두운 파란색으로 변했다. 반면에 2013년 동쪽의 티우 아타 폴로는 건기에 매우 짙은 검은색이었지만 우기에 다소 연한 검은색으로 변했다. 이는 호수 물

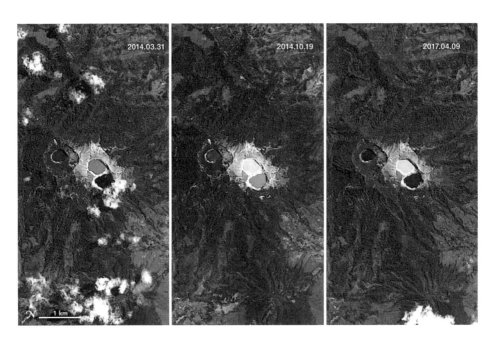

○ **클리무투산 정상의 호수 위성사진.**
정상의 세 호수는 각각 10m 이상 고도차가 나며, 지하수가 공급되는 관정井#이나 샘이 서로 연결되지 않은 독자적인 지하수 시스템을 유지하고 있다. 호수의 최대수심은 중앙의 티우 누와 무리 쿠 파이는 120m, 서쪽의 티우 아타 음부푸와 동쪽의 티우 아타 폴로는 60m로 각각 깊이와 밀도가 다르다. 이 때문에 각각의 호수가 독립적으로 열수작용을 받아 호수 색깔이 변하는 것으로 알려졌다.

의 양이 광물의 산화·환원 반응에 영향을 주고 있음을 말해 준다. 그리고 호수 물에 함유된 산소의 양도 영향을 주는 것으로 알려졌다. 호수 물에 산소가 적을 때는 호수 색깔이 더 파란색이거나 초록색이 되고, 산소가 풍부할 때는 붉은색이거나 콜라 빛깔의 검은색이 된다.

○　**건기의 클리무투호(2007년 8월 21일).**
진한 콜라 빛깔을 띤 호수는 동쪽의 티우 아타 폴로이며, 에메랄드 빛깔의 청록색을 띤 호수는 중앙의 티우 누와 무리 쿠 파이다. 호수의 색이 서로 다른 일차적 주된 원인은 호수 안에 함유된 미네랄 성분의 화학반응 때문이며, 강수량과 호수 물속에 포함된 산소의 양 또한 영향을 주는 것으로 알려졌다.

　　　　　　　　　　　　　　　　　　클리무투호, 산 정상에 놓인 물감단지

플로레스섬의 난쟁이 인류화석
호빗족으로 풀어 본 진화의 세계

클리무투호가 있는 플로레스섬은 생물학적으로 특이현상이 벌어지는 곳으로 과학계의 주목을 받고 있다. 2003년 리앙 부아Liang Bua 동굴에서 그리고 2014년 마타 멩에Mata Menge 동굴에서, 1m가 채 안 되는 아주 작은 키의 인류화석이 발견되면서부터다. 이 인류화석의 주인공은 현생인류의 뇌 용량 1,400cc에 훨씬 못 미치는 400cc의 작은 뇌 용량, 몸무게가 약 25kg밖에 안 되는 왜소한 체구를 지녔기에 소설《반지의 제왕》에 나오는 키 작은 종족의 이름을 따 호빗족으로 불리기도 한다.

이 인류화석은 현생인류의 난쟁이나 머리가 지나치게 작은 작은머리증(아프리카 숲에 사는 붉은털원숭이에서 발견된 지카바이러스에 의해 신생아의 작은머리증이 유발되는 병) 환자와 달랐다. 과학자들은 이 화석의 주인공들이 약 100만 년 전 인도네시아 자와섬에서 살았던 호모에렉투스가 플로레스섬으로 이주한 뒤 남긴 후손이라고 여겼다. 화석의 주인공은 발견지인 플로레스섬의 명칭을 따 플로레스인 즉, 호모플로레시엔시스로 명명되었다.

플로레스섬에서는 호빗족으로 불리는 플로레스인 말고도 큰 돼지만 한 크기의 난쟁이 코끼리 화석도 발견되었다. 이는 호모에렉투스와 코끼리가 자원이 부족한 섬에서 생존하기 위해 섬의 법칙에 따라 점점 몸집이 작아지는 방향으로 진화한 것을 보여 준다. 섬의 법칙은 "같은 종이라 하더라도 주변 환경에서 얻을 수 있는 자원 양에 따라 몸집이 커지거나 작아진다"는 진화생물학 법칙의 하나다. 즉, 바다로 둘러싸인 섬은 고립된 공간으로 소형동물은 포식자가 없어 커지고 대형동물은 먹을 것이 제한되어 작아진다는 것이다.

반대로, 섬의 법칙대로 소형동물의 몸집이 커졌음을 보여 주는 사례도 있다. 현재 플로레스섬에 서식하며 몸집이 토끼만 한 자이언트쥐가 있다. 지금은 멸종했지만 약 2m

크기의 대머리황새도 있었다. 또한 인근 코모도섬에서만 유일하게 서식하는, 사람보다 큰 코모도왕도마뱀도 있다. 이들은 모두 천적이나 포식자가 없는 환경에서 덩치가 커지도록 진화한 것이다. 플로레스섬의 이러한 사례는 지중해 키프로스섬에 살았던 자이언트토끼, 시칠리아에 살았던 난쟁이코끼리, 인도양의 마다가스카르에 살았던 난쟁이하마 등의 화석에서도 찾아볼 수 있다.

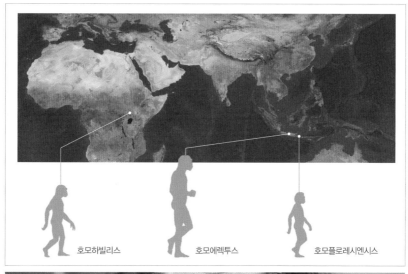

○ **왜소한 몸집의 호모플로레시엔시스.**
덩치가 컸던 호모에렉투스는 플로레스섬으로 이주한 이후, '섬의 법칙'에 따라 새로운 섬의 환경에 적응하면서 점차 왜소한 몸집의 플로레스인 Flores Man으로 진화했다. 플로레스인, 즉 호모플로레시엔시스가 호모하빌리스와 호모에렉투스에 비해 키, 몸무게, 뇌 용량 모두가 작아졌음을 알 수 있다. 그러나 이들은 현생인류인 호모사피엔스사피엔스가 플로레스섬에 도착하기 이전인 약 10만 년 전 이미 사라졌을 것으로 추정된다.

괴레메 계곡,
버섯 바위가 빼곡한 '요정의 굴뚝'

▶ 튀르키예 중부 내륙 아나톨리아고원 카파도키아의 괴레메 계곡. 외계 행성에서나 볼 법한 바위들이 계곡을 가득 채우고 있다. 괴레메 계곡에는 만화영화 〈개구쟁이 스머프〉에서 스머프들이 사는 집 모양과 비슷한 버섯바위가 넘쳐 나는데, 실제로 작가가 이곳을 방문하고 영감을 얻어 이를 만화에 녹여 냈다고 한다. 이곳 카파도키아 지방의 괴레메 계곡에 버섯, 굴뚝, 원뿔 모양 등 다양한 모양의 바위들이 우뚝 솟아 있는 모습을 보면 자연이 만든 거대한 암석전시장에 온 듯하다.
◆ 괴레메국립공원과 카파도키아 바위 유적/1985년 유네스코 세계복합문화유산 등재/튀르키예.

버섯바위가 만들어진 비밀

괴레메 계곡이 위치한 중부 아나톨리아고원 카파도키아 지역은 유럽과 아시아가 만나는 곳으로 고대부터 외부의 침략이 끊이질 않았다. 일찍이 이

○ **차별침식으로 형성된 요정의 굴뚝으로 불리는 버섯바위.**
버섯바위 하단의 연한 색 암석은 초기 화산분출 때 쌓인 응회암이며, 상단의 짙은 색 암석은 이후에 분출한 현무암이다. 응회암은 현무암에 비해 암질이 부드럽고 약하여 쉽게 부서진다. 상부 현무암과 하부 응회암의 차별침식에 의해 굴뚝 또는 버섯 모양의 바위기둥인 후두가 형성된 것이다. 1,000년을 기준으로, 후두 상부의 단단한 현무암은 약 1cm 정도로 침식이 더디 진행되지만, 현무암이 서서히 침식을 받아 모두 제거되면 하부의 약한 응회암에 침식이 집중되어 28.0±10cm정도로 침식이 빠르게 진행된다.

곳에 살았던 주민들은 적의 눈을 피해 지하와 동굴 속에 숨어 살았다. 계곡의 이름에 '보이지 않는' 이란 뜻의 괴레메가 들어간 것은 이 때문이다.

이곳 사람들은 계곡의 바위에 요정들이 살고 있다고 믿었다. 높이가 40m가량 되고 삼삼오오 모여 있는 바위들은 굴뚝을 닮아 '요정의 굴뚝'이라 불린다. 영화 〈스타워즈〉의 조지 루카스 감독은 괴레메 계곡의 이국적인 풍광에 매혹되어 이곳을 모티브로 우주선이 협곡 사이를 날며 벌이는 전투신을 찍기도 했다고 한다.

괴레메 계곡을 가득 채운 바위들은 신생대 말 약 1,000만~200만 년 전 카이세리평원의 에르지예스Erciyes산(3,916m)과 하산산(3,253m)에서 분출한 응회암과 현무암으로 이루어진 화산암에 속한다. 약 1,000만~520만 년 전 엄청난 화산폭발로 분출된 화산재는 멀리 팔레스타인 지방까지 날아가 쌓일 정도였으며, 약 2만km²에 달하는 주변 지역을 두께

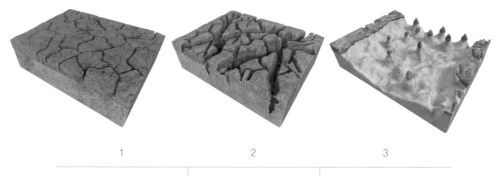

1	2	3
화산재가 쌓여 이루어진 응회암층 대지를 새로운 화산폭발이 일어나 분출된 현무암층이 덮었으며, 식는 과정에서 지표면에 수많은 절리가 생겼다.	엄청나게 내린 폭우가 현무암층의 수많은 절리면을 따라 흘러가며 침식을 가하여 곳곳에 거대한 계곡이 만들어졌다.	침식과정에서 상부의 견고한 현무암이 하부의 연약한 응회암이 침식되는 것을 막아 버섯과 굴뚝 모양의 바위가 형성되었다.

괴레메 계곡 버섯바위 형성과정

○　　버섯바위가 생성되기 초기 형태의 지형인 걸리.
지층 상부의 단단한 현무암층이 침식되어 사라지자 하부의 연약한 응회암층이 지표에 모습을 드러냈다. 응회암층에 생긴 작은 고랑을 따라 집중호우에 의한 침식으로 마치 케이크 가장자리에 생크림이 흘러내리는 듯한 걸리가 생겼다. 이후 고랑을 따라 침식이 더 진행되어 약한 부분이 모두 깎여나가고 침식에 강한 단단한 일부 암주들이 남아 굴뚝과 버섯 모양의 바위들이 만들어진다.

100~150m의 화산재로 덮었다. 쌓인 화산재는 점차 단단해져 응회암질의 평원을 형성했다. 이후 평원에 침식과 풍화가 진행되고 있던 중에 약 200만 년 전 또다시 화산이 폭발했는데, 이때는 점성이 낮은 현무암질 용암이 흘러나와 기존 응회암질 평원을 덮었다. 지표를 덮은 현무암질 용암이 냉각되는 과정에서 수축해 표면에 수많은 절리가 생겼다.

　　지금보다 습윤했던 시기에 엄청난 양의 폭우가 현무암질 지표면의 절리와 약한 부분을 지속적으로 침식하며 고원의 표토를 깎아 거대한 계곡이 만들어졌다. 이 과정에서 침식에 약한 하부의 응회암층이 상부의 현무암층보다 빠르게 깎여 나가 걸리(gully, 강수가 지표의 사면을 흐르면서 형성한 도랑 형태의 소규모 지형. '우곡雨谷'이라고 하며, 빗물에 의해 파괴되기 쉬운, 지반이 연약한 화강암의 풍화층이나 뢰스층 등에 잘 발달한다)라 부르는 기이한 암석지형이 형성되었다.

이렇게 침식과정에서 상대적으로 더 단단한 상부의 현무암층 일부가 침식을 견디고 덜 단단한 하부의 응회암층 꼭대기에 남게 되어 버섯과 굴뚝 모양의 바위기둥들이 곳곳에 독립적으로 생겨날 수 있었다. 이와 같이 침식에 대한 응회암과 현무암의 경도(硬度, 물질의 단단한 정도) 차이로 인해 형성된, 버섯과 굴뚝 모양의 바위기둥을 지형학 용어로 후두라고 한다.

과학적·예술적 가치가 돋보이는
암굴 거주 문화유산

괴레메 계곡의 암석기둥 곳곳에는 벌집 모양 같은 구멍이 수없이 뚫려 있다. 그 구멍들은 암벽에 굴을 파서 그 안에서 생활할 수 있도록 만든 암굴 주거공간으로, 약 4,000년 전 이곳을 히타이트족이 지배할 당시부터 사람들이 살기 시작했을 것으로 추정된다. 암굴 거주공간을 만든 이유는 내륙의 초원 및 반건조 지역이어서 식생조건이 불리하여 목재가 귀했던 반면, 화산재가 굳어 형성된 응회암은 암질이 부드럽고 약하여 뾰족한 나무와 돌 등으로 쉽게 굴을 팔 수 있었기 때문이다.

암굴 주거공간은 단열과 보온이 잘되어 여름철 무더위와 겨울철 추위를 피할 수 있는 천연주거지가 되었다. 가족단위 소규모 주거공간에서부터 목회활동을 위한 집단 거주공간에 이르기까지 다양한 형태의 암굴이 있었고, 지하 깊숙이까지 총 70~80개의 수직갱도 환기시설과 외적에

대비한 비밀통로 등을 마련하여 공동체 생활도 할 수 있었다.

4세기경 로마제국의 황제를 숭배하기 거부한 기독교인들이 압제를 피해 괴레메 계곡으로 몰려들어 암굴에 수도원을 마련하고, 동굴 내부의 벽과 천장에 프레스코화와 조각작품 등을 남겼다. 8~9세기경 동방정교 사회에서 신의 상像을 만들어서는 안 된다는 이른바 우상부정 운동이 일어나 다른 곳의 유물들은 많이 파괴되었지만 이곳 괴레메 계곡에는 유물들의 일부가 아직 남아 있다. 이곳에는 과거 7세기 이후 수백 년 동안 약 6만 명에 가까운 사람들이 산 적도 있다고 한다. 현재는 1만 명 정도가 농사와 관광업에 종사하며 암굴 주거공간에서 생활하고 있다.

카파도키아 과일이
최상품으로 인정받는 비결

화산재가 쌓여 이루어진 초기의 응회암질 토양은 본래 칼슘과 나트륨 등의 무기질을 다량 함유하여 비옥하지만, 오랜 세월 동안 강수에 의해 토양 내의 무기질이 모두 씻겨 나가면 매우 척박해진다. 이런 이유로 괴레메 계곡이 위치한 카파도키아 일대는 황량하여 생명의 기운이 느껴지지 않아 농업에 불리해 보인다. 그러나 실제로는 농업활동이 활발히 행해지고 있다.

대부분의 이곳 주민은 농업에 종사하는데, 척박한 토양을 비옥하게 만들기 위해 화학비료가 아닌 새들의 배설물을 천연비료로 사용하고 있다. 현재 사람이 거주하지 않는 버려진 암굴과 교회 등은 비둘기와 바위자고새를 비롯한 수많은 새의 서식처로 활용되고 있다. 배설물을 얻기 위해 대부분의 농가에서도 새집을 짓고 새를 키운다.

연평균강수량은 약 800mm로 농업활동을 하기에 적은 편은 아니지만 농사철(6~9월) 4개월간 평균강수량은 약 60mm로 매우 건조하다. 그럼에도 농업활동이 이루어지는 것은 일조량이 풍부하고, 조밀한 응회암질 토양이 강수 시에 물을 충분히 머금어 농사에 필요한 물을 댈 수 있기 때문이다. 카파도키아에서 생산되는 자두, 호두, 살구, 포도 등의 과일은 튀르키예에서도 최상품으로 평가받고 있다. 이처럼 자연에서 얻는 비료, 조밀한 암질이어서 여름철 농업용수에 필요한 물을 머금을 수 있는 응회암 등이 그 비결이라 하겠다.

❖

읽을거리

지하 동굴도시,
데린쿠유

튀르키예 카파도키아 지방 괴레메 계곡 부근에는 지하에 굴을 파서 만든 동굴 200여 개가 있다. 그 가운데 남쪽 약 30km 지점에 위치한 데린쿠유는 약 1만 명이 거주할 만큼의 완벽한 주거공간 체계를 갖추고 있다.

현재까지 발굴·조사된 바에 의하면, 지하 8층까지 방대하게 얽힌 통로를 따라 모든 공간이 연결되어 있으며, 방, 부엌, 외양간 등을 비롯하여 학교, 병원, 교회 등 집단생활에 필요한 공간까지 두루 갖추고 있어 자급자족적 공동체 생활이 가능했을 것으로 추정된다. 빛도 없고 공기도 희박한 깊은 지하에 어떤 이유에서 이렇게 거대한 생활공간을 마련한 걸까?

이곳 일대의 지질이 가공하기 쉬운 응회암이라는 자연적 특성을 들어 지하 동굴도시를 만든 이유를 설명하기에는 부족함이 많다. 안락한 지상 생활을 포기하고 일부러 힘들게 지하 생활을 할 이유가 없기 때문이다. 결정적인 이유를 찾기 위해서는 이곳 카파도키아의 지정학적 위치에 주목할 필요가 있다.

튀르키예 중부의 카파도키아는 유럽과 아시아 문명이 만나는 접점 지역으로 고대부터 히타이트, 페르시아, 로마, 오스만튀르크 등 여러 제국의 지배를 받았다. 따라서 고대 이래로 수많은 전쟁이 있었으며, 외부 침략으로 많은 피해를 볼 수밖에 없었다. 전쟁이 없는 평상시에는 지상에서 생활하다가 전시에는 지하로 숨어드는 것이 최고의 생존방식이었다.

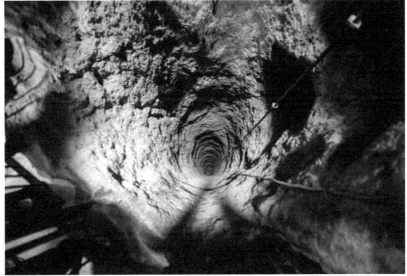

○ **데린쿠유 지하 동굴도시 통로와 수직갱도.**
지하에 거대한 주거공간을 마련하여 자급자족하며 공동체 생활을 영위하기까지 했지만 지하에
서의 생활은 무척이나 가혹했을 것으로 예상된다. 지하 깊은 곳까지 수직갱도를 마련하여 빛과
공기를 공급하고자 한 데서 창의성이 엿보인다.

괴레메 계곡, 버섯 바위가 빼곡한 '요정의 굴뚝'

파묵칼레,
순백색 석회화단구의 원형

▶ 목화의 성이라 불리는 튀르키예 데니즐리주 파묵칼레. 파묵칼레는 맑은 날이면 층층마다 순백색 단구지형에 고인 에메랄드빛 물 빛깔이 눈이 시릴 듯한 아름다움을 선사한다. 예전에는 석회화단구 풀 안에서 온천욕을 즐기는 것이 파묵칼레 관광의 백미였다. 하지만 1988년에 유네스코 세계복합유산으로 등재된 이후부터는 자연을 보전하기 위해 지정된 장소 이외에서의 온천욕이 금지되었고, 석회화단구에 들어갈 때는 맨발로 입장해야 한다. ◆ 히에라폴리스·파묵칼레/1988년 유네스코 세계복합유산 등재/튀르키예.

'목화의 성'이라 부르는 이유

튀르키예 이스탄불에서 남쪽으로 약 325km 떨어진 데니즐리에는 산허리 전체가 흰 눈이 쌓인 설산 같기도 하고, 얼음이 쌓여 굳은 빙하 같기도 한 이색적인 광경이 눈에 들어온다. 높이 약 200m의 하얀 언덕 정상에 올라서면 김이 모락모락 나는 온천수가 뿜어져 흐르고, 산자락 아래까지 다랑이 마냥 층층이 순백색 계단에 연못을 이룬 단구지형이 곳곳에 자리 잡고 있어 신비로움을 자아낸다. 튀르키예인들은 이곳 순백색 단구지형이 마치 하얗게 벌어진 목화송이를 성처럼 높이 쌓아 놓은 것과 같다고 하여, 튀르키예어로 목화를 뜻하는 '파묵'과 성城을 뜻하는 '칼레'를 합쳐 파묵칼레 Pamukkale 라고 부른다.

흰색의 탄산칼슘이
침전되어 쌓인 석회화단구

파묵칼레의 순백색 단구지형은 중국 쓰촨성 황룽거우의 우차이츠와 같은 석회화단구다. 석회화단구는 일반적으로 열수(온천수)공급원이 특정한 한 지점이거나 매우 좁을 경우에 기둥 모양으로 나타난다. 미국 네바다주의 플리 가이저가 대표적인 예다. 그러나 열수공급원이 특정한 한 곳이 아닌 지각의 길게 갈라진 틈에서 흘러나와 여러 수로를 따라 흘러들 때 완만한 경사를 이루는 지점에서 석회화단구가 계단 모양으로 형성되는데, 파묵칼레가 이에 해당된다.

파묵칼레는 고생대와 중생대에 형성된 언덕 정상부 석회암층의 지하에서 약 35~50℃의 온천수가 지각의 갈라진 틈인 열하裂罅에서 솟아나 산비탈을 타고 흘러갈 때 온천수에 녹아 있는 탄산칼슘이 계단식으로 침전·고체화되어 형성된 것이다. 따라서 흰색 가루의 정체는 모두 석회암에 함유된 탄산칼슘 덩어리들이다. 풀 안의 온천수에 손을 담그면 침전된 탄산칼슘 가루가 집힌다. 이것이 서서히 흘러가면서 쌓여 굳어 석회화단구가 만들어진 것이다.

석회암에 함유된 탄산칼슘은 민물과 중성의 바닷물에는 쉽게 용해되지 않는다. 이산화탄소를 포함한 약산성의 빗물이 지하로 유입되어 마그마에 의해 뜨거워진 열수 용액으로 변한 뒤, 지하 내부의 석회암층을 통과

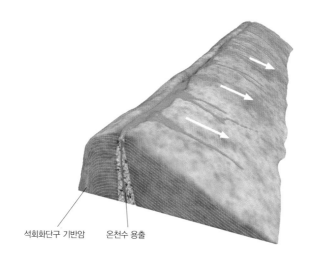

석회화단구 기반암　온천수 용출

○ **파묵칼레 석회화단구의 형성구조.**
파묵칼레는 지하의 열수가 특정한 한 지점이 아닌 지각의 갈라진 긴 틈을 따라 동시에 흘러나와 사면을 흘러 내려가면서 열수에 섞인 탄산칼슘 성분이 침전·고체화되어 석회화단구가 형성된 것이다.

　　　파묵칼레, 순백색 석회화단구의 원형

하며 석회암 내부의 탄산칼슘을 용해시킨다. 그 후 탄산칼슘을 함유한 지하수가 지표로 분출되는데, 이때 이산화탄소는 공기 중으로 산화되어 날아가고, 탄산칼슘은 물과 분리되어 산비탈을 내려오게 된다. 그 과정에서 탄산칼슘이 사면의 굴곡에 따라 경사가 급한 곳에서는 수직 형태로, 완만한 곳에서는 평탄한 형태로 침전과 고체화가 반복되면서 다양한 형태의 석회화단구가 형성된다.

파묵칼레의 석회화단구로 유입되는 온천수는 1년에 약 400만ℓ, 즉 400t에 달하는 것으로 추정된다. 석회화단구는 1년에 약 1mm씩 커지는 것으로 알려졌는데, 석회화단구의 평균두께가 약 85m인 것으로 보아, 지

○ **계단 모양으로 형성된 파묵칼레 석회화단구.**
온천수에 함유된 탄산칼슘이 침전·퇴적·고체화되어 형성되는 석회화단구는 1년에 1mm씩 매우 더디게 커진다. 순백색을 띠는 이유는 온천수에 박테리아가 서식하지 않으며 불순물이 거의 없기 때문이다.

금의 파묵칼레 석회화단구가 형성되는 데 약 8만 5000년은 걸렸을 것으로 추정된다. 파묵칼레가 유난히 흰색을 띠는 이유는 온천수에 박테리아가 서식하지 않으며 불순물이 거의 없기 때문이다. 현재도 매일같이 많은 양의 탄산칼슘과 미네랄을 포함한 온천수가 흘러내리면서 탄산칼슘이 표면에 침전되어 단구와 웅덩이를 조금씩 변화시키고 있다.

기원전부터 널리 알려진 온천휴양지

동서양을 막론하고 온천수는 황산칼슘, 유황, 마그네슘 등과 같은 무기질을 많이 함유하고 있어 건강에 이로운 것으로 알려져 있다. 파묵칼레의 온천수는 실제로 류머티즘, 심장병, 신장병, 피부병 등 순환기 질환에 탁월한 효능이 있는 것으로 알려져 일찍이 로마시대 이전부터 많은 사람이 찾았다. 그리스의 지리학자이자 역사학자인 스트라본은 파묵칼레를 방문하고는 온천수의 수질이 탁월함을 글로 남긴 바 있다. 이집트의 클레오파트라가 다녀갔다는 이야기가 있고, 로마의 황제와 귀족 등이 찾을 만큼 유구한 역사를 지닌 곳이기도 하다.

　일부 특권층만 온천욕의 효능을 보려 한 것은 아니었다. 로마제국의 평민뿐 아니라 마케도니아인, 그리스인, 유대인 그리고 멀리 이집트와 메소포타미아 등지에서도 사람들이 찾아와 온천을 즐기며 휴양을 취했다. 이들이 이곳에 머무는 동안 숙식과 숙박에 필요한 물품을 제공하기 위한 곳, 즉 국제도시가 생겨났다. 바로 파묵칼레 온천수가 솟아나는 언덕 뒤편에 세워진 고대도시 히에라폴리스다.

○ **테르메 온천욕장.**
히에라폴리스는 고대 로마제국 당시 파묵칼레 뒤편 언덕에 세워진 온천 휴양도시였다. 지진으로 붕괴된 히에라폴리스 유적지 가운데 일부 정원에 온천수를 끌어들여 만든 테르메 온천욕장은 관광객에게 인기가 높다.

순백의 파묵칼레를
지키기 위한 노력

빼어난 절경을 감상하고 온천욕을 즐기기 위해 해마다 200만 명이 넘는 관광객이 파묵칼레를 찾고 있으며, 이들을 수용하기 위해 호텔과 음식점 등의 숙박 및 근린생활 시설이 들어섰다. 1960년 파묵칼레 정상부 언덕에 온천수를 이용한 노천수영장이 딸린 호텔이 세워졌다. 1980년대 들어 여기에서 버려진 유기물을 포함한 오폐수가 지하로 흘러 들어가 석회화단구 일대로 분출되었고, 이로써 순백의 단구지형들이 오염되어 회색과 누런색으로 변해 버렸다.

튀르키예 정부에서는 파묵칼레의 자연성을 회복시키기 위해 오염의 주원인으로 지목된 정상부의 호텔을 2001년에 철거했다. 온천수 이동통로에 덮개를 씌우고, 주변 숙박시설에 정화시설을 갖추게 하며, 석회화단구를 통과하는 도로를 강제로 폐쇄하는 등의 조치도 이뤄지면서 파묵칼레는 예전의 모습을 회복할 수 있었다. 그러나 2000년대 들어서 급증한 관광객, 무지한 관광객이 버린 오물, 주변에서 유입된 농업용수 등으로 수질오염이 또다시 우려되고 있다. 대기오염에 따른 산성비로 인해 석회화단구의 탄산칼슘이 녹는 현상도 일어나고 있어 종합적인 대책이 필요한 상태다.

ㅇ **유기물이 흘러들어 오염된 파묵칼레의 석회화단구.**
관광객이 증가하면서 지나친 온천수 개발로 석회화단구 곳곳의 물이 마르고, 오염된 지하수의 유입으로 박테리아가 서식하여 석회화단구의 색이 누렇게 변하는 사례가 잦아지고 있다. 튀르키예는 파묵칼레의 자연성을 유지하기 위해 다각도로 노력하고 있다.

파묵칼레, 순백색 석회화단구의 원형

온천수가 키워 낸 고대 국제도시,
히에라폴리스

히에라폴리스는 기원전 2세기경 페르가몬의 왕 에우메네스 2세에 의해 처음 세워진 도시로, 이후 기원전 130년에 로마제국에 정복되었다. 로마인들은 이곳에 '성스러운 도시'라는 뜻의 히에라폴리스라는 이름을 붙였다. 이어 동로마제국의 지배를 받으며 인구 약 10만 명이 거주할 정도의 번영을 누리다가, 11세기 후반 셀주크튀르크의 지배를 받으면서 '파묵칼레'라는 지금의 이름으로 바뀌어 불렸다.

히에라폴리스는 바둑판 모양으로 세워진 계획도시로, 신전과 원형극장, 공동묘지, 온천욕장 등 다양한 역사적 유물이 있어 당시 도시의 규모와 삶을 짐작할 수 있다. 대성당, 세례당, 교회 등의 기념물들은 초기 기독교 건축물의 우수한 사례로 꼽힌다. 인접한 파묵칼레의 온천수를 이용하기 위해 놓은 수도시설, 수증기를 이용한 사우나방, 대리석 기둥으로 채워

진 온천욕장 등이 그대로 남아 있어 온천도시로서의 명성을 한껏 엿볼 수 있다.

히에라폴리스의 온천은 휴양을 원하거나 피부병, 정신병 등의 질병을 치료하려는 사람들에게 큰 도움이 되었다. 그러나 도시 면적 가운데 공동묘지가 의외로 큰 면적을 차지하는 것으로 보아, 중병을 앓던 사람들 상당수가 이곳에서 사망하면서 많은 무덤이 생겨났을 것으로 추정된다.

히에라폴리스는 로마인, 그리스인, 아나톨리아인, 마케도니아인, 유대인 등이 뒤섞여 지내는 국제도시였다. 지배세력이 바뀌는 가운데에도 1,500여 년간 번영을 누려 왔던 히에라폴리스는 1350년 대지진으로 도시 전체가 폐허가 되어 역사 속으로 사라졌다. 1887년 독일의 고고학자들에 의해 발굴, 복원되어 현재의 모습을 되찾게 되었다.

○ **히에라폴리스 원형극장.**
약 1만 5,000명을 수용할 수 있는 원형극장은 대지진에도 무너지지 않고 당시 모습 거의 그대로를 유지하고 있어 번영했던 고대 로마제국의 모습을 보는 것 같다.

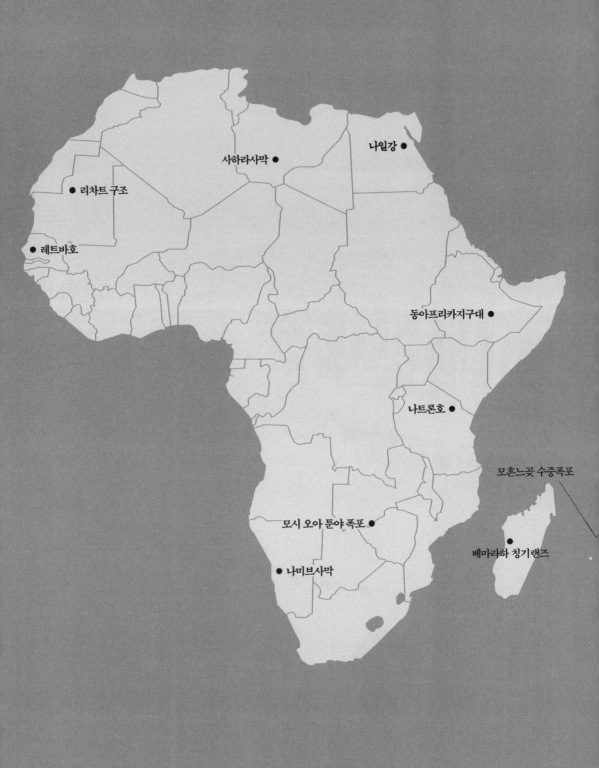

사하라사막 ●

나일강 ●

● 리차트 구조

● 레트바호

동아프리카지구대 ●

나트론호 ●

모혼느곶 수중폭포

모시 오아 툰야 폭포 ●

● 나미브사막

베마라하 칭기랜즈 ●

5부

아프리카

나일강,
이집트 문명의 요람

▶ 이집트 문명의 요람, 나일강. 국토의 대부분이 사막인 이집트는 메마른 사막 한가운데를 흘러가는 나일강이 해마다 중·하류 일대에 범람해 강가에 비옥한 토양을 공급하여, 많은 사람이 그곳에서 살아갈 수 있었다. 또한 나일강은 도로라고는 아예 없었던 그 옛날 남북을 연결하는 교통로 역할을 했다. 하류 부근의 피라미드를 세우는 데 필요한 화강암도 상류의 아스완 부근에서 캐어 나일강을 통해 배로 운반했다.

외래하천 나일강의 기원

나일강은 총연장 약 6,700km로 세계에서 가장 긴 강이다. 아프리카 중부 적도 부근 빅토리아호에서 흘러나온 백^白나일강과 에티오피아 아비시니아 고원의 타나호를 수원^{水源}으로 하는 청^靑나일강이 수단의 하르툼에서 합류하고, 누비아사막을 관통하여 북으로 흘러 지중해로 들어간다. 나일강처럼 열대의 습윤지역에서 발원하여 사막과 같은 건조지역을 관통하여 흐르는 하천을 외래^{外來}하천이라고 한다. '나일'이라는 말은 그리스어로 네일로스 Neilos, 라틴어로 닐루스^{Nilus}, 아랍어로는 닐^{Nil}이라고 하는데, 이들 모두 '강'을 뜻한다.

나일강은 백나일강과 청나일강 두 지류 덕분에 1년 내내 안정적인 유량을 유지하며, 정기적으로 범람하여 비옥한 퇴적물을 중·하류 지역에 공급한다. 백나일강은 약 2,100km의 물줄기로, 하르툼 하류를 흐르는 유량의 약 16%만을 공급하지만, 발원지인 상류가 적도 부근의 열대우림지대이기 때문에 강수량이 많아 나일강의 수량을 안정적으로 유지해 준다. 건기에 청나일강의 유량이 현저히 줄어들 때는 충분한 유량을 공급하는 역할을 한다. 반면 청나일강은 약 1,500km의 물줄기로, 우기에 비가 많이 내리기 때문에 나일강 유량의 약 84%를 공급하면서 나일강 유량변화를 주도한다.

청나일강은 우기 동안 홍수로 인해 토양이 강물로 흘러들어 갈색 또는 검은색의 침전토(나뭇잎 등이 부패하여 흙과 함께 섞인 부엽토)를 운반하기

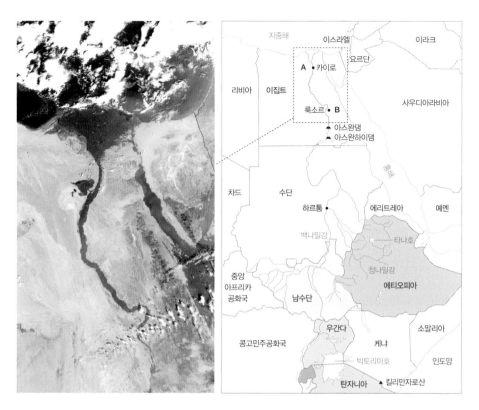

○ **외래하천의 대명사, 나일강.**

나일강은 적도 부근의 열대림에서 발원하여 사바나 관목지대를 지나 스텝 초원을 거쳐 모래사막을 관통하며 물줄기를 이어 가다가 지중해로 흘러든다. 수단의 하르툼에서 백나일강과 청나일강이 만나 하나의 물줄기를 이룬다. 위성사진은 나일강의 하류지역(지도의 A~B 구간)으로, 황색을 띠는 사막을 통과하는 나일강 주변은 물이 공급될 수 있어 농경이 가능하기 때문에 녹색을 띠고 있다. 지중해로 유입되는 나일강 하구에는 상류에서 떠내려온 토사가 쌓여 형성된 거대한 삼각주가 발달했음을 알 수 있다.

때문에 물 빛깔이 주로 검은색인데, 검정과 청색을 뜻하는 말을 혼용해 쓰던 토착어 때문에 청나일강으로 불렸다고 한다. 백나일강은 강물에 연한 점토색 또는 밝은 회색 침전토가 함께 쓸려 내려와 물 빛깔이 흰색처럼 보여 백나일강으로 불렸다고 한다.

나일강의 선물, 이집트

나일강 하구 삼각주 지역과 강의 좁고 긴 녹색 띠 지역은 이집트 전 국토 면적의 3%밖에 안 되지만 인구의 대부분이 이곳에 거주한다. 국토의 나머지 97%는 사막지대로 사람이 살 수 없는 곳이다. 이집트인들은 나일강이 해마다 범람하여 홍수를 일으키는데도 이를 두려워하거나 막으려 하지 않았다. 범람의 시기와 정도를 예측할 수 있었고, 범람한 나일강 주변에 거대한 옥토가 만들어졌기 때문이다. 이 덕분에 세계 4대 문명의 하나인 이집트문명이 탄생할 수 있었다. 일찍이 그리스 역사가 헤로도토스가 이집트를

○ **나일강 주변 농경지.**
나일강이 해마다 주기적으로 범람하여 중·하류 하천 주변에 옥토가 생겨났다. 1년 내내 물이 공급되는 강변에서는 야자, 사탕수수, 밀, 보리 등이 경작되고 있다. 이처럼 나일강이 가져다준 풍요는 이집트문명 탄생의 뿌리가 되었다.

'나일강의 선물'이라고 한 것은 이 때문이다.

　나일강의 상류인 에티오피아와 수단에서 우기(5~10월)가 시작되어 큰 비가 내리면 9~10월에 나일강 중·하류 주변이 물에 잠겼다. 그러면 사람들은 물이 빠질 때를 기다려 나일강이 운반해 와 침적^{沈積}시킨 토양에 밀과 보리 등의 씨앗을 뿌리고, 이듬해 강물이 다시 범람하기 전에 곡물을 수확했다. 이집트에서는 기원전 6,000년 무렵부터 이와 같은 방법으로 농사를 지어 왔다.

　농산물이 넘쳐 나자 강 주변으로 사람들이 몰려들면서 도시가 세워졌다. 도시들은 점차 발달하여 노모스^{nomos}라고 불리는 소규모의 부족국

○　**이집트문명의 상징, 피라미드.**
이집트 왕인 파라오의 무덤으로 알려진 피라미드와 피라미드를 지키는 스핑크스는 고대 이집트문명을 상징하는 건축물이다. 이 유적들은 풍요로운 나일강의 산물로, 전 세계 많은 관광객을 불러들이고 있다.

　　　　　　　　　　　　　　　　　　　　　　　　나일강, 이집트문명의 요람

나일강의 수위를 측정하기 위한 나일로미터.
고대 이집트인들은 나일강의 범람 정도를 예측하여 농경의 편리를 도모하고자 나일강변의
90군데에 '범람의 집'이라고 불리는 나일로미터를 설치했다. 아스완 엘레판틴섬의 강가에
세워진 나일로미터의 계단 벽면마다 수위 측정을 위한 수치표가 새겨져 있다.

가 형태를 갖추었고, 40여 개의 노모스가 나일강 물줄기를 따라 성장했
다. 이들이 통일되면서 고대 이집트문명이 탄생할 수 있었다.

　나일강의 범람은 천문학과 역법 그리고 지적地籍 측량학을 발달시켰
다. 농민들은 범람이 시작되는 시기가 늘 일정함을 알고 이를 이용하여 농
사를 지었다. 또한 나일강의 범람을 천체의 운행과 관련지어 달력을 만들
었던 천문학, 범람으로 매몰된 토지의 경계선을 찾는 데 사용되었던 측량
기술은 피라미드를 짓는 데 밑거름이 되었다.

생명력을 잃어 가는 나일강

1902년 나일강 상류에 홍수조절·관개·전력생산을 위한 아스완댐이 처음

수몰위기를 모면한 나일강의 진주, 아부심벨 신전.
아스완하이댐이 건설되어 수위가 높아지면서 아부심벨 신전이 수몰될 위기에 처한 적이
있다. 1964~1968년 유네스코와 현대공학의 도움으로 신전을 포함한 암벽 전체를 조각
내고 고지대로 옮겨 다시 조립함으로써 신전을 지킬 수 있었다.

완공되었다. 그 뒤 아스완댐이 또다시 범람하자 1952년에는 아스완댐 위쪽 상류에 아스완하이댐을 건설했고 1970년 완공되었다. 댐이 건설되면서 나일강의 수량이 조절되자 이모작과 삼모작이 가능해졌으며, 사막이 농토로 바뀌면서 이집트의 농업생산성이 월등히 높아졌다. 또한 엄청난 양의 전력이 생산되어 공업도 발달했다. 수천 년 동안 나일강의 범람을 예측하고 조절하고자 했던 이집트인의 꿈이 댐 건설로 실현되는 듯했다.

그러나 시간이 흐르면서 나일강 주변의 생태계에 예측할 수 없었던 문제들이 생겼다. 해마다 일어났던 나일강의 범람이 댐 건설로 물길이 막혀 일어나지 않게 되자 상류로부터 비옥한 토양을 공급받지 못한 하류 지대의 농토들은 점차 토지생산성을 잃어 갔다. 물의 흐름이 줄어들자 하류 삼각주 지대에서는 바닷물이 역류하여 삼각주를 잠식하기 시작했다. 플랑크톤도 잘 유입되지 않아 정어리 떼가 사라졌다.

나일강, 이집트문명의 요람

나일강 주변 전체에 지하수 수위가 상승하고 표토에 염분이 쌓이면서 토양은 급격히 생명력을 잃었다. 아프리카의 이글거리는 태양볕이 내리쬐는 나일강 유역에서는 물이 증발하는 속도가 빨라 염분이 쉽게 농축되어 물속에 침전된다. 해마다 범람한 나일강물이 대지를 몇 달간 덮고 있다 빠져나가면, 흙 속에 있던 염분이 대부분 물에 녹아 함께 흘러 나간다. 그러나 아스완댐이 건설되어 강물이 범람하지 않게 되자 토양의 염분축적량이 점차 증가했고, 이로써 이집트의 농업성장이 지체되었다.

나일강 서쪽에 있는 '죽음의 계곡'

이집트의 수도 카이로에서 나일강을 따라 약 600km 상류 부근에 룩소르라는 도시가 있다. 룩소르는 고대에는 테베라고 불렸던 곳으로, 이집트 신왕국시대(기원전 1570~기원전 1070년)의 수도였다. 도시 전체를 카르나크 신전, 룩소르 신전 등 웅장하면서도 화려한 신전들이 가득 채우고 있어, 그야말로 '궁전의 도시'라 할 수 있다.

룩소르를 지나는 나일강 동쪽은 이집트인이 숭상하는 태양이 떠오르는 곳으로, 왕궁과 신전이 위치하여 '생명의 땅'이라 부른다. 반면 태양이 지는 서쪽은 왕가의 계곡과 귀족의 계곡 등으로 이어진 지하고분군이 위치하여 '죽음의 계곡'이라 부른다. 이 가운데 왕들의 계곡은 파라오의 공동묘지로, 현재 투트모세 1세, 투탕카멘과 람세스 3세 등 파라오의 고분이 계곡의 깊은 암굴 속에 자리 잡고 있다. 지상의 피라미드 대부분은 쉽게 도굴되었다. 그러자 파라오들은 도굴을 염려하여 협곡의 지하 깊은 곳에 무덤을 만들었으나, 이 또한 대부분은 도굴되었다.

○ **나일강 서쪽의 장제전(위)과 동쪽의 룩소르 신전(아래).**

이집트 남부 나일강변에 위치한 룩소르는 신왕국시대의 수도로서, 4,000년 전부터 약 1,000년 동안 정치·경제·문화의 중심지였다. 이집트인들은 태양이 떠오르는 동쪽은 생명의 땅, 태양이 지는 서쪽은 죽음의 땅으로 여겼다. 룩소르에서 나일강을 기준으로 서쪽에 위치한 '죽음의 계곡'에는 장제전이 있는데, 이는 이집트 최초의 여성 파라오인 핫셉수트의 명에 의해 세워진 신전이다. 이 신전 뒤편으로 왕들의 지하고분이 숨겨진 '왕들의 계곡'이 있다. 한편 나일강 동쪽에는 3,000년 넘게 번영한 도시답게 이집트에서 가장 오래되고 거대한 카르나크 신전, 룩소르 신전 등이 있다.

나일강, 이집트문명의 요람

흑인 파라오가
지배했던 이집트

나일강 상류 오늘날 수단이 위치한 곳은 고대에는 누비아 지방이었다. 이곳에는 얼굴색이 검은 흑인들이 거주한다고 하여 이집트인들은 이들을 '에티오피아인'이라 불렀다. 누비아 지방은 제18왕조(기원전 1570~기원전 1293년) 때 이집트에 복속되었으며, 이집트는 족장을 행정관으로 임명하여 조공을 바치게 하고 누비아인을 군인과 노예 등으로 종사케 했다. 기원전 1,000년경에는 이집트의 세력이 약해진 틈을 타 독립하여 강력한 군사력을 지닌 쿠시왕국으로 성장했다.

고대 이집트 제22왕조(기원전 945년~기원전 715년) 말기에 이집트는 삼각주 일대의 하下이집트에서 발흥한 왕과 테베(지금의 룩소르)에 기반을 둔 상上이집트에서 발흥한 왕, 이 두 세력으로 양분되어 전국이 매우 혼란스러웠다. 이때 상이집트의 왕족들은 과거 자신들이 지배했던, 누비아의 쿠시왕국의 힘을 빌려 혼란을 극복하고자 했다.

당시 누비아 지역 쿠시왕국의 왕 카쉬타

는 상이집트의 요청을 받아들여 출전했으며, 수세기 동안 이집트가 장악했던 금광을 차지하고자 오히려 상이집트를 점령했다. 뒤를 이은 피안키는 이집트의 파라오를 존경하고 아몬신을 숭상한 인물로, 기원전 730년 하이집트를 정복했다. 뒤를 이은 그의 동생 샤바카는 이집트 전역을 정복하여 재통일하고, 수도를 멤피스(지금의 카이로)로 이전한 후 제25왕조(기원전 747년~기원전 656년)를 열었다.

이집트는 누비아의 흑인 파라오들이 아시리아에 패해 본래의 영토였던 누비아로 쫓겨날 때까지 약 80년간 이들의 지배를 받았다. 이집트문명을 동경했던 피안키는 람세스 2세의 후계자임을 자임하면서 누비아에 피라미드를 건설하고, 신전을 세우기도 했다. 그 흔적을 기원전 540년경 누비아의 수도였던 메로에의 고대 유적지에서 볼 수 있다.

○ **이집트 제25왕조를 열었던 누비아의 흑인 파라오 동상과 누비아의 고대 유적지 메로에.**

이집트의 지배를 받던 누비아인이 세운 쿠시왕국은 기원전 약 750년경 이집트를 정복하여 약 80년 가까이 통치한 적이 있다. 이집트문명을 동경했던 누비아인들의 영향으로 당시 누비아의 수도였던 메로에에는 피라미드와 신전 등이 세워졌다. 비록 이집트 제26왕조와 페르시아에게 밀려났지만 쿠시왕국은 그 뒤 기원전 8세기경부터 기원후 4세기까지 지중해부터 아프리카 중심부까지 영향을 미쳤다. 메로에는 이집트와 교류하였던 쿠시왕국의 정치, 종교, 문화 등을 이해하는 데 역사적 가치가 커 2011년 유네스코 세계문화유산으로 등재되었다.

나일강, 이집트문명의 요람

사하라사막,
지구 최대의 황금빛 모래제국

▶ 지구상에서 가장 무덥고 건조한 곳, 사하라사막. 메마른 모래와 자갈로 뒤덮인 대지, 황량함
과 척박함만이 느껴지는 광활한 황색 대지에서는 생명의 기운을 거의 찾아볼 수 없다. 아프리카
대륙 북부를 차지하고 있는 거대한 모래제국, 사하라사막이 바로 그곳이다. ◆아이르와 테네레
자연보존지역(아이르산지와 테네레 사막)/1991년 유네스코 세계자연유산 등재, 1992년 위험에
처한 세계유산 등재/니제르. ◆타실리 나제르/1982년 유네스코 세계복합 유산 등재/알제리.

바다가 아닌
육지에서 공급된 모래

사하라사막은 북아프리카 동쪽 홍해에서 대서양 연안에 이르는 동서길이 약 5,600km, 지중해와 아틀라스산맥에서 차드호에 이르는 남북길이 약 1,700km, 면적 약 860만km²에 이르는 세계 최대의 사막으로, 아프리카 대륙 전체 면적의 4분의 1을 차지한다. 사하라는 '황야'라는 뜻의 아랍어 '사흐라Sahra'에서 유래한 말이다. 사하라사막의 연평균강수량은 250mm 이하로 매우 건조하며, 수년간 비가 내리지 않을 때도 있다. 대부분 지역의 연평균기온이 27℃ 이상으로, 낮에는 40~50℃, 밤에는 10~20℃이거나 심하면 영하까지 떨어져 낮과 밤의 기온차, 즉 일교차가 30℃를 넘는다. 이러한 극심한 일교차는 암석의 기계적 풍화작용을 촉진해 사막에 모래를 공급하는 주요인이 된다.

'사막'이라 하면 떠오르는 완만한 사구지대인, 에르그라고 하는 모래사막은 사하라사막에서 약 20%에 불과하며 나머지는 대부분 고운 모래가 깔린 암석과 자갈로 된 대지다. 사막의 모래 밑 기반암은 약 6억 년 전 선캄브리아기에 생성된 것이며, 이 기반암 위를 중생대 약 1억 년 전 얕은 바다에서 퇴적된 사암과 석회암이 덮고 있었다. 이후 약 7,000만 년 전 신생대로 접어들면서 사하라사막 일대는 바다에서 육지로 변했으며, 오늘날까지 오랜 기간에 걸쳐 사암과 석회암이 침식·풍화되어 모래알갱이로 채워진 지금의 사막이 형성된 것이다.

대서양 건너
아마존까지 이동하는 모래먼지

매년 사하라사막에서는 약 1억 8,000만t이 넘는 모래가 공기 중으로 흩어지는데, 이 가운데 약 2,770만t의 모래먼지가 하루 만에 바람을 타고 대서양을 건너 날아가 남아메리카 아마존강 유역에 떨어지는 것으로 알려졌다. 미국지질조사국은 이 점에 착안하여 아프리카 대륙 서쪽 모로코 앞바다 카나리아제도의 지층에 쌓인 모래먼지의 연대를 산출해 냈다.

카나리아제도는 화산섬이라 용암분출 연대를 측정하기 쉬워 용암층에 쌓인 모래먼지가 언제 날아온 것인지 알 수 있다. 조사 결과, 약 460만 년 전부터 여러 차례 빙하기를 거치며 암석이 풍화되어 만들어진 모래가

○ **아프리카의 사하라사막의 모래먼지가 동풍을 타고 대서양을 건너 이동하는 모습.**
카나리아제도의 지층 가운데 모래먼지가 쌓인 하부 지층 용암을 연대측정한 결과, 약 460만 년 전에 쌓인 것으로 확인되어 이때쯤 이미 사하라사막이 현재의 모습을 갖추었을 것으로 추정된다.

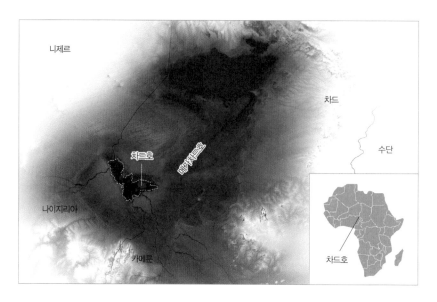

○　　**카스피해보다 큰 거대 호수였던 메가차드호**

차드호 북동부 지역에 있었던 호수로, 지금은 모래먼지가 날리는 사막이 돼 버렸지만 과거 5,000년 전까지만 해도 물고기가 살았던 호수였다. 당시 호수에 살았던 물고기의 뼈와 비늘이 굳어 생긴 인회석이 다량 분포하는데, 이곳의 인회석 가루가 바람에 날리며 남아메리카 아마존강 유역에 떨어져 아마존 열대우림에 비료 역할을 하는 것으로 알려졌다.

쌓여 지금과 같은 사막의 모습이 되었을 것으로 추정된다.

　　아마존강 유역으로 이동한 모래에는 광합성의 필수영양소인 인 성분이 있어 열대우림의 토양에 양분을 제공하여 아마존의 거대한 열대 우림을 보존하는 데 큰 도움이 되는 것으로 알려졌다. 열대우림의 토양은 해마다 내리는 많은 비로 인 성분이 씻겨 나가기 때문에 매우 척박한 편이다. 영국 런던대학교의 캐런 허드슨 에드워즈$^{Karen\ Hudson\ Edwards}$ 교수는 아마존에 공급되는 인 성분은, 약 5,000년 전에 사하라사막에 존재했던 메가차드호(현재의 차드호 북동부 일대에 존재했던 호수. 면적이 약 40만km²로 카스피해보다 컸다고 한다)의 물고기 뼈와 비늘에서 기인한다고 밝혔다.

한때는 녹색 초원이었음을
말해 주는 암각화

사하라사막은 지금은 황량한 사막이지만 지금으로부터 약 5,000년 전만
해도 아열대성 기후로 강이 흐르고 호수와 습지가 발달했으며, 나무와 풀
로 덮인 녹색의 대지였다. 그 증거를 알제리 남동부 아하가르 산지 북동쪽
타실리 나제르에 있는 암각화에서 찾을 수 있다. 약 8,000~5,000년 전에
그려진 타실리 나제르 암각화에는 코끼리, 하마, 기린 등의 동물과 이를 사
냥하는 사람들의 모습이 그려져 있다. 이렇게 동식물이 번성했던 풍요의
땅이 불모의 사막으로 변한 것은 기후가 변화했기 때문이다.

○ **타실리 나제르 고원과 암각화.**
현재 암석과 모래뿐인 타실리 나제르 고원은 약 5,000년 전까지만 해도 아열대성기후로
호수와 습지가 발달했으며, 초목이 무성한 녹색의 땅이었다. 이곳 암석 곳곳에는 코끼리,
하마, 기린 등의 동물과 이를 사냥하는 사람들의 모습이 그려져 있다. 지금은 사막이나 다
름없지만 과거 이곳이 야생동물이 서식하던 숲과 초원이었음을 알 수 있다.

사하라사막, 지구 최대의 황금빛 모래제국

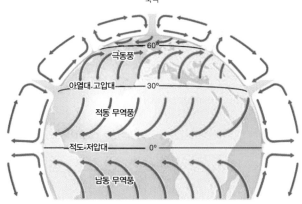

아열대 고압대의 위치와 사막의 발달.
지구상의 남북 위도 30°부근 대륙에 사하라사막을 비롯해 아라비아사막, 모하비사막, 나미브사막, 아타카마사막 등 사막이 분포하는 이유는 위도 30°부근이 비가 적은 아열대 고압대이기 때문이다. 평균적으로 적도 부근이 태양의 복사열을 가장 많이 받아 비가 많이 내려 열대우림이 형성된다. 적도에 많은 비를 뿌린 뒤 수증기를 상실한 공기는 상승냉각되어 남쪽과 북쪽으로 이동하여 남북 위도 약 30°부근에서 다시 하강한다. 이렇게 하강하는 공기는 수분이 거의 없는 건조한 공기로, 비를 뿌리지 못하기 때문에 사막이 발달한다.

지금으로부터 약 8,000~5,000년 전에는 지구의 기온이 현재보다 1~2℃가량 높았다. 적도 부근의 기단이 세력을 확장한 결과 열대수렴대熱帶收斂帶가 북상하여 지금의 사하라사막 일대에 형성되었기 때문에 비가 많이 내려 사하라사막 일대는 초원과 삼림지대를 이루고 있었다.

반면에 지중해 부근은 아열대 고압대에 위치하여 기후가 지금의 사하라사막처럼 매우 건조했다. 기온이 점차 내려가 열대수렴대가 남하하면서 사하라사막은 지금처럼 아열대 고압대에 위치하게 되었다. 그 결과 비가 내리지 않게 되어 약 5,000년 전부터 점차 건조한 사막으로 변하기 시작했고, 이곳에서 살던 사람들도 점차 물과 풀을 찾아 남하했다. 지금의 남아프리카 보츠와나와 나미비아 일대의 칼라하리사막에 거주하는 산San

족(현생인류 조상의 원형에 가장 가까울 것으로 여겨지며 '수풀bush 속에 사는 사람'
이라는 뜻에서 부시맨이라고도 한다)이 바로 그들이다.

사하라사막의 불청객, 모래폭풍 하붑

사하라사막에서는 매년 여름철이면 거대한 해일 같은 모래폭풍이 불어와
대지를 덮는 비현실적인 풍광이 벌어진다. 아랍어로 '먼지폭풍'을 의미하
는 하붑Haboob으로, 중동·미국·오스트레일리아의 서부 사막에서도 자주
발생한다. 어떻게 만들어지는 걸까?

사막의 모래가 태양열에 뜨거워지면 대기가 열을 받아 상승한다. 이

○   **니제르 갈미에서 발생한 모래폭풍(2012).**
마치 영화 〈미라〉의 한 장면을 보는 듯한 초속 17~25km의 강풍이 100m 이상의 모래벽
을 만들며 순식간에 마을을 뒤덮었다.

때 상공 7~12km 부근의 차가운 대기가 상승한 대기의 빈자리를 메우기 위해 급격히 수직하강한다. 이때 강한 바람이 지표면에 부딪히며 모래와 먼지를 빠른 속도로 밀어내어 거대한 모래폭풍이 생성된다.

원반 모양의 암산인
아이르산지와 테네레사막

사하라사막 남쪽 니제르 아가데즈주에서 북동쪽으로 약 160km 떨어진 곳에 하늘 높은 곳에서 내려다보아야만 볼 수 있는 지형이 있다. 원반 모양의 바위산이 군집한 아이르산지가 그것으로, 평균 해발고도가 700~800m이

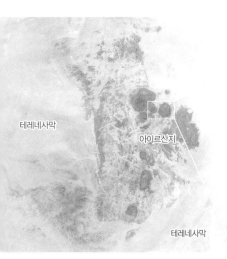
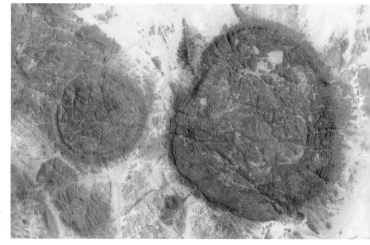

테레네사막

아이르산지

테레네사막

○ **사막에 솟아오른 화강암 관입 아이르산지.**
주변이 모래사막으로 둘러싸인 아이르산지는 마그마가 관입하여 생성된 화강암이 기반암을 뚫고 올라와 지표에 원형의 암석산지를 이룬 것이다. 최고봉인 탐가크산(1,998m)이 있는 화강암 산지의 직경은 20km가 넘는다. 단단한 화강암이 주변 지역의 암석보다 침식에 강해 지표에 남게 되어 생긴 것이다.

며, 해발고도 약 1,500m 이상의 거대한 9개 화강암으로 이루어져 있다. 선캄브리아기에 생성된 변성암 위로, 고생대 데본기 약 4억 년 전 지하 깊은 곳에서 마그마가 원형으로 관입하여 화강암이 생성되었다. 이후 오랜 세월 지표가 침식되면서 지하 깊은 곳에 관입했던 화강암이 지표로 모습을 드러내어 평탄한 원형의 암석산지가 형성된 것이다. 이후 아이르산지 서쪽으로 신생대 약 6,500만~200만 년 전 마그마의 활동으로 단층을 따라 용암이 분출하여 원뿔 모양의 작은 화산들이 생겨났다.

아이르산지 동쪽으로는 테네레사막이 발달했는데, 이곳에는 에르그라 불리는 사구가 광대하게 펼쳐져 있다. 이곳은 사구가 물결처럼 이어지는 모래바다와 같은 곳으로 사하라사막 전역에 걸쳐 가장 규모가 크다. 아이르산지와 인접한 테네레사막에서는 연평균기온 약 28℃, 연 강수량 약 50mm의 고온건조한 기후에서도 사막여우, 도르카스가젤, 나사뿔영양과 같은 일부 생명체들이 적응하며 살고 있다.

1	2	3
선캄브리아기 약 6억 년 전 결정질 기반암이 생성되었다.	고생대 데본기 약 4억 년 전 기반암 하부에서 마그마가 관입하여 화강암이 생성되었다.	관입한 화강암이 침식된 지표에 노출된 이후 지속적으로 침식되면서 원형의 암석고원이 형성되었다.

아이르산지의 원형 화강암 형성과정

사하라사막, 지구 최대의 황금빛 모래제국

사하라사막의 마지막 방랑자, 투아레그족

사하라사막에 거주하는 부족인 투아레그족은 낙타를 타고 사막을 동서남북으로 오가며 유목과 대상隊商(카라반)교역에 주력하여 이름을 떨쳤다. 이들은 본래 북아프리카 원주민인 베르베르족의 일파로, 아프리카 북부에 살았지만 10세기경 아랍인의 침공으로 사막지역으로 밀려났다. 이후 13~14세기경 아프리카 중남부 니제르와 말리 일대를 중심으로 세력을 이루었으며, 20세기 초까지 금, 소금, 노예, 옷감 등의 대상무역을 장악하여 많은 부를 축적했다. 그러나 이러한 부는 교통이 발달하면서 트럭이 낙타를 대신하게 되자 급격히 쇠퇴하고 말았다.

식민열강의 지배를 받던 아프리카 대부분의 국가가 제2차 세계대전 이후 독립했지만 투아레그족은 나라를 세우지 못하고 유목하며 사하라사막의 변방을 떠도는 유랑생활을 했다. 현재 말리 동부와 니제르 남서부 일대에 약 130만 명만이 부족의 명맥을 유지하고 있을 뿐이다. 이들은 자신들을 이방인 취급하는 니제르와 말리 정부군을 상대로 1990년대 초반부터 독립항쟁을 벌였다. 2012년에는 일시적으로 독립을 선언하기도 했지만 국제사회로부터 인정받지 못했으며, 자치권만 얻어 일부 안정을 찾아가고 있다.

말리와 니제르 정부는 투아레그족이 사막의 유목생활을 접고 정착하여 농경생활을 하도록 하는 정책을 펴고 있다. 무엇보다도 투아레그족은 최근 지구온난화에 따른 극심한 가뭄으로 물과 목초지가 부족하여 조상 대대로 살아온 삶의 무대였던 사막을 떠나야 할 처지에 놓여 있다.

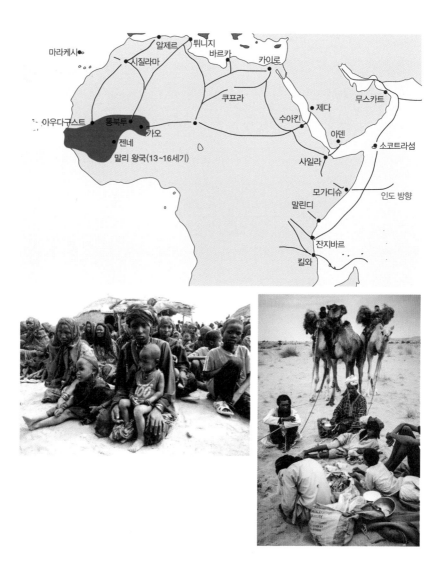

○ **투아레그족의 활동범위와 사막에서의 유목생활.**

사하라사막의 주인공이었던 투아레그족은 11세기 가나왕국 그리고 14세기에 왕성했던 말리
왕국과 북아프리카의 오스만제국 사이를 오가며 소금과 금을 교역함으로써 막대한 부를 쌓았
다. 이때 생긴 교역로를 통해 이슬람교가 서남아프리카에 전파되었다. 현재 투아레그족은 말리
동부와 니제르 남서부 일대에 거주하고 있다. 투아레그족 일부만이 낙타를 이용한 대상무역에
종사하고 있으며, 대부분이 유목과 농경으로 힘겹게 생활을 꾸려 가고 있다.

리차트 구조,
고도 10km 이상에서야 제대로 보이는
'지구의 눈'

▶　아프리카 사하라사막에 새겨진 리차트 구조. 리차트 구조는 원형의 지형으로 크기와 규모가 지름이 50km에 이를 만큼 크기와 규모가 방대하기 때문에 고도 10km 이상으로 올라가야만 그 모습을 제대로 볼 수 있다. 생긴 모양이 황소의 눈 같아서 '황소의 눈', 사람의 눈처럼 생기고 사하라사막에 있는 동그란 지형이어서 '사하라의 눈'이라 불리며 이외에도 '지구의 눈', '아프리카의 눈' 등의 별칭이 있다. 리차트 구조는 지구의 수많은 지질구조 가운데 가장 신비감을 느끼게 한다.

사하라사막을 통과하고 있음을
알려 주는 랜드마크

북아프리카 사하라사막의 서부 모리타니에 위치한 리차트 구조^{Richat Struc-}ture는 드넓은 사막지대에 지름이 50km에 이를 만큼 어마어마한 크기의 원형 소용돌이 모양을 하고 있다. 크기와 규모가 방대하여 전체 형태를 보려면 적어도 고도 10km 이상은 올라가야 한다.

우주에서는 보는 방향과 시간대에 따라 빛의 굴절에 의해 다양한 빛깔로 보이기도 한다. 리차트 구조는 1965년 미국 우주선 제미니 4호가 지구를 돌며 지표면을 촬영하면서부터 알려졌다. 이후 우주에서 그 모양을 한눈에 확인할 수 있어 지구로 귀환할 때 사하라사막을 통과하고 있음을 알려 주는 지리적 랜드마크로 이용되었다.

풀리지 않는
형성과정의 미스터리

리차트 구조가 어떤 과정으로 생겨났는지는 지금까지 미스터리로 남아 있다. 초기에는 광대하면서 균일한 동심원 모양의 원형을 띠는 외관 때문에 소행성이나 운석이 충돌하여 생겼다고 생각했다. 그러나 운석구덩이가 아닌 평평한 지형이고, 운석 기원물질인 이리듐과 백금 같은 원소를 포함한 파편이 발견되지 않으며, 운석충돌로 생긴 고열과 고압에 의해 변성작용이 일어나 생성되는 암석인 코사이트^{coesite}를 해당 지역의 주변 암석에서 볼 수 없어 리차트 구조가 운석충돌로 생긴 것은 아니라는 점이 밝혀졌다. 모양이 원형이어서 화산폭발로 생긴 것이라는 주장도 있었지만 중앙에 분화구가 없고, 마그마의 분출과 관입으로 생기는 화성암이나 화산암의 구릉과 돔이 없어 이 또한 아닌 것으로 알려졌다.

그렇다면 리차트 구조는 어떻게 생긴 것일까? 아직 생성과정을 명쾌하게 설명할 수는 없지만 2005년 캐나다 퀘벡대학교 매턴$^{G.\ Matton}$ 교수의 새로운 주장이 설득력을 얻고 있다. 이 주장에 따르면, 이곳 일대 지각의 기반암층은 초기 사암과 석회암이 대부분인 퇴적암(원생대 약 6억~고생대 4억 년 전)으로 이루어져 있었다. 약 1억 2,000만 년 전 중생대 백악기가 시작될 무렵 지각변동으로 지하 깊은 곳에서 마그마가 관입하면서 기반암을 밀어 올려 거대한 돔 모양의 산을 이루었다.

융기과정에서 돔 모양의 산에 큰 충격이 가해져 돔 모양의 중심부, 즉 지금의 눈 중심부를 빙 둘러싸는 방사상과 원 모양의 단층인 균열이 일어났다. 이러한 균열로 불안정해진 중심부가 중력의 영향을 받아 일부는 무너져 내렸으며, 돔 모양의 산이 단층과 균열을 따라 오랫동안 물과 모래바람 등에 의해 침식·풍화되면서 양파껍질이 벗겨지듯 깎여 나가 지금의 평탄한 모습이 되었다. 눈 모양의 중심을 기준으로 세 겹의 고리 모양 둔덕이 생긴 것은 지층이 침식·풍화되는 과정에서 암질 간에 서로 다른 속도로 차별침식이 진행되었기 때문이다.

지각변동이 일어났을 때, 일부 마그마가 지표면으로 분출하여 화성암이 되었으며, 일부는 관입과정에서 기반암인 퇴적암에 열과 압력을 가해 변성암을 만들어 내기도 했다. 이런 이유로 리차트 구조에서는 퇴적암, 화성암, 변성암 등이 교대로 반복되어 나타난다. 또한 돔 모양의 지각이 일부 붕괴되는 과정에서 각력암(암석이 쪼개진 그대로 쌓여 생긴 퇴적암)이 생성되었다.

지층은 생성순서에 의해 오래된 것일수록 아래서부터 위로 차곡차곡 쌓이는 '지층누중地層累重의 법칙'이 적용된다. 리차트 구조는 평탄했던 지층의 중심부가 마그마가 관입하여 돔 모양으로 솟아오른 뒤 함몰되고 나서, 가장자리 지층에 비해 빠르게 깎여 나갔다. 이 때문에 지표에 드러난 중심부 지층은 오래된 지층이며, 원의 중심부에서 가장자리로 갈수록 침식에 견딘 지층은 상대적으로 젊은 지층에 속한다.

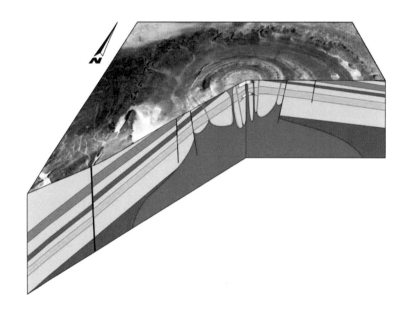

○　**리차트 구조 단면도.**
지하 마그마의 화성활동으로 중심부가 돔 모양으로 융기한 이후, 단층선을 따라 침식과 풍화가 진행되면서, 지층의 약한 암질이 단단한 암질에 비해 빨리 깎여 나갔다. 이러한 차별 침식으로 세 겹의 고리 모양을 이룬 거대한 지질구조가 형성되었다.

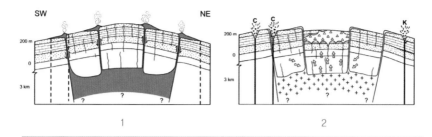

중생대 백악기 1억 2,000만 년 전 무렵 지하 깊은 곳의 기반암에 마그마가 관입하여 중심부를 들어 올리면서 거대한 돔 모양의 산이 형성되었다. 이때 관입과 융기 과정에서의 충격으로 방사형·원형의 단층선(균열)이 생겼다.	약 1억 년 전 지하의 마그마가 또다시 기반암에 관입했다. 뜨거운 산성 지하수는 중심부 석회암을 용해했으며, 중심부의 석회암은 함몰되면서 각력암으로 변했다. 지표에 있던 돔 모양의 중심부 산은 단층선을 따라 물과 바람 등에 의해 빠르게 깎여 나갔다.

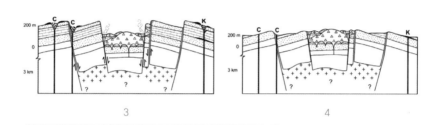

지하 마그마의 더 강력한 화성활동으로 실린더의 피스톤운동에 의한 것처럼 돔 모양의 중심부 산이 들어 올려졌다가 함몰했다. 방사형 및 원형 단층선을 따라 물과 바람 등에 의해 지표 부근의 침식 또한 계속 진행되었다.	돔 모양의 산이 오랜 세월 침식되어 석회암층은 거의 깎여 나갔다. 그 과정에서 단층선 부근의 단단한 암질을 구성하는 지층이 무른 암질의 지층보다 상대적으로 덜 깎여 나가 세 겹의 고리 모양 둔덕이 있는 원형의 지질구조가 형성되었다.

+++ 유문암질 마그마	⊡ 규암질 사암	현무암질 마그마
열수 각력암	석회석	기존 균열
K,C 킴벌라이트, 카보나타이트	퇴적물	돔을 형성한 균열
고철질 마그마	기반	

리차트 구조 형성과정

리차트 구조, 고도 10km 이상에서야 제대로 보이는 '지구의 눈'

리차트 구조와 관련된
아틀란티스 이야기

규모가 방대하고 볼수록 신비감이 느껴지는 리차트 구조에 전설과 신화가 없을 리 없다. 동심원 모양을 하고 있어 마치 탑의 터처럼 생겼다고 하여 성경의 바벨탑의 터라는 주장과, 외계인과 소통하기 위한 표식이며 유에프오의 이착륙 지점일 것이라는 주장이 제기되기도 했다.

원형의 구조가 고대 그리스 철학자 플라톤이 남긴 대화편인 〈티마이오스〉와 〈크리티아스〉에 전하는, 바닷속으로 사라진 대륙인 아틀란티스의 흔적이라는 주장까지 제기되었다. 아틀란티스는 플라톤이 꿈꿨던 이상향의 국가로서 북쪽으로는 거대한 산들이 가로막고 있고, 남쪽으로는 너른 평야지대에 바둑판 모양의 직사각형 도시가 세워졌으며, 도시 동쪽 부근에는 동심원 모양의 섬에 세워진 도시가 운하를 통해 바다와 이어져 있다고 한다.

이와 같이 리차트 구조가 형태상으로 아틀란티스의 일부와 유사하다는 점, 리차트 구조의 내부 크기가 약 24km로 플라톤이 기록한 아틀란티스의 크기인 127스타디아^{stadia}(1stadia=185m, 23.49km)와 일치한다는 점, 여기에다 북쪽에 위치한 산인 지금의 아틀라스산맥을 근거로 대륙인 아틀란티스의 흔적이라고 추정했다. 그러나 오늘날 아틀란티스는 과학적인 증거가 거의 없어 가상의 대륙으로 간주될 뿐이다.

오스트레일리아의 운석충돌 구조,
슈메이커 충격구조, 거미 분화구, 고스 블러프

오스트레일리아에는 리차트 구조처럼 높은 상공이 아니면 관측 불가한 대표적인 지형 구조물이 세 곳 있다. 이곳들은 우주에서 날아온 운석에 의한 충돌로 생겨난 구조물인 분화구crater라는 점에서 지구 내부의 지질 특성이 반영된 리차트 구조와 차이가 있다.

슈메이커 충격구조

오스트레일리아 서부 이라히디Earaheedy 분지 남쪽 끝자락에는 거대한 두 개의 원 모양이 두드러진 지형구조물이 있다. 우주에서 지구로 날아든 운석이 충돌하여 생긴 구조물이기 때문에 이를 지질구조라 하지 않고

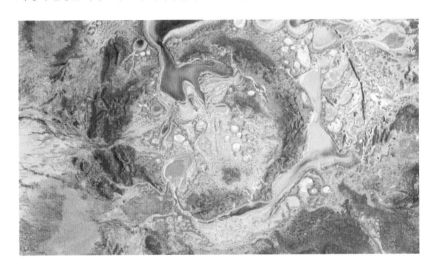

○ **슈메이커 충격구조.**
운석충돌로 분화구가 생긴 이후 오랫동안 침식되어 동쪽의 외곽 분화구 외벽은 거의 사라졌으며, 분화구 안의 저지대에 호수들이 생겨났다.

충격구조라고 한다. 처음에는 티그링 구조 Teague ring Structure라고 불렸지만, 충돌분화구 및 행성지질학 연구의 선구자로서 1997년 이곳을 방문한 뒤 교통사고로 사망한 유진 슈메이커Eugene Shoemaker를 기리기 위해 슈메이커 충격구조Shoemaker impact structure로 이름이 바뀌었다.

1974년 처음 발견된 이후, 분화구 중심 지역에서 충격에너지로 형성된 원뿔 모양의 구릉지 잔류지형과 고열과 고압에서 생성되는 석영이 발견되어 운석충돌로 생긴 분화구임이 증명되었다. 형성시기를 두고 논란의 여지가 있지만, 약 17억~16억 년 전 운석충돌이 있었을 것으로 추정된다. 운석이 충돌할 때 엄청난 힘이 지표면에 전달되어 지름 약 30km에 이르는 거대한 분화구가 만들어졌다.

이후 충격에너지가 지속되어 중심부 부근에 규모가 작은, 지름 약 12km의 분화구가 만들어졌다. 충격파로 내려앉은 땅덩어리가 지각평형을 유지하려는 힘에 의해 중심부가 융기하여 원뿔 모양의 구릉이 생겼다. 이후 오랜 세월을 거치며 중심부 구릉과 분화구 외벽이 침식으로 깎여 나갔는데, 현재 침식에 견디고 남은 곳이 원의 윤곽을 띠고 있다.

거미 분화구

오스트레일리아 북서부 킴벌리고원 바넷산 부근에 가로길이 약 13km, 세로길이 약 11km 크기의 원 모양 분화구가 있는데, 그 안에 모양새가 마치 거미처럼 보이는 특이한 지형구조물이 있어 이를 거미 분화구Spider crater라 부른다. 거미 모양의 지형구조물은 1960년경 처음 알려진 이후, 어떻게 해서 생성되었는지 알 수 없었다.

1970년대 분화구 중심 지역에서 강한 압

거미 분화구.
운석충돌의 충격파에 의해 분화구 중심에 원뿔 모양의 융기지형이 형성되었다. 이곳에 발달한 방사형의 단층선을 따라 침식이 진행되어 거미 모양의 지형구조물이 생성되었다.

력과 고열의 충격으로 생성된 각력암과 석영 등의 암석이 발견되어 유성 및 소행성이 충돌하여 생긴 분화구임이 밝혀졌다. 충돌 시기는 약 9억~6억 년 전 사이로 추정된다.

운석이 지표면에 충돌하면 강한 충격파에 의해 내려앉았던 땅덩어리가 평형을 유지하기 위해 다시 솟아오르며 분화구 중심에 원뿔 모양의 융기지형이 생긴다. 중심부에 지름 약 500m의 석영질 사암으로 이루어진 융기지형이 형성되었는데, 충격파로 방사형의 많은 단층이 생겨났다. 이 단층선들을 따라 침식이 이루어져 골이 생기면서 지금의 거미 모양 지형구조물이 형성되었다.

고스 블러프 분화구

오스트레일리아 노던 준주의 앨리스스프링스에서 서쪽으로 약 200km 떨어진 사막에는 그 형태가 잘 보존된 고스 블러프Goss-es Bluff라는 원형의 분화구가 있다. 높이 약 200m, 지름 약 4.5km의 분화구를 이루고 있는 암석은 사암이며, 분화구는 소행성 충돌로 생긴 충격분화구가 침식되고 남은 것이다.

약 1억 4,000만 년 전 지름 약 1km의 소행성이 초속 40km의 속도로 충돌하여 지하 약 5km 깊이까지 파고들어 갔으며, 이때의 충격에너지로 지름 약 22km의 거대한 분화구가 생겼다. 그리고 지표가 다시 튕겨져 올라와 분화구 중심에 지름 약 4.5km의 거대한 돔구조가 생성되었다.

수천만 년에 걸쳐 침식·풍화되어 분화구의 외륜은 모두 깎여 사라졌다. 그리고 분화구 중심에 있는, 사암으로 된 돔구조는 가장자리에 비해 중심부가 빠르게 침식되어 깎여 나가고 두 개의 고리 모양을 한 사암의 잔해들이 남아 지금의 모습이 되었다.

○　**고스 블러프 분화구.**
　　소행성 충돌로 생긴 고스 블러프 분화구는 분화구 중심에 생성된 돔 구조가 모두 깎여나가고 단단한 두 겹의 고리 부분만 남은 충격구조다.

　　　　　리차트 구조, 고도 10km 이상에서야 제대로 보이는 '지구의 눈'

✢

레트바호,
분홍빛 호수의 대명사

✢

▶ 핑크 레이크의 대명사, 레트바호. 1년 중 건기가 되면 호수 빛깔이 딸기우유처럼 분홍빛으로
변하고, 염도가 높아 사해처럼 몸이 가라앉지 않고 둥둥 뜬다. 그러나 우기가 되면 그런 모습을 잃
는다. 자연이 만든 호수로 분홍빛 장미꽃 색을 띠어 '장미 호수'라고도 알려진 아프리카 세네갈의
레트바호가 바로 그곳이다.

염분이 만든
장밋빛 호수

아프리카 세네갈의 수도 다카르에서 북동쪽 약 30km 지점에 해안과 인접해 있는 레트바^Retba 호는 건기에 분홍빛을 띠어 핑크 레이크^pink lake 로 알려졌는데, 현지인들에게는 '장미 호수^Lac Rose'로 더 잘 알려져 있다. 건기(11월~6월)가 되면 딸기우유처럼 분홍빛으로 변하여 자연의 신비함이 느껴진다. 어떤 이유로 호수가 분홍빛이 되는 걸까?

건기가 되면 비가 거의 오지 않고 강한 햇볕에 물이 증발하여 호수의 염도가 높아지는데, 보통의 바닷물에 비해 약 10배, 사해보다 약 1.5배 높다. 면적 또한 5km²에서 약 1.1km²로 줄어든다. 사람이 호수 물에 둥둥 뜰 정도로 염분이 많아지면 염분을 좋아하는 녹조류인 두나리엘라 살리나가 활발하게 번식한다. 이때 광합성 과정에서 녹조류의 엽록소가 붉은 색소를 방출하는데, 이로 인해 호수가 분홍빛을 띠는 것이다. 건기가 끝나고 우기(7월~10월)가 시작되면 호수의 유량이 증가하고 물이 증발되는 비율이 낮아지며, 그 결과 염도도 함께 낮아져 녹조류가 성장하기 어려워지기 때문에 분홍빛이 점점 옅어진다.

두나리엘라 살리나는 기름과 같은 글리세롤이라는 성분을 만들어 내어 매우 높은 염도의 환경에 적응하며 서식할 수 있었다. 글리세롤이 없었다면 세포 안의 물이 염도가 높은 밖으로 빠져나가 살아남을 수 없었을 것이다. 포식자인 동물성 플랑크톤은 글리세롤을 만들어 내지 못하여 높은 염도의 환경에 적응할 수 없었다.

녹조류라고 하면 녹색을 띨 것이라고 흔히들 생각한다. 두나리엘라 살리나는 광합성을 할 때, 자외선으로부터 몸을 보호하기 위해 베타카로틴이라는 붉은 색소를 만든다. 생명체는 자외선을 받으면 세포조직을 손상하는 유해산소로 알려진 활성산소가 체내에 만들어진다. 베타카로틴은 이러한 활성산소가 쉽게 생성되지 못하게 하여 건강을 유지시켜 주는 역할을 한다. 호수가 분홍빛인 것은 두나리엘라 살리나가 자신을 보호하기 위해 내뿜는 베타카로틴 때문이다.

바닷물이 갇혀 생겨난 석호

해안에 인접한 레트바호는 약 6,000년 전 해수면이 현재의 수면을 유지했을 때, 내륙으로 밀려 들어온 바닷물이 갇혀서 생긴 석호다. 연안류(해안과 평행하게 생기는 파랑에너지의 흐름에 의해 나타나는 바닷물의 흐름)에 의해 사주(모래톱)가 발달해 바닷물이 흘러 나가지 못하고 갇혀 버린 것이다. 레트바호 이외에도 해안선을 따라 말리카호와 지금은 말라 버린 엠보베세호 등 여러 개의 석호가 발달해 있다. 석호가 형성된 시기는 약 3,000년 전으로 추정되며, 현재는 바다와 완전 분리되어 내륙에 고립되어 있다. 19세기만 해도 전체 석호 면적이 약 32km²였는데, 가뭄이 지속되고 바다와 육지 사이에 있는 해안사구가 성장하여 현재는 약 5km²로 현격히 줄었다.

레트바호는 해수면보다 약 5m 낮고, 수심은 90~150cm이며, 해안사구의 모래 두께는 높이 약 50m로 두껍다. 석호는 보통 바다와 연결되어 하루에 두 번씩 조석潮汐에 맞춰 주기적으로 바닷물이 들고 나가기를 반복한

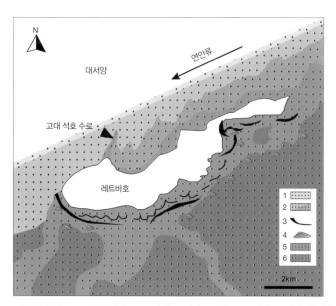

1. 현재의 해안선, 2. 3,000년 전~현재, 3. 3,000년 전~680년 전, 4. 패총. 5. 5,000년 전, 6. 2만 년 전 형성된 사구

○   **레트바호의 발달과정.**

약 6,000년~5,000년 전, 해빈의 모래가 바닷바람에 의해 날려 높이 약 50m, 길이 약 500m의 사구가 발달했다. 그리고 해안에는 연안류에 의해 사주가 발달하면서 내륙으로 밀려들어온 바닷물이 바다와 분리되어 내륙에 갇혀 석호인 레트바호가 만들어졌다. 더 이상 바닷물이 공급되지 않게 된 후, 건기 때 증발량과 염분과 조류가 증가하여 호수는 분홍색을 띠게 된다. 한편 호수 안쪽 내륙의 사구가 밀도가 높은 바닷물의 유입을 차단하는 역할을 하여 해안 부근에서는 민물인 지하수를 이용할 수 있다.

다. 그런데 레트바호는 모래톱이 성장하면서 육지와 바다 사이가 완전히 차단되어 바닷물이 더 이상 유입되지 않는다. 바다와 분리된 상태에서 지속적으로 물이 증발하면서 염분이 증가하여 호수 바닥에는 결정結晶을 이룬 소금이 쌓이게 되었다. 이곳 주민들은 호수 바닥의 진흙과 뒤섞인 소금을 채취하며 살아간다.

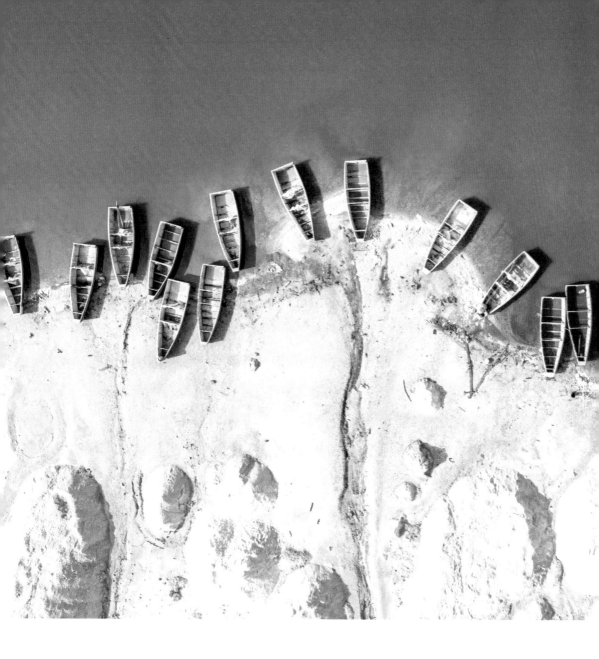

○   **물과 모래의 뚜렷한 대조.**
자연이 만든 호수로, 녹조류의 성장으로 변한 호수의 색이 호수에서 걷어 올린 하얀 소금
의 색과 확연히 대조된다. 건기에 호수의 색이 분홍빛으로 바뀌면 염분이 높아져 사해처
럼 몸이 가라앉지 않고 둥둥 뜬다. 이 일대의 사람들은 호수에서 소금을 채취하여 생계를
이어간다.

레트바호, 분홍빛 호수의 대명사

호수의 소금에
기대어 사는 사람들

1970년대부터 생산된 레트바호의 소금은 물에 젖은 상태로 채취되어 건조된다. 2,500~3,000여 명이 소금을 채취하는 일에 종사하는데, 호수물 1L당 약 380g의 소금을 얻을 수 있다고 한다. 연간 4~5만t가량이 생산되는데, 이는 세네갈 소금 생산량의 10%를 차지한다. 국민 누구나 소금을 채취할 수 있고 부르키나파소, 잠비아, 말리 등의 해외이주 노동자들도 이 일에 종사하고 있다.

물속에서 소금을 채취하는 일은 남성이 한다. 깊이가 허리 높이 이상

○ **소금을 채취하는 어민.**
염도가 높아 호수에서는 물고기들이 살기 어렵지만 일부 염도가 낮은 곳에는 보통 물고기 크기의 4분의 1이 되는 물고기들이 서식한다고 한다. 호수의 소금은 이곳 사람들이 생계를 유지하는 데 없어서는 안 되는 존재다.

인 호수에 맨몸으로 들어가 삽이나 가래로 바닥에서 소금을 퍼 올려 통나무 배에 담는다. 보통 통나무 배 하나당 1t가량의 소금을 실어 나른다. 이후 소금을 건조장으로 운반하고 건조하는 일은 여성이 한다. 처음 호수에서 퍼 올린 소금은 옅은 분홍색이지만 3~5일 정도 태양과 바람에 말리면 탈색되어 흰색이 된다. 소금은 주로 생선을 건조하는 데 사용하고 일부는 유럽인 거주 지역의 도로 결빙을 막는 데 쓰인다.

염분이 높은 호수에 들어가 맨몸으로 소금을 채취하는 일은 결코 쉽지 않다. 많은 인부가 피부질환과 안질환에 시달리고 있는 것으로 알려졌다. 이들은 고농도의 염분으로부터 피부를 보호하기 위해 시어너트로 만든 피부 보습제이자 완화제인 시어버터를 바른다. 이러한 전통적인 소금 채취 방법은 생산성은 떨어지지만 한편으로 호수의 지속가능한 생태환경과 자원 보존에 도움이 되고 있다.

오스트레일리아 러쉐어쉐이군도
힐리어호

분홍빛 호수는 세네갈의 레트바호 이외에도 여러 곳에 더 있다. 그 가운데 오스트레일리아 서부 러쉐어쉐이군도의 미들아일랜드에 있는 힐리어Hillier호는 많은 사람에게 사랑받고 있다.

바다와 인접한 힐리어호 또한 바닷물이 내륙에 갇힌 석호로, 길이 약 600m, 폭 약 250m, 면적 약 0.15km²인 작은 호수다. 건기(11월~3월)가 되면 분홍빛으로 변하여 현지에서는 '핑크 호수'로 불리기도 한다.

2016년 힐리어호에 있는 미세조류를 연구한 결과, 레트바호와 마찬가지로 소금 성분을 좋아하는 녹조류인 두나리엘라 살리나 때문에 호수가 분홍빛인 것으로 밝혀졌다. 조사과정에서 두나리엘라 살리나 이외에 디클로로모나스 아로마틱이라는 박테리아가 발견되었다. 이 박테리아는 발암성 유독물질로 염료제, 방부제, 합성수지 등을 만드는 데 쓰이는 유기화합물인 벤젠과 톨루엔을 소화, 분해하는 것으로 알려졌다.

어떻게 이 박테리아가 힐리어호에 서식하게 되었는지가 의문이었다. 조사 결과, 1900년대 초에 소가죽을 무두질(동물가죽에서 불필요한 성분을 제거하고 유제鞣劑를 흡수시켜 사용하기 편리한 상태로 만드는 공정)하는 곳으로 이 호수를 이용했다는 사실을 확인했다. 소가죽을 물로 씻어 내는 무두질은 악취가 심하고 매우 불결하고 힘들어 혐오도가 높은 일이다. 아마도 당시에 악취와 수질오염을 감추고 남의 눈에 띄지 않도록 외부와 고립된 호수에서 작업했기 때문일 것이다.

○ **오스트레일리아를 대표하는 핑크빛 호수, 힐리어호.**
힐리어호는 1802년 유럽인에게 최초로 발견된 이후, 사람들이 한때 이곳에서 소금을 채취하고
자 했지만 독성이 강해 실패했으며 지금은 관광지로만 활용된다. 거의 남반구 끝자락에 위치하
여 철새들의 중간기착지로 생태학적 가치가 커 버드라이프 인터내셔널[BLI]이 조류보호구역으
로 지정했다. 호수의 분홍색과 바다의 푸른색의 대조가 인상적이다.

동아프리카지구대,
인류 탄생의 요람이자 야생동물의 천국

▶ 지구 최대의 열곡대裂谷帶, 동아프리카지구대. 19세기 말까지, 동아프리카의 홍해 남단에서 모잠비크에 이르는 장대한 골짜기가 어떻게 생겼는지는 비밀에 싸여 있었다. 1921년에 처음으로 동아프리카지구대를 포함하여 홍해와 사해 등이 지각판의 횡압력으로 생긴 단층의 영향으로 함몰되어 생긴 골짜기라는 사실이 밝혀졌다. 그리고 최초로 출현한 인류가 이곳을 통해 아프리카를 벗어나 전 세계로 퍼져 나갔으며, 야생동물의 천국으로 초식동물의 대이동이 펼쳐지는 곳이라는 것도 알려졌다. ◆ 응고롱고로 자연보존지역/1979년 유네스코 세계자연유산, 2010년 유네스코 세계복합유산 등재/탄자니아 ◆ 세렝게티 국립공원/1981년 유네스코 세계자연유산 등재/탄자니아 ◆ 킬리만자로 국립공원/1987년 유네스코 세계자연유산 등재/탄자니아

둘로 갈라지는 아프리카 대륙

동아프리카지구대 Great Rift Valley of East Africa는 홍해 남단에서 동아프리카를 종단하여 모잠비크까지 이르는 약 4,000km의 계곡을 말한다. 계곡 양쪽의 지루와 지구대 간의 높이는 900~2,700m에 달할 정도로 깊고, 폭은 평균 50km에 이른다.

지구 내부의 맨틀대류에 의해 지각판이 장력을 받아 양쪽에서 잡아당겨지면 균열, 즉 단층선이 생기고, 지각판이 좌우로 움직이면서 중심부는 내려가고 주변부는 경사가 급한 절벽이 되는 오목한 모양의 지형이 형성된다. 이때 중심부가 함몰하면서 생긴 저지대를 지구地溝, 상대적으로 높은 절벽의 정상부를 지루地壘라고 한다.

처음에는 서로 붙어 있던 아프리카판과 아라비아판이 약 1억 년 전부터 세 개의 판으로 갈라지기 시작했는데, 현재 아라비아판, 아프리카-소말리아판, 아프리카-누비아판이 단층대를 두고 서로 멀어지는 Y자 모양의 3중 균열로 갈라지고 있다. 약 2,000만 년 전에 시작된 단층·침강 작용이 지금도 쉬지 않고 일어나고 있어 앞으로 1,000만 년 후면 아프리카 대륙이 둘로 나뉠 것이라고 한다.

지구대였던 곳에서 홍해와 사해가 생긴 것처럼, 동아프리카지구대도 언젠가는 바다로 변할 것이다. 현재도 지속되고 있는 지구대 부근의 활발한 지진과 용암분출 등의 징후가 그 증거이며, 빅토리아호, 탕가니카호, 킬리만자로산, 케냐산 등은 지구대가 형성되는 과정에서 생긴 부산물이다.

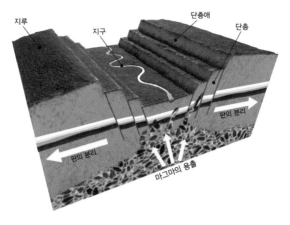

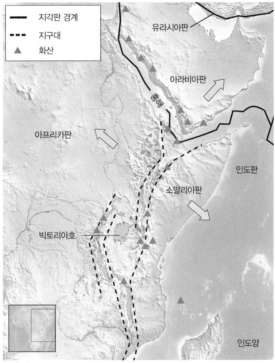

○ **동아프리카지구대 형성과정.**

동아프리카지구대는 홍해 남단에서 모잠비크에 이르는 약 4,000km의 골짜기를 말한다. 단층선을 북쪽으로 연장하면 사해 부근 요르단까지 약 6,400km에 달한다. 지구대 아래 지구 내부의 맨틀대류 작용이 지금도 지속되고 있어 Y자 모양의 3중 균열이 일어나 아프리카와 아라비아판이 홍해와 아덴만을 사이에 두고 멀어지고 있다. 아프리카 또한 지구대를 따라 누비아판과 소말리아판이 1년에 약 3mm씩 동서로 갈라지고 있다.

야생동물 대이동의 파노라마, 세렝게티 초원

탄자니아 북서부와 케냐 남서부에는 면적 약 1만 4,000km²의 드넓은 세렝게티(마사이어로 '끝없는 평원'이란 뜻) 초원이 펼쳐져 있다. 이곳은 세계에서 가장 넓은 야생동물 보호구역이다. 적도 이남에 위치한 세렝게티 초원은 연평균강수량 약 800mm로 건기(7월~11월)와 우기(12월~6월)가 뚜렷하게 구분되는 사바나기후여서 우기에는 녹색의 초지로 변하고 건기에는 황량한 벌판으로 변한다. 우기와 건기가 반복되는 이유는 계절에 따라 열대수렴대가 남북으로 이동하여 강수량이 달라지기 때문이다.

○ **세렝게티 초원 누떼의 대이동.**
세렝게티 초원은 가장 다양한 야생생물이 서식하는 보호구역이다. 누와 영양, 얼룩말 등의 초식동물은 매년 건기와 우기에 따라 물과 풀을 찾아 케냐의 마사이마라 국립보호구역과 탄자니아의 세렝게티 초원을 남북으로 오가며 대이동을 한다.

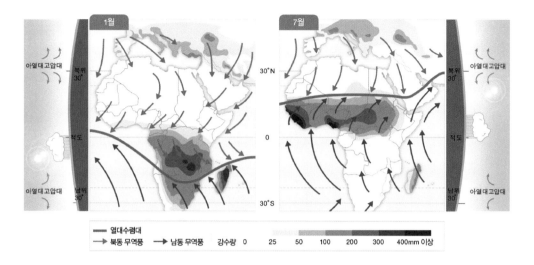

○ **열대수렴대의 이동과 강수량 변화.**
지구 대기의 대순환에 따라 적도 부근에서는 북반구의 북동무역풍과 남반구의 남동무역풍
이 만나 열대수렴대를 이룬다. 열대수렴대는 태양에너지가 집중되어 상승기류가 형성되어
연중 많은 비가 내린다. 열대수렴대는 위도상 적도와 일치하지 않으며 태양의 회귀에 따라
계절별로 차이가 나는데, 여름(7월)에는 북반구로 올라가고 겨울(1월)에는 남반구로 내려
간다. 이에 따라 우기와 건기에 맞춰 풀을 찾아 초식동물들이 대이동을 하는 것이다.

    누, 얼룩말, 영양 등 약 250만 마리의 초식동물은 우기 동안은 세렝게
티 초원에서 지낸다. 건기가 시작되는 7월이 되면 새로운 물과 풀을 찾아
북쪽에 인접한 케냐의 마사이마라 국립보호구역까지 약 200km가 넘는
대이동을 시작한다. 반대로 11월~12월에는 북쪽 케냐로 넘어갔던 동물
들이 다시 남쪽 탄자니아의 세렝게티 초원으로 돌아온다. 해마다 반복되
는 대이동 과정에서 많은 초식동물 개체수가 포식동물인 사자와 악어 등
의 맹수에게 잡아먹히거나 강을 건너다가 익사한다.

세계 최대의 칼데라 분지, 응고롱고로 분화구

탄자니아 남부에는 지구상에 가장 큰 분화구인 응고롱고로(마사이어로 '큰 구멍'이란 뜻) 분화구가 있다. 동서길이 약 19km, 남북길이 약 16km, 면적 약 8,100km², 평균깊이 500m의 타원형 분화구로, 약 250만 년 전 화산분출 후 분화구가 함몰되어 생긴 칼데라 분화구다.

응고롱고로 분화구는 세렝게티 초원과 인접한 만큼 2만여 종의 동물이 서식하는 야생동물의 천국이다. 이곳에 사는 동물들은 분화구 밖에 사는 동물들과 달리 건기와 우기에 따라 이동하지 않고 이곳에서 태어나 이곳에서 살다가 죽는다. 이곳은 1년 내내 먹이가 풍부하고, 건기에도 물이

○ **동아프리카 야생생태계의 축소판, 응고롱고로 분화구.**
분화구 중앙에 있는 마가트호는 건기에도 물이 마르지 않아 동물들의 오아시스 역할을 한다. 무개차를 타고 야생동물을 구경하는 사파리 관광이 인기여서 해마다 전 세계에서 많은 사람이 찾고 있다.

마르지 않는 호수와 습지대에서 지낼 수 있어 다른 지역으로 이동할 필요가 없기 때문이다. 예외적으로 코끼리와 개코원숭이가 신선한 먹이를 찾아 능선을 넘어 분화구 바깥으로 이동하곤 한다고 한다.

응고롱고로 분화구는 휴화산으로 현재까지 분화구의 가장자리인 외륜산이 붕괴되지 않고 잘 보존되어 있어 그 윤곽이 뚜렷하다. 이렇게 분화구의 외륜산이 외부와의 교류를 차단하는 역할을 하여 내부의 야생동물들은 고립된 환경에서 오랫동안 지내 왔다. 그로 인해 사자를 비롯한 일부 동물들은 근친교배에 따른 유전적 고립으로 개체수가 감소하여 생존을 위협받는 상황에 이르렀다. 이에 전 세계 과학자들은 유전자 재조합이라는 복제기술로 문제를 해결하기 위해 노력하고 있다.

만년설과 빙하가 쌓인
킬리만자로산

뜨거운 태양이 작렬하는 적도 부근 탄자니아 북동부 아프리카 고원에 우뚝 솟은 아프리카 대륙의 최고봉 킬리만자로산(5,895m) 정상부에는 놀랍게도 만년설과 빙하가 쌓여 있다. 킬리만자로는 스와힐리어로 '빛나는 산'이란 뜻이다. 이는 정상부에 쌓인 만년설이 햇빛에 반사되어 빛이 나는 데서 유래한 것으로, 킬리만자로산은 주변 원주민에게 신비로움과 위엄을 느끼게 하는 영험한 산으로 여겨진다.

킬리만자로산은 세 개의 분화구를 가진 성층화산이다. 정상에는 원뿔 모양의 화구구火口丘(화산의 화구 안에 새로 터져 나온 비교적 작은 화산을 말한다)로 분화구 폭이 2.4km에 이르는 키보봉이, 서쪽으로는 시라봉과 동쪽으로

○ **사라질 위기에 처한 킬리만자로산의 상징, 만년설과 빙하.**
산 정상부에 쌓인 만년설과 빙하로 인해 하얗게 보이는 킬리만자로산은 주변 원주민에게 신
성의 대상이었으며, 만년설이 녹은 물은 주민들의 생명수였다. 그러나 지구온난화로 만년설
과 빙하가 빠르게 녹고 있어 머지 않아 산 정상부에서 흰색을 찾아볼 수 없게 될 것이다.

아프리카

는 마웬지봉이 있다. 시라봉과 마웬지봉의 분화구는 침식이 진행되어 그 형태를 알아보기 어렵다. 마지막 화산분출이 약 100만 년 전에 있었던 휴화산이지만 키보봉 분화구의 중앙분기공에서는 여전히 유황가스와 증기가 나오고 있다.

킬리만자로산은 지구온난화로 인해 그동안 녹지 않았던 정상부의 빙하가 빠르게 녹고 있다. 눈과 얼음으로 뒤덮여 있던 분화구엔 얼음 일부만 남아 있을 뿐이다. 미국 오하이오주립대학교 연구진에 의하면, 2007년 현재 킬리만자로산의 빙하가 지난 1912년 최초 조사시점 당시 측정됐던 면적의 85% 수준으로 축소됐다고 한다. 과학계에서는 머지않아 2030년에는 빙하가 모두 사라질지 모른다고 한다.

꼭대기의 빙하는 이 지역 사람들에게 식수와 농업용수로 이용되었다. 몇 년째 이상고온현상으로 가뭄이 지속되자 주식인 옥수수와 기호작물인 커피의 생산이 급감하여 기근 위기를 겪었으며, 많은 농부들이 생계를 위해 도시로 떠났다. 더욱 심각한 것은 식수의 부족이다. 빙하가 녹아 내려오는 계곡물이 말라버리자 물을 찾아 두 시간 넘게 산길을 오르는 일이 다반사로 이어지고 있으며, 이 과정에서 주민들 간에 극렬한 싸움이 벌어지기도 했다.

최초의 인류가 출현한 곳이자
이동로의 역할을 한 동아프리카지구대

아프리카는 인류의 기원지로서 오스트랄로피테쿠스(?~약 300만 년 전)를 비롯하여 호모하빌리스(약 300만~150만 년 전), 호모에렉투스(약 150만~25만 년 전), 호모사피엔스(약 25만~4만 년 전, 네안데르탈인과 현생인류 포함), 호모사피엔스사피엔스(약 20만~현생, 크로마뇽인 등) 등의 인골화석이 모두 동아프리카지구대에서 발견되었다.

1959년 루이스 리키Louis Leakey 박사는 지구대 내에 위치한 세렝게티 국립공원의 동쪽 올두바이 계곡에서 약 250만~150만 년 전에 살았던, 원시인류인 원인猿人의 일종인 파란트로푸스 보이세이(초기에는 진잔트로푸스 보이세이로, 최근까지는 오스트랄로피테쿠스 보이세이로 불렸다) 화석을 발견했다. 1963년에는 호모하빌리스의 인골화석을 발견함으로써 최초의 인간, 즉 유인원에서 인류Homo로의 진화를 증명했다. 또한 동시대에 이들이 사용한 최초의 뗀석기도 발견했다. 이로써 올두바이 계곡은 이후 인류와 석기문화의 아프리카 기원설(현생인류의 직계 조상이 약 12~10만 년 전 아프리카에서 출현하여 전 세계로 이동하면서 퍼져 나갔고, 기존에 정착하여 살고 있던 네안데르탈인 등 모든 다른 인류를 대체했다는 주장)의 근거가 되는 중요한 유적지가 되었다.

남북으로 길게 오목하게 이어진 동아프리카지구대는 올두바이 계곡 일대에서 기원한 인류가 남북으로 이동하여 전 세계로 뻗어 나가는 통로 역할을 했다. 약 150만 년 전 처음으로 호모에렉투스가 지구대를 따라 아프리카를 벗어나 아시아와 유럽으로 이주했다. 그러나 그들은 새로운 땅에 적응하지 못하고 모두 멸종했다. 이후 약 20만 년 전 또 하나의 무리가 아프리카에서 기원하여 약 12만 년 전 아프리카를 벗어나 전 세계로 뻗어 나갔다. 바로 현생인류의 조상인 호모사피엔스사피엔스다. 이처럼 동아프리카 지구대는 현생인류의 이동로로서 인류진화의 요람과도 같은 곳이라 하겠다.

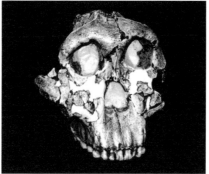

나일강

빅토리아호

진잔트로푸스

오스트랄로피테쿠스

― 단층선
▲ 화석 인류의 출토지
● 구석기 시대의 유적

인도양

○ **인류진화의 요람, 동아프리카지구대 올두바이 계곡.**
　동아프리카지구대를 따라 아프리카에서 기원한 인류가 아시아와 유럽으로 이주했다. 그러
한 사실을 증명하는 원시인류의 화석과 유적이 지구대 전역에서 발견되고 있다. 그 가운데 올
두바이 계곡은 원인의 화석이 발견된 인류 기원지로서 인류 진화의 요람과도 같은 곳이다. 발
견된 원인의 두개골과 발자국 화석으로 보아, 몸무게는 약 45kg, 키는 1~1.5m, 뇌 용량은 약
500cc 전후였을 것으로 추정된다. 1963년에는 호모하빌리스의 인골 화석이 발견되어 호모,
즉 사람 속屬을 뜻하는 학명이 들어가는 현생인류로의 진화가 증명되었다.

나트론호,
저주받은 죽음의 호수

▶ 죽음의 호수로 알려진 나트론호. 건기가 되면 호수 빛깔이 빨간 물감을 풀어 놓은 듯 붉게 변한다. 수분이 지속적으로 증발하며 호수가 바닥을 드러내는데, 가뭄으로 논바닥이 갈라지듯 바닥은 거북 등 무늬를 이루며 굳는다. 생명체가 호수에 발을 들여놓으면 저주에 걸린 듯 돌처럼 굳으며 죽음을 맞아 죽음의 호수로 알려진 아프리카 탄자니아의 나트론호가 바로 그곳이다.

메두사의 호수로 알려진 이유

케냐와 국경을 맞댄 탄자니아 북부의 아루샤주에 위치한 나트론호는 폭 약 22km, 길이 약 57km에 달하는, 소금기가 많은 거대한 짠물호수다. 호수가 붉은색을 띠고 있어 그 자체만으로도 독특하지만 2013년에 영국 사진작가 닉 브랜트Nick Brandt가 뉴욕의 한 미술관에 전시한 사진들로 이목을 끌었다.

2010년 브랜트가 나트론호에서 찍은 사진 속 백조, 제비와 박쥐 모두 살아 있을 적 모습으로 말라비틀어져 돌처럼 굳은 채 죽어 있어 공포감을 불러일으켰다. 사람들은 이를 두고 무시무시한 얼굴을 한 괴물로 그와 눈을 마주치면 돌로 변한다는, 그리스 신화의 메두사를 떠올리고는 이 호수를 '메두사의 호수'라고 부르기도 했다.

죽음의 호수로 만든 탄산수소나트륨

나트론호를 저주받은 죽음의 호수로 만든 것은 호수 바닥에 침전된 탄산수소나트륨이다. 탄산수소나트륨은 빵이나 과자 등을 만들 때 맛을 좋게 하기 위해 넣는 식품첨가물로, 일명 '베이킹소다'라고 하는 흰색 분말의 화학 물질이다. 나트론호는 이 탄산수소나트륨을 다량 함유하고 있는데, 특히 건기(6~11월)에는 물이 증발하면서 염분과 나트론(중탄산소다)과 트로나(천연소다)가 많아져 강한 염기성을 띤다. 염기성이 강해지면 물질을 녹이는 부식력이 커지기 때문에 생명체가 호수에 빠지면 죽음을 맞는 것이다. 나트론은 그리스어의 '소다'를 뜻하는 '나트론natron'에서 유래한 말이다.

호수에 빠진 생명체가 살아 있을 적 모습으로 박제가 된 듯 죽은 것은 염도가 높고, 탄산수소나트륨이 물을 빨아들이는 흡습성이 강하여 사체가 썩는 것을 막았기 때문이다. 고대 이집트에서는 탄산수소나트륨의 이러한 특성을 이용하여 미라를 만들 때 장기를 나트론 용액에 담거나 나트론 분말 속에서 건조하여 보관했다고 한다.

○ **올도이뇨 렝가이산.**
나트론호 남쪽에 위치한 올도이뇨 렝가이산(2,962m)은 마사이어로 '신의 산'이란 뜻으로, 마사이족이 신성시한다. 현재 탄자니아 유일의 활화산으로 탄산수소나트륨 성분을 함유한 용암을 분출하고 있는데, 나트론호가 생겨난 것은 바로 이 때문이다. 화산가스가 뿜어져 나오는 산 정상부 일대는 분출한 탄산수소나트륨이 쌓여 흰색을 띠고 있다.

　　　　　　　　　　　　　　　　　　　　　나트론호, 저주받은 죽음의 호수

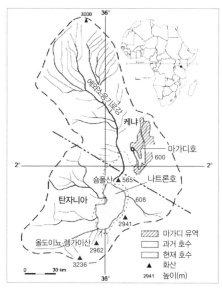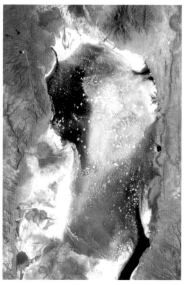

○ **동아프리카판의 이동으로 분리된 나트론호와 마가디호**

동아프리카 지구대에서는 판구조운동으로 단층활동과 지진 및 화산활동이 활발하다. 나트론호는 과거에는 바로 인접한 북쪽 케냐의 마가디호와 연결된 하나의 호수였다. 그러나 약 9,000년 전 지구대의 판이 이동하여 둘로 분리되었다. 오른쪽은 인공위성에서 바라본, 건기(6~11월)가 시작되기 전인 3월의 나트론호 모습이다. 남조류가 성장·번식하여 호수가 붉게 변하고 있으며, 호수 가장자리의 흰색은 소금 결정체가 쌓인 것이다.

호수가 붉은색을 띠는 이유

탄산수소나트륨은 일반적으로 호수에서는 잘 발견되지 않는다. 어떤 이유로 나트론호에 이처럼 많은 탄산수소나트륨이 있는 걸까?

나트론호는 단층대인 동아프리카지구대 내부 저지대에 물이 고여 생긴 단층호로, 현재도 지진과 화산 활동이 활발하다. 호수 주변으로 북쪽의 숌폴산과 남쪽의 올도이뇨 렝가이산 등이 있는데, 이들 화산은 약 200만 년 전 생성되어 현재까지 여러 차례 분화활동이 있었다.

화산이 분화할 때, 염화칼슘과 탄산수소나트륨을 포함한 다량의 분출물질이 호수 일대에 두껍게 퇴적되었다. 이후 호수의 수원水源인, 북쪽의 케냐 중부를 관통하는 에와소응기로강의 물에 의해 염화칼슘과 탄산수소나트륨 성분이 유입되어 호수 바닥에 쌓였다. 해발 608m에 위치한 나트론호는 주변 지역보다 낮은 저지대의 분지 지역이어서 흘러 들어온 강물이 빠져나가질 못했다. 건기에는 증발되는 양이 많아 염화칼슘과 탄산수소나트륨의 농도가 짙어져 호수의 물이 강한 염기성을 띤다. 그 결과 호수와 호수 주변에 동물이 거의 서식할 수 없게 된 것이다.

이런 환경과 40℃나 되는 온천수에서도 이에 잘 적응하며 호수에 사는

○ **나트론호에서 기념품을 파는 마사이족.**
나트론호와 마가디호로 이어지는 이 지역은 풀이나 관목들밖에 자라지 않는 불모지이기 때문에 농경이 불가하다. 그래서 이곳 일대를 삶의 터전으로 삼고 있는 마사이족은 풀을 찾아 소와 염소의 유목생활을 하며, 일부는 나트론호 주변에서 물을 이용하여 콩 농사를 짓기도 한다. 최근에는 나트론호의 소금을 채취하여 팔고, 이곳을 찾는 관광객을 상대로 기념품을 팔며 생계를 이어가고 있다.

나트론호, 저주받은 죽음의 호수

생명체가 있다. 바로 시아노박테리아라고 부르는 남조류다. 염분을 좋아하는 미생물로, 식물처럼 광합성을 하여 양분을 얻는데, 이들이 대량으로 번식해서 광합성을 할 때 엽록소가 붉은 색을 띠게 되어 호수는 붉은색으로 변한다. 특히 깊은 곳은 붉은색으로, 얕은 곳은 주황색으로 변한다.

죽음의 호수를 생명의 호수로 삼는 꼬마홍학

높을 때는 60℃까지 올라가는 수온과 높은 염도, 탄산수소나트륨으로 부식될 위험이 큰 환경인 나트론호는 한편으로 생명의 호수이기도 하다. 이런 극한환경을 이겨 내며 남조류와 갑각류, 무척추동물, 새 등이 살고 있다.

새 가운데 유일하게 꼬마홍학(동아프리카지구대에서 서식하는 종으로 작은 홍학이라고도 한다)이 이곳을 번식장소로 삼는다. 건기에 호수의 염분이 높아지면 염분을 좋아하는 남조류가 번성하고, 이를 먹이로 하는 갑각류와 고리 모양이나 평평한 모양의 무척추동물이 늘어나기 때문에 먹이활동에 유리하여 새끼를 키우기 쉬운 조건이 만들어진다. 건기에는 약 250만 마리의 꼬마홍학이 호수로 몰려들어 호수가 분홍색으로 물드는 장관을 볼 수 있다. 나트론호가 2001년 람사르협약에 의해 국제적으로 보호받는 습지가 된 이유이기도 하다.

꼬마홍학은 염기성이 강한 탄산수소나트륨을 이겨 내는 면역체계를 갖춰 호수에서 자유롭게 활동할 수 있다. 건기에 호수의 수면이 낮아지면 작은 섬이 생기는데, 이곳에 둥지를 틀고 새끼를 낳는다. 염기성이 강한 호수가 개코원숭이와 하이에나와 같은 천적으로부터 자신들을 보호해 주는 천혜의 보금자리가 되는 셈이다.

○ **나트론호에서 번식하는 꼬마홍학.**
꼬마홍학은 건기에 염분이 높아지면 남조류가 번성하여 먹이활동이 유리하기 때문에 번
식을 위해 호숫가에 둥지를 틀고 새끼를 낳아 기른다. 꼬마홍학이 분홍색인 이유는 먹이인
게와 새우 등 갑각류에 들어 있는 '아스타신'이라는 붉은 색소 때문이다. 새끼가 태어났을
때 깃털은 은회색이지만 갑각류를 먹은 꼬마홍학은 3년 안에 분홍색으로 변하게 된다.

나트론호, 저주받은 죽음의 호수

나트론호와
마가디호에 서식하는 틸라피아

나트론호에는 호수의 극한환경에 적응한 고유종인 틸라피아라는 물고기가 살고 있다. 온천수가 분출하는 호수의 가장자리 일부 지역은 상대적으로 염도와 염기성이 낮아 서식할 수 있었던 것으로 보인다.

나트론호와 인접한 케냐 북동쪽 약 80km 지점에 마가디호가 있다. 마가디호의 크기는 길이 약 32km, 폭 약 2.3km로 나트론호에 비해 5분의 1 정도로 작다. 나트론호와 마찬가지로 염기성이 강한 데다가 염도가 높으며 온천수가 분출하는 호수로 붉은색을 띠고 있다.

마가디호에서도 동일종인 틸라피아가 발견되는 사실을 근거로, 두 호수는 과거에 하나의 호수였을 것이라고 추론할 수 있다. 실제로 두 호수가 과거 오로롱가라고 부르는 거대한 호수의 일부였다. 약 9,000년 전 동아프리카지구대 내부의 지각판이 이동하여 두 호수가 분리되면서 틸라피아는 각자의 호수에서 살아온 것이다.

틸라피아는 염기성이 강한 호수의 먹이사슬에서 대체할 수 없는 고유한 종으로 생태학적으로 매우 중요하다. 새들의 먹잇감으로서, 모기와 파리의 유충 그리고 남조류와 같은 미생물의 포식자로서 중요한 위치를 차지하기 때문에 유전자원으로서 보존가치가 매우 높다.

○ **틸라피아.**
중앙아프리카 나일강 유역이 원산지인 열대성 담수어종으로 현재 전 세계적으로 전파되어 양식되고 있다. 낮은 용존산소와 고염분의 담수에서 해수에 이르기까지 적응력과 환경 변화에 저항력이 강한 특징이 있다. 서식하는 틸라피아가 이곳에도 서식하고 있는 것으로 보아 두 호수가 과거에 하나의 호수였음을 알 수 있다.

○ **케냐의 마가디호**

케냐의 마가디호 또한 짠물호수로, 건기에 접어들면 탄산수소나트륨이 많이 방출되어 남조류
가 번성함에 따라 호수가 점차 붉은색을 띤다. 마가디호 일부 지역도 꼬마홍학이 번식지로 이용
하고 있다. 나트론호에 서식하는 틸라피아가 이곳에도 서식하고 있는 것으로 보아 두 호수가 과
거에 하나의 호수였음을 알 수 있다.

나트론호, 저주받은 죽음의 호수

모시 오아 툰야 폭포,
지구 최대의 물의 장막

▶ 아프리카의 눈물, 모시 오아 툰야 폭포. 사바나평원을 흘러가던 물길이 갑작스레 깊은 협곡 아래로 굉음을 내며 떨어지면서 거대한 물의 장막을 만들어 낸다. 지각이 갈라진 협곡으로 천지를 뒤흔들 듯 떨어지는 물줄기, 그리고 흩날리는 물안개 위로 무지개가 피어오른 모습이 장관이다. 장막 위로 피어오른 물보라가 20km가 넘게 떨어진 곳에서도 보일 만큼 웅장하다. 지구 최대의 폭포공연이 펼쳐지는 모시 오아 툰야 폭포가 바로 그곳이다. ◆ 모시 오아 툰야 폭포(빅토리아 폭포)/1989년 유네스코 세계자연유산 등재 / 잠비아, 짐바브웨.

폭포 명칭의 기원

모시 오아 툰야 폭포Mosi-oa-Tunya Falls (빅토리아폭포Victoria Falls)는 남아프리카 잠비아와 짐바브웨 국경을 가르며 인도양으로 흘러가는 잠베지강의 중류에 위치해 있다. 평균깊이 약 100m, 가장 깊은 지점은 약 108m, 폭은 약 1,700m에 이르는 거대한 폭포로, 남아메리카 이구아수폭포와 북아메리카

○ **어류 진화의 장벽역할을 한 모시 오아 툰야 폭포.**
평균높이 약 100m에 달하는 모시 오아 툰야 폭포는 상류와 하류 사이의 어류 이동을 가로막는 장벽역할을 하여 상류와 하류의 어류가 서로 다른 종으로 진화했다. 우기에는 폭포의 수량이 엄청나지만, 건기에는 수량이 급격히 줄어 우기 때와 같은 폭포의 위용을 보기 어렵다. 최근 지구온난화로 인해 가뭄이 잦아지면서 폭포의 수량이 크게 줄어들었다.

나이아가라폭포와 함께 세계 3대 폭포 가운데 하나이기도 하다.

우기에는 1분에 약 30만m³에 이르는 엄청난 양의 물이 쏟아진다. 원주민 콜로로족은 폭포 주위로 뿌연 물안개와 함께 천둥이 치는 듯한 굉음이 들리기 때문에 '천둥처럼 우르릉대는 연기'를 뜻하는 '모시 오아 툰야'라고 불렀다. 1855년에 이 폭포를 처음 발견한 영국의 탐험가 데이비드 리빙스턴David Livingstone은 빅토리아 여왕의 이름을 따 빅토리아폭포라는 이름을 붙였다.

1905년 영국이 아프리카를 식민 통치하면서 광물과 목재 자원을 수탈하기 위해 짐바브웨와 잠비아 사이에 국경을 잇는 철교를 놓았다. 철교가 있던 곳은 과거에 폭포가 있던 자리다. 폭포를 사이에 두고 국경을 마주한 잠비아와 짐바브웨 두 나라 모두 폭포 일대를 국립공원으로 지정했는데, 국립공원의 명칭을 잠비아는 모시 오아 툰야 국립공원, 짐바브웨는 빅토리아폭포 국립공원으로 정했다.

두부침식을 통해
하천 상류로 전진하는 폭포

모시 오아 툰야 폭포를 하늘에서 내려다보면 지금 폭포가 있는 자리 아래로 땅거죽이 갈라진 협곡들이 지그재그 형태로 좌우로 꺾이면서 이어져 있다. 모두 일곱 개 협곡이 나타나는데, 이곳들은 과거에 폭포가 있던 자리다. 아래에서 위, 즉 하류에서 상류로 폭포가 이동한 것으로, 지금의 자리는 여덟 번째 폭포에 해당된다. 모시 오아 툰야 폭포는 최초의 자리에서 점차 상류로 전진하면서 두부침식을 계속하며 지금의 위치에 이르렀으며, 이후에

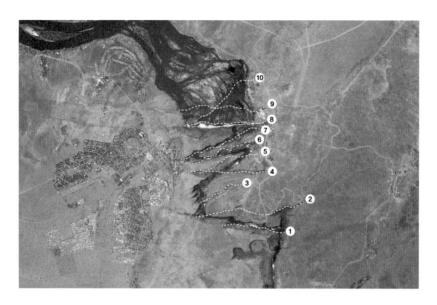

○ **두부침식에 의해 상류로 전진하는 모시 오아 툰야 폭포.**
침식에 강한 현무암과 그에 비해 침식에 약한 사암 간에 일어난 차별침식으로 폭포가 발달했으며, 약 50만 년 전에 잠베지강에 폭포가 처음 생긴 것으로 알려졌다. 두부침식에 의해 현무암 사이에 쌓인 사암이 제거되면서 최초의 폭포(1번)가 생긴 이후, 상류로 전진하면서 두부침식이 진행되어 여러 개의 폭포가 생겼다가 사라졌으며, 현재의 자리인 모시 오아 툰야 폭포(8번)에 이르렀다. 추후 상류에 새로운 폭포(9~10번)가 생겨날 것으로 예측된다.

는 토카타 협곡에서 오른쪽 잠비아 쪽으로 아홉 번째 폭포가 만들어질 것이다.

폭포 일대는 중생대 쥐라기 약 1억 8,000만 년 전 분출한 현무암이 쌓여 두께가 최소 300m이상의 기반암이 생성되었다. 이후 약 500만 년 전 남쪽 칼라하리사막 부근의 지반이 융기하면서, 흐르던 강물이 갇혀 막가딕가디호가 생겼고, 호수 바닥 현무암의 기반암층 위로 모래가 쌓여 사암층이 만들어졌다.

이후 호수는 건조한 환경에서 육지가 되었는데, 50만 년 전 잠베지강이 흘러가면서 단단한 현무암에 비해 침식에 약한 사암만을 집중적으

1	2	3	4
약 1억 8,000만 년 전 지하에서 분출된 용암이 대지를 뒤덮었다.	대지를 덮은 용암이 서서히 냉각·수축되면서 대지 표면에 균열 틈이 생겨났다.	이후 대지는 호수환경으로 바뀌었으며, 모래가 바닥과 균열 틈에 퇴적되어 사암이 되었다.	건조한 기후로 호수는 사라지고 호수 바닥이 지상에 모습을 드러냈다.

5	6	7	8
호수가 있던 곳으로 잠베지강이 흐르기 시작하면서 강바닥의 사암을 깎아내기 시작했다.	강과 직각으로 만나는 균열 틈에 낀 사암이 강물에 침식되어 완전히 제거되자 그 자리에 폭포가 생겼다.	약 50만 년 전 최초의 폭포가 생긴 뒤, 두부침식으로 상류에 있던 사암이 제거되면서 새로운 폭포가 생겼다.	두부침식으로 지금까지 일곱 개 폭포가 생겼다가 사라졌으며, 현재 여덟 번째 폭포가 모시 오아 툰야 폭포다.

빅토리아 폭포 형성과정

로 깎아 냈다. 그 결과 지금의 기반암인 현무암층이 드러난 지그재그 형태의 폭포들이 생겼다. 잠베지강의 침식률이 연간 4~8cm인 것으로 보아 최초의 폭포가 생겨난 곳은 지금의 모시 오아 툰야 폭포가 있는 곳에서 약 40km 하류 부근일 것으로 추정된다.

모시 오아 툰야 폭포, 지구 최대의 물의 장막

강의 수호신이 머무는 곳

잠베지강과 폭포를 삶의 무대로 살아온 잠비아의 토카레야족, 통가족 등은 잠베지강과 폭포골짜기에 그들의 조상신이 살고 있다고 믿고 있으며, 뱀의 몸과 물고기 머리를 한 잠베지강의 신 니야민야미^{Nyaminyami}를 신봉하고 있다.

1959년 잠베지강에 카리바댐이 완공되어 총저수량 약 1,850억m³, 면

○　**카리바댐과 잠베지강의 수호신 니야민야미.**
카리바댐은 잠베지강 중류에 건설된 높이 약 128m의 아치식 댐으로 짐바브웨와 잠비아에 전력을 공급한다.

적 약 5,180m²에 이르는, 세계 최대의 인공호수인 카리바호가 생겼다. 댐 건설 이후 잦은 홍수로 호수가 범람하여 통가족 마을들이 수몰되는 일이 여러 차례 일어났다. 통가족은 댐 건설로 잠베지강의 수호신 니야민야미가 분노해서 이런 일이 일어났다고 여기고, 언젠가는 수호신 니야민야미가 댐을 무너뜨릴 것이라고 믿고 있다.

폭포 주변의 독특한 생태계

모시 오아 툰야 폭포 일대는 우기와 건기가 교대로 나타나는 사바나기후로, 키 작은 관목이 주를 이루는 사바나 초원이 펼쳐져 있어 야생동물의 천국과도 같은 곳이다. 적도 부근에 서식하는 마호가니, 흑단, 대추야자 등이 가득한 열대우림이 잠베지강을 따라 좁고 긴 띠 모양으로 나타나는데, 이는 폭포에서 주변으로 흩뿌려지는 물방울에 의해 습도가 높게 유지되기 때문이다. 건기에는 물방울이 제한적으로 공급되는 셈이어서 생태계가 매우 취약한 편이다. 하천 주변 지역의 동물군은 폭포가 진화의 장벽 역할을 하여 독자적인 종으로 발달한 경우가 많다. 특히 강 상류와 중류 사이의 폭포가 어류의 이동을 가로막아, 상류와 중류의 어류들은 서로 다른 종으로 진화했다.

신대륙을 대표하는 자연상징물,
나이아가라폭포

미국과 캐나다의 국경이 접하는 부근에 위치한 나이아가라폭포는 높이 약 50m, 폭 약 1km에 이르는 북아메리카 최대의 폭포다. 폭포 상단의 고트섬을 기준으로 동쪽인 미국의 브라이들베일폭포와 서쪽인 캐나다 쪽의 호스슈폭포로 구분되는데, 강물의 90% 이상이 말발굽 모양인 캐나다의 호스슈폭포로 흘러내린다.

나이아가라폭포가 있는 오대호 일대는 지금으로부터 약 2만 년 전만 해도 2,000~3,000m 두께의 거대한 빙하로 덮여 있었다. 빙하의 육중한 무게에 지표가 눌려 깎이고, 또 빙하가 이동하여 깎인 곳엔 깊은 계곡이 생겼다. 이후 빙하가 물러나며 녹은 얼음물이 이곳에 고여 슈피리오호를 비롯한 다섯 개 빙하호가 생겨났다. 오대호의 물은 이리호와 온타리오호 사이를 흐르는 나이아가라강을 따라 대서양으로 빠져나가는데, 그 도중에 발달한 폭포가 바로 나이아가라폭포다.

나이아가라폭포는 약 1만 2,000년 전, 현지점으로부터 약 11km 뒤쪽에 있는 루이스턴 부근의 단층애(斷層崖, 단층작용으로 생긴 절벽)에서 처음 발달하기 시작했다. 온타리오호의 하류에서 시작된 폭포가 상류인 이리호를 향해 두부침식(역행침식)으로 후퇴를 거듭하며 이동한 결과다. 그 과정에서 폭포 일대의 지질이 큰 영향을 미쳤다.

지표 부근 지질은 고생대 실루아기 약 4억 년 전 바다에서 퇴적된 돌로미티이며, 그 하부는 사암층과 이암(셰일)층으로 구성되어 있다. 상부의 돌로미티층은 하부의 사암과 이암에 비해 견고하고 치밀한 조직으로 침식에 매우 강하다. 따라서 하부의 연한 사암층과 이암층이 먼저 침식되어 깎여 나가고, 이후 상부의 돌로미티층이 붕괴를 거듭하는 방식으로 두부침식을 하며 앞으로 나아가고 있는 형태다.

1678년 첫 기록에 의하면, 나이아가라폭포는 1년에 약 1m가량 침식되었지만 최근 수력발전소가 세워지면서 유량과 유속이 감소하여 1년에 약 30cm 정도 침식되는 것으로 알려졌다. 이런 속도로 두부침식이 진행된다면 약 5만 년 후에는 폭포가 이리호까지 전진하여 폭포와 나이아가라강은 모두 사라질 것으로 예측된다.

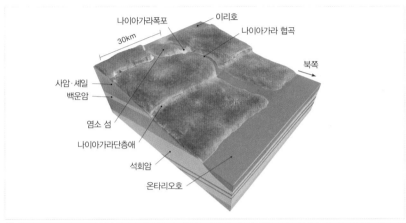

○ **나이아가라폭포의 지층 단면도.**
나이아가라폭포는 대항해시대 이후 신대륙을 개척하는 과정에서 신대륙의 대자연을 상징하는 대표명소로 전 세계에 알려지게 되었다. '나이아가라'는 원주민의 말로 '천둥소리를 내는 물기둥'이라는 뜻으로, 나이아가라폭포는 수량이 풍부하여 수력발전소가 들어서 있다. 돌로미티층보다 침식에 약한 하부에 놓인 사암과 이암이 보다 빨리 깎여나가는 두부침식에 의해 나이아가라폭포는 상류로 나아가고 있다.

'악마의 목구멍'이라 불리는
이구아수폭포

남아메리카 브라질과 아르헨티나 국경 사이 파라나강의 지류인 이구아수강의 하류에 위치한 이구아수폭포는 길이 약 2.7km, 폭 80~90m, 높이 70~80m에 이르는 남아메리카 최대의 폭포다. '이구아수'는 과라니어로 '큰 물' 또는 '위대한 물'이란 뜻이다. 폭포가 위치한 곳의 연평균강수량은 약 1,700mm로, 특히 많은 비가 집중되는 우기에는 붉은 흙탕물과 함께 폭포의 물줄기가 무려 160~200여 개나 나타난다. 폭포수 가운데 강물의 절반가량은 '악마의 목구멍'이라 불리는, 길이 약 700m, 폭 약 150m의 말발굽 모양의 폭포로 떨어져 장관을 이룬다.

이구아수폭포 일대의 지질은 중생대 백악기 초 약 1억 3,000만 년 전 분출한 약 1,000m 두께의 현무암으로 이루어져 있다. 이곳 일대는 신생대 약 7,000만 년 전 안데스조산운동으로 일어난 단층작용의 영향을 받아 지각이 갈라지고 금이 가는 등 많은 단층선이 생겼다.

파라나강과 이구아수강은 A지점에서 단층선이 서로 교차하고 있다(543쪽 지도). 이곳 단층선을 따라 침식이 빠르게 진행되었는데, 본류인 파라나강이 지류인 이구아수강보다 유량이 많고 유속이 빨라 하방침식력이 더 컸기 때문에 강바닥이 보다 빠르게 깎여 나갔다. 이로 인해 파라나강과 이구아수강 두 강 사이에 낙차가 생기자, 강바닥이 더 높은 이구아수강 쪽으로 폭포(초기 이구아수폭포)가 생기기 시작했다. 이후 초기 폭포가 생긴 A지점에서부터 약 21km가량 상류를 향해 두부침식(역행침식)이 빠르게 진행되어 현재 이구아수폭포가 위치한 B지점에 이르게 되었다.

한편 이구아수폭포 부근에서 물길이 북동방향의 단층선과 만나 90° 방향으로 크게 휘돌아 사행蛇行하고 있음을 알 수 있다. 이구아수폭포는 약 150~200만 년 동안 1년에 약 1.4~2.1cm(최대 2.1m/100년) 두부침식이 지속되면서 점차 상류로 올라가는 중이다.

남아메리카를 대표하는 이구아수폭포

이구아수강은 연평균 초당 약 1,413m³의 물을 방출하고 있으며, 건기에는 맑은 물이지만 우기에는 현무암에 포함된 철 성분이 산화된 붉은색 토양이 떠내려와 붉은색을 띤다. 이구아수강의 하류에 이구아수폭포가 있으며, 국경을 맞댄 아르헨티나와 브라질이 이구아수 국립공원의 대표적인 관광명소인 이구아수폭포를 공유하고 있다. ◆ 이구아수 국립공원/1984년 유네스코 세계자연유산 등재/아르헨티나. ◆ 이구아수 국립공원/1986년 유네스코 세계자연유산 등재/브라질.

모시 오아 툰야 폭포, 지구 최대의 물의 장막

나미브사막,
사막과 해안이 만나는 모래바다

▶ 해안에서는 붉은 모래사막과 짙푸른 바다가 만나고, 파도처럼 물결치는 수많은 사구는 바람에 날려 수시로 그 모습을 바꾼다. 아침에 해안은 온통 하얀 안개에 덮이고, 1년에 비 한 방울 내리지 않는 척박한 사막에서도 여러 생명체가 안개에 의지하여 끈질기게 생명을 이어 간다. 모든 것이 정지해 있는 듯 보이지만 사막은 매우 역동적인 공간이다. 남아프리카 남서해안에 발달한 나미브사막이 바로 그곳이다. ◆ 나미브 모래바다/2013년 유네스코 세계자연유산 등재/나미비아.

이례적으로
해안에 발달한 사막

아프리카 남서해안 앙골라에서 나미비아와 남아프리카공화국으로 이어지는 곳에 위치한 나미브^{Namib}사막은 길이 약 2,000km, 폭 약 200km, 면적 약 81,000km²에 이르며 인근 내륙의 칼라하리사막과 이어진다. 사막은 일반적으로 습기가 공급되지 않는 내륙에 발달한다. 이처럼 습기가 많은 해안에 광대한 사막이 발달한 곳은 남아메리카의 아타카마사막과 이곳 나미브사막뿐이다.

나미브사막은 남위 30°~10°의 고압대에 위치하는데, 이곳은 하강기류가 발달하여 비를 뿌리는 구름을 만들 상승기류가 발달할 수 없다. 그리고 아프리카 남서해안을 따라 남극에서 적도를 향해 북쪽으로 흐르는 차가운 벵겔라해류의 영향으로 수온이 낮게 형성되는 것도 상승기류가 발달하는 것을 막는다.

차가운 해류의 영향으로 해안의 공기는 습기를 많이 품고 있지만 비를 만들어 내지는 못한다. 습한 공기가 내륙으로 유입되긴 해도 내륙 100km까지, 지형성 강수(다습한 공기가 산이나 산맥의 사면을 타고 올라갈 때 기온이 낮아져 응결되어 내리는 비)를 만들 높은 산지지형이 발달하지 못했기 때문이다. 따라서 내륙에는 안개만 공급되는데, 이 안개는 사막에 서식하는 동식물의 생태계에 매우 중요한 역할을 한다. 나미브사막은 벵겔라해류가 생성된 약 3,700만 년 전부터 생기기 시작한 것으로 추정된다.

나미브사막의 꽃,
'모래바다'의 사구

나미브사막은 크게 나미비아 중심부 서해안에 위치한 샌드위치하버 월비스베이Walvis Bay 부근으로 흘러드는 쿠이제프Kuiseb강을 기준으로, 남쪽에 발달한 모래바다와 북쪽에 발달한 자갈평원으로 구분된다. 이 중에 주목받는 곳은 높이 약 300m, 길이 약 32km에 달하는 거대한 사구들이 연속해

○ **음영 명암 대조가 인상적인 듄45.**
나미브는 원주민 나마족 말로 '아무 것도 없는 땅'이라는 뜻이다. 이는 모래뿐인 광대한 사막을 두고 생겨난 말로 생각된다. 듄45에서는 사구의 모래가 바람에 날려 이동할 때 포효하는 듯한 소리가 난다. 이는 비행기가 낮게 날 때 공기가 진동해 우르릉거리는 소리가 나듯, 모래알갱이가 바람에 날리며 공기를 진동시키기 때문이다. 칼날 같은 사구의 능선은 바람에 의해 모래가 날려 수시로 모습을 바꾼다. 햇살을 받는 쪽과 그 반대쪽의 명암이 대비되는 풍광이 인상적이다.

○ **차우차브강이 끝나는 지점에 있는 데드블레이.**
데드블레이와 소수스블레이는 한때 오아시스였던 곳으로, 우기에 내린 빗물이 고여 얕은
호수를 이루기도 한다. 약 700년 전 당시 오아시스 주변에 살았던 아카시아나무가 죽은
채 고목이 되어 군데군데 남아 있다. 이는 내내 건조한 상태를 유지하여 지금까지 썩지 않
았기 때문이다.

서 발달한 광활한 모래바다다. 모래바다의 색이 해안에서 내륙으로 갈수록
더 붉은 것은 해안에 비해 내륙의 모래에 포함된 철 성분이 더 산화되었기
때문이다.

모래바다의 사구들은 모두 바람에 의해 만들어진 풍성風成사구로, 1년
에 약 15m의 속도로 이동하는 것으로 나타났다. 또한 탁월풍인 남서풍에
의해 북서에서 남동 방향으로 물결 모양을 만들며 정렬하며, 개개의 사구
들은 선線, 초승달, 별 모양 등 그 모양이 다양하다.

사구 가운데 특히 나미브 나우크루프트 국립공원을 관통하여 서쪽으

로 흐르다가 소수스블레이Sossusvlei와 데드블레이 부근에서 지하로 스며드는 차우차브Tsauchab강 끝 지점에 발달한 거대한 사구들이 아름답기로 유명하다. 사막의 모래는 바람에 따라 끊임없이 움직이기 때문에 사막에 이정표를 세울 수 없다. 그래서 특이한 사구를 기준으로 각각의 사구를 모양, 크기와 빛깔에 따라 구분하고 나미브 나우크루프트 국립공원 입구에서부터의 거리를 따져 사구(dune, 한글로 '듄'으로 표기)에 이름을 붙인다. 그렇게 이름 붙여진 사구 가운데 별칭이 빅대디Big daddy듄인 데드블레이의 듄17, 별칭이 빅마마Big mama듄인 소수스블레이의 사구, 그리고 나미브 나우크루프트 국립공원 입구에서 45km 떨어진 곳에 있는 듄45가 대표적이다. 예리한 칼날 같은 사구의 능선이 만들어 내는 곡선미는 자연이 만든 예술작품이라 하겠다.

나미브사막, 사막과 해안이 만나는 모래바다

바다와 내륙의 모래 순환 체계

사구에 있는 모래의 근원은 내륙 깊은 곳에 있다. 나미브사막 전역에는 동쪽에서 서쪽으로 사막을 가로질러 흐르는 하천이 여럿 있다. 대부분의 하천은 우기에만 흐르며, 흐르는 강물 대부분은 지하로 스며들어 땅속으로 흐른다. 예외적으로 나미비아와 남아프리카공화국의 국경을 따라 대서양으로 흘러드는 오렌지강은 상류인 남아프리카공화국 킴벌리 일대가 연중 강수가 고르기 때문에 1년 내내 강물이 흐른다.

오렌지강은 상류인 칼라하리사막을 통과하면서 막대한 양의 모래를 대서양으로 실어 나른다. 바다로 유입된 모래는 벵겔라해류에 의해 해안을 따라 북쪽으로 이끌려 올라가고, 이후 바다에서 내륙으로 부는 해풍에 의해 해안으로 밀려든다. 해안의 모래는 다시 바람에 날려 내륙으로 이동하여 사구를 만든다. 이렇게 나미브사막의 모래바다는 내륙 암석의 침식으로 생성된 모래가 바다로 운반된 뒤 다시 내륙으로 이동하여 퇴적되는 순환을 보여 준다.

사막의 생명수, 안개

나미브사막 전역에는 사막을 가로질러 대서양으로 흘러드는 하천이 여러 개 있다. 대부분이 우기에만 일시적으로 하천을 이루지만, 그마저도 대부분 하천 바닥 아래서 지하수로 흐르며 사막에 물을 공급하는 하천은 오렌지강밖에 없다. 해안 부근 사막의 강수량은 10mm 이하로 거의 비가 내리지 않으며, 수분이라고는 남서쪽에서 미풍을 타고 오는 짙은 안개뿐이다.

이러한 환경에서 일부 생명체들은 안개에 의존하여 생명을 유지하고 있다.

나미브사막의 해안은 벵겔라해류의 차가운 바닷물과 뜨거운 사막에서 불어오는 따뜻한 공기가 만나 1년에 약 180일 이상 안개가 낀다. 안개는 해풍에 의해 내륙으로 이동하는데, 아침에 끼는 이 안개가 사막의 이끼와 지의류, 다른 식물과 동물의 수분공급원이 된다. 사막의 모래 속에 사는 딱정벌레는 물구나무서기로 안개를 채집하여 입으로 흘러들게 하는 방식으로, 도마뱀붙이는 큰 눈썹으로 안개를 채집하여 물기를 얻는다.

스켈레톤코스트, 해골 해안

나미브사막의 북쪽인 앙골라와 국경을 맞닿은 곳부터 월비스베이까지 약 500km에 이르는 곳에는 공포감이 느껴지는 스켈레톤코스트(해골 해안)가 위치해 있다. 해변 곳곳에 녹슨 난파선과 고래뼈, 물개뼈 등이 널려 있어 유령이 출몰하는 곳이란 악명을 얻었다.

일찍이 초기 원주민이었던 부시먼족은 이곳을 '분노로 가득 찬 신의 땅', 포르투갈 항해자들은 '지옥의 문'이라고 불렀다. 원래 남아프리카 대

남쪽의 모래사막과 북쪽의 자갈평원 사이에 선상으로 길게 이어진 녹색 회랑은 동쪽의 내륙에서 서쪽의 해안으로 흐르는 쿠이제프강을 따라 식생이 발달했기 때문이다. 우기에 일시적으로 형성되는 강줄기가 오아시스 역할을 하여 다양한 동물들이 스켈레톤코스트까지 이동할 수 있었던 것이다.

서양 연안은 바람이 강하고 파도가 세며, 수심도 얕고 암초가 많을뿐더러 안개가 짙게 끼어서 과거에 뱃사람들에게 '죽음의 항로'로 불렸다. 난파선이 해안이 아니라 내륙 50m 부근에서 발견되는 것은 과거 파도에 떠밀려 와 해안에 난파된 이후, 바다에서 지속적으로 모래가 공급되면서 해안이 모래밭으로 변했기 때문이다.

   죽음과 공포의 기운이 가득한 스켈레톤코스트는 생명의 기운이 넘치는 곳이기도 하다. 남극의 차가운 바닷물을 몰고 온 벵겔라해류가 해저에 쌓인 영양분을 끌어 올려 바다가 플랑크톤으로 넘쳐나 다양한 어종의 물

○ **스켈레톤코스트의 모래에 갇힌 난파선.**
이름만으로도 공포감이 느껴지는 스켈레톤코스트는 풍랑이 세고, 암초와 안개가 많아 예
로부터 이곳을 지나던 많은 배가 난파되어 해안으로 밀려왔다. 모래사막인 이곳에도 많은
동물이 살고 있다. 이곳은 세계 최대의 물개서식지로, 물개를 사냥하기 위해 하이에나, 자
칼, 사자 등이 찾아온다.

고기가 몰려들고, 이들을 먹이로 하는 물개와 바닷새 들이 해안에서 대규
모로 번식한다.

이곳은 1년에 10mm의 비도 오지 않을 만큼 건조한데도 오릭스, 자
칼, 얼룩말 등 의외로 많은 동물이 살고 있다. 이들이 해안까지 출현하게
된 것은 바로 내륙에서 대서양으로 흘러드는, 우기에 일시적으로 흐르는
호아니브강과 우니아브^{Uniab}강 등 때문이다. 내륙에서 해안으로 선상^{線狀}으
로 이어지는 강들이 오아시스 역할을 하여 동물들이 이동할 수 있었던 것
이다.

나미브사막, 사막과 해안이 만나는 모래바다

미스터리 '요정의 원'이 생기는
비밀

나미브사막 해안에서 내륙 깊숙한 곳에는 신기한 장소가 있다. 사막과 초원이 경계를 이루는 부근을 따라 남북으로 약 1,800km 전역에 걸쳐, 둥근 원 모양의 둘레에만 풀들이 자라는 식물 고리 수백만 개가 자리 잡고 있다. 이 풀들은 우기에만 내리는 비에 의존하여 성장한다. 고리의 크기는 3.5~35m에 이르며, 30~60년을 주기로 점차 커졌다가 줄어들어 나중에는 사라져 버린다고 한다.

초목의 고리들이 생기는 이러한 신비한 자연현상을 '요정의 원fairy circle'이라 부르는데, 원주민 힘바족은 이 고리를 '신의 발자국'이라고도 한다. 과학계에서도 아직까지 그 원인을 찾지 못했지만 현재 제기된 가장 유력한 가설 두 가지는 흰개미설과 자원경쟁설이다.

흰개미설은 사막흰개미가 한해살이풀의 뿌리를 갉아 먹어 풀이 죽게 되는데, 풀이 죽은 맨땅 가장자리를 따라 주변 지역의 풀보다 키가 큰 풀이 자라서 원을 이룬다는 설이

다. 흰개미가 풀을 죽이는 이유는 물을 확보하기 위해서다. 사막의 풀은 증산작용(잎의 광합성 과정에서 잎의 뒷면에 있는 기공을 통해 물이 기체 상태로 식물체 밖으로 빠져나가는 작용)을 통해 지하에 고인 물을 사용하는데, 사막흰개미가 건기에 대비하여 일부러 풀을 죽임으로써 우기에 내린 빗물을 지하에 가둔다는 것이다. 실제로 우기에 내린 빗물은 지표면 50cm 아래까지 저장될 수 있으며, 가장자리 풀들은 원 안 지하에 저장된 수분으로 성장하여 점차 지름이 확대된다는 것이다. 원이 규칙적인 간격으로 나타나는 패턴은 흰개미들 간의 경쟁을 최소화하기 위해서라고 한다.

자원경쟁설은 연평균강수량이 약 100mm인 곳에서만 식물 고리가 만들어진다는 점에 착안하여, 이곳 일대에 서식하는 사막의 식물들이 물 자원을 두고 경쟁하는 과정에서 원형의 식물 고리가 생긴다고 주장한다. 식물 고리 원에서 사막흰개미의 활동도 발견

되지 않았으며, 원 안쪽의 토양 알갱이 굵기가 바깥쪽보다 커서 물 흡수가 빠르다는 점, 식물의 뿌리는 이러한 물을 빨리 흡수하기 위해 원 바깥쪽보다 안쪽에서 더 길게 발달했다는 점을 확인했다. 원을 이룬 것은 식물들이 귀한 물 자원을 두고 경쟁을 최소화하기 위해서라는 것이다.

○ **나미브사막의 미스터리, '요정의 원'**
나미브사막에는 연평균강수량이 100mm인 곳을 따라 띠를 두른 듯한 원 모양의 둘레에만 풀들이 자라는 신기한 현상이 나타나는데, 아직까지 그 현상의 원인을 알지 못해 자연계의 미스터리로 남아 있다. 누가 일부러 만들어 놓은 듯한 수많은 식물 고리 간에는 규칙적인 특이한 패턴이 나타나는데, 이는 제한된 물에 대한 경쟁을 최소화하기 위해서다.

나미브사막, 사막과 해안이 만나는 모래바다

베마라하 칭기랜즈,
석회암 피너클 파노라마의 전형

▶ 석회암 피너클의 원형, 베미라하 칭기랜즈. 하늘을 향해 날을 세우며 무리 지어 있는 암석들
의 모습이 마치 창을 들고 인간의 접근을 막아 선 병사들 같아 보인다. 베마라하 칭기랜즈는 다른
대륙에서는 보기 어려운 두 가지 독특한 자연성을 지니고 있다. 하나는 '칭기'라 불리는 뾰족한 피
너클 카르스트지형이 전형적으로 발달한 곳이며, 다른 하나는 원원류原猿類의 하나인 여우원숭이
등이 서식하는 독특한 생태계를 지닌 곳이라는 것이다. ◆ 베마라하 칭기 자연보존지역/1990년
유네스코 세계자연유산 등재/마다가스카르.

악지지형을 뜻하는 칭기

아프리카 대륙 남단 인도양에 있는 섬나라 마다가스카르의 중서부에 위치한 베마라하 칭기랜즈^{Bemaraha Tsingylands}의 공식명칭은 '베마라하 칭기 자연보존지역'으로, 이곳에는 석회암이 용식되어 만들어진 다양한 카르스트지형이 발달해 있다. 이곳이 주목받는 가장 큰 이유는 뾰족한 칼날 모양의 '칭기'라 불리는 특이 지형이 전형적으로 발달했기 때문이다. 칭기와 같은 카르스트지형을 지형학 용어로 피너클^{pinnacle}이라고 하며, 우리말로는 침봉^{針峯}이라고 한다. 칭기는 마다가스카르어로 '맨발로 걸을 수 없는 곳'이란 뜻이다. 이곳에서 넘어지면 면도날 같은 날카로운 침봉에 다칠 수도 있기 때문에 붙여진 이름으로, 악지^{惡地, badland} 지형이라고도 한다.

날카로운 피너클의 형성과정

베마라하 칭기랜즈 일대의 기반암은 중생대 쥐라기 약 2억 년 전 이곳이 얕은 바다환경에 있었을 때 산호와 조개껍데기가 약 300~500m 두께로 쌓여 생성된 석회암이다. 피너클은 석회암의 용식작용에 의해 형성된 지형으로, 석회암의 차별침식으로 높낮이를 달리하는 뾰족한 암석지형이 만들어졌다. 해저에 쌓인 석회암이 지각운동에 의해 융기하여 육지가 되었다. 지각운동으로 충격을 받아 석회암에 절리와 단층선 등의 균열이 발달했으며, 이곳을 따라 빗물이 흘러들어 석회암의 탄산칼슘이 용해되면서 침식이 활발히 진행되었다. 그 과정에서 무른 암질은 빨리 녹아 깎여 나간 반면, 단단한 암질은 일부가 남아 지금의 날카로운 피너클이 생겨났다. 지하에서는 석회암이 용식되어 지하수가 점차 더 깊게 아래로 이동하면서 동굴도 생겼다.

○ **땅속에서 생성 중인 피너클.**
회갈색 또는 회백색의 석회암이 풍화되면 석회암에 함유된 철분이 산화되어 장밋빛 붉은 색의 테라로사terra rossa라는 토양으로 변한다. 이 과정에서 용식되지 않은 석회암의 일부가 남아 피너클지형을 형성한다. 사진은 베마라하 칭기랜즈 일대에서 새롭게 생성 중인 피너클로, 피너클을 덮고 있는 테라로사가 모두 침식·제거되면 피너클이 지표에 모습을 드러낼 것이다.

1	2
2억 년 전 얕은 바다에서 조개껍데기와 산호퇴적물이 쌓여 생성된 석회암이 지각변동으로 지반이 융기하면서 육지가 되었다.	180만 년 전 지표의 절리면을 따라 빗물이 침투하여 석회암이 용식되기 시작했다. 이로써 지표에 홈이 생기고, 지하로 물이 스며들어 흐르게 되었다.
3	4
지표의 절리면을 따라 침식이 더 활발히 진행되어 깊고 넓은 홈이 생겼으며, 석회암이 지하수에 의해 활발히 용식되어 큰 동굴이 생기기도 했다.	석회암이 용식되고 지표면이 침식되는 과정에서 지하수는 더 아래로 이동하여 흐르게 되었으며, 암석의 차별침식이 일어나 뾰족한 모양의 피너클로 가득한 칭기가 형성되었다.

칭기랜즈 형성과정

석회암이 용식되기 위해서는 물이 필요한데, 용식에 필요한 강수량은 피너클이 형성되는 데 결정적인 역할을 했다. 이곳 칭기랜즈 지역은 연 강수량이 약 1,500~1,800mm이며, 우기에는 1일 최대 350mm까지 많은 비가 내릴 만큼 강수량이 풍부하다. 이런 조건에서 빗물에 의한 석회암의 용식작용이 활발히 일어나 깊이 약 20m에 달하는 협곡과 수많은 피너클 그리고 지하 70~120m의 깊이에 동굴이 발달할 수 있었다. 석회암은 지금도 계속 용식되고 있어 칭기랜즈는 서서히 자신의 모습을 바꿔 가고 있는 셈이다.

○ **악지지형의 대명사, 카르스트 피너클.**
강력한 침식과 풍화작용에 의해 사람이 걸어 다니기 어려울 정도로 깊고 험한 골을 지닌 지형을 악지지형이라고 한다. 석회암의 차별침식으로 형성된 피너클은 뾰족하고 날카로워 부상의 위험이 커 악지지형의 대명사라 할 수 있다.

마다가스카르의 상징,
바오밥나무

베마라하 칭기랜즈의 남쪽 해안도시 모론다바 인근 평원에서는 바오밥나무가 한데 모여 있는 광경을 볼 수 있다. 바오밥나무는 마다가스카르를 포함하여 아프리카(8종)와 오스트레일리아(1종)에만 서식하는 전 세계적 희귀종으로 생태학적 가치가 높다.

수령이 약 5,000년인 바오밥나무는 높이 20m, 둘레 10m 이상 자라는 큰 나무로, 생태계 유지에 매우 큰 역할을 한다. 꽃잎과 열매 그리고 줄기에 함유된 수분은 조류와 박쥐를 비롯하여 원숭이, 코끼리 등이 생명을 유지하는 데 큰 도움을 준다. 이곳 사람들은 나무껍질의 섬유질을 이용하여 지붕을 엮고, 로프, 바구니 등을 만들며, 열매와 잎은 식용과 약재로 이용하기도 한다. 사냥을 나설 때는 나무구멍을 뚫어 거처를 마련하고, 시체를 매장하기도 하며, 나무에 항상 기도를 드리는 등 바오밥나무를 신성시하여 함부로 베지 않는다.

고립된 환경에서
독자적으로 진화한 여우원숭이

면도날 같은 피너클이 촘촘하게 들어서 있어 활동하기 매우 어려운 이곳을 자유자재로 돌아다니는 동물이 있다. 바로 마다가스카르에만 분포하는 시파카여우원숭이다. 여우원숭이lemur는 생물진화 측면에서 매우 중요하다. 왜냐하면 영장류로서 가장 오래된 원원류(原猿類, 원숭이와 유인원을 제외한,

○ **생명의 나무, 바오밥나무.**
바오밥나무는 생텍쥐페리의 《어린왕자》에 등장하여 잘 알려진 나무로, 생태계에 매우 중
요한 역할을 하고 생활에도 유용하여 생명의 나무로 불린다. 바오밥나무는 환경에 적응하
는 능력이 매우 뛰어나다. 오스트레일리아의 건조한 환경에서 자라는 바오밥나무는 가급
적 물기를 많이 머금도록 키가 작고 줄기가 굵지만, 아프리카의 마다가스카르처럼 연평균
강수량이 많은 곳에서는 키가 크고 홀쭉하다.

○ **베마라하 칭기랜즈에 서식하는 시파카여우원숭이.**
여우원숭이는 이곳 마다가스카르와 같은 고립된 환경에서 독자적으로 진화했기 때문에 다른 곳에서는 보기 어렵다. 여우원숭이는 마다가스카르에서 국보로 다뤄지며 반출이 금지되어 있다. 베마라하 칭기랜즈에 서식하는 시파카여우원숭이는 뒷다리가 앞다리보다 길어 앞다리를 들고 깡충깡충 뛰면서 이동하는 습성이 있다.

여우원숭이와 안경원숭이 같은 하등영장류)에 속하기 때문이다. 가장 오래되었다는 것은 가장 진화가 늦었다는 것을 뜻하므로 여우원숭이는 원숭이에서 사람으로 진화하는 역사를 살피는 데 단초가 될 수 있다.

원원류는 약 5,000만 년 전경 숲의 왕으로 전 세계에 분포했지만 진원류(眞猿類, 원원류를 제외한, 침팬지와 고릴라 같은 고등영장류)에게 그 자리를 물려주고 멸종하고 말았다. 하지만 현재 마다가스카르에는 시파카여우원숭이, 반지꼬리여우원숭이, 검은여우원숭이를 포함한 22종의 원원류가 있다.

멸종된 줄 알았던 원원류가 마다가스카르에서만 생존하게 된 이유는 무엇일까? 마다가스카르는 약 1억 5,000만 년 전 아프리카 대륙에서 떨어져 나왔다. 이로 인해 사자와 표범 같은 대형맹수의 조상이 없고, 경쟁자인 진원류가 없는 가운데 고립된 섬의 환경에서 독자적으로 진화해 왔기 때문이다.

아시아의 대표 피너클 지형,
말레이시아-구눙물루 국립공원, 중국 스린 풍경구

말레이시아-구눙물루 국립공원
말레이시아 보르네오섬 사라와주에 위치한 구눙물루 국립공원은 석회동굴을 비롯한 카르스트지형과 생물종 다양성이 풍부한 곳으로 자연사적 가치가 높다. 아직도 공원의 50%가량이 인간의 발길이 닿지 않은 울창한 열대우림과 석회암 동굴 및 협곡 산지로 남아 있어 자연성이 잘 보존되어 있다. 아피

○ **자연성이 잘 보존된 구눙물루 국립공원.**
구눙물루 국립공원의 석회암 피너클은 밀림 깊숙한 산중 오지에 위치하여 비행기, 보트를 갈아 타야만 탐방할 수 있다. 이곳은 석회동굴을 비롯한 다양한 카르스트지형과 열대우림의 자연성이 잘 보존되어 있다. ◆구눙물루 국립공원/2000년 유네스코 세계자연유산 등재/말레이시아.

산(1,750m)에는 열대우림을 뚫고 솟아오른 칼날 모양의 피너클들이 발달해 있다. 이곳은 1978년에야 세상에 알려질 만큼 밀림 깊숙이 위치해 있어 탐방하는 데만도 사나흘이 걸릴 정도다. 해질 무렵 먹이를 사냥하기 위해 사슴동굴에서 바깥으로 쏟아져 나오는 약 300만 마리 박쥐의 군무비행으로 유명한 곳이기도 하다.

중국-스린 풍경구

중국 윈난성의 성도省都인 쿤밍은 해발고도 1,890m에 위치한 고원도시로, 1년 내내 봄과 같은 쾌청하고 온화한 고산기후여서 살기 좋은 곳이다. 이곳에서 남동쪽으로 약 120km 떨어진 곳에 이름 그대로 '돌들이 숲을 이룬다' 하여 '스린石林'이라 불리는 곳이 있다. 스린 풍경구風景區는 바늘 모양으로 하늘을 향해 뾰족하게 솟은 석회암 피너클이 무리 지어 있는 모습이 장관이다. 고생대 데본기 약 3억 6,000만 년 전 생성된 석회암이 오랜 세월 용식되어 형성된 것으로, 자연이 빚어낸 카르스트지형의 조형미를 만끽할 수 있어 '천하제일의 기괴한 경관'이라는 칭호가 붙었다.

○　**밤하늘을 수놓는 '박쥐의 군무'.**
　구눙물루 국립공원의 사슴동굴에는 약 300만 마리의 주름입술박쥐가 집단으로 서식하고 있다. 매일 해가 질 무렵 먹이사냥을 위해 밤하늘을 비상하는 박쥐의 군무가 놀랄 만하다. 박쥐들이 위아래로 길게 늘어진 S자 모양의 나선형 비행을 하는 것은 근처 절벽에서 이들을 노리는 박쥐매에게 혼란을 주기 위해서라고 한다.

○ **천하제일의 기괴한 경관, 스린 풍경구.**
윈난성 스린 풍경구는 중국 남부의 여러 카르스트지형을 대표하는 곳으로, 기암괴석의 돌들이
숲을 이룬 듯한 곳이다. 석회암의 용식으로 형성된 암회색의 피너클지형이 신록의 수목과 어울
려 한 폭의 산수화를 보는 것 같다. ◆중국 남부 카르스트/2007년 유네스코 세계자연유산 등
재(2014년 확장)/중국.

모흔느곶 수중폭포,
착시현상이 만들어 낸 폭포

▶ 수중폭포로 알려진 모리셔스 모흔느곶. 산호초 군집지 한가운데를 가르며 깊은 심연을 향
해 마치 바닷물이 떨어지듯 폭포를 이루는 곳이 있다. 아프리카 마다가스카르에서 동쪽으로 약
750km 떨어진 곳에 있는 모리셔스 모흔느곶의 수중폭포에서 벌어지는 신비로운 광경이다. 깊은
수심 속으로 물이 빨려 들어가는 듯한 수중폭포의 모습에서 두려움이 느껴지기도 한다. 하지만 수
중폭포는 실제로는 안전한 곳이어서 수영, 저깅, 낚시 등 많은 사람이 해양 레포츠를 즐긴다.

열점에 의해
형성된 화산섬

아프리카 마다가스카르에서 동쪽으로 약 750km 떨어진 모리셔스는 산호초가 펼쳐진 해안의 아름다운 풍광으로 '인도양의 검은 진주'라는 별칭을 얻었다.

모리셔스는 약 900만 년 전 시작하여 최근 10만 년 전까지 해저에서 여러 차례 용암이 분출하여 생긴 화산섬이다. 모리셔스는 하와이제도와 갈라파고스제도처럼 열점 분출에 의해 형성된, '열점사슬'이라 불리는 해저화산군의 하나다. 열점은 남동쪽의 레위니옹섬에 위치하며, 열점사슬은 북서쪽의 산호초 군도인 세이셸제도까지 활처럼 이어진다. 모리셔스는 해안 가까이 보초 형태의 산호초들이 넓게 발달해 있어 풍광이 아름답다.

2017년 모리셔스에서 약 30억 년 된 것으로 추정되는 지르콘 알갱이들이 발견되어 과학계의 비상한 관심을 끌었다. 지르콘은 풍화에 강하고 마그마에도 녹지 않을 만큼 단단한 화강암 내부의 규산염 광물로, 지질학적 기록을 잘 나타내 주는 광물이기도 해 그 발견이 의미가 크다. 일반적으로 지르콘은 생성시기가 젊은 해양지각보다는 오래된 대륙지각의 암석에서 발견되는데, 모리셔스는 생성시기가 약 1,000만 년밖에 안 되는 젊은 해양지각에 속한다.

지질학자들은 해저의 열점분출로 마그마가 솟아오를 때 해저지각 깊은 곳의 화강암에 포함된 지르콘이 함께 뜯겨져 올라온 것으로 보고 있다.

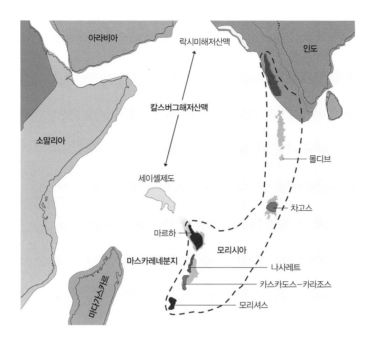

○ **모리셔스 열점 화산대와 구대륙 모리시아.**

지금의 모리셔스 일대는 약 2억 년 전 곤드와나대륙의 일부로, 마다가스카르와 인도 서부 사이에 몰디브제도가 포함된 띠 모양의 모리시아Mauritia라는 땅덩어리였다고 한다. 모리시아는 약 8,400만 년 전 지각운동으로 곤드와나대륙이 분리될 때, 부서지고 침몰하여 인도양 해저에 가라앉았다. 이후 열점분출로 수중화산이 폭발하여 모리셔스가 생겨날 때, 과거약 2억 년 전 고대륙의 암석에 포함된 지르콘이 마그마와 함께 분출된 것으로 여겨진다.

그리고 이 지르콘은 과거 약 2억 년 전 남반구에 존재했던 가상의 대륙인 곤드와나대륙(고생대 말기에서 중생대까지 남반구에 있었다고 생각되는 가상의 대륙. 남극대륙, 아프리카, 아라비아반도, 오스트레일리아, 인도반도 등이 하나로 연결된 거대 대륙이었다고 한다)의 일부에서 기원한 것이라 추정하고 있다.

수중폭포는
착시현상의 결과

모리셔스의 남서쪽 끝자락 모흔느곳은 바닷속에 폭포가 발달한 것처럼 보이는 수중폭포로 세계적 명성을 얻고 있다. 수중폭포를 보면, 산호초 군집의 경사진 V자 모양 계곡으로 빠른 연안류에 의해 모래가 미끄러져 내려가는 모습이 착시현상을 일으켜 깊은 수심 속으로 물이 빨려 들어가는 것 같다. 수중폭포 Underwater falls는 공식적인 학술용어는 아니지만 바닷물이 수중에서 폭포처럼 떨어지는 모습이어서 붙여진 명칭이다. 수중폭포는 1년 내내 볼 수 있지만 지상에서는 볼 수 없고 하늘에서 내려다봐야만 제대로 볼 수 있다.

수중폭포는 사실 폭포가 아니다. 폭포는 절벽에서 쏟아져 내리는 물줄기 또는 물이 쏟아져 내리는 높은 절벽을 말한다. 반면 수중폭포는 육지에서 바다 쪽으로 완만한 경사를 이룬, V자 모양으로 파인 산호초 지형일 뿐이다. 이는 바닷속 지형지물과 빠른 조류와 연안류가 만들어 낸 착시현상이다. 착시란 눈이 받아들이는 실제 이미지를 다른 이미지로 인지하는 것을 말한다. 착시에는 명암, 기울기, 움직임 등 특정한 자극을 과도하게 받아들여 일어나는 물리적 착시와 뇌가 눈에서 받아들인 자극을 무의식적으로 추론하는 과정에서 일어나는 인지적 착시가 있다. 수중폭포는 물리적 착시가 일어나는 곳으로, 연안류의 흐름과 모래 등의 색상과 지형의 기울기, 움직임을 착각하는 것이다.

이처럼 수중폭포는 산호초 가운데 바다 쪽으로 이어지는 V자 모양의 낮은 계곡을 따라 매우 강한 조류와 연안류에 의해 밀려온 모래와 퇴적물이 빠르게 이동하는 모습이 착시현상을 일으켜 만들어진다. 화산섬이 형성될 당시 생긴 단층선을 따라 침식이 집중되어 V자 모양의 계곡이 발달했다. 인근 주변에도 비슷한 착시현상이 나타나는 수중폭포가 여러 개 발견되고 있다. 수중폭포는 깊은 심연으로 빨려 들어가는 듯하여 보기만 해도 공포감이 느껴지지만 실제로는 안전한 곳이어서 수영, 서핑, 낚시 등 해양 레포츠가 행해지고 있다.

○ **하구 가까이 발달한 수중폭포.**
모리셔스에는 착시현상을 일으키는 수중폭포가 모흔느곳뿐 아니라 다른 해안에도 있다. 이런 곳들은 대부분 해안으로 흘러드는 하구와 가까운 곳에 있다. 해안을 따라 흐르는 바닷물의 흐름이 곳에 부딪혀 돌아 흘러나가며 바다로 유입되는 하천의 물과 합쳐질 때 바닷물의 속도가 빨라지는데, 이런 점들이 착시현상을 더 배가하는 것으로 보인다.

모흔느곳 수중폭포, 착시현상이 만들어 낸 폭포

인간에 의해 멸종된 새,
도도의 비극

생물종은 자연환경의 변화에 따라 멸종되기도 하고, 새롭게 탄생하기도 한다. 그러나 모리셔스에서는 인간의 탐욕에 의해 하나의 종이 멸종을 맞았다. 동화《이상한 나라의 앨리스》에도 등장하는 새, 도도^{dodo}다.

도도는 모리셔스에만 서식했던 종으로, 몸길이 약 1m, 몸무게 10~20kg으로 칠면조보다 덩치가 컸지만 날지 못하는 새였다. 처음부터 날지 못한 것은 아니었다. 모리셔스에는 도도의 천적이 없었기 때문에 날지 않게 되어 날개가 퇴화한 것이다.

모리셔스는 처음에는 사람이 살지 않는 무인도였다. 그러나 1505년 포르투갈이 모리셔스를 향료무역의 중간기착지로 이용하면서 도도의 운명이 바뀌었다. 날지 못하는 새, 도도는 선원들에게 좋은 먹잇감이었다. 이후 네덜란드, 프랑스, 영국 등으로 섬의 주인이 차례로 바뀌면서 이들이 함께 들여온 쥐, 돼지, 원숭이 들이 바닥에 둥지를 트는 도도의 알을 먹어 치웠다.

인간이 닥치는 대로 도도를 포획하고 외부에서 유입된 종에 의해 생태계가 파괴되면서 도도의 개체수는 빠르게 감소했다. 결국 1681년에 마지막으로 목격된 것을 끝으로, 모리셔스에 인간이 발을 들여놓은 지 180여 년 만에 도도는 멸종하고 말았다.

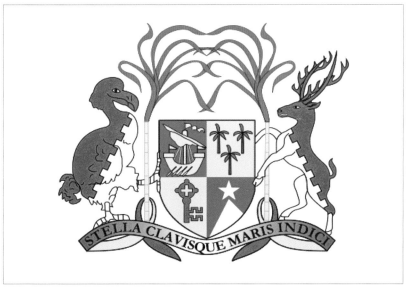

○　**옥스퍼드대학교 자연사박물관에 전시된 도도의 뼈 화석과 그것을 재현한 모형.**

도도는 인간에 의해 생물종이 멸종된 것을 뜻하는 대명사가 되었다. 도도는 멸종되었지만 모리셔스의 유일종이었던 만큼 모리셔스 국장國章에도 등장하고 있다.

그린란드 앞바다
세계 최대의 수중폭포

착시현상으로 만들어지는 수중폭포가 아닌, 눈으로 볼 수는 없지만 분명히 존재하는 수중폭포가 있다. 아이슬란드와 그린란드 사이의 덴마크해협에 해저 600m에서 시작하여 3,505m까지 해저산맥 급경사의 능선을 타고 떨어지는 수중폭포가 그것이다. 이는 지구상에서 가장 높은 베네수엘라 앙헬폭포(979m)보다 세 배에 가까운 높이이며, 폭이 약 160km에 이를 만큼 거대한 폭포다.

수중폭포는 해류의 규칙적인 순환을 가리키는 대양대순환(해양대순환)의 원리로 생긴다. 해류는 크게 해수면에 부는 바람으로 생기는 표층대순환과 수온과 밀도차로 생기는 심층대순환으로 구분된다. 덴마크해협의 수중폭포는 바다 깊은 곳을 흐르는 심층대순환으로 생기며, 심층대순환은 멕시코만류에서부터 시작된다.

따뜻한 멕시코만류가 북상하여 북극해에 이르면 북극의 차가운 대기와 한류의 영향으로 냉각되어 얼기 시작하는데, 이때 염분 농도가 짙어져 밀도가 높아진다. 밀도가 높아진 물은 무거워져 해저로 가라앉기 시작한다. 밑으로 가라앉은 차가운 바닷물은 대서양 남쪽을 향해 이동하기 시작하는데, 이때 덴마크해협 수중의 해저산맥을 넘어 서쪽 급경사의 낭떠러지로 초당 3,000만t의 거대한 물기둥을 이루며 폭포수를 만들어내는 것이다. 이는 나이아가라폭포수의 약 1,400배에 달하는 양이라고 한다.

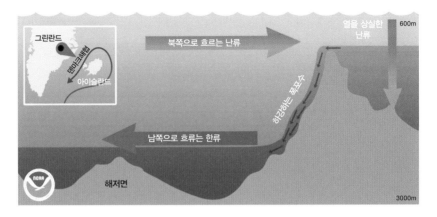

○　**덴마크해협와 해양심층수 수중폭포 발생 모식도.**

　대양대순환 해류는 열대바다는 식혀 주고 차가운 바다는 데워 주는 지구 에어컨 또는 난로처럼 지구의 온도를 조절하는 역할을 한다. 덴마크해협의 심해 한류가 만드는 수중폭포는 높이가 약 2,900m에 달하는데, 이는 아랍에미리트의 고층빌딩인 부르즈 할리파(829m)보다 무려 3.5배 더 높다.

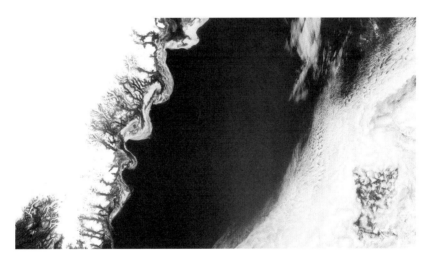

○　**한류와 난류가 교차하는 덴마크해협.**

　사진은 2015년 7월 인공위성에서 찍은, 그린란드 남부와 아이슬란드 사이의 덴마크해협의 모습이다. 해협 가운데는 멕시코만의 난류가 북동쪽의 북극해로 이동하고 있기 때문에 얼음이 없다. 한편 그린란드 피오르 해안을 따라 빙하가 흘러들어 길게 늘어선 띠 모양을 이루고 있다. 사진 오른쪽 상단부의 해저가 바로 수중폭포가 있는 곳으로, 해저 바닥에서는 북극해의 차가운 바닷물이 태평양을 향해 긴 여정을 떠난다.

벙글벙글산지

그레이트배리어리프

울루루-카타추타 국립공원

하와이제도

갈라파고스제도

와이토모동굴

벙글벙글산지,
지구 최초의 생명체가 쌓인 퇴적기암

▶ 오스트레일리아 킴벌리고원에 발달한 벙글벙글산지. 원뿔 모양을 한 벌집이 연상되는 높이 100~250m에 이르는 기암이 고원을 가득 메우고 있어 장관을 이뤄 오스트레일리아를 대표하는 자연경관 가운데 하나로 꼽힌다. 벙글벙글산지가 주목받는 이유는 다른 곳에서는 보기 어려운 독특한 경관을 지녔을 뿐만 아니라, 암석 내부에 지구 최초 생명체의 화석이 발견되고 있기 때문이다. ◆ 푸눌룰루 국립공원/2003년 유네스코 세계자연유산 등재/오스트레일리아.

암회색과 오렌지색 줄무늬 띠가
겹겹이 쌓인 지층

오스트레일리아 북서부 킴벌리고원^{Kimberley Plateau} 동쪽의 푸눌룰루^{Purnululu} 국립공원 내에 위치한 벙글벙글산지^{Bungle Bungle Range}는 울루루와 함께 오스트레일리아 자연경관을 대표하는 곳이다. 평탄한 고원의 대지^{臺地} 위로 오렌지색과 암회색 줄무늬 띠가 겹겹이 쌓인 벌집 모양 기암이 거대한 무리를 이루고 있다. 푸눌룰루 국립공원 면적(2,400km²)의 7분의 1(약 350km²)을 차지하는 벙글벙글산지는 퍼스에서 약 3,000km, 다윈에서 약 1,000km 떨어진 오지다. 1983년 이곳 상공을 날던 헬기조종사가 처음 발견해 세상에 알려지게 되었다.

우리말 '벙글벙글'과 발음이 같은 이곳의 이름은 어디에서 유래했을까? 이름과 관련해 두 가지 설이 있다. 하나는 킴벌리고원 동부 원주민 토착어인 '벙글(bungle, 바퀴벌레의 오줌)'에서 유래한 이름으로, 도발하면 사람에게 오줌을 싸는 바퀴벌레 복부의 줄무늬가 벙글벙글산지의 줄무늬를 연상하게 해 붙여졌다는 설이다. 다른 하나는 킴벌리고원 동부에서 촘촘하게 무더기(영어 bundle은 무더기, 묶음을 뜻한다)로 자라는 잔디를 번들번들 ^{Bundle Bundle}이라고 불렀는데, 이를 원주민들이 차용하여 촘촘히 무리 지어 있는 암석군에 벙글벙글산지라는 이름을 붙였다는 설이다.

지구 최초 생명체의 화석, 스트로마톨라이트

벙글벙글산지가 주목받는 이유는 다른 곳에서는 보기 어려운 독특한 경관을 지녔을 뿐만 아니라, 암석 내부에 지구 최초 생명체의 화석이 발견되고 있기 때문이다. 벙글벙글산지의 가장 큰 특징은 호피 문양처럼 암회색과 오렌지색 줄무늬 띠가 번갈아 층층이 쌓여 원뿔 또는 돔 모양의 거대

○ **암석 내부에서 지구 최초 생명체의 화석이 발견된 벙글벙글산지.**
벙글벙글산지의 암회색 지층은 당시 바다에 살았던 최초의 생명체인 시아노박테리아가 화석화된 스트로마톨라이트층이며, 오렌지색 지층은 밀물과 썰물이 교대하는 얕은 모래해안에서 모래가 쌓여 생긴 사암층이다. 벙글벙글산지는 지층이 생성된 이후 지각변동을 거의 받지 않아 수평층을 이루고 있다.

벙글벙글산지, 지구 최초의 생명체가 쌓인 퇴적기암

한 암석군을 이루고 있다는 점이다.

여러 켜로 쌓인 이 퇴적암들은 고생대 약 3억 5,000만 년 전 이곳이 바다였을 당시, 모래가 겹겹이 쌓여 만들어진 석영사암이며, 일부는 모래, 자갈과 진흙 등이 함께 쌓여 굳은 역암이다. 오렌지색 지층은 사암 내부의 철 성분이 산화되어 생긴 것이고, 암회색 지층은 지구가 생겨난 이후 최초로 출현한 생명체가 화석화된 것이다.

1	2
햇빛이 비치면 시아노박테리아가 광합성을 시작하며 산소를 만들어 내보낸다.	해가 지면 활동을 멈춘 시아노박테리아가 밀려온 부유물질들을 붙잡아 매어 둔다.
3	3
햇빛이 비치면 시아노박테리아가 다시 활동을 시작하여 매일 같은 일을 반복하며 성장한다.	이런 과정이 수만 년 간 반복되면서 시아노박테리아가 점차 몸집을 키워 버섯 모양의 바위가 된다.

스트로마톨라이트 형성과정

암회색 지층은 고생대 약 3억 5,000만 년 전 살았던 지구 최초 생명체 시아노박테리아가 화석화된 스트로마톨라이트(stromatolite, 그리스어로 '바위침대'라는 뜻)다. 시아노박테리아는 원시적인 단세포 식물성 플랑크톤으로 엽록소를 가지고 광합성을 하는 남조류다.

시아노박테리아는 낮과 밤 각각 다른 방법으로 스트로마톨라이트 화석이 되어 간다. 낮에는 광합성 작용으로 흡수된 이산화탄소가 시아노박테리아 표면에서 포화상태가 되어 탄산칼슘 결정으로 변하고 이것이 침전되면서 암석화된다. 밤에는 시아노박테리아가 성장과정에서 신진대사를 통해 뿜어낸 표면의 점질층에 부유물질들을 붙잡아 매어 고정시키는데, 이런 과정이 반복되면서 부유물질들이 쌓이고 굳어 암석으로 변한다.

시아노박테리아는 그 자체가 퇴적구조이며, 지구 최초 생명체의 화석이라는 점에서 지사학적地史學的 가치가 매우 높다. 약 35억 년 전 오스트레일리아 서부에 형성된 지층에서 시아노박테리아의 화석인 스트로마톨라이트가 처음 발견된 것으로 보아, 지구에 생명체가 처음 출현한 시기는 대략 35억 년 전으로 추정된다.

시아노박테리아는 바닷물의 흐름이 원활하지 못한 폐쇄된 사취(砂嘴, 모래가 파랑 및 연안류 등에 의해 해안을 따라 이동·퇴적되어 한쪽 끝이 육지와 연결되어 있고, 다른 한쪽 끝은 바다 쪽으로 뻗어 나간 해안 퇴적지형)나 석호해안과 같은 염도가 높은 바닷물에 주로 서식한다. 따라서 벙글벙글산지의 암회색 스트로마톨라이트층은 당시 염도가 높은 바닷물 환경에서 생성된 것이다. 반면 오렌지색 사암층은 밀물과 썰물이 교대되는 부분인 조간대潮間帶, tidal plat 또는 얕은 모래해안에서 생성된 것이다. 오렌지색 사암층과 암회색 스트로마톨라이트층이 교대로 겹겹이 두껍게 쌓였다는 것은 오랜 시간에 걸쳐 염도가 서로 다른 바닷물 환경에서 각각 퇴적되었음을 말해 준다.

지구 생명체의 시원이자 인류문명의 근원, 시아노박테리아

시아노박테리아는 지사학적으로 두 가지 점에서 주목받고 있다.

첫째, 지구 생명체의 모체이자 은인이라는 점이다. 약 35억 년 전, 지구 생성 초기의 원시바다는 현재의 바닷물을 품은 바다가 아닌 붉은 마그마 덩어리로 가득 찬 '불의 바다'였다. 시간이 지나 마그마가 식으면서 방출된 수증기가 구름이 되어 비를 내려 초기의 바다가 만들어졌다. 초기 바다에서는 어떤 생명체도 살지 못했지만, 최초 생명체 시아노박테리아가 출현하면서 생명의 진화가 이뤄질 수 있었다. 시아노박테리아가 광합성

○ **오스트레일리아 샤크베이 해멀린 풀의 현생 스트로마톨라이트.**
성장속도가 연간 0.2~1cm로 매우 느린 스트로마톨라이트는 지구 생명의 근원과 탄생의 역사를 밝힐 수 있는 열쇠로 알려져 있다. 샤크베이는 스트로마톨라이트뿐 아니라 듀공을 포함한 5종의 멸종위기 포유동물이 서식하는 곳으로 생태학적 가치가 높아 1991년 유네스코 세계자연유산으로 등재되었다.

작용을 통해 산소를 뿜어냈고, 이로써 이산화탄소로 꽉 차 있던 지구의 대기와 물속에 다양한 생명체가 서식할 수 있는 환경이 조성된 것이다. 그러고 보면 인류가 출현한 것도 시아노박테리아에 근원을 두고 있는 셈이다.

둘째, 인류 건축문명의 근간이 되는 철이라는 자산을 남겨 주었다는 점이다. 시아노박테리아가 생성한 산소는 원시바다에 녹아 있던 철 이온과 결합하여 물에 녹지 않는 엄청난 양의 산화철을 만들었다. 바다는 붉게 물들었고 이때 만들어진 산화철이 퇴적되어 지금의 대규모 철광상鐵鑛床을 이루었다. 오늘날 전 세계에서 채굴되는 철광석의 90%는 모두 이렇게 만들어진 것이다.

오스트레일리아 서쪽 끝 샤크베이Shark Bay의 해멀린 풀Hamelin Pool은 지구에서 가장 오래된 생명체인 시아노박테리아가 현재 서식하고 있는 곳이자 생성 중인 스트로마톨라이트를 볼 수 있는 곳이다. 현재 해멀린 풀의 스트로마톨라이트는 약 8억 5,000만 년 전 모습이 그대로 보존된 것이다.

망류하천을 따라 진행된 침식과 풍화

지형학자들과 지질학자들은 벙글벙글산지가 지금과 같은 경관을 이룬 것은 약 2,000만 년 이상에 걸쳐 침식과 풍화가 일어났기 때문이라고 말한다. 벙글벙글산지의 모든 암석층은 거의 수평층을 이루는데, 이는 이곳 일대가 고생대 초기에 지층이 생성된 이후, 습곡과 화산활동과 같은 지각변동과 빙하의 영향 등을 거의 받지 않았기 때문이다. 실제로 벙글벙글산지의 암석층은 고생대에 퇴적된 사암층 위로 새로운 지층이 형성되지 않았다. 이는 이곳 일대가 육지가 된 이후, 다시금 바다나 큰 호수에 잠기지 않은 가운데 육지상태에서 자연적인 침식과 풍화가 진행되어 지금의 지형이 생겨났음을 뜻한다.

  벙글벙글산지가 형성되는 데에는 건조한 기후환경에서 일어난, 망류하천에 의한 침식이 가장 결정적인 영향을 미쳤다. 일시적으로 많은 양의 토사를 공급받는, 사막과 같은 건조지역의 하천이나 유량流量에 비해 토사

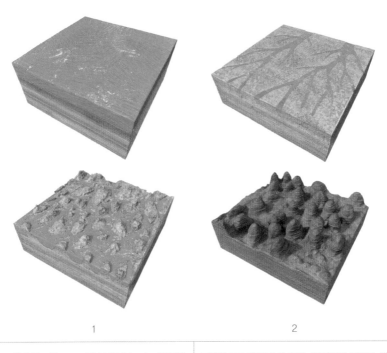

1	2
고생대 약 3억 5,000만 년 전 염도가 다른해안에서 사암층과 스트로마톨라이트층이 교대로 오랫동안 쌓여 두꺼운 퇴적층을 이루었다.	지반융기로 육지가 된 이후, 일시적인 폭우로 생성된 그물망 모양의 망류하도를 따라 퇴적층이 유수에 의해 침식되면서 계곡이 생기기 시작했다.
3	4
망류하도를 따라 하천의 유량이 증가하고, 하방침식이 활발해지면서 지층이 빠르게 깎여 나가 원뿔 모양으로 분리된 여러 암석군이 발달한다.	우기가 끝나고 건기에는 바람에 날리는 모래 등에 의한 침식이 진행되면서 점차 원뿔 또는 돔 모양의 거대한 암석군이 확대되었다.

벙글벙글산지 지형 형성과정

운반량이 지나치게 많은 하천에서는 유로가 그물망처럼 여러 갈래로 갈리는 망류網流하천이 발달한다. 벙글벙글산지를 이루는, 지금의 원뿔 또는 돔 모양의 수많은 암석군은 사막과 같은 건조환경에서 집중호우에 의해 일시적으로 많은 양의 물이 그물망의 물길을 따라 바닥을 깎아 내는 하방침식이 오랫동안 진행되어 생겨난 것이다.

이곳 일대는 열대 사바나기후이며, 우기와 건기가 명확히 구분된다. 따라서 침식은 우기에 집중적으로 진행되며, 건기에는 바람에 날리는 모래에 의한 침식도 활발하다. 그리고 일부 구간에는 북서~남동 방향으로 발달한 단층선을 따라 침식이 집중적으로 일어나 깊은 하곡河谷을 이루는 곳도 나타나는데, 커시드럴Cathedral 협곡이 그 예다.

○ **단층에 의한 침식으로 발달한 커시드럴 협곡.**
벙글벙글산지 일대 대부분 지역의 암석은 물에 침식되어 곡선 모양을 하고 있지만, 커시드럴 협곡과 같은 일부 지역에는 단층작용에 의해 암석이 갈라지고 가파른 수직 절벽이 나타나는 곳도 있다.

벙글벙글산지, 지구 최초의 생명체가 쌓인 퇴적기암

한반도 최초의 생명체 화석 스트로마톨라이트 산출지, 소청도 분바위

우리나라의 서해 5도 가운데 하나인 인천광역시 옹진군 소청도 동쪽 끝자락 해안에는 하얀 분말가루가 묻어나 분바위라고 불리는 곳이 있다. 분바위는 등대가 없을 때 달빛 반사하여 자연 등대의 역할을 하였다고 해서 '월띠'라고 부르기도 한다.

이곳의 하얀 암석들은 석회암이 열과 압력을 받아 변성된 대리석으로, 풍화되어 석회분말이 만들어진 것이다. 야간에도 달빛에 반사되어 밝게 보여서 등대가 없던 시절에는 등대 역할을 했다고 한다. 이 대리석에서는 원생대 약 12억~10억 년 전 바다에 출현한 우리나라 최초의 생명체인 시아노박테리아의 군체들이 만든 엽층리가 잘 발달한 생生퇴적구조 화석, 스트로마톨라이트가 산출되고 있다.

소청도 분바위 스트로마톨라이트를 가리켜 이곳 주민들은 '굴딱지 암석'이라고 부른다. 이는 스트로마톨라이트가 들어있는 암석이 굴 껍질과 같은 성장구조를 보이기 때문이다. 분바위 대리석 문양이 아름답고 품질이 뛰어나 일제강점기부터 수십 년 전까지 무단으로 많이 채석되어 건축재료 등으로 쓰여 남아 있는 양이 그리 많지 않다. 소청도가 지금도 사람들이 오가기 어려운 오지 낙도인 까닭에 일부 사람들이 분바위를 몰래 채석해 가곤 해 관리가 시급한 상태다.

소청도 분바위는 한반도의 고생대 이전 선캄브리아기의 환경과 생명 탄생의 기원을 규명하는데 학술적 가치가 커 2009년 천연기념물 제508호로 지정되었으며, 2019년에는 백령·대청국가지질공원으로 지정되었다.

○ **한반도 최초의 생명체 화석지, 소청도 분바위.**

소청도 분바위는 분가루를 뭉친 듯한 하얀 암석이 해안선을 따라 푸른 바다와 조화를 이루고 있어 아름다운 광경을 연출한다. 대리석 곳곳에는 퇴적된 굴 껍질 모양의, 시아노박테리아 화석인 스트로마톨라이트가 보인다. 스트로마톨라이트를 몰래 실어 가려고 잘라 놓은 암석들이 곳곳에 널려 있다.

벙글벙글산지, 지구 최초의 생명체가 쌓인 퇴적기암

✛

그레이트배리어리프,
세계 최대의 산호초 군집

✛

▶ 오스트레일리아 북동부에 발달한 그레이트배러어리프. 지구상에서 생명체가 만든 구조물 가운데 가장 규모가 크다. 바다와 육지가 만나는 해안에 아름다운 꽃밭 같은 산호초 군집이 에메랄드빛 바다에 그물망처럼 펼쳐져 있다. 이곳은 수많은 해양생명체의 중요한 서식지로 생태적 가치가 크다. ◆그레이트배리어리프/1981년 유네스코 세계자연유산 등재/오스트레일리아.

지구 최대의 산호초 군집

오스트레일리아 퀸즐랜드주 북동해안을 따라 발달한 그레이트배리어리프Great Barrier Reef는 세계 최대의 산호초 군집으로 지구상에서 생명체가 만든 구조물 가운데 가장 규모가 크다. 산호초 군집의 다양한 생태계는 열대우림 다음으로 해양생물 다양성이 풍부하다. 이곳의 산호는 전 세계 열대 바다에 서식하는 산호의 약 10%에 해당한다. 산호초 군집은 수심 6~13m에 발달해 있으며, 총연장 약 2,300km, 면적 약 34만 8,700km², 너비 약 500~2,000m에 달하여 우주에서도 관측할 수 있을 정도다.

그레이트배리어리프는 우리말로 '거대한 산호초 장벽', 즉 대보초大堡礁라고 한다. 산호초가 해안선과 나란히 길게 발달하여 해안을 마치 거대한 장벽처럼 둘러싸고 있는 형태일 경우 보초라고 한다. 약 3,400개의 단일 산호초와 약 300개의 산호섬, 760여 개의 암초와 900여 개의 섬으로 이루어져 있으며, 보초에 갇힌 수많은 석호가 곳곳에 발달하여 거대한 장벽처럼 보이기 때문에 그레이트배리어리프라는 이름이 붙은 것이다.

지구 기후변화에 따른
거대 산호초의 생성과 소멸

산호초 군집은 산호들이 기후변화에 적응하면서 오랜 기간 생성과 소멸을 거듭하며 사체의 외골격이 쌓여 형성된 것이다. 따라서 산호초 군집 하부의 석회암에는 당시 해저수심을 비롯하여 산호의 서식환경과 성장의 변화과정 등이 기록되어 있다. 2018년 오스트레일리아 시드니대학교 연구팀의 조사결과에 의하면, 그레이트배리어리프는 약 3만 년 전부터 현재에 이르기까지 모두 5차례의 멸종과 소생 단계를 거듭하며 생존해 왔다. 그레이트배리어리프의 산호는 해수면이 상승하거나 하강하는 환경 변화에 맞춰 생존을 위해 육지나 바다 쪽으로 연간 20~150cm(100년간 20~150m)씩 이동했다.

약 3만 년 전, 지구는 마지막 빙하기로 접어들어 기온이 점차 내려가면서 해수면도 서서히 낮아지고 있었다. 빙하기가 최고조에 달했을 약 2만~1만 8,000년 전 당시 해수면은 지금보다 약 120m 낮았다. 해수면이 낮아지면서 산호들은 바다 쪽으로 이동했는데, 이때 이동하지 못하고 지상에 노출된 산호초 군집지는 모두 파괴되었다. 반대로 약 1만 7,000년

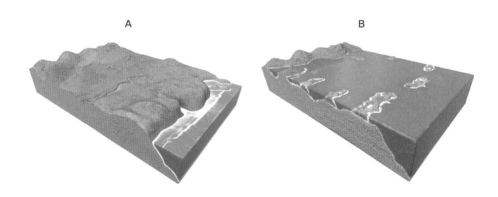

A   B

○　**해수면 변화에 따른 산호초 형성.**
　A. 약 1만 년 전, 현재 산호가 자라고 있는 얕은 바다는 낮은 구릉이 발달한 육지였다.
　B. 이후 해수면이 상승하면서 해안과 접한 구릉들은 물에 잠겨 섬이 되었으며, 이 섬들을 거점으로 산호들이 자라면서 현재 해안선과 나란한 보초 형태의 산호초 군집이 생겼다.

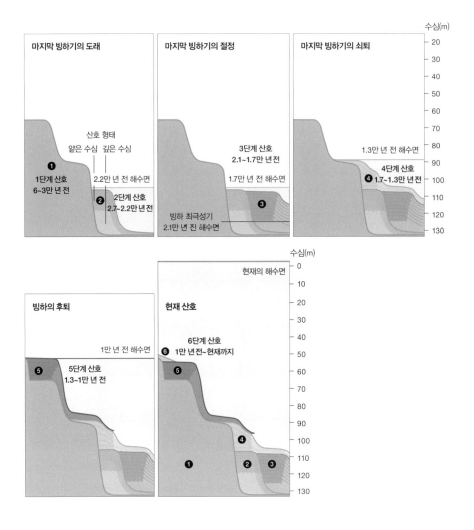

전부터 현재까지 지구의 기온이 올라가 빙하기가 끝나고 해수면이 상승하면서 산호들은 육지 쪽으로 이동했다. 이때 육지 쪽으로 이동하지 못하고 깊은 바다에 남겨진 산호초 군집지도 모두 파괴되었다.

지구는 기온의 상승과 하강에 따라 간빙기(빙하기와 빙하기 사이의 상대적으로 기온이 높았던 온난한 시기)와 빙하기가 반복되는 기후변화를 여러 차례 겪었다. 빙하와 관련한 기후변화는 해수면 변동을 야기했다. 빙하기에

① 1단계 (6만~3만 년 전)	② 2단계 (2만 7,000~2만 2,000년 전)
현재보다 3m가량 해수면이 높았던 12만 년 전, 해안에 서식하던 산호가 마지막 빙하기로 접어들면서 해수면이 하강하자 6만 년 전 약 -70m, 3만 년 전 약 -90m 가량 바다 쪽으로 이동하여 성장했다.	2만 7,000~2만 2,000년 전, 해수면이 -110m로 하강하면서 산호가 다시 바다 쪽으로 이동하여 성장했다.
③ 3단계 (2만 1,000~1만 7,000년 전)	④ 4단계 (1만 7,000~1만 3,000년 전)
2만 1,000년 전 해수면이 -125m까지 하강하면서 산호 또한 기존 산호군집지보다 더 낮은 바다 쪽으로 이동하여 성장했다. 이후 산호는 1만 7,000년 전 빙하기가 끝나면서 해수면이 점차 상승하여 -105m까지 성장했다.	1만 7,000년 전 이후 -110m의 해수면이 빠르게 상승하여 1만 3,000년 전에는 -90m까지 이르렀다. 이에 따라 산호가 점차 육지 쪽으로 이동하여 기존 산호층 위에 새로운 산호층을 이루었다.
⑤ 5단계 (1만 3,000~1만 년 전)	⑥ 6단계 (1만 년 전~현재)
1만 3,000년 전 이후 해수면이 지속적으로 상승하여 1만 년 전에는 -55m까지 이르렀다. 이에 따라 산호가 점차 육지 쪽으로 이동하여 기존 산호층 위에 새로운 산호층을 이루었다.	1만 년 전 -55m에 달했던 해수면이 점차 상승하여 현재에 이르렀다. 이에 따라 기존 산호층 위로 새로운 현생의 산호가 육지 쪽으로 이동하면서 해수면 -6~-13m부근에 서식지를 마련했다.

그레이트배리어리프 형성과정

빙하가 성장하면 해수면은 하강하고, 반면 간빙기에 빙하가 쇠퇴하면 해수면은 상승했다. 이런 이유로 얕은 바다에 서식하는 산호는 빙하의 성쇠에 따른 해수면의 상승과 하강의 변동에 맞춰 육지와 바다 쪽으로 서식지를 옮겨 가야만 했다. 빙하기에 해수면이 하강하여 서식 해역이 해수면 위로 노출된 산호는 죽게 된다. 반대로 간빙기에 해수면이 상승하여 지나치게 깊은 바다에 남겨진 산호는, 자신과 공생하는 편모조류(鞭毛藻類, 편모가

그레이트배리어리프, 세계 최대의 산호초 군집

있는 단세포 또는 군체를 형성하는 식물성 플랑크톤)가 차가운 수온과 햇빛 차단으로 광합성을 하지 못해 결국 죽게 된다.

위기에 처한
그레이트배리어리프

중생대에 출현하여 오늘날까지 생존해 온 현생종의 산호가 지구온난화로 인한 수온상승으로 심각한 위기를 맞고 있다. 1968~2018년까지 50년 사이에 전 지구표층의 평균수온은 예전보다 약 0.5℃ 높아졌는데, 적도와 가까운 열대 지역의 표층 평균수온은 약 0.7℃ 상승했다. 수치상으로 봤을 때 수온이 약 0.2℃ 높은 것은 별일 아닌 듯해 보인다. 하지만 바닷물 온도가 1℃만 올라가도 바다는 육지 온도가 10℃가량 올라간 상태와 맞먹는다고 하며, 수온이 1℃ 올라가면 물고기에게는 7℃가량 수온이 올라간 것으로 체감된다고 한다. 이렇게 열대바다의 수온이 비정상적으로 올라간 것은 산호의 생태계를 파괴하는 심각한 결과를 초래했다.

산호는 공생관계인 조류와 그것의 엽록소 밀도에 따라 색이 다양하다. 산호가 수온이 올라가 스트레스를 받으면 단기적으로라도 생존하기 위해 공생관계인 조류를 강제로 방출한다. 그 빈자리에 해초들이 자라면서 산호는 질식사하게 된다. 결국 산호의 색을 결정하는 조류가 사라져 색을 잃고 하얀 골격을 드러내며 죽어 가는, '바다의 사막화'라 불리는 백화白化현상이 일어나는 것이다. 산호가 본래의 모습을 되찾는 데는 최소한 10~15년이 걸린다고 한다.

2016~2017년에 그레이트배리어리프 전체 산호의 약 60% 이상이 죽

었고, 특히 적도와 가까운 파푸아뉴기니 쪽의 산호는 약 80%가 죽었다. 현 추세라면 2050년에는 이곳의 산호가 모두 멸종할 것이라는 예측까지 나오고 있다. 문제는 산호초에 의지해 살아가는 수많은 해양생물도 함께 멸종될 수 있다는 것이다. 오스트레일리아는 그레이트배리어리프를 보호하기 위해 바다 표면에 인공구름을 뿌려 햇빛을 차단함으로써 수온을 일시적으로 낮추는 방안까지 고려하고 있다고 한다.

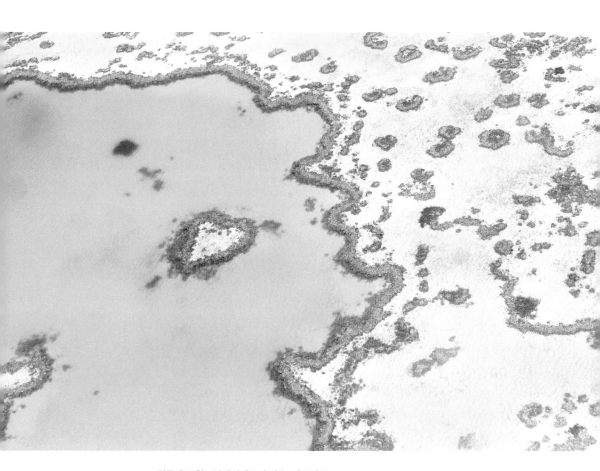

○ **퀸즐랜드 휘트선데이제도의 명소, 하트리프.**
휘트선데이Whitsunday제도의 74개 섬 가운데 하나인 해밀턴 아일랜드Hamilton Island에는 그레이트배리어리프에서 가장 유명한 하트 모양의 산호초 군집이 착생하고 있어 눈길을 끈다.

해양생물의 보금자리이자 지구의 은인, 산호

산호는 햇빛이 풍부하고 표면수온이 23~25℃인 열대 및 아열대 바다에서 잘 자라는데, 산호초는 산호의 사체인 석회질 외골격(껍데기)이 얕은 바다에 쌓여 형성된 암초를 말한다. 산호초 군집지는 산소함량이 높고, 먹이가 풍부할 뿐 아니라 물고기가 숨을 수 있는 은신처이기도 하며, 다양한 해양생물에게 꼭 필요한 환경을 제공한다. 그레이트배리어리프에는 산호 400여 종, 어류 1,500여 종, 연체동물 4,000여 종, 해조류 500여 종, 조류藻類 240여 종, 그리고 '바다소'라고 불리는 듀공, 바다거북, 혹등고래를 비롯한 30여 종의 고래류 등 다양한 해양생물이 살고 있다.

산호는 해양생물의 거처 이상으로 지구에게 매우 고마운 존재다. 산호는 바닷물에 용해된 탄산염을 탄산칼슘(석회석)으로 바꿔 자신을 보호하는 외골격을 만든다. 이러한 산호의 외골격이 쌓여 형성된 석회암이 바로 시멘트의 원료다.

생물계에는 악어와 악어새처럼 다른 종의 개체들이 같은 곳에 살며 서로 이익을 주고 받으며 함께 살아가는 공생관계를 맺는 경우가 많다. 산호 또한 촉수 안에 은거하는 조류와 공생관계에 있는 생명체다. 한 자리에 고착하여 꽃핀 모양으로 서식하는 산호를 사람들은 식물로 오해하곤 한다. 산호는 해파리, 말미잘, 히드라처럼 강장과 입, 촉수를 가진 작은 산호충들이 모여 군체를 이루는 자포刺胞동물이다. 동물인 산호는 호흡을 통해 산소를 흡수하고 이산화탄소를 배출한다. 그런데 우리는 산호가 산소를 배출하고 이산화탄소를 흡수하여 지구온난화를 방지하는 역할을 하는 것으로 잘못 알고 있기도 하다. 그 역할은 정확히는 산호의 촉수에 공생하는 편모조류가 한다.

산호는 낮에는 외골격 속에 몸을 감추었다가 밤에는 독성이 있는 촉수를 펼쳐, 지나가는 동물성 플랑크톤을 마비시켜 잡아먹는다. 이러한 사냥만으로는 충분한 영양을 공급받을 수 없어, 산호의 약 90%는 촉수에 공생하는 편모조류가 광합성을 통해 만든 영양분으로 살아간다. 그렇기 때문에 산호는 편모조류가 광합성을 하며 살 수 있는 맑고 깨끗한 바다에서만 서식할 수 있는 것이다. 천적을 피해 산호의 촉수에 보금자리를 튼

조류는 광합성을 통해 얻은 당류(탄수화물)를 산호에게 공급하며, 대기 중의 이산화탄소를 흡수하고 산소를 배출한다. 그러므로 지구온난화 방지의 주인공은 산호가 아니라 산호와 공생하는 조류라 할 수 있다.

○ **해양의 열대우림 산호초 군집.**
산호초는 각종 해양 동물의 산란장이자 번식지로 적합하여 다양한 해양생물이 그곳에서 살아간다.

그레이트배리어리프, 세계 최대의 산호초 군집

울루루-카타추타 국립공원,
세계 최대 인젤베르크의 전형

▶ '지구의 배꼽'이라 불리는 오스트레일리아의 울루루. 오스트레일리아 대륙의 정중앙에 위치해 원주민들에게는 '지구의 배꼽' 또는 '지구의 중심'이라는 별칭으로 불린다. 드넓은 붉은 모래 평원 위로 하나의 산처럼 보이는 웅장한 자태의 울루루는 단일암괴로는 세계에서 가장 규모가 크다. 시간대에 따라 하루에도 여러 차례 바위의 색채가 바뀌어 대자연의 매력이 물씬 풍긴다. 특히 일출과 일몰 때 태양빛에 물들어 '붉은 심장'이라고 불리기도 한다. ◆ 울루루·카타추타 국립공원/1987년 세계복합유산 등재(1994년 확장)/오스트레일리아.

본래 이름을 되찾은
울루루와 카타추타

오스트레일리아의 국토 중심부에 해당되는 북부 노던 준주^{準州}의 거친 모래평원 위로 솟아오른 울루루^{Uluru}는 지표면 위로 높이 약 348m, 직경 약 3.6km, 둘레 약 9.4km에 이르는 거대한 단일암괴로서 세계에서 가장 규모가 크다. 일부분이 겉으로 드러났을 뿐 대부분은 땅속에 깊이 묻혀 있는 암괴이기도 하다.

이곳에서 서쪽으로 약 30km 떨어진 곳에 한 무더기 암괴군이 눈에 들어오는데, 바로 카타추타^{Kata Tjuta}다. 카타추타는 가장 높은 올가산 (546m)을 비롯하여 36개의 돔 모양 암괴가 모여 있는 암괴군으로, 이 또한 겉으로 드러난 부분보다 훨씬 많은 부분이 지하에 묻혀 있다. 약 30km 정도 떨어져 있는 두 암괴는 암석만 서로 다를 뿐 동일한 시기에 비슷한 과정을 거쳐 생겨났다.

면적 약 1,325km²의 울루루-카타추타 국립공원을 대표하는 두 암괴 모두 오스트레일리아 중부 고립무원의 대평원에 우뚝 솟아올라 있어 숭고함과 경이로움이 느껴진다. 울루루와 카타추타는 오스트레일리아를 대표하는 자연경관으로 상징성이 큰 곳이다. 특히 울루루는 오스트레일리아 원주민 애버리지니 부족 가운데 하나인 아난구족의 창조신화, 추쿠르파 ^{Tjukurpa}에서 유래했으며 '지구의 배꼽' 또는 '세상의 중심'으로도 불린다. 울루루는 이곳 원주민의 이정표이자 삶의 정신적 지주와 같은 성소^{聖所}로서 중요한 의미를 갖는다.

울루루는 아난구족의 말로, '그늘이 지는 곳'이라는 뜻이다. 울루루는 그동안 에어즈록 Ayers Rock 이라고도 불렸는데, 이는 1873년 당시 서오스트레일리아의 총리 헨리 에어즈 Henry Ayers 의 이름을 딴 것이다. 카타추타는 아난구족의 말로 '많은 머리'라는 뜻인데, 36개로 조각난 암괴에서 사람들의 머리가 연상되어 붙여진 이름인 듯하다. 카타추타는 그동안 올가 Olga 산이라 불렸다. 이는 독일 뷔르템베르크왕국의 여왕인 올가의 이름을 따 명명한 데서 비롯되었다. 두 곳 모두 1993년에 이르러 본래의 이름을 되찾았다.

○ **붉은 모래평원에 솟아오른 카타추타의 역암산지.**
울루루에서 서쪽으로 약 30km 떨어진 곳에 있는 카타추타는 사암인 울루루와 같은 시기에 생겨났다. 카타추타 일대의 지층은 울루루에 비해 습곡을 덜 받아 수평층에 가깝다.

울루루-카타추타 국립공원, 세계 최대 인젤베르크의 전형

세계에서 가장 큰
바위덩어리의 탄생

울루루와 카타추타와 같이 주위의 평원에 홀로 있는 거대한 암석 구릉을 지형학 용어로 '섬처럼 고립된 산'이라는 뜻의 도상구릉island mountain, 島狀丘陵 또는 인젤베르크inselberg, 보른하르트bornhardt라고 한다. 화강암으로 이루어진 우리나라 북한산의 인수봉과 설악산 울산바위 그리고 브라질 리우데자네이루의 '설탕빵산', 즉 '슈가로프sugar loaf'라는 별칭이 있는 팡지아수카르산 등이 이에 해당된다. 울루루와 카타추타의 거대한 암석구릉은 어떻게 만들어진 걸까?

고생대 약 5억 4,000만 년 전 울루루와 카타추타 일대는 원생대(약 25억~5억 7,000만 년 전의 지질시대) 변성암과 화강암을 기반암으로 하는 저지대의 분지를 이루고 있었다. 이후 오랜 기간 주변 산지로부터 많은 양의 모래와 자갈 등의 침식물질이 분지 내부로 흘러 들어와 쌓였는데, 이때 울루루 일대에는 주로 모래가 쌓였으며, 카타추타 일대에는 모래와 자갈, 진흙 등이 함께 쌓였다.

약 5억 년 전, 분지가 바다에 잠겼으며, 해저 바닥 위로 모래와 자갈 등의 새로운 퇴적물이 두껍게 쌓였다. 퇴적물의 무게가 가하는 압력에 의해 울루루 일대에는 분홍 또는 적색의 장석사암長石砂岩이 생겼으며 카타추타 일대에는 역암이 생겨났다. 이후 다시 육지가 된 상태에서 약 4억~3억 5,000만 년 전 지구의 판 이동에 의한 지각변동으로 단층과 습곡의 영향을 받았다. 이로써 울루루 일대의 지층은 거의 수직에 가까운 80~85°가량, 카타추타 일대의 지층은 10~18°가량 기울어졌다.

이곳 일대는 약 3억 년 동안 더 이상 바다에 잠기지 않은 채 오랜 기

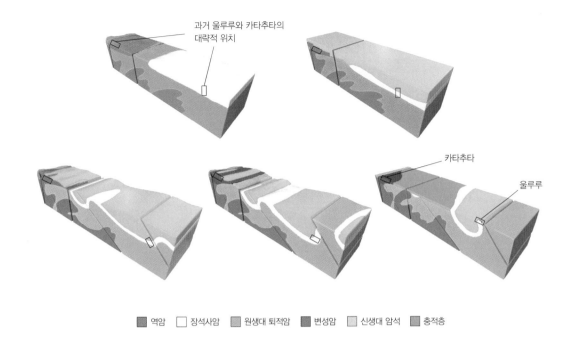

과거 울루루와 카타추타의
대략적 위치

카타추타

울루루

■ 역암　□ 장석사암　■ 원생대 퇴적암　■ 변성암　□ 신생대 암석　■ 충적층

1	2
고생대 약 5억 4,000만 년 전, 육지환경에서 변성암과 화강암이 기반암인 분지 내부로 침식물질이 이동해 울루루 일대에는 모래가, 카타추타 일대에는 모래와 자갈, 진흙 등이다.	약 5억 년 전경 분지가 해침海浸으로 바다에 잠겼으며, 오랫동안 해저에 퇴적물질이 두껍게 쌓였다. 이에 따른 하중으로 울루루 일대에는 장석사암층이, 카타추타 일대에는 역암층이 생겨났다.

3	4	5
이후 다시 육지상태에서 지표의 지층이 지속적으로 침식·풍화되어 깎여 나갔다. 약 4억 ~3억 5,000만 년 전, 지각변동으로 단층과 습곡의 영향을 받아 울루루 일대의 지층이 말굽 모양으로 크게 휘어졌다.	이후 3억 년 이상 오랜 기간 침식과 풍화가 이루어져 지표에 있던 상당 부분의 지층이 깎여 나갔다. 이로써 카타추타는 지표에 모습을 드러냈지만, 울루루는 아직 지하에 묻혀 있었다.	지속적으로 침식과 풍화가 진행되어 중생대 약 7,000만 년 전 울루루가 지상에 모습을 드러냈다. 이후 열대환경에서 침식과 풍화가 일어나 암질이 약한 부분은 모두 깎여 나가고 단단한 부분만이 남아 지금의 잔구가 만들어졌다.

울루루-카타추타 국립공원 형성과정

울루루-카타추타 국립공원, 세계 최대 인젤베르크의 전형

간 침식·풍화되어 깎여 나갔다. 중생대 말기 약 7,000만 년 전 울루루와 카타추타 일대의 지반이 약간 상승하여 높아졌으며 두 지역 사이에 저지대가 만들어졌다. 약 7,000만 년 전 이곳 일대는 지금과 같은 건조한 사막환경이 아닌, 숲으로 덮인 매우 습한 열대환경이었기 때문에 비가 많이 내려 침식과 풍화가 빠르게 진행되었다. 이후 오랫동안 지속적으로 침식·풍화되는 과정에서 암석의 약한 부분은 모두 깎여 나가고 단단한 암석의 일부만 남아 지금의 잔구殘丘형태가 되었다.

암괴에 발달한
침식과 풍화의 흔적

울루루와 카타추타 일대의 암반이 붉은색을 띠는 것은 암석에 함유된 철성분이 산화되었기 때문이다. 주변 지역의 흙과 모래가 붉은색인 이유 또한 이 때문이다. 울루루는 사암, 카타추타는 역암으로 이루어진 퇴적암이다. 일반적으로 사암과 역암은 경도硬度가 약해 침식과 풍화가 빠르게 진행된다. 특히 물이 개입되면 보다 쉽게 침식과 풍화가 일어난다.

현재 이곳 일대는 연 강수량이 약 300mm 정도로 건조한 사막환경이어서, 연중 물에 의해 침식·풍화되는 것은 활발하지 못한 편이다. 그러나일단 비가 내리면 많은 양의 물이 한꺼번에 암괴에 발달한 골을 타고 폭포수처럼 흐르며 암괴를 깎아 내고, 암괴의 갈라진 틈을 타고 흘러내려 지표 가까이에 샘물을 만들기도 한다. 이렇게 고인 물은 원주민에게 식수로 이용되었다.

울루루와 카타추타 암괴의 표면 곳곳에는 벌레 먹은 것처럼 보이는 형이상학적 문양과 깊게 파인 크고 작은 수많은 구멍이 있는데, 이는 풍화에 의해 생긴 것이다. 이와 같이 암석표면에 구멍이 움푹 파인 지형을 풍화혈 또는 타포니라고 한다. 암석의 약한 부분에 '기계적(물리적) 풍화(광물 성분의 변동 없이 상태만 변화시키는 작용)'가 선택적으로 일어나 점차 풍화혈의 구멍이 확대되는데, 일반적으로 한두 개가 아닌 수십 개가 집단적으로 발달한다. 자갈과 모래가 섞여 있는 역암의 경우, 자갈이 모래보다 비열

○ **단층작용에 의해 분리된 카타추타 일대의 암괴들.**
카타추타 일대의 거대한 여러 암괴 또한 처음에는 하나로 연결되어 있었다. 암반에 생긴 여러 개의 단층에 침식과 풍화가 집중되어 마치 빵을 썰어 놓은 듯 암괴가 분리된 것이다. 카타추타 암괴들 뒤편으로 울루루가 희미하게 보인다. 사진 우측 하단부 흰색 버스의 크기로 카타추타 일대 암괴들의 규모를 가늠해 볼 수 있다.

○ **울루루 암벽에 발달한 풍화혈과 웨이브록.**
울루루는 멀리서는 표면이 매끄러운 하나의 암괴로 보이지만 가까이 가서 보면 마치 벌레 먹은 듯한 모양의 커다란 풍화혈이 암벽 표면 곳곳에 발달했다. 지표면 부근에서는 깊게 파인 파도 모양의 곡선을 그리는 웨이브록이라는 특이지형도 찾아볼 수 있다.

(어떤 물질 1g의 온도를 1℃만큼 올리는 데 필요한 열량)이 낮아 열에 빨리 뜨거워져 팽창하며, 그만큼 빨리 식어 수축한다.

이런 과정이 반복되면서 자갈이 모래 또는 진흙과 점차 틈을 벌리며 떨어져 나가고 그 자리에 생긴 구멍이 점차 침식·풍화되고 확대되어 벌집 모양이 된다. 카타추타에서 볼 수 있는 구멍들은 이렇게 해서 생긴 것이다. 울루루에서는 빗물과 이슬 등이 작은 틈으로 침투하여 물이 고이면서 '화학적 풍화(광물의 분자와 원자, 이온 구조가 바뀌어 다른 물질로 변하는 작용)'

가 일어나고, 이렇게 풍화되는 면적이 서서히 넓어지면서 특이한 문양의 풍화혈이 생겨나고 있다.

한편, 지표면 가까이에 있는 울루루와 카타추타의 하단부에는 파도 모양으로 암석이 깊게 파여 나간, 오스트레일리아 서부에 있는 웨이브록 Wave Rock과 같은 특이한 경관도 나타난다.

부단한 싸움으로 울루루를 되찾은 원주민

울루루와 카타추카는 외부 관광객에게는 단순히 거대한 기암덩어리일 뿐 이겠지만 이곳 원주민인 아난구족에게는 성지인 곳이다. 원주민에게 울루 루는 주술사만이 오를 수 있는 곳이었다. 그러나 1958년 오스트레일리아 정부가 울루루와 카타추타 지역을 국립공원으로 지정하고, 1964년에는 울 루루를 오르는 쇠줄을 설치해 누구나 성지의 정상을 밟을 수 있게 되었다.

아난구족은 그들이 숭배하는 울루루를 지키기 위해 정부를 상대로 이 지역에 대한 반환 소송을 제기했다. 수차례 분쟁 끝에 1983년 정부로 부터 소유권을 되찾았으며, 2084년까지 이 지역을 정부에 임대하는 조건 으로 협상을 마무리했다. 오스트레일리아 정부는 성소를 지키고자 하는 아난구족의 요청을 받아들여 2019년 10월 26일부터 울루루 등반을 영구 적으로 금하기로 결정했다.

오스트레일리아 서부의 특이지형,
웨이브록

오스트레일리아 서부 퍼스에서 동쪽으로 약 350km 떨어진 곳에 전 세계적으로 보기 드문 모양을 지닌 암석이 있다. 밀려오는 거대한 파도가 멈춘 듯한 모양의 웨이브록이다. 웨이브록은 가로 약 3km, 세로 약 2km의 크기에 지하 약 6km 깊이까지 하나로 이어지는, 거대한 화강암으로 된 인젤베르크 '하이든록'의 북쪽 가장자리에 있다.

○ **오스트레일리아의 랜드마크, 웨이브록.**
파도 모양의 웨이브록은 세계적으로 보기 드문 특이 암석지형으로 오스트레일리아를 대표하는 랜드마크다. 웨이브록은 이 지역에 삶의 터전을 마련했던 원주민 눙가^{Noongar}족이 사냥 또는 타 부족과 교역 등에 나설 때 식수와 잠자리를 제공했던 곳으로 신성시되고 있다.

높이 약 15m, 길이 약 110m에 이르는 웨이브록의 주된 형성 요인은 물에 의한 화학적 풍화다. 웨이브록의 암질은 약 27억 년 전 지하의 마그마가 지표로 분출하지 못하고 지하 깊은 곳에서 굳어 생성된 화강암이다. 화강암은 단단해 보이지만 물과 접촉하면 쉽게 풍화되는 성질이 있다. 화강암은 주로 석영, 장석, 운모 등의 조립질 광물로 결합되어 있다. 그런데 물과 오랫동안 접촉하면 광물질들 간에 물과 반응하는 지숫값이 저마다 달라 결합정도가 느슨해져 나중에는 손으로도 쉽게 부서지는 새프롤라이트(saprolite, 학교 운동장이나 테니스장 바닥재로 쓰이는 마사토가 이에 속한다)로 변한다.

화강암 지대에 비가 내려 물에 젖은 토양이 화강암과 오랫동안 접촉하면 화강암이 점차 풍화되어 새프롤라이트로 변한다. 비가 그치면 지표면은 말라 건조해지지만 땅속 토양은 1년 내내 물기를 머금은 상태여서 화강암의 풍화가 지속된다. 따라서 지표 부근의 화강암에 비해 깊은 곳의 화강암이 풍화량이 더 크기 때문에 더 많이 새프롤라이트로 변한다. 이후 지표의 토양이 침식·제거되고 나면 풍화가 많이 되어 약해진 암반 하부가 빗물에 쓸려 내려가거나 무너져 내리고 단단한 암석 상부는 그대로 남아 오목하게 풍화된 파도 모양의 화강암이 모습을 드러내는 것이다.

암석표면의 폭포수와 같은 세로줄 띠 문양은 우기에 빗물이 흐르는 곳에 달라붙어 서식했던 이끼류와 조류의 흔적이다. 검은색은 이끼류가, 오렌지색은 조류가 건기에 바짝 말라 얼룩이 생겼다.

○ **웨이브록 형성과정.**
웨이브록은 지표에 모습을 드러낸 화강암에 비해 땅속에서 오랫동안 물과 더 많이 접촉한 화강암이 보다 빠르게 침식·풍화되는 과정을 거친 결과물로, 지금의 기후조건보다 강수량이 많았던 열대습윤한 과거의 기후조건에서 집중적으로 그 과정이 진행되었다. 지금의 웨이브록 하단부 지표 아래에서는 새로운 또 하나의 웨이브가 만들어지고 있다고 볼 수 있다.

울루루-카타추타 국립공원, 세계 최대 인젤베르크의 전형

✛

와이토모동굴,
지하세계에 펼쳐진 은하수

✛

▶　전 세계에서 유일하게 동굴 안의 신비로운 발광현상을 관찰할 수 있는 와이토모동굴. 칠흑같
이 어두운 동굴 내부 천장과 벽면에 반짝이는 수천 개의 형광색 불빛이 마치 밤하늘에 펼쳐진 은하
계 같아 보인다. 이는 버섯파리과 곤충의 유충인 아라크노캄파 루미노사가 발산하는 빛 때문이다.
와이토모 반딧불이동굴은 이로 인해 얻게 된 별칭이다.

지하동굴을
반짝이는 불빛으로 채우는 글로우웜

뉴질랜드 북섬 중북부 와이카토 지방에 위치한 와이토모^{Waitomo}동굴은 밤 하늘의 은하계처럼 빛나는 불빛이 천장과 벽면을 가득 채운 곳으로 유명하다. 이곳은 1887년 마오리족 추장과 영국인 측량사가 계곡을 지나던 중 우연히 발견해 세상에 알려지게 되었다. 와이토모는 마오리어로, '와이^{Wai}'는 '물'을, '토모^{tomo}'는 '입구 또는 구멍'을 뜻하여 '지하동굴을 흐르는 시냇물'로 생각된다.

와이토모동굴이 세계적으로 유명해진 이유는 동굴 내부의 청록색 발광현상 때문이다. 동굴 내부에 사는 반딧불이 또는 개똥벌레의 일종인 글로우웜^{glowworm}이 빛을 뿜어낸다고 알려져 있다. 하지만 이 생물은 실제로는 아라크노캄파 루미노사^{Arachnocampa luminosa}라는 버섯파리과 곤충의 유충이다. 빛을 내는 특성이 있어 글로우웜이라고 불리는 것일 뿐이다. 아라크노캄파 루미노사는 크기가 5mm~3cm로, 6~9개월을 애벌레 상태로 있으며 몸 끝의 배설기관에 발광세포가 있어 빛을 뿜어낸다. 뉴질랜드와 오스트레일리아에서만 서식하는 고유종으로 생태적 가치가 매우 높다.

아라크노캄파 루미노사의 유충은 먹이를 유인하기 위해서 몸에서 빛을 뿜어낸다. 이들은 동굴천장에 거꾸로 매달려 배설기관을 통해 주기적으로 점액질을 분비하여 20~30가닥의 실을 만들어 늘어뜨리는데, 이때 화학반응을 일으켜 빛을 내뿜는다.

○ **아라크노캄파 루미노사 유충이 만든 실 모양의 덫.**
알에서 부화한 아라크노캄파 루미노사 유충은 배설기관을 통해 점액질을 분비하여 끈적끈
적한 실을 만들어 늘어뜨린다. 실은 먹잇감을 포획하기 위한 덫이다. 먹잇감은 유충이 내뿜
는 빛에 이끌려 접근하다가 보이지 않는 실에 걸려 포획되는 것이다.

유충의 먹잇감들은 실은 볼 수 없고 빛만 볼 수 있기 때문에 빛에 이
끌려 접근하다가 실에 닿아 포획되고 유충은 실을 삼키는 방식으로 먹이
를 산 채로 잡아먹는다. 이런 이유로 '빛을 내는 거미벌레'라는 별칭도 얻
게 되었다. 이들 유충의 먹잇감은 동굴 내부에 서식하는 나방, 거미, 노래
기 등과 동굴 물속에 사는 수서생물이다. 아라크노캄파 루미노사는 이곳
동굴 이외에 습도가 높은 하천 주변 덤불에도 서식하여 야간에 이 곤충의
모습을 살펴볼 수 있다.

물과 이산화탄소의
화학작용으로 생긴 석회동굴

와이토모동굴 주변에는 루아쿠리^{Ruakuri}동굴, 아라누이^{Aranui}동굴 등 300여 개의 동굴이 모여 있다. 와이토모동굴은 약 3,000만 년 전 당시 이곳이 얕은 바다환경이었을 때 산호와 조개 껍데기 등이 두께 약 200m로 쌓인 석회암층에 발달한 석회동굴이다. 석회동굴은 석회암이 녹아서 생긴 지형인 만큼, 생성과정에 반드시 물이 필요하기 때문에 강수량이 풍부한 곳에서 잘 발달한다. 와이토모동굴이 위치한 와이카토 지방은 연평균강수량이 약 1,530mm로 강수량이 풍부한 편(우리나라 연평균강수량은 약 1,200mm)이

○ **와이토모동굴 내부의 동굴생성물들.**
천장과 바닥을 가득 채운 기이하고도 화려한 동굴생성물들은 물과 시간이 빚어낸 예술품이다. 종유석은 1년에 약 0.2mm밖에 자라지 않는다고 한다. 지름이 10cm, 길이가 1m 정도의 종유석이 되려면 약 5만 5,000년이라는 시간이 필요한 셈이다.

며, 현재도 지하동굴의 미로를 따라 흐르는 하천에 의해 동굴이 계속 확장되고 있다. 동굴 내부를 흐르는 지하수는 인근 망가푸Mangapu강으로 흘러들고 있다.

석회암은 이산화탄소가 뭉쳐 생긴 암석결정체여서 거꾸로 이산화탄소가 함유된 물에 닿으면 다시 녹아 버린다. 그러나 물만으로는 석회암의 주성분인 탄산칼슘을 충분히 녹일 수 없다. 석회암의 용식작용에 필요한 이산화탄소의 대부분은 토양에서 얻어진다.

비가 내리면 지상의 빗물은 토양 속 식물과 동물의 부패한 찌꺼기를 통과하면서 이산화탄소와 물이 결합된 탄산과 유기산을 다량 함유하게 된다. 이 지하수가 석회암층에 발달한 단층선과 절리를 따라서 스며들어 암석의 화학적 풍화, 즉 용식작용을 활발히 일으키면서 흘러가 제일 먼저

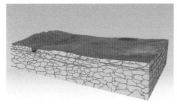 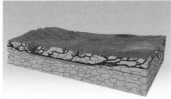 

1	2	3
지상의 빗물이 석회암층에 발달한 수직 및 수평의 절리를 따라 침투하여, 석회암을 용식하며 점차 절리의 틈새를 넓혀 가 물길을 만들기 시작한다.	지속적으로 석회암이 용식되면서 지하수가 흐르는 물길이 넓어진다. 그리고 주변 하천이 하방침식되어 하천수위가 낮아지면서 지하물길도 함께 아래로 내려가 새로운 물길을 만들기 시작한다.	주변 하천의 활발한 하방침식으로 동굴 내부의 지하수가 더 아래쪽으로 이동하면서 기존 지하수가 흐르던 위쪽의 물길은 텅빈 동굴로 남게 된다. 이후 포화된 탄산칼슘에 의해 동굴 내부에 종유석, 석순 등 동굴생성물이 생긴다.

석회동굴 생성과정

홈(도랑)과 같은 큰 통로가 만들어진다. 시간이 지날수록 지하수가 지나는 통로는 점점 더 커지고, 지하수가 더 아래쪽으로 이동하여 새로운 물길을 만들어 가면 지하수가 끊긴 위쪽의 기존 통로는 동굴로 남게 된다.

다양한 동굴생성물로 채워진 조각궁전

용암이 흘러가면서 냉각되어 생긴 용암동굴 내부는 튜브 모양으로 단순하지만 석회동굴은 이와 다르다. 와이토모동굴 내부의 천장과 바닥에는 예술가의 손으로 흉내 낼 수 없는, 자연이 만든 아름다운 조각품이 가득하다. 용식에 의해 생긴 동굴이 1차 지형이라면, 동굴 내부의 신기한 형태의 암석들은 지하수에 함유된 탄산칼슘이 침전되어 생긴 2차 지형이다.

일단 석회동굴이 만들어지고 나면, 석회암을 녹였던 물속의 이산화탄소는 대부분 다시 가스가 되어 공기 중으로 날아가고, 물속에는 석회암 성분이 과過포화상태가 되어 순수한 화학적 성분인 탄산칼슘만 광물의 결정으로 침전된다. 이후 이 결정이 동굴천장의 물방울이 떨어지는 곳에 쌓여 굳으면서 고드름처럼 자라 종유석鐘乳石이 되고, 바닥에 떨어진 물방울은 촛농이 쌓이듯 쌓여 석순石筍이 된다. 또 종유석과 석순이 자라 서로 연결되어 하나의 기둥인 석주石柱를 만들기도 한다. 그리고 이 물이 벽을 따라 흘러 폭포와 같은 종유벽이나 베이컨의 결 모양 또는 커튼처럼 생긴 무늬를 만들기도 하고, 눈꽃처럼 하얗게 피어나 동굴생성물 가운데 가장 아름다운 '돌로 된 꽃'인 석화石花를 만들기도 한다. 이 밖에도 '동굴팝콘'이라 불리는 동굴산호, 보석을 꼭 닮은 동굴진주 등 다양한 동굴생성물이 만들어진다.

우리나라의 대표적 석회동굴로는 강원도 평창군 동강의 강변 절벽 약 15m 지점에 위치한 백룡동굴이 있다. 이 동굴은 길이 약 1,200m로, 동강으로 흘러드는 지하수에 의해 고생대 약 4억 2,000만 년 전에 퇴적된 석회암이 용식되어 생겼으며 1976년에 주민들이 처음 발견했다. 동굴 내부에는 진기하고 기형적인 동굴생성물이 가득하다. 특히 계란프라이가 연상되는 에그프라이형 석순은 이곳 백룡동굴에서만 볼 수 있다.

○　　**우리나라 석회동굴의 극치, 백룡동굴.**
강원도 평창군에 위치한 백룡동굴은 원형보존이 잘되어 천연기념물 제260호로, 후손을 위해 영구보전 동굴로 지정되었다. 그러다가 2010년 1일 240명만 입장시키는 조건으로 일반인에게 처음 개방되었다. 백룡동굴에는 국내 유일의 에그프라이형 석순을 포함하여 '동굴팝콘'이라 불리는 동굴산호 등 이채로운 생성물이 발달해 있다.

자연이 만든 지하의 예술궁전,
루디옌동굴

탑카르스트의 진풍경으로 널리 알려진 중국 광시좡족자치구의 구이린시에는 400여 개의 석회동굴이 발달했는데, 풍광이 빼어나 많은 사람이 찾고 있다. 석회동굴 중에 동굴 부근에 갈대피리로 쓸 수 있는 갈대가 서식하여 '갈대피리동굴'로 알려진 루디옌芦笛岩동굴이 가장 유명하다.

구이린시 북서쪽 약 5km 떨어진 루디옌동굴은 1940년 제2차 세계대전 당시 일본군을 피해 도망친 피난민들에 의해 발견되었다. 동굴 벽면에서 서기 792년 당나라 때 쓰여진 70개 이상의 비문이 발견된 것으로 보아, 약 1,100년 넘게 사람의 발길이 닿지 않았던 것으로 알려졌다.

루디옌동굴은 인근 타오화강桃花江으로 흘러드는 지하수의 영향으로 약 3억 5,000만 년 전 퇴적된 석회암이 약 70만 년 전부터 용식하여 생긴 동굴로, 길이 약 2,000m, 깊이 약 240m, 폭 약 120m로 규모가 작은 편이다. 현재 개방된 구간은 약 500m에 불과하지만

동굴 내부는 종유석, 석순, 석주, 석화 등 기괴하고도 환상적인 동굴생성물로 넘쳐난다.

동굴 내부에는 수정궁Crystal Palace, 용탑 Dragon Pagoda, 화과산Flower and Fruit Mountain, 눈사람Snowman 등의 이름을 지닌 예술작품 같은 동굴생성물이 넘쳐난다. 그 가운데 백미는 인공조명을 비춰 수면에 어린 데칼코마니 형태의 수정궁水晶宮이다.

현재 루디옌동굴은 동굴 내부의 조명에서 방출되는 열과 관광객들의 손에 의한 접촉 등으로 동굴생성물이 심하게 오염되고 있어 자연성을 회복하기 위한 대책이 시급해 보인다.

○ **루디옌동굴의 백미, 수정궁.**

　　구이린 석회동굴군 중에 가장 유명한 루디옌동굴은 구이린을 대표하는 랜드마크다. 동굴 내부는
　　색색의 다채로운 인공조명으로 초현실적 분위기를 자아내어 지하세계의 선경과도 같은 느낌을
　　들게 한다. 특히 푸른색 조명이 만든 데칼코마니 형태의 수정궁의 모습은 매우 환상적이다.

　　　　　　　　　　　　　　　　　와이토모동굴, 지하세계에 펼쳐진 은하수

하와이제도,
열점사슬에 의한 해저화산군의 전형

▶ 하와이제도 가운데 화산활동이 가장 활발한 '빅 아일랜드' 하와이섬. 화와이섬 킬라우에아산의 정상 할레마우마우분화구에서는 현재도 화산가스가 뿜어져 나오고 있다. 1959년 분화로 형성된, 앞쪽 길게 파인 칼데라 이키분화구 뒤편 멀리 완만한 경사로 이어지는 마우나로아 순상화산체가 보인다. 하와이섬을 포함한, 태평양 한가운데 우뚝 솟은 하와이제도는 열점분화방식으로 생긴 해저화산군이다. 현재도 화산활동이 활발한 하와이제도는 지구가 살아있는 역동적인 유기체임을 여실히 증명한다. ◆ 하와이 화산 국립공원/1987년 유네스코 세계자연유산 등재/미국.

태평양 중심부의 열점사슬

하와이제도는 태평양 중심부의 '빅 아일랜드'로 불리는 하와이섬 동쪽에서 시작하여 북서 방향 날짜변경선 부근의 쿠레환초까지 이어지는 약 3,300km의 군도群島를 말한다. 하지만 실제로는 가장 동쪽의 하와이섬, 오아후섬, 마우이섬 등 모두 8개 섬으로 이어지는 약 600km의 군도를 일컫는다.

대부분의 화산은 지구를 감싸고 있는 지각판들이 서로 충돌·분리되거나 서로 미끄러지는 경계부에 있고 이곳에서 화산활동이 일어난다. 그러나 태평양 한가운데 위치한 하와이제도는 판의 경계부에 있지 않은데도 전 세계에서 화산활동이 가장 활발하다. 그 이유는 하와이제도는 판의 이동과 상관없이 해양지각 깊은 곳의 맨틀에서 올라온 마그마가 지각을 뚫고 분출하는 열점분화 방식으로 화산활동을 하기 때문이다.

열점에서 마그마가 분출할 때, 열점은 고정되어 있고 해양지각이 일직선 방향으로 이동하면 '열점사슬'이라고 불리는, 일련의 선 모양을 이루는 해저화산군이 생성된다. 하와이제도는 가장 서쪽의 니하우섬에서 동쪽의 하와이섬까지 북서~남동 방향으로 호弧를 그리며 이어지는 8개의 섬, 즉 이와 같은 열점사슬에 의해 생성된 것이다.

하와이제도 열점의 마그마는 지하 약 1,500km에서 분출되는 것으로 추정된다. 열점은 고정된 반면, 태평양판은 북서쪽으로 1년에 5cm가량 이동하고 있다. 따라서 열점에서 새로운 마그마가 분출하면 앞서 생긴 화산섬은 컨베이어 벨트처럼 이미 이동한 상태이며 뒤이어 다른 화산섬이 생겨난다. 하와이섬은 약 40만 년 전에 생긴 가장 젊은 섬이며, 북서쪽으로 멀어질수록 생성시기가 빠르고 오래된 섬이다. 니하우섬과 카우아이섬은 약 550만~500만 년 전, 오아후섬은 약 350만 년 전, 마우이섬은 약 130만 년 전에 생긴 것으로 알려졌다.

현재 하와이섬은 지각이 열을 받아 가벼워져 융기하고 있다. 이와 반대로 기존에 생성된 북서쪽의 섬들은 지각이 서서히 냉각되면서 무거워지고, 파도에 침식되어 침강하고 있다. 약 2,700만 년 전에 생긴 북서쪽 끝자락의 쿠레환초와 미드웨이제도는 침강하여 현재 환초만 남아 있는데, 이는 그러한 사실을 보여 주는 증거라 하겠다.

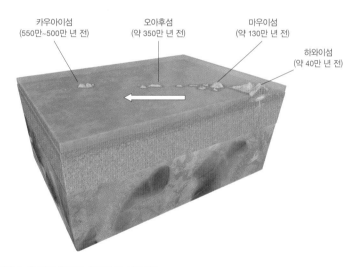

○ **열점사슬에 의한 하와이제도의 해저화산군.**
하와이제도는 해저지각의 열점이 분화하여 생긴 화산섬이다. 태평양판이 북서쪽으로 이동하면서 열점사슬에 의해 호상弧狀열도가 이루어졌다. 현재 열점이 있는 하와이섬은 약 40만 년 전에 분화하여 형성되었으며, 태평양판이 북서쪽으로 이동함에 따라 그 앞쪽으로 위치한 열도들은 하와이섬에서 멀어질수록 생성시기가 더 오래되었다. 현재 생성시기가 가장 앞선 쿠레환초와 미드웨이제도는 처음에는 섬이었으나 침강하면서 띠 모양의 환초가 발달했다.

○ **하와이제도 오아후섬의 코코 크레이터.**
오아후섬 남서쪽 끝자락에 있는 코코 크레이터는 약 7,000년 전 오아후섬에서 가장 마지
막으로 생성된, 얕은 해저에서 분출한 하이드로볼케이노인 응회구에 속한다. 급경사의 분
화구 외벽이 오랜 기간 빗물에 깎여 커튼 주름 모양을 하고 있다

조용히 온화하게 분출하는
하와이식 분출

사람들은 대개 '화산활동' 하면 폭발적이고 파괴적인 화산분출을 떠올린다. 그러나 하와이제도에서 화산활동이 가장 활발한 하와이섬의 킬라우에아산은 조용하고 온화하게 분출한다는 점, 분출된 시뻘건 용암덩어리를 가까이서 볼 수 있다는 점에서 특이하다.

화산분출은 마그마 점성의 정도와 마그마에 녹아 있는 가스 함량에 따라 그 형태가 다양하다. 마그마의 점성이 높으면 마그마 내부의 가스가 상부로 이동하지 못하고 갇히면서 커진 압력에 의해 폭발적으로 분출한다. 이때 분출유형에 따라, 불연속적으로 분출하며 분출물이 멀리 날아가지 못하는 '스트롬볼리형 분출(이탈리아 스트롬볼리산 분출에서 유래)', 스트롬볼리형보다 더 격렬해서 고도 10~20km까지 분출기둥이 솟구치며 단발성으로 폭발하는 '불칸형 분출(이탈리아 불카노산 분출에서 유래)', 막강한 폭발로 고도 약 45km까지 분출기둥이 솟구치며 화산쇄설물이 빠른 속도로 분출하는 '플리니우스형 분출(고대 로마제국의 베수비오산 분출을 기록한 박물학자 대★ 플리니우스의 이름에서 유래)', 용암이 기존 중심 화도가 아닌 화도의 옆부분으로 새롭게 터져 나와 고밀도의 화산쇄설류를 동반하는 '펠레형 분출(미국 세인트헬렌스산)' 등으로 구분된다. 이러한 분출유형은 분화구 주변에 용암류와 화산쇄설물을 교대로 층을 이뤄 쌓아 성층화산(비교적 경사가 급한 원추 모양의 화산)을 형성한다.

이와 달리 마그마의 점성이 낮고 가스함량이 적어 용암이 분출했을 때 멀리 퍼져 나가는 분출유형으로 하와이식 분출을 들 수 있다. 하와이식 분출에서는 마그마가 여러 차례 분출하여 차곡히 쌓여 방패 모양의 완

하와이제도, 열점사슬에 의한 해저화산군의 전형

만한 순상楯狀화산체가 형성된다. 하와이섬의 최고봉으로 현재 분화를 멈춘 마우나케아산(4,205m), 세계에서 가장 큰 화산이며 1984년 이후 분출을 멈춘 마우나로아산(4,169m), 아직도 뜨거운 용암덩어리를 뿜어내는 유일한 활화산인 킬라우에아산(1,247m)이 이와 같은 방식으로 생긴 대표적 순상화산체다. 그리고 유동성이 큰 용암이 한 지점에서가 아니라 지각의 길게 갈라진 선 모양의 틈을 따라 분출하여 주변 지역의 낮은 곳을 메워 넓은 용암대지를 이루는 '아이슬란드식 분출(아이슬란드 전역에서 전형적으로 분출한 데서 유래)'이 있다.

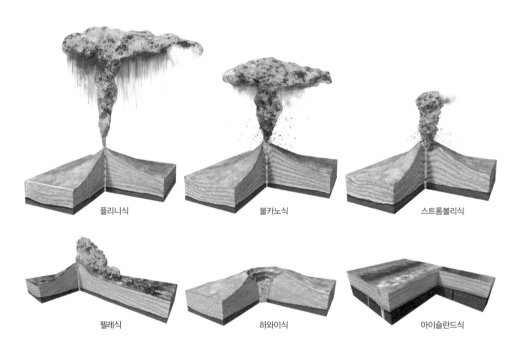

플리니식 불카노식 스트롬볼리식

펠레식 하와이식 아이슬란드식

○　**화산분출 유형.**
화산분출은 마그마의 점성 정도와 마그마에 녹아 있는 가스함량에 따라 그 형태가 결정된다. 마그마의 점성이 높고 가스가 갇혀 압력이 커지면 화산이 폭발적으로 분출한다. 반면 마그마의 점성이 낮고 가스함량이 적으면 폭발력이 약하고 유동성이 커 멀리 퍼져 나가는 형태로 분출한다.

현재 유일한 활화산인 킬라우에아산은 해마다 꾸준히 용암을 분출하고 있으며, 이를 가까이서 관찰할 수 있다. 2018년 킬라우에아산에서 200년간 미국에서 일어난 화산활동 중 가장 강력한 분화가 있었다. 5~8월까지 3개월간 정상의 분화구에서 분출된 용암의 면적만 약 35km²에 이르는 엄청난 양의 용암이 유독가스와 함께 뿜어져 나왔다. 분출한 용암은 숲을 불태우고 도로를 타고 내려와 민가를 위협했다.

킬라우에아산에서 분출한 용암은 조용히 지속적으로 흘러나오는 경우가 많아 대비하기 쉬운 편이다. 저지대를 따라 흐르기 때문에 먼저 흘러

○ **하와이섬 순상화산체의 원형, 마우나케아산.**
마우나케아산은 마그마의 점성이 낮고 가스 함량이 적어 유동성이 큰 현무암질 마그마가 분출하여 형성된 순상화산체의 전형이다. 정상뿐 아니라 대지의 갈라진 틈 곳곳에서 열하분출한 마그마와 용암이 굳어 드넓은 용암대지가 형성된 것이다.

하와이제도, 열점사슬에 의한 해저화산군의 전형

나온 용암이 냉각되어 굳은 다음, 그 위로 또다시 새로운 용암이 흐르며 냉각되어 굳기를 반복한다. 이 과정에서 새롭게 분출하여 저지대를 흐르는 용암을 피할 수 있다면 얼마든지 용암에 가까이 다가갈 수 있다. 그러나 700~1,200℃에 달하는 용암의 위험에 대비하기 위해서는 반드시 전문가와 동행해야만 한다.

○ **세계 최대의 활화산, 하와이섬 킬라우에아산.**
킬라우에아산은 하와이섬 남쪽에 있는 세계 최대의 활화산으로 전 세계 곳곳에서 일어나는 수많은 화산분출 중에 그 경이로움을 가장 가까이서 볼 수 있는 곳이다. 2018년 5월, 분출한 고열의 용암이 해안으로 흘러들어 차가운 바닷물과 만나 맹렬히 폭발하는 모습이 경이롭다. 킬라우에아산이 있는 하와이 화산 국립공원은 1987년 유네스코 세계자연유산으로 등재되었다.

하와이의 랜드마크, 다이아몬드헤드

하와이제도의 주도州都인 오아후섬 최남단 해안에는 인근 와이키키 해변과
더불어 하와이를 상징하는 랜드마크로, 다이아몬드헤드Diamond Head라 불리
는 분화구가 있다. 얼핏 접시 모양 같아 보이지만 반지에서 다이아몬드를
빼낸 모양과 비슷하여 다이아몬드헤드라고 부른다. 현재는 화산활동을 멈

○ **하와이제도 카우아이섬의 하이라이트 나팔리코스트.**
카우아이섬은 하와이제도에서 가장 오래된 섬이다. 북서쪽의 나팔리코스트에는 날카롭게
칼주름이 잡힌, 높이가 약 1km나 되는 수직 절벽이 해안을 따라 펼쳐져 있다. 원시적인 자
연미가 그대로 살아 있어 영화 〈쥐라기 공원〉, 〈킹콩〉, 〈인디애나 존스〉 등의 촬영지로 널리
알려진 곳이기도 하다.

춘 화산으로, 하와이제도의 대표적 명소다.

다이아몬드헤드는 흔치 않은 특이 화산지형으로 주목받고 있다. 그 이유는 육지가 아닌 바다에서 화산이 분출하여 생성된 하이드로볼케이노 hydrovolcano이기 때문이다. 1,200℃에 가까운 고온의 용암이 지표로 분출하면서 얕은 바다 또는 지표수나 지하수와 접촉하게 되면 용암은 재빨리 식고 물은 급격히 끓어 오르며 압력이 높아져 수백 미터의 물기둥처럼 솟구쳐 오르는 강력한 분화가 일어난다. 이후 분출한 용암이 물에 의해 급격히 냉각되면서 부스러져 화산재와 화산력火山礫의 형태로 화구 주변에 쌓여 분화구를 이룬다. 이때 분화구가 지면보다 훨씬 높은 곳에 위치하고, 화산재층의 경사가 30° 이상이고, 높이가 100m 이상인 화산지형을 응회구(tuff cone, 같은 수성화산체로 화산재층의 경사가 30°이하이고, 높이가 100m 이하인 화산지형을 응회환tuff ring이라고 하는데, 제주도의 송악산이 이에 해당된다)라고 하는데, 다이아몬드헤드(232m)가 이에 해당된다.

다이아몬드헤드는 약 30만 년 전, 산호초가 군집을 이루는 얕은 해안에서 해저지형을 가르는 강력한 폭발이 일어나 수증기와 화산재와 자갈들이 하늘 높이 솟아오른 뒤 수면 위 분화구 주변에 쌓여 생긴 응회구다. 오아후섬 남동쪽 해안 부근의 펀치볼, 코코 크레이터, 그리고 동쪽 기슭의 카일루아만Kailua Bay에 있는 울루파우Ulupaʻu 크레이터 등도 모두 같은 방법으로 생긴 응회구다.

○　**하이드로볼케이노 다이아몬드헤드.**
고열의 용암이 바닷물과 접촉하며 폭발하여 화산재, 먼지, 암석조각이 하늘 높이 솟아올랐
다가 떨어져 분화구를 중심으로 쌓여서 형성된 분화구다. 분화구 남쪽의 바깥쪽 둘레에는
미국이 제2차 세계대전에 대비하여 해안 방어포대 지하벙커 진지를 구축한 시설물이 남아
있다.

　　　　　　　　　　　　　　하와이제도, 열점사슬에 의한 해저화산군의 전형

한반도 대표 화산지형,
울릉도-독도화산체와 성산일출봉

하와이제도와 마찬가지로 미국 서부 옐로스톤 국립공원, 북유럽 아이슬란드, 에콰도르령 갈라파고스제도 그리고 우리나라 백두산, 제주도, 울릉도와 독도 또한 열점분출로 생긴 화산지대다. 그 가운데 우리나라의 울릉도와 독도가 미국의 하와이제도와 에콰도르령 갈라파고스제도처럼 열점사슬로 만들어진 해저화산체라는 사실은 잘 알려져 있지 않다.

동해의 울릉도와 독도 부근 해저는 울릉도를 기점으로 남동 방향으로 안용복 해산(海山, 대양의 밑바닥에 높이 1,000m 이상 우뚝 솟은 원뿔 모양의 해저지형), 독도, 심흥택 해산, 이사부 해산이 차례로 이어진다. 울릉

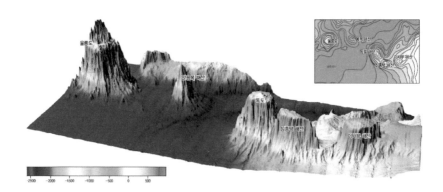

○   **한반도 동쪽 울릉도-독도 주변 해저화산체.**
현재 울릉도와 독도만이 바다 위에 모습을 드러냈고, 나머지 해산들은 해저에 잠겨 있다. 울릉도 지하에 위치한 열점이 분화하면서 해저지각은 남동쪽으로 이동했기 때문에 가장 동쪽에 있는 해산인 이사부-심흥택-독도-안용복 순서로 해저화산체들이 형성되었다.

도는 수심 2,000m의 해저에서 솟아오른 화산체 위에, 약 140만~1만 년 전까지 수면 위로 분화가 지속되어 약 1,000m 높이(성인봉 986.5m)의 섬을 이루었다. 약 1만 년 전부터 화산활동이 멈췄지만 과거에는 해저지각 깊은 곳에 열점이 존재했다. 고정된 열점에서 마그마가 분출하는 동안 해저지각은 서서히 남동 방향으로 이동했다. 이로 인해 울릉도에서 이사부 해산으로 이어지는 열점사슬의 해저화산체가 생겨난 것이다. 수심 2,000m가 넘는 심해여서 아직까지 안용복 해산, 심흥택 해산, 이사부 해산의 정확한 생성시기를 알 수는 없다. 독도가 약 460만 년 전에 생성된 사실로 미루어 보아, 이사부 해산과

심흥택 해산은 독도보다 생성시기가 더 오래되었음이 분명하다.

제주도 동쪽 해변 바다 위로는 거대한 성벽처럼 보이는 성산일출봉이 자리 잡고 있다. 정상에 올라서면 지름 약 600m, 깊이 약 100m, 면적 약 26만m²의 왕관 모양 같은 분화구를 볼 수 있다. 약 6,000년 전 얕은 해안에서 거대한 수증기와 함께 폭발하듯 수중 분화가 일어났는데, 성산일출봉은 이때 하늘 높이 솟아오른 화산쇄설물이 분화구 주변에 쌓인 하이드로볼케이노 응회구에 속한다. 성산일출봉은 오아후섬의 다이아몬드헤드처럼 보기 드문 분화구로서 학술적 가치가 높다.

○ **한국의 다이아몬드헤드, 성산일출봉.**
세계에서 보기 드문, 바다에서 분출하여 생긴 분화구로서 학술적 가치가 높다. 현재 바다와 접한 분화구 서쪽은 파랑과 바람에 침식되어 수직에 가까운 절벽을 이루고 있다. ◆ 제주 화산섬과 용암동굴/2007년 세계자연유산 등재/대한민국.

갈라파고스제도,
다윈이 체계화한 진화론의 산실

▶ '자연사 연구의 메카' 갈라파고스제도. 갈라파고스제도에는 갈라파고스땅거북, 바다이구아나, 갈라파고스펭귄, 갈라파고스기둥선인장 등 이곳에만 서식하는 희귀 동식물이 많다. 이는 생물종이 육지에서 멀리 떨어진 고립된 자연환경에서 독자적으로 진화한 결과로, 갈라파고스제도는 독특하고도 고유한 생물종이 많아 '생물진화의 야외실험장', '살아 있는 자연사박물관'이라 불린다. 갈라파고스제도는 다윈이 진화론을 체계화하는 데 영감을 준 곳이다. ◆갈라파고스제도/1978년 유네스코 세계자연유산 등재(2001년 확장)/에콰도르.

열점분출의 영향을 받는
갈라파고스제도

남아메리카 에콰도르에서 서쪽으로 약 920km 떨어진 동태평양상에 위치한 갈라파고스제도는 20여 개의 크고 작은 섬과 100여 개의 암초로 이루어져 있다. 육지 면적은 약 7,880km²로 제주도 면적의 4배보다 조금 더 넓으며, 5개 섬에 주민 2만 5,000명 정도가 살고 있다.

약 350만 년 전 해저지각의 맨틀에서 올라온 마그마가 분출하여 생긴 화산섬들로 이루어져 있는 갈라파고스제도의 수역은 수심이 약 4,000m에 이를 만큼 깊다. 갈라파고스제도는 판운동을 하는 세 개 해양판인 태평양판·코코스판·나스카판 중에서 나스카판 위 가장자리에 있으며, 하와이제도와 마찬가지로 열점분출 방식으로 생긴 해저화산군이다. 즉 열점은 고정되어 있고 나즈카판은 남아메리카판 쪽으로 이동하면서 생긴 열점사슬에 해당된다. 크고 작은 20여 개 섬 위치가 북서~남동 방향으로 이어지는 일련의 방향성을 띠고 있음을 알 수 있다.

현재 열점은 화산활동이 활발한 이사벨라섬 아래 있는 것으로 파악되며, 나스카판은 동쪽으로 1년에 약 5~10cm의 속도로 이동하고 있다. 가장 동쪽에 위치한 산크리스토발섬과 에스파뇰라섬이 약 350만 년 전 가장 먼저 생겼으며, 서쪽의 페르난디나섬과 이사벨라섬이 약 50만 년 전 가장 근래에 생겨났다. 그리고 화산활동 중인 섬들은 열점분출의 영향으로 지각이 열을 받아 가벼워져 매년 평균 약 10cm씩 융기하고 있다. 이와

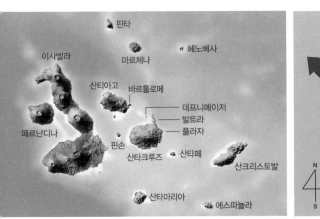
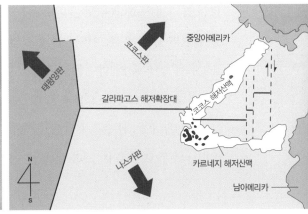

○ **갈라파고스제도 위치(왼쪽)와 열점 이동 위치(오른쪽).**

갈라파고스제도는 하와이제도와 마찬가지로 해저의 열점분출로 생긴 화산섬들로 이루어
져 있다. 현재 열점은 화산활동이 활발한 이사벨라섬 아래 위치하고 있는 것으로 알려졌다.
나스카판이 동쪽으로 이동하고 있기 때문에 제도의 동쪽에 있는 섬들이 먼저 생겨났다.

○ **갈라파고스에서 가장 큰 시에라 네그라**^{Sierra Negra} **칼데라 분화구.**

이사벨라섬 남부의 시에라 네그라 분화구는 53만 년 전 분화로 형성된 칼데라 분화구다.
가로 길이 약 9km, 세로 길이 약 7km 크기의 분화구는 갈라파고스의 화산 중 가장 크며,
활동적이다. 최근 2018년 6월에 분출하였다.

갈라파고스제도, 다윈이 체계화한 진화론의 산실

달리 오래전에 화산활동이 멈춘 동쪽의 산크리스토발섬과 에스파뇰라섬
은 지각이 냉각되면서 무거워져 천천히 침강하고 있다.

○　　**화산활동이 활발한 이사벨라섬.**
이사벨라섬은 갈라파고스제도에서 가장 큰 섬으로 현재 열점이 섬 아래 위치하여 화산활동
이 활발하다. 분출시기가 그리 오래되지 않은 분석구들이 섬 전역에 분포하며, 주로 돌과
선인장뿐인 황무지가 대부분이지만 우기에 많은 비가 내려 식생이 빠르게 안착하고 있다.

독특한 기후에서 비롯된
다양한 생물상

갈라파고스제도의 독특한 기후 또한 독특한 생물상과 생태계를 구축하는 데 큰 영향을 미쳤다. 갈라파고스제도는 적도 바로 아래 위치하는데도 평균수온 약 15℃, 평균기온 약 25℃ 이하로 비교적 기후가 한랭하다. 이는 남극해에서 기원한 한류寒流인 페루해류의 영향으로, 이 때문에 태평양 열대해역의 여느 섬 해안에 두루 발달한 산호초를 거의 볼 수 없다.

갈라파고스제도에서 페루해류가 탁월하게 발달하는 6~11월에는 낮은 수온과 기온으로 상승기류에 의한 비구름이 만들어지지 못하고 안개만 자욱하게 끼는 '가루아garúa'라는 건기가 지속된다. 이와 달리 페루해류가 약하게 발달하는 12~5월에는 북아메리카해안에서 남하하는 난류暖流인 파나마해류의 영향을 받아 상승기류에 의해 비구름이 만들어져 우기가 지속된다.

건기와 우기가 번갈아 나타나고, 페루해류의 영향을 받는 차가운 수역과 파나마해류의 영향을 받는 따뜻한 수역이 복잡하게 얽혀 있어 갈라파고스는 섬마다 해양 및 해안의 식생이 다르다. 그리고 건기와 우기에도 각 섬의 지형고도에 따라 강수량이 크게 차이가 나 식생도 많이 다르다. 이러한 다양한 식생의 차이는 장기적으로 종種의 진화에 큰 영향을 미쳤다.

그 예를 다윈이 진화론을 정립하는 데 결정적 단초를 제공한 새, 갈라파고스핀치에서 볼 수 있다. 갈라파고스제도에는 13종의 갈라파고스핀치가 서식하는데, 종별로 부리 모양이 다르다. 처음에는 조상이 같고, 부리 모양도 같았지만 다양한 식생조건에 적응하며 먹이를 사냥하는 과정에서 부리의 유전형질이 그에 맞도록 점차 진화했기 때문이다. 강수량이 적어

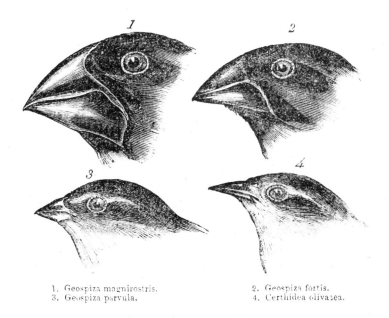

1. Geospiza magnirostris.
2. Geospiza fortis.
3. Geospiza parvula.
4. Certhidea olivasea.

○　**다윈의 갈라파고스 핀치.**
갈라파고스핀치는 다윈의 진화론을 정립하는 데 결정적인 단초를 주었다. 식생의 차이에 따라 부리 모양이 다르다.

딱딱하고 큰 씨앗이 많은 관목지대에 서식하는 갈라파고스핀치는 크고 뭉뚝한 부리를, 작은 씨앗이 풍부한 곳에 서식하는 갈라파고스핀치는 작은 부리를, 나무 사이를 날아다니며 곤충을 잡아먹거나 꽃의 꿀을 먹는 갈라파고스핀치는 뾰족한 부리를 갖게 되었다.

반복되는 재앙, 엘니뇨

갈라파고스제도는 인간의 손길이 닿지 않는 곳이 많아 비교적 원시적 자연성이 잘 유지되고 있는 편이다. 생물종 다양성도 높아 희귀종이나 멸종위기에 처한 동식물이 서식하는 생태계의 보고와 같은 곳이다. 그러나 근래 들어서 갈라파고스제도의 생태적 안정과 평화를 무너뜨리는 자연현상이 1982~1983년, 1997~1998년, 2015~2016년 세 차례에 걸쳐 일어나, 수많은 동물이 죽음을 맞기도 했다. 갈라파고스제도 주변의 기온과 수온 모두가 급격히 올라가는 이상기후 현상, 즉 엘니뇨(el Niño, 에스파냐어로 '아기예수'라는 뜻. 주로 크리스마스 전후로 나타나기 때문에 붙여진 이름이다)가 나타났기 때문이다.

엘니뇨는 적도 지역 동태평양 해역의 해수면 온도가 평년보다 높아지는 현상을 말한다. 평상시는 적도 부근에서 무역풍(아열대 고압대로부터 적도 저압대로 부는 항상풍恒常風, 1년 내내 적도를 향하여 북반구에서는 북동 방향, 남반구에서는 남동 방향으로 분다)에 의해 형성된 적도해류(적도 이북의 북동무역의 영향을 받는 북적도해류와 이남의 남동무역풍의 영향을 받는 남적도해류를 말한다)가 파나마해류를 타고 유입된 난류와 태양으로 가열된 적도 수역의 바닷물을 서태평양 쪽으로 몰고 간다. 난류가 떠난 표층의 빈자리를 메우기 위해 남아메리카해안을 따라 북상한 해저의 페루해류가 하층에서 상층으로 솟아오른다.

이때 솟아오르는 페루해류는 갈라파고스제도를 풍요로운 천국으로 만드는 역할을 한다. 표층의 바닷물을 제치고 수직으로 상승하는 찬 바닷물인 용승류湧昇流에 의해 해저바닥에 가라앉은 많은 영양분이 함께 떠올라 식물성 플랑크톤이 대량으로 증식된다. 그러면 정어리, 멸치(엔초비), 고등어 등이 몰려와 풍부한 어장이 형성되고, 이를 먹이로 하는 갈라파고스제도의 많은 해양생물이 풍요로움을 누릴 수 있다.

그러나 무역풍에 의한 적도해류가 약해지면 표층의 뜨거운 바닷물을 서태평양 쪽으로 밀어내지 못하고 오히려 서쪽에서 동쪽으로 흐르는 적

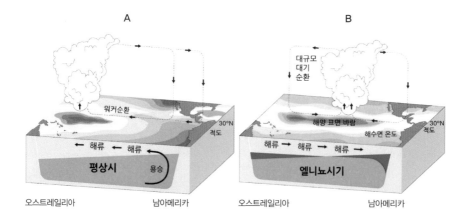

A   B

○　**엘니뇨가 갈라파고스제도에 미치는 영향.**

　　A. 평상시에는 무역풍에 의한 적도해류가 표층의 난류를 서태평양으로 이끈다. 이 때문에 서태평양 쪽은 열이 집중되어 저기압대를 형성하여 상승기류에 의한 많은 비가 내린다. 한편 동태평양은 한류인 페루해류의 용승海流으로 해저에 쌓인 영양분이 솟아올라 갈라파고스제도 일대는 '풍요의 바다'가 된다.

　　B. 그러나 무역풍이 약해 적도해류가 서쪽으로 나아가지 못하면 오히려 적도반류에 의해 난류가 동태평양으로 유입되어 난류의 지배를 받게 된다. 그러면 많은 비가 내리고 한류인 페루해류가 용승하지 못하여 갈라파고스제도 일대는 '죽음의 바다'가 돼 버린다.

도반류(赤道反流, 서쪽으로 흐르는 적도해류와는 반대로 동쪽으로 흐르는 해류)를 타고 난류가 유입된다. 이 때문에 더 이상 페루해류의 찬 바닷물이 솟아오르지 못하면서 갈라파고스제도 일대가 난류의 영향권에 놓여 수온과 기온이 모두 올라간다. 이로써 많은 비가 내려 식생이 성장하는 데는 도움이 되지만 해저로부터 영양분이 공급되는 길이 막혀 바다는 생명력을 잃고 만다. 해초가 자라지 못하고 물고기도 사라져 바다이구아나, 갈라파고스거북, 갈라파고스가마우지 등과 같은 수많은 해양포유류와 조류가 굶어 죽는 참사가 일어나는 것이다.

　　1982~1983년에 일어난 엘니뇨로 9개월 동안 한류인 페루해류가 차단되어 해수면 온도가 30℃에 이르렀고 바다가 황폐해져 많은 동식물이

죽음을 맞았다. 사람들 역시 고난의 시기를 겪었다. 바다에 고기가 사라져 어획활동을 할 수 없었고, 이는 세계경제에도 큰 타격을 주었다. 1982년 엘니뇨 발생으로 당시 정어리 어획량이 평년 대비 4% 수준인 약 50만t으로 격감했다. 미국에서는 페루산 정어리를 비료의 원료로 사용하는데, 원료를 구할 수 없어 콩으로 대체해야 했고, 이 때문에 콩 품귀현상이 일어나 세계적으로 식량 파동이 일기도 했다.

○ **인간과 공존하는 갈라파고스제도의 동물.**
갈라파고스제도에 사는 바다사자, 바다이구아나, 펠리컨, 핀치 등은 사람을 두려워하지 않는다. 최초로 이곳에 도착한 동물들이 저마다 포식자가 없는 환경에서 진화했기 때문이다. 사람들이 자신을 해친다고 여기지 않아 생선가게나 과일가게 등에서 먹이를 얻으려는 동물을 쉽게 볼 수 있다. 이처럼 인간과 동물이 함께 어울려 살아가는 평화로운 갈라파고스제도에 엘니뇨가 발생하면 인간과 동물 모두 이상기후로 인한 어려움을 겪는다.

갈라파고스제도, 다윈이 체계화한 진화론의 산실

해류를 타고 유입되어
진화한 특이 동식물

1835년 갈라파고스제도에 발을 디딘 다윈은 이곳을 조사하고는, 갈라파고스땅거북, 바다이구아나, 갈라파고스펭귄, 갈라파고스기둥선인장과 부채선인장 등 다른 곳에서는 볼 수 없는 이곳만의 유일한 생물종이 많다는 것을 알게 되었다. 갈라파고스핀치의 부리와 갈라파고스땅거북의 등껍질이 섬마다 종들 간에 미묘하게 생물학적으로 차이가 나는 이유가 무엇인지도 궁금해졌다.

다윈은 자신이 이곳에 당도하기 이전에 먼저 들렀던 남아메리카에도 갈라파고스제도의 특이한 동물들과 비슷한 생물들이 살고 있음을 알았다. 그러고는 그 동식물들이 예전에 그곳에서 이 섬으로 건너왔을 것이라고 생각했다. 또한 갈라파고스제도의 생물종 수가 적고, 바다를 건너기 어려운 지리적 장벽 때문에 종이 특이하게 변화했을 것이라고 추론했다.

그의 이러한 생각은 《종의 기원》의 모태가 되었다. 그는 대륙에서는 이미 멸종된 종들과 특이한 여러 종이 갈라파고스제도에서 발견되곤 하는데, 이는 이들 종이 오랫동안 대륙과 격리된 채 달라진 자연환경에 적응하면서 독자적으로 진화해 왔기 때문이라는 결론을 내렸다. 다윈은 이러한 연구결과를 정리하여 생물진화이론인 자연선택설을 주장했다. "생물종은 종족번식을 위해 자신을 환경에 맞게 적응·변형시킨다. 그러한 형질은 유전에 의해 다음 세대로 계승되며, 이러한 점진적인 변화의 과정이 종의 진화다"라는 설이다.

다윈이 이 주장을 발표한 뒤 사람들은 갈라파고스제도 고유종의 독립적 진화는 육지와 격리된 고도孤島라는 지형적 요인이 큰 영향을 미쳤을 것이라는 데 어느 정도 동의했다. 그러나 그런 고유종들이 과거에 어떻게 해서 남아메리카에서 갈라파고스제도로 이동했는지에 관해서는 여전히 의문을 품었다. 일부 학자들이 갈라파고스제도가 한때 남아메리카 본토의 일부였거나 육교로 연결되었을 것이라고 주장하기도 했지만 이는 잘못된 생각이다. 갈라파고스제도 수역의 수심은 약 4,000m에 이를 만큼 깊을 뿐만 아니라, 갈라파고스제도는 약 350만 년 전 해저지각 깊은 곳의 맨틀에서 올라온 마그마가 분출하여 생긴 화산섬들로 이루어져 있기 때문이다.

갈라파고스제도에만 서식하는 고유종들은 어떻게 육지에서 섬으로 이동할 수 있었을까? 그 답은 남극해에서 발원하여 남아메리카해안을 따라 북상하다가 페루 앞바다에 서 서쪽으로 방향을 틀어 1,000km 정도 외해에 있는 갈라파고스제도까지 이동하는 페루해류(페루해류와 기후의 관계를 밝힌 독일 지리학자 알렉산더 폰 훔볼트Alexander von Humboldt를 기념하여 훔볼트해류라고도 한다)에서 찾을 수 있다. 고유종들은 적어도 섬이 생성되기 시작한 약 350만 년 전 이후 서진하는 페루해류를 타고 갈라파고스제도로 유입되었다. 이후 고립된 자연환경에 적응하면서 독자적인 고유종으로 진화한 것이다.

○ **갈라파고스의 희귀 동물.**
현존하는 거북 중 가장 큰 갈라파고스땅거북, 세계에서 유일하게 바다에 사는 바다이구아나, 야생에서 유일하게 적도 북쪽에 사는 갈라파고스펭귄 등 갈라파고스제도에만 서식하는 고유한 동물들은 약 350만 년 전 남아메리카에서 태평양의 서쪽으로 흐르는 페루해류를 타고 유입된 뒤, 고립된 환경에서 독자적으로 진화해 왔다.

참고문헌

국내문헌

고상모 외, "아프리카 열곡대의 지질 및 광화작용", 한국광물학회 〈한국광물학회지〉 제
    26권 제4호, 2013, 331-342.

김용형 외, "미국 아치스 국립공원 아치들의 생성조건에 따른 분류", 대한지질학회 학술
    대회, 2014.10, 174.

김용형·김영석, "미국 유타 아치스국립공원 내에 발달하는 아치형태의 분류와 발달원인
    분석", 대한지질학회 〈지질학회지〉 제53권 제5호, 675 - 687, 2017.

김주환, 《지형학》, 동국대학교출판부, 2009.

김태형 외, "지질구조가 풍화에 미치는 영향 : 아치스국립공원의 예", 대한지질학회 학술
    대회, 2014.10, 249.

내셔널지오그래피 편집위원회, 이화진(역), 《유네스코 세계유산》, 느낌이있는책, 2011.

내셔널지오그래피 편집위원회, 정호운(역), 《세계의 경이로운 자연》, 느낌이있는책,
    2012.

뉴턴코리아편집부, 〈세계자연유산 - 한 번은 가보고 싶은 37곳의 절경〉, 뉴턴코리아,
    2013.

로버트 야람, 《세계 지형 여행》, 황금비율, 2011.

리처드 포티, 이한음(역), 《살아 있는 지구의 역사》, 까치, 2005.

마르코 카타네오, 손수미(역), 《유네스코 세계자연유산》, 생각의나무, 2004.

미즈노 카즈하루, 백지은(역), 《기후변화로 보는 지구의 역사》, 문학사상, 2020.

박문규, "외국 국립공원 기행(중)-브라이스캐년, 자이언, 그랜드캐년, 요세미테", 한국자
    연공원협회 〈국립공원〉 제54권, 1992, 54-59.

박지민,《중국의 자연유산》, 시공사, 2011.

박진성 외,《지구과학교사들의 뉴질랜드 지질답사여행》, 맑은샘, 2016.

박진성 외,《지구과학교사들의 미국서부 지질답사여행》, 맑은샘, 2016.

박진성 외,《지구과학교사들의 하와이 지질여행, 맑은샘》, 2015.

박진성 외,《지구과학교사들의 호주서부 지질답사여행》, 맑은샘, 2014.

박진성 외,《지구과학교사들의 아이슬란드 지질답사여행》, 맑은샘, 2018.

서무송,《세계의 카르스트지형》, 푸른길, 2019.

서무송,《카르스트지형과 동굴》, 푸른길, 2010.

앤 벤투스 외, 박웅희(역),《세계에서 가장 경이로운 자연·문화 유산 100》, 서강출판사, 2007.

앨러스테어 포더길, 김옥진(역),《살아 있는 지구》, 궁리, 2008.

얀 아르튀스 베르트랑, 조형준(역),《하늘에서 본 지구》, 새물결, 2004.

에이드리언 하비, 이민부(역),《지형학 입문》, 푸른길, 2015.

월간 뉴턴 1999년 12월호 〈미래에 남기고 싶은 지구 유산〉, 아이뉴턴.

월간 뉴턴 2004년 5월호 〈세계자연유산 149〉, 아이뉴턴.

월간 뉴턴 2005년 6월호 〈자연유산 탐방의 세계일주〉, 아이뉴턴.

이케다 히로시, 권동희(역),《화강암지형의 세계》, 한울, 2002.

일본뉴턴프레스, 강금희(역), 〈세계자연유산〉, 아이뉴턴, 2013.

제임스 루어 외, 김동희 외(역),《지구》, 사이언스북스, 2006.

진준혁, '중국 황산기행', 한국자연공원협회 〈국립공원〉 제77권, 1999, 75-82.

한국지구과학회,《재미있는 지구과학 이야기》, 이치, 2009.

함규진,《벽이 만든 세계사》, 을유문화사, 2020.

H. H. 램, 김종규(역),《기후와 역사》, 한울, 2021.

외국문헌

▶ 북아메리카

옐로스톤 국립공원, 물과 열이 만들어 낸 간헐천과 온천의 집결지

J. R. Pelton & Robert B. Smith, "Recent Crustal Uplift in Yellowstone National Park", *Science* 1980.01., 206(4423): 1179-82.

James A. Saunders & Willis E. Hames, "Geochronology of Volcanic-Hosted Low-Sulfidation Au-Ag Deposits, Winnemucca-Sleeper Mine area, Northern Great Basin, USA", Final Report Usgs Grant# 05hqgr0153.

Robert B. Smitha et al., "Geodynamics of the Yellowstone hotspot and mantle plume: Seismic and GPS imaging, kinematics, and mantle flow", *Journal of Volcanology and Geothermal Research* Volume 188, Issues 1-3, 2009.11.10, 26-56.

Vasudeo Zambare et al., "Thermophlic Cellulase Producing Bacteria From Yellowstone National Park", Conference: 2011 AIChE Annual Meeting, 2011.10.

아치스 국립공원, 자연이 빚어낸 아치형 암석 조각공원

Jr. Chidsey Thomas & Grant C. Willis, "Landscape Arch, Delicate Arch, and Double Arch in Arches National Park, Southeastern Utah, Utah Geological Association", 2020.03., *Geosites*.v1i1.54.

앤털로프캐니언, 페이지가 숨겨 놓은 협곡 속 빛의 향연

Sarah Tilley et al., "Microbial Evidence in the NeoproterozoicKelly Canyon Formation Antelope Island State Park, Utah", Conference: GSA Annual Meeting in Phoenix, Arizona, USA, 2019.01.

Shaocheng Ji, "Antelope Canyon (Arizona, USA): Implications of pothole connection for incision of bedrock rivers", *Bulletin of Mineralogy Petrology and Geochemistry*, 2017.03., 36(2):364-366.

그랜드캐니언, 지구의 나이테를 엿볼 수 있는 대협곡

Earle E. Spamer & Richard A. Young, "Colorado River: Origin and Evolution: Proceedings of a Symposium Held at Grand Canyon National Park in June", 2000, 2007, Grand Canyon Association.

John Douglass et al., "Evidence for the overflow origin of the Grand Canyon", *Geomorphology* 369:107361, 2020.08.

S. A. Austin, "How Was Grand Canyon Eroded?", in *Grand Canyon: Monument to Catastrophe*, S. A. Austin, ed. (Santee, CA: Institute for Creation Research, 1994), 83-110.

W. Brown, *In the Beginning: Compelling Evidence for Creation and the Flood*, sixth edition (Phoenix, AZ: Center for Scientific Creation, 1995), 92-95, 102-105.

브라이스캐니언, 첨탑 모양 후두 만물상의 향연

Casey Webb, "Three Generations of Fractures and the Landscape Develpment of Bryce Canyon National Park", Geocorps™, 2015~2016.01.

Dorsey Hager, "Structural Control of Landforms, Bryce Canyon National Park, Utah", Geological Notes 1957.01. AAPG Bulletin 41.

Erik R. Lundin, "Thrusting of the Claron Formation, the Bryce Canyon region, Utah", *Geological Society of America Bulletin* 101(8):1038-1050, 1989.08.

Fred May, "Palynology of the Dakota Sandstone (Middle Cretaceous) near Bryce Canyon National Park, southern Utah", *Proceedings of the Annual Meeting American Association of Stratigraphic Palynologists* 4(1), 1973.10.

데스밸리, 생명체에게는 너무나 가혹한 죽음의 계곡

Christopher Martin et al., "Diabolical survival in Death Valley: recent pupfish colonization, gene flow and genetic assimilation in the smallest species range on earth", *Biological Sciences*, 2016.01.

Ian Norton, "Two-stage formation of Death Valley", *Geological Society of America*, 2011.02. Volume 7, Number 1, 171－182.

요세미티 국립공원, 빙하가 만든 화강암 협곡의 비경

N. King Huber, "The Geologic Story of Yosemite Valley", U.S. Geological Survey and U.S. National Park Service, 2000.

Washington: Government Printing Office, "Evolution of the Valley", *Yosemite: Official National Park Handbook* , 1989, 66-67.

화이트샌즈 국립공원, 하얀 석고모래가 만든 은빛 신세계

F. Scott Worman et al., "Dunefield geoarchaeology at White Sands National Monument, New Mexico, USA: Site formation, dunefield dynamics", *Geoarchaeology* 34(9), 2018.11.

Fort Collins, National Park Service, U.S. Department of the Interior, "White Sands National Monument: Geologic Resources Inventory Report", *Natural Resource Report*, NPS/NRSS/GRD/NRR—2012/585.

Gary Kocurek et al., "White Sands Dune Field, New Mexico: Age, dune dynamics and recent accumulation", *Sedimentary Geology*, 2006.10.

Lori K. Fenton et al., "Sedimentary differentiation of aeolian grains at the White Sands National Monument, New Mexico, US", *Aeolian Research* Volume 26, 2017.06., 117-136.

Spencer G. Lucas et al., "Mammoth Footprints from the Upper Pleistocene of the Tularosa Basin, Dona Ana Country, New Mexico,", *Cenozoic Vertebrate Tracks and Traces*. New Mexico Museum of Natural History and Science Bulletin 42, 2007.

스포티드 호수, 세계 유일의 반점무늬 호수

Kevin Michael Cannon, "Spotted Lake: Analog for Hydrated Sulfate Occurrences in the Last Vestiges of Evaporating Martian Paleolakes", Department of Geological Sciences and Geological Engineering, Queen's University, 2012.04.

Alexandra Pontefract et al., "Microbial Diversity in a Hypersaline Sulfate Lake: A Terrestrial Analog of Ancient Mars", *Frontiers in Microbiology* 2017.09., 8:1819.

투크토야크툭, 툰드라 동토지대 주빙하지형의 전형

Richard J. Soare et al., "The Tuktoyaktuk Coastlands of northern Canada: A possible wet al., periglacial analog of Utopia Planitia, Mars", *Geological Society of America*, 2011.01.01.

Taylor Rowley et al., "Periglacial Processes and Landforms in the Critical Zone", *Developments in Earth Surface Processes* Volume 19, 2015, 397-447.

▶ 남아메리카

나이카동굴, 세계 최대의 크리스털 보석창고

Badino Giovanni. et al., "The Present Day Genesis and Evolution of Cave Minerals Inside the Ojo de la Reina Cave (Naica Mine, Mexico)", *International Journal of Speleology* 40, 2016.03.08., 125-131.

Brudnik, K. et al., "The complex hydrogeology of the unique Wieliczka salt mine", *Przegląd Geologiczny*, 2010 58, nr 9/1, 787-796.

Manuel Garcia-Ruiz et al., "Formation of natural gypsum megacrystals in Naica, Mexico", *Geology* 35(4), 2007.04.

그레이트블루홀, 해저 싱크홀 환초의 원형

Noel. P. James et al., "Facies and Fabric Specificity of Early Subsea Cements in Shallow Belize (British Honduras) Reefs", *Journal of Sedimentary Research* 46: 523-544, 1976.01.

Noel P. James & Robert N. Ginsburg, "The Seaward Margin of Belize Barrier and Atoll Reefs", *Carbonate Diagenesis*, 2009.04., 55-80.

카나이마 국립공원, 원시세계의 비경을 간직한 테푸이 천국

H. N. A. Priem et al., "Age of the Precambrian Roraima Formation in Northeastern South America: Evidence from Isotopic Dating of Roraima Pyroclastic Volcanic Rocks in Suriname", *GeoScienceWorld* Volume 84, Number 5, 1973.05.01.

Leonardo Piccini, "Karst in siliceous rock: karts landforms and caves in the Auyan-tepui (Est. Bolivar, Venezuela)", *International Journal of Speleology*, 24(Phys.), (1-4), 1995.01., 41-54.

Roman Aubrecht et al., "Arenitic CAves in Venezuelan Tepuis: What Do They Say About Tepuis Themselves?", *Karst and Caves in Other Rocks, Pseudokarst-oral*, 2013 ICS Proceedings, 221-22.

카뇨 크리스탈레스, 세상에서 가장 아름다운 무지갯빛 강

Luz Alexandra Montoya-Restrepo et al., "Modelo de simbiosis para el turismo en La Macarena, Colombia. Impacto de la paz en Caño Cristales(Symbiosis model for tourism in La Macarena, Colombia. Impact of peace on Caño Cristales", *Revista Logos, Ciencia & Tecnología* 12(2), 2020, 113-130.

렌소이스사구, 사막과 호수를 넘나드는 아름다운 모래언덕

André Luís Silva dos Santos et al., "Modelling Dunes from Lençóis Maranhenses National Park (Brazil): Largest dune field in South America", *Scientific Reports* Volume 9, Article number: 7434 (2019).

Misael Lira Rodrigues. et al., "Vascular flora of Lençóis Maranhenses National Park, Maranhão State, Brazil: checklist, floristic affinities and phytophysiognomies of restingas in the municipality of Barreirinhas", *Acta Botanica Brasilica* 33(3) Jul-Sep 2019.07~09.

Jivanildo Pinheiro Miranda et al., "Reptiles from Lençóis Maranhenses National

Park, Maranhão, northeastern Brazil", *ZooKeys* 246, 2012.12.29.

Carlos Conforti Ferreira Guedes et al., "Weakening of northeast trade winds during the Heinrich stadial 1 event recorded by dune field stabilization in tropical Brazil", *Quaternary Research* 88(3): 1-13, October 2017

Gilberto Nepomuceno Salvador et al., "First record of Wild Boar (Sus scrofa Linnaeus, 1758) in Lençóis Maranhenses National Park, Maranhão state, northern Brazil", *The Journal of Biodiversity Data*, 2019.10.18.

Michael E. Brookfield, "Aeolian processes and features in cool climates", *Geological Society London*, 2011.05.

우유니 소금사막, 사막과 호수의 두 얼굴

Fernando D. Alfaro et al., "Microbial communities in soil chronosequences with distinct parent material: the effect of soil pH and litter quality", *Journal of Ecology*, 2017.03.01.

Maria Daniela Sanchez-Lopez, "From a White Desert to the Largest World Deposit of Lithium: Symbolic Meanings and Materialities of the Uyuni Salt Flat in Bolivia", *The Radical of Journal of Geography Antipode*, 2019.05.02.

Sherilyn C. Fritz et al., "Hydrologic variation during the last 170,000 years in the southern hemisphere tropics of South America", *Quaternary Research* Volume 61, Issue 1, 2004.01., 95-104.

▶ 유럽

세븐시스터즈, 백악 해식암벽의 파노라마

John R. Underhill & Robert Stoneley, "Introduction to the development, evolution and petroleum geology of the Wessex Basin", *Geological Society*, 133, 1998.01.01., 1-18. -Tsuguo Sunamura, "Rocky Coast Processes: with Special Reference to the Recession of Soft Rock Cliffs", *Proceedings of the Japan Academy. Series B, Physical and Biological Sciences*, 2015.11.11; 91(9): 481 - 500.

자이언츠 코즈웨이, 다각형 주상절리의 향연

Bernard J. Smith, "Management challenges at a complex geosite: the Giant's

Causeway World Heritage Site, Northern Ireland", *Géomorphologie Relief Processus Environnement*, 2005.10.

돌로미티산군, 알프스 백운암 산악경관의 전형

Alexander Lukeneder et al., "The late Barremian Halimedides horizon of the Dolomites(Southern Alps, Italy)", *Cretaceous Research*, 35, 2012.06., 199-207.

Judith A. Mckenzie & Crisogono Vasconcelos , "Dolomite Mountains and the origin of the dolomite rock of which they mainly consist: historical developments and new perspectives", *Sedimentaloy*, 2009, (56) 201~219.

Piero Gianolla et al., "Geology of the Dolomites", *Episodes* Volume 26, Number 3, 2003.

에트나산, 지구의 생명력을 보여주는 활화산의 대명사

Dávid Karátson et al., "Constraining the landscape of Late Bronze Age Santorini prior to the Minoan eruption: Insights from volcanological, geomorphological and archaeological findings", *Journal of Volcanology and Geothermal Research* Volume 401, 2020.09.01.

Domenico Patanè et al., "Seismological constraints for the dike emplacement of July-August 2001 lateral eruption at Mt. Etna volcano, Italy", *Annals of Geophysics*, 46(4), 2003.08.

Stefano Branca, "Holocene vertical deformation along the coastal sector of Mt. Etna volcano (eastern Sicily, Italy): Implications on the time-space constrains of the volcano lateral sliding", *Journal of Geodynamics* Volume 82, 2014.12., 194-203.

피오르, 빙하가 빚어낸 북유럽의 비경

Atle Nesjea & Ian M. Whillansb, "Erosion of Sognefjord, Norway", *Geomorphology* Volume 9, Issue 1, 1994.02., 33-45.

Vanda Claudino-Sales, "West Norwegian Fjords: Geirangerfjord and Nærøyfjord, Norway", *Coastal Research Library book series: Coastal World Heritage Sites*, 2018.09., 87-92.

그린란드, 순백의 얼음세상에서 초록의 땅으로

Edouard Ravier & Jean-François Buoncristiani, "Glaciohydrogeology" Chapter 12, *Science, Technology & Society*, 2000.12.07.

몬세라트산, 톱니꼴 역암 첨봉의 명승

A. G. MacGregor, Royal Society Expedition to Montserrat, B.W.I.: "Preliminary Report on the Geology of Montserrat", *Biological Sciences* Volume 121, Number 822, 1936.10.01., 232-252.

Georgios Lazaridis, "Caves in the conglomerates of the Meteora geosite(Greece)", *Cave and Karst Science* 47(1): 2020.04., 6-10.

Jacky Ferriere et al., "Tectonic control of the Meteora conglomeratic formations(Mesohellenic basin, Greece)", *Research Article*, 2011.09.01.

M. Janeras et al., "Multi-technique approach to rockfall monitoring in the Montserrat massif(Catalonia, NE Spain)", *Engineering Geology*, 2017.

▶ 아시아

황허강, 중국문명의 요람

Gary Brierley et al., "Geo-eco-hydrology of the Upper Yellow River", *Wiley Interdisciplinary Reviews: Water* 9(3):e1587, 2022.03.

G. Shanmugam, "A global satellite survey of density plumes at river mouths and at other environments: Plume configurations, external controls, and implications for deep-water sedimentation", *Petroleum Exploration and Development* 45(4), 2018.07., 640-661.

황룽거우와 주자이거우, 쓰촨에서 펼쳐지는 물의 향연

F. Wang et al., "Calcite Mineral Generation in Cold-Water Travertine Huanglong, China", *ICAM 2019: 14th International Congress for Applied Mineralogy*, Issue 463-465, 2019.

Haijing Wang, "Spatial and temporal hydrochemical variations of the spring-fed travertine-depositing stream in the Huanglong Ravine, Sichuan, SW China", *Acta Carsologica / Karsoslovni Zbornik* 39(2), 2010.06.

Jun Cao et al., "Study on the tufa Thickness and Formation Age of Dyke at

Sparkling Lake, Jiuzhaigou Scenic Area, Sichuan Province", *Earth and Environmental Science* Volume 571, 2020.08.

Lixia Liu, "Factors Affecting Tufa Degradation in Jiuzhaigou National Nature Reserve, Sichuan, China", *Water 9*: 2017.09.09.

창장강, 중국문명을 일궈 낸 대하의 역사

Daidu Fan & Congxian Li, "Timing of the Yangtze initiation draining the Tibetan Plateau throughout to the East China Sea: A review", *Frontiers of Earth Science in China* 2(3):3, 2008.09., 02-313.

Wang H. Z. *Altas of the Palaeogeography of China*, (Beijing: Cartographic Publishing House, 1985), 1-85(중국어), 1-28(영어).

Marin K. Clark et al., "Surface uplift, tectonics, and erosion of eastern Tibet from large-scale drainage patterns", *Tectonics*, 23: TC1006, doi: 10, 1029, 2004.

황산, 화강암이 빚어낸 천하의 명산

Wan Ming Yuan, "The uplifting and denudation of main Huangshan Mountains, Anhui Province, China", *Science China Earth Sciences* volume 54, Article number: 1168, 2011.04.07.

우링위안, 거대한 암석기둥이 가득한 대자연의 미궁

Guifang Yang et al., "On the growth of National Geoparks in China: Distribution, interpretation, and regional comparison", *Episodes* 34(3), 2011.

He Quing Huang et al., "Assessing processes and timescales of sandstone landscape formation in Zhangjiajie Geopark of China", *Faculty of Science, Medicine and Health*, 1-1-2013.

Jan-Hendrik May et al., "Evolution of sandstone peak-forest landscapes — insights from quantifying erosional processes with cosmogenic nuclides: Evolution of sandstone peak-forest landspaces", *Earth Surface Processes and Landforms* Volume 43, Issue 3, 2017.10., 561-761.

Linsheng Zhong et al., "Tourism development and the tourism area life-cycle model: A case study of Zhangjiajie National Forest Park, China", *Tourism Management* Volume 29, Issue 5, 2008.10., 841-856.

할롱베이, 옥빛 바다 탑카르스트의 천국

Trần Đức Thạnh et al., "Coastal development of Do Son – Ha Long Area during Holocene", *Marine Geology and Geophysics* Tech. (Sic and Pub. House. Ha Noi)., 1997, 199 – 212.

Tony Waltham, "Karst and Caves of Ha Long Bay", *Speleogenesis and Evolution of Karst Aquifers*, 3 – (2), 2005.

보홀섬 콘카르스트, 한곳에 모인 초콜릿 힐의 대향연

Jean Noel Salomon, "A Mysterious Karst: "the Chocolate Hills" of Bohol (Philippines)", *Acta Carsologica*, Volume 40 Number 3, 2011.

클리무투호, 산 정상에 놓인 물감단지

Sam Murphy et al., "Color and temperature of the crater lakes at Kelimutu volcano through time", *Bulletin of Volcanology* Volume 80, Article number: 2, 2018.

괴뢰메 계곡, 버섯 바위가 빼곡한 '요정의 굴뚝'

H. M. Yilmaz. et al., "Monitoring of soil erosion in Cappadocia region (Selime-Aksaray-Turkey)", *Environmental Earth Sciences* Volume 66, 2012., 75 – 81.

Mehmet Akif Sarikaya. et al., "Fairy chimney erosion rates on Cappadocia ignimbrites, Turkey: Insights from cosmogenic nuclides", *Geomorphology* Volume 234, 2015.04.01., 182-191.

Uğur Doğan. et al., "First Paleo-Fairy Chimney Findings in the Cappadocia Region, Turkey: a Possible Geomorphosite", *Geoheritage* Volume 11, 2019., 653 – 664.

파묵칼레, 순백색 석회화단구의 원형

Andrea Brogi et al., "Evolution of a fault-controlled fissure-ridge type travertine deposit in the western Anatolia extensional province: The Çukurbağ fissure-ridge (Pamukkale, Turkey)", *Journal of the Geological Society*, 2014.01.

Erhan Altunel & Paul L. Hancock, "Structural Attributes of Travertine-Filled Extensional Fissures in the Pamukkale Plateau, Western Turkey", *International Geology Review* Volume 38, Issue 8, 1996, 768-777.

Feride Kulal. et al., "Investigation of the Radon Levels in Groundwater and Thermal Springs of Pamukkale Region", *AActa Physica Polonica Series* a Volume 130, Number 1, 2016.

World HeritageOutlook-IUCN, "Hierapolis-Pamukkale", *2020 The conservation outlook assessment.*

▶ 아프리카

리차트 구조, 고도 10km 이상에서야 제대로 보이는 '지구의 눈'

Guillaume Matton et al., "Resolving the Richat enigma: Doming and hydrothermal karstification above an alkaline complex", *Geology* 33(8), 2005.08.

Guillaume Matton et al., "The 'eye of Africa'(Richat dome, Mauritania): An isolated Cretaceous alkaline-hydrothermal complex", *Journal of African Earth Sciences* Volume 97, 2014.09., 109-124.

T. Kenkmann & M. H. Poelchau, "The Central Uplift of Spider Crater, Western Australia", *Large Meteorite Impacts and Planetary Evolution V*, 2013.08.

Tas Walker, "The Eye of the Sahara, Mystery circles visible from space reveal catastrophe of biblical proportions", *Creation*, Volume 43, Issue 4, 2021.10.

레트바호, 분홍빛 호수의 대명사

Tony Rey et al., "Modifications environnementales dans l'espace du lac Retba (Grande Côte, Sénégal)", *Africa Geoscience Review* Volume 16, Number 4, 2009.10., 233-246.

Varun G. Paul & Melanie R. Mormile, "A case for the protection of saline and hypersaline environments: a microbiological perspective", *Microbiology Ecology* Volume 93, Issue 8, 2017.08.

나트론호, 저주받은 죽음의 호수

Brahim Damnati, "The application of organic carbon and carbonate stratigraphy to the reconstruction of lacustrine palaeoenvironments from Lake Magadi, Kenya", *Project: Les variations climatiques passées, actuelles et futures: un aperçu global et régional*, 2007.01.

Fernando Diez-Martín, "The East African Early Acheulean of Peninj (Lake Natron, Tanzania)", Vertebrate Paleobiology and Paleoanthropology, Department of

Prehistory and Archaeology, University of Valladolid, Spain, 2018.08.18.

Gülsinem Polat, *Palaeomagnetism and Magnetic Fabrics of The Lake Natron Es-carpment Volcano-sedimentary Sequence, Northern Tanzania*, Department of Earth Sciences, Uppsala University, Uppsala, 2019.

모시 오아 툰야 폭포, 지구 최대의 물의 장막

Andy Moore & Fenton (Woody) Cotterill, "Victoria Falls: Mosi-oa-Tunya – The Smoke That Thunders", *Geomorphological Landscapes of the World*, Springer Netherlands, 143-153.

José C. Stevaux & Edgardo M. Latrubesse, "Iguazu Falls: A History of Differential Fluvial Incision", *Geomorphological Landscapes of the World*, 2009.09.07., 101-109.

나미브사막, 사막과 해안이 만나는 모래바다

Duncan Mitchell et al., "Fog and fauna of the Namib Desert: past and future", *Eco-sphere* Volume 11, Issue 1, 2020.01.

Frank D. Eckardt et al., "The Surface Geology and Geomorphology Around Goba-beb, Namib Desert, Namibia", *A Physical Geography* 95(4), 2013.12.

Susan Bliss, "Landscapes and landforms: Deserts: Namib desert", *Geography Bulle-tin* Volume 50, Number 1, 2018.

베마라하 칭기랜즈, 석회암 피너클 파노라마의 전형

Márton Veress et al., "The origin of the Bemaraha tsingy (Madagascar)", *Interna-tional Journal of Speleology*, 2008, 37(2), 131-142.

모흔느곶 수중폭포, 착시현상이 만들어낸 폭포

B.E. Harden. et al., "Upstream sources of the Denmark Strait Overflow: Obser-vations from a high-resolution mooring array", *Deep Sea Research Part I: Oceanographic Research Papers* Volume 112, 2016.06., 94-112.

Debajyoti Paul ey al., "Geochemistry of Mauritius and the origin of rejuvenescent volcanism on oceanic island volcanoes", *Geochemistry, Geophysics, Geosys-tems* Volume 6, Issue 6, 2005.06.

▶ 오세아니아-대양

벙글벙글산지, 지구 최초의 생명체가 쌓인 퇴적기암

Alice V. Turkington & Thomas R. Paradise, "Sandstone weathering: A century of research and innovation", *Geomorphology* 67(1): 2005.04., 229-253.

The World Heritage Committee, *Decision of Excerpt from the Report of the 27th Session of the World Heritage Committee*, Purnululu National Park, 2003.07.

그레이트배리어리프, 세계 최대의 산호초 군집

Glenn De'ath et al., "The 27-year decline of coral cover on the Great Barrier Reef and its causes", *PNAS*, 109 (44), 2012.10.30.

Linwood Pendleton et al., "Barrier Reef: Vulnerabilities and solutions in the face of ocean acidification", *Regional Studies in Marine Science* Volume 31, 2019.09.

Terry Done et al., *Global Climate Change and Coral Bleaching on the Great Barrier Reef*, Queensland Department of Natural Resources and Mines, 2003.01.

울루루-카타추타 국립공원, 세계 최대 인젤베르크의 전형

Ken Patrick, "Geomorphology of Uluru, Australia", *Answers Research Journal 3*, 2010, 107-118.

와이토모동굴, 지하세계에 펼쳐진 은하수

Colin Michael Hall, "Glow-worm tourism in Australia and New Zealand: Commodifying and conserving charismatic micro-fauna", *Researchgate*, 2010.01.

Ralph Crane & Lisa Fletcher, "The Speleotourist Experience: Approaches to Show Cave Operations in Australia and China", *Helictite*, 2016. 42: 1-11.

갈라파고스제도, 다윈이 체계화한 진화론의 산실

Kenneth Leonard, "The Formation and Geological Setting of the Galápagos Islands", *Criminology and Criminal Justice Major and College Park Scholars*.

이미지 출처

▶ **북아메리카**

옐로스톤 국립공원, 물과 열이 만들어 낸 간헐천과 온천의 집결지

옐로스톤의 열점사슬 원리와 화산군(B): National Park Service, USA.

다양한 열수현상(위 사진 세 장): 박진성.

모뉴먼트밸리, 사막 평원의 암석기둥과 암석구릉의 향연

포레스트 검프 포인트에서 바라본 모뉴먼트밸리: 이우평.

캐니언랜즈-화이트림 오버룩: user_id:12019(no name), Pixabay.

앤털로프캐니언, 페이지가 숨겨 놓은 협곡 속 빛의 향연

도입부 사진: Joerg Schnabel.

글렌캐니언댐의 건설로 생긴 파월호: John Gibbons, Unsplash.

자연이 빚어낸 슬롯캐니언의 진수, 엔털로프캐니언: 이우평.

감입곡류하천의 전형, 호스슈 벤드: MassimoTava, Wikimedia commons.

페트라 사암층의 사층리 문양: Brett Elliott.

그랜드캐니언, 지구의 나이테를 엿볼 수 있는 대협곡

도입부 사진: B Rosen.

콜로라도강의 위성사진: NASA, 2018.

두부침식, 하천쟁탈, 하상침식으로 생긴 콜로라도강과 그랜드캐니언: Andrew A.

Snelling, Tom Vail, 2004. https://answersingenesis.org/geology/grand-canyon-

facts/when-and-how-did-the-grand-canyon-form/을 바탕으로 재작업.

그랜드캐니언의 비대칭과 차별침식: 위 sonaal-bangera / 아래: khlnmusa, Wikime-
dia Commons, 2011.

더 웨이브, 물결무늬 사층리가 만든 자연예술의 걸작

도입부 사진: Mark Nemenzo, Unsplash, 2022

사막과 해변의 모래밭에서의 사층리 형성과정: 논문에 수록된 이미지를 바탕으로 작업
하였으나, 원서 출처를 찾지 못했다. 해당 이미지의 출처를 발견한다면 수록할 수 있
도록 연락 바란다.

자이언캐니언의 부정합 사층리: 이우평.

요철 모양으로 침식된 더 웨이브의 나바호 사암 사층리: Dieter Becker.

브라이스캐니언, 첨탑 모양 후두 만물상의 향연

도입부 사진: 박진성.

선셋 포인트 '토르의 망치': MAIder, Pixabay.

붉은색과 흰색으로 단장한 후두, 블루캐니언: 박진성.

데스밸리, 생명체에게는 너무나 가혹한 죽음의 계곡

도입부 사진: user_id: 14632436, Pixabay

배드워터분지에 활짝 핀 야생화 군집: Jeffhollett, Wikimedia Commons, 2016.

데스밸리의 대표 명소, 자브리스키 포인트: 이우평.

아티스트 팔레트 포인트: carter-baran, Unsplash.

데스밸리 단면도: Hodges et al.,1990.

만자나 수용소에 세워진 위령탑(위): joe-lavigne.

수용소에서 야구 경기하는 모습(아래): National Park Service, Manzanar National
Historic Site.

요세미티 국립공원, 빙하가 만든 화강암 협곡의 비경

도입부 사진: Matt O'Donnell.

막중한 빙하의 하중에 의해 암체의 절반 가량이 잘려 나간 모습의 하프돔: Madhu
Shesharam.

머세드강 수면에 비친 요세미티폭포: Mick Haupt.

요세미티밸리 형성과정: 다음 링크의 이미지를 토대로 재작업. https://www.yosemite.
ca.us/formation/

요세미티밸리 단면도: 다음 링크의 이미지를 토대로 재작업. https://en.wikipedia.org/
wiki/File:Yosemite_Valley_cross_section.jpg
요세미티밸리의 신기루 '불의 폭포': sheng-I.

화이트샌즈 국립공원, 하얀 석고모래가 만든 은빛 신세계
도입부 사진: Anchor Lee, Unsplash, 2016.
수시로 모습을 바꾸는 화이트샌즈: Anchor Lee, Unsplash.
툴라로사분지에 발달한 화이트샌즈 입체 단면도: Szynkeiewicz et al., 2009.
하얀 모래사막의 흰도마뱀(좌)과 유카나무(우): larry costales, Unsplash.
브래드버리 과학박물관에 선시된 원자폭탄 리틀보이와 팻맨 모형: Larry Lamsa, Flickr.

스포티드 호수, 세계 유일의 반점무늬 호수
도입부 사진: Wirestock Creators, Shutterstock.
스포티드 호수 단면도: Jacob Buffo et al., "The Bioburden and Ionic Composition
of Hypersaline Lake Ices: Novel Habitats on Earth and Their Astrobiological
Implications", *Astrobiology* 22(2326)의 자료를 바탕으로 재작업.

투크토야크툭, 툰드라 동토지대 주빙하지형의 전형
도입부 사진: Adam Jones, Flickr, 2013.
투크토야크툭의 빙해호 위성사진: NASA, 2000.09.

▶ 남아메리카
나이카동굴, 세계 최대의 크리스털 보석창고
도입부 사진: Alexander Van Driessche, Wikimedia Commons, 2010.
나이카 광산 단면도: Albert Vila and Andreu Módenes, Wikimedia Commons, 2013.
암염 예술공간과 전시장으로 변신한 비엘리치카 소금광산: Jacek Abramowicz,
Pixabay.
산화철 함량에 따라 더 아름다워지는 언양의 자수정 동굴: 이우평.

그레이트블루홀, 해저 싱크홀 환초의 원형
도입부 사진: Kazuki Yamakawa, Shutterstock.
환초가 발달한 인도양 섬나라 몰디브: Asad Photo Maldives, pexels, 2018.

'지옥으로 가는 문'이라 불리는 다르바자의 불타는 싱크홀: snowscat, Unsplash.

카나이마 국립공원, 원시세계의 비경을 간직한 테푸이 천국
라테라이트화작용에 의한 테푸이 형성과정: Tomáš Derka, "Venezuelan Tepuis: Their Caves and Biota", *Venezuelan Tepuis: Their Cave and Biota*, 2012.
사바나초원에 우뚝 솟은 테푸이: Erik Cleves Kristensen, Flickr, 2013.
베네수엘라 테푸이(아래): Stig Nygaard, Flickr, 2010.

렌소이스사구, 사막과 호수를 넘나드는 아름다운 모래언덕
도입부 사진: Seiji Seiji, Unsplash, 2020.
렌소이스사구 위성사진: NASA, Gilberto Nepomuceno Salvador et al., 2019
다양한 모양의 사구: Ahmed Hemden, "Aeolian processes and features in cool climates", *Geological Society London Special Publications* 354(1):241-258, 2011의 자료를 바탕으로 재작업.
사하라사막 북부 알제리 동부 이사오우아네 에르그의 위성사진: NASA, 2006.

아마존강, 열대우림을 키워 낸 남아메리카의 점잖은 거인
도입부 사진: Adam Śmigielski, Unsplash, 2020.
우주에서 바라본 마나우스: NASA, 2000.

우유니 소금사막, 사막과 호수의 두 얼굴
도입부 사진: Scott Dukette, Unsplash, 2018.
건기의 우유니 소금사막: Samuel Scrimshaw, Unsplash, 2018.
우유니 소금사막의 위치: Sherilyn C. Fritz. et, "Hydrologic variation during the last 170,000 years in the southern hemisphere tropics of South America", *Quaternary Research* 61(1):95-104, 2004.
우유니 소금사막의 면적 변화: Fernando D Alfaro, "Microbial communities in soil chronosequences with distinct parent material: The effect of soil pH and litter quality", *Journal of Ecology* 105(6), 2017.
동쪽은 볼리비아, 서쪽은 페루 영토로 나뉜 티티카카호: Carolina Ospina, Depositphotos.

▶ 유럽

세븐시스터즈, 백악 해식암벽의 파노라마
도입부 사진: Marc Najera, Unsplash, 2021.
도버항구 뒤편의 수직 암벽: Logga Wiggler.
백악 해식절벽의 침식과 붕괴: Nirmal Rajendharkumar, Unsplash, 2020.
오스트레일리아의 열두 사도 바위: Victor, Unsplash, 2018.

자이언츠 코즈웨이, 다각형 주상절리의 향연
스코틀랜드 헤브리디스 제도의 스태퍼섬에 발달한 핑갈의 동굴: Rosa Menkman,
 Flickr, 2015.
자이언츠 코즈웨이의 다각형 균열: Enric Moreu, Unsplash, 2019.
자연이 만들어 낸 마법의 숲길: Martin Hesketh, Flickr, 2018.

돌로미티산군, 알프스 백운암 산악경관의 전형
도입부 사진: 박진성.
알프스 산맥의 형성과정: David Bressan, 2019. Netzwerk lernene에서 구매.
라가주오이 산장 부근에서 바라본 돌로미티산군의 침봉능선: kordi_vahle, Pixabay.

에트나산, 지구의 생명력을 보여주는 활화산의 대명사
도입부 사진: https://www.alamy.com/stock-photo-messina-sicily-a-picture-of-
 an-eruption-at-mount-etna-taken-from-san-137505002.html에서 구매.
에트나산의 화산 분출: Piermanuele Sberni, Unsplash, 2021.
에트나산의 해발고도 음영도: Domenico Patanè et al., "Seismological constraints for
 the dike emplacement of July-August 2001 lateral eruption at Mt. Etna volca-
 no, Italy", *Annals of geophysics = Annali di geofisica* 46(4):599-608, 2003.
에트나산의 측화산: Alexis Subias, Unsplash, 2019.
산토리니섬의 위성사진: NASA.

피오르, 빙하가 빚어낸 북유럽의 비경
도입부 사진: Oleksii Topolianskyi, Unsplash, 2015.
인공위성에서 바라본 노르웨이 남서해안: NASA, 2020.
피오르 단면도: Ulamm, Wikimedia Commons, 2014.
노르웨이 피오르 절경의 극치이자 진수, 하르당에르피오르의 트롤퉁가: robert-bye.

알프스산맥의 상징, 마터호른: Joao Branco, Unspalsh, 2018.

아이슬란드, 불과 얼음이 공존하는 곳

대서양 중앙해령 화산대의 중심에 위치한 아이슬란드: Alex He, Flickr, 2020.

열하분출로 형성된 라키산: ruedi haberli, Unsplash, 2020.

아이슬란드 남부 에이야퍄들라이외퀴들산 폭발: Bjarki Sigursveinsson, Flickr, 2010.

스비나펠스요쿨 빙하 말단부에 발달한 얼음동굴 내부: 박진성.

그린란드, 순백의 얼음세상에서 초록의 땅으로

그린란드 서부 마니트소크의 겨울(11월)과 동부 타실라크의 여름(8월): Visit Greeland,
　　　Unsplash, 2019. / Barni1, Pixabay.

그린란드 해안에 발달한 빙하 모식도: V. Altounian/Science 'The Melt Zone'.

Science 23, 2017.02(doi: 10.1126/science.aal0810). https://www.science.org/
　　　content/article/great-greenland-meltdown에서 미국과학진흥회American Associa-
　　　tion for the Advancement of Science의 허가를 받아 재인용함.

　　　이 이미지의 번역은 미국과학진흥회의 공식 번역이 아니며, 미국과학진흥회가 정확
　　　하다고 보증하지 않는다. 중요한 사안에 대해서는 미국과학진흥회에서 발행한 공식
　　　영어 버전을 참조하기 바란다.

그린란드 남동부 이토코르토르미우트에서 남서쪽으로 약 170km 떨어진 해안에 발달한
　　　빙하: Steve Jurvetson, Flickr, 2005.

그린란드 남부 바다에 떠 있는 빙산: Annie Spratt, Unsplash, 2020.

그린란드 베스트그로이란드(현재 키타) 빙하에 발달한 빙하구혈: Claire Rowland,
　　　Flickr.

그린란드 노르덴스키욀드 빙하: NASA.

지구 해양대순환 컨베이어벨트: Brisbane, Wikimedia Commons, 2009.

극소용돌이의 영향: 〈최강한파 원인과 세계 주요 날씨 현황〉, 연합뉴스, 2016.

북반구 극소용돌이 모습: NOAA, based on NCEP Reanalysis data provided by NOAA
　　　ESRL Physical Sciences Division, "Polar vortex brings cold here and there, but
　　　not everywhere", 2014.

몬세라트산, 톱니꼴 역암 첨봉의 명승

도입부 사진: Josep Monter Martinez, Pixabay.

몬세라트역암층 형성과정: 다음 출처의 이미지를 바탕으로 재작업.

몬세라트산 역암층의 기암괴석: Steven Lasry, Unspalsh, 2020.

마이산 석탑과 돌탑: cotaro70s, Fllickr, 2017.

신과 인간이 만나는 곳, 그리스 메테오라 암석군: Yaron Tal, Unsplash, 2021.

▶ 아시아

시베리아, '잠자는 땅'이라 불리는 혹한의 대지

바이칼호 단면도: Russian Academy of science & U. S. Geological Survey.

바이칼호 원주민의 정신적 고향, 올혼섬(왼쪽): Ekaterina Sazonova, Unsplash, 2019.

치차이단샤, 일곱 빛깔 무지개로 피어난 습곡

도입부 사진: travel oriented, Flickr, 2018.

건조한 환경에서 형성된 치차이단샤: Jon Geng, Unsplash, 2021.

중국 단샤지형의 원형, 광둥성 단샤산: xiquinhosilva, Flickr.

아르헨티나의 오르노칼산: Külli Kittus, Unsplash, 2018.

황허강, 중국문명의 요람

황허강의 물길과 황허강이 통과하는 주요 도시들: Shannon, Wikimedia Commons, 2010.

황허강의 숨은 비경 황허스린: travel oriented, Flickr, 2018.

약 3,500년 동안 26회 유로변경이 일어난 황허강: Stevenliuyu, Wikimedia Commons, 2019.

허난성 북부 뤄양 일대의 야오둥: Gary Todd, Flickr, 2009.

황허강 하구 삼각주의 변화: NASA.

간쑤성 란저우 도심을 통과하는 황허강: Gary Todd, Flickr, 2013.

황룽거우와 주자이거우, 쓰촨에서 펼쳐지는 물의 향연

도입부 사진: aozora, Pixabay.

주자이거우 최고 명승지 수정천하이호: Jean-Marie Hullot, Flickr, 2015.

쓰촨 지역에 사는 희귀동물들(레서판다): Tarryn Myburgh, Unsplash, 2020.

창장강, 중국문명을 일궈 낸 대하의 역사

도입부 사진: Shane Young, Unsplash, 2018.

창장강 물줄기의 변화: Daidu Fan et al., "Timing of the Yangtze initiation draining the Tibetan Plateau throughout to the East China Sea: A review", *Higher Education Press and Springer-Verlag*, 2008. https://www.researchgate.net/figure/Two-hypothetic-patterns-of-paleo-drainage-networks-in-the-Yangtze-drainage-basin-a-and-b_fig3_225449506

황산, 화강암이 빚어낸 천하의 명산

화강암 재단의 마술사, 절리가 만든 토르: xiquinhosilva, Flickr, 2018.

우링위안, 거대한 암석기둥이 가득한 대자연의 미궁

도입부 사진: Robynne Hu, Unsplash, 2019.

하늘로 통하는 길, 톈먼산의 통톈다다오: xiquinhosilva, Flickr, 2019.

할롱베이, 옥빛 바다 탑카르스트의 천국

베트남의 랜드마크 할롱베이의 키스섬: 이우평.

탑카르스트 내부의 숨겨진 비경, 티엔꿍동굴: 이우평.

히말라야산맥, 세계의 지붕

인도판과 유라시아판이 충돌하여 형성된 히말라야산맥: 왼쪽 Rainer Lesniewski, Shutterstock / 오른쪽: Martin Hovland et al., "Large salt accumulations as a consequence of hydrothermal processes associated with 'Wilson cycles': A review, Part 2: Application of a new salt-forming model on selected cases, Marine and Petroleum", *Marine and Petroleum Geology 92*, 2018.

인공위성에서 바라본 히말라야산맥: NASA.

위험에 처한 산악 빙하호: truthseeker08, Pixabay.

티베트인 삶의 동반자, 야크: McKay Savage, Flickr, 2006.

세계에서 가장 높은 티베트고원: Gunther Hagleitner, Flickr, 2012.

보홀섬 콘카르스트, 한곳에 모인 초콜릿 힐의 대향연

도입부 사진: Hitoshi Namura, Unsplash, 2020.

정부와 갈등을 빚고 있는 초콜릿 힐 부근 경작지: 이우평.

멸종위기에 처한 보홀섬의 안경원숭이(위): 이우평.

클리무투호, 산 정상에 놓인 물감단지

클리무투산 정상의 호수 위성사진: NASA, 2017.

건기의 클리무투호(2007년 8월 21일): Rosino, Flickr, 2007. https://www.flickr.
    com/photos/rosino/1988061545

왜소한 몸집의 호모플로레시엔시스: 위 Best-Backgrounds, Shutterstock / 아래: Ka-
    ren Neoh, Flickr, 2013.

괴레메 계곡, 버섯 바위가 빼곡한 '요정의 굴뚝'

도입부 사진: Mar Cerdeira, Unsplsh, 2017.

차별침식으로 형성된 요정의 굴뚝으로 불리는 버섯바위: 이우평.

버섯바위가 생성되기 초기 형태의 지형인 걸리: Snowscat, Unsplash, 2019.

괴뢰메계곡 버섯바위에 만들어진 암굴 수도원 내부: Documenting Cappadocia, Flickr,
    2013.

파묵칼레, 순백색 석회화단구의 원형

도입부 사진: Andrea Vail, Flickr, 2011.

테르메 온천욕장: Miguel Discart, Flickr.

히에라폴리스 원형극장: Franz Republic, Unsplash, 2020.

▶ 아프리카

나일강, 이집트문명의 요람

외래하천의 대명사, 나일강: 왼쪽 NASA / 오른쪽 Rainer Lesniewski, Shutterstock.

이집트문명의 상징, 피라미드: 이우평.

수몰위기를 모면한 나일강의 진주, 아부심벨 신전: Dennis Jarvis, Wikimedia Com-
    mons, 2004.

나일강 서쪽의 장제전: 이우평.

이집트 제25왕조를 열었던 누비아의 흑인 파라오 동상과 누비아의 고대 유적지 메로에:
    오른쪽 위 Andrei Nacu and Jeff Dahl., Wikimedia Commons, 2008. / 아래 Nina
    R, Flickr, 2016.

사하라사막, 지구 최대의 황금빛 모래제국

아프리카의 사하라사막의 모래먼지가 동풍을 타고 대서양을 건너 이동하는 모습: NASA, 2021.

카스피해보다 큰 거대 호수인 메가차드호: NASA, 2020.

니제르 갈미에서 발생한 모래폭풍(2012): SIM USA, Flickr, 2012.

아열대 고압대의 위치와 사막의 발달: J. Marini, Shutterstock.

사막에 솟아오른 화강암 관입 아이르산지: NASA, 2013.

투아레그족의 활동범위와 사막에서의 유목생활(위): Aliesin, Wikimedia Commons, 2007.

리차트 구조, 고도 10km 이상에서야 제대로 보이는 '지구의 눈'

리차트 구조 단면도: Tas Walker, 2020.

리차트 구조 형성과정: Guillaume Matton, Michel Jébrak, The "eye of Africa" (Richat dome, Mauritania): An isolated Cretaceous alkaline – hydrothermal complex, *Journal of African Earth Sciences*, 2019. 해당 논문 저자의 허락을 받아 수록함.

슈메이커 충격 구조, 거미 분화구, 고스 블러프 분화구: NASA.

레트바호, 분홍빛 호수의 대명사

도입부 사진: mariusz_prusaczyk, istock.

레트바호의 발달과정: Tony Rey, "Modifications environnementales dans l'espace du lac Retba (Grande Côte, Sénégal)", *Africa Geoscience Review*, Vol.16, No.4, 233-246

물과 모래의 뚜렷한 대조: Curioso Photography, Unsplash, 2019.

동아프리카지구대, 인류 탄생의 요람이자 야생동물의 천국

동아프리카 지구대 형성과정: Sémhur, Wikimedia Commons, 2008.

세렝게티 초원 누떼의 대이동: 왼쪽 Jorge Tung, Unsplash, 2019. / 오른쪽 Erebor-Mountain, Shutterstock.

동아프리카 야생생태계의 축소판, 응고롱고로 분화구: 왼쪽 Wayne Hartmann, Flickr.

나트론호, 저주받은 죽음의 호수

도입부 사진: Bildagentur Zoonar GmabH, Shutterstock.

올도이뇨 렝가이산: Guillaume Baviere, Flickr, 2007.

동아프리카판의 이동으로 분리된 나트론호와 마가디호: 왼쪽 Brahim Damnati, "The application of organic carbon and carbonate stratigraphy to the reconstruction of lacustrine palaeoenvironments from Lake Magadi, Kenya", *Les variations climatiques passées, actuelles et futures: un aperçu global et régional*, 2007. / 오른쪽 NASA, 2017.03.

나트론호에서 기념품을 파는 마사이족: Marc Veraart, Flickr, 2008.

케냐의 마가디호: Stig Nygaard, Flickr, 2007.

모시 오아 툰야 폭포, 지구 최대의 물의 장막

도입부 사진: Vaelim Retrakov, Shutterstock.

어류 진화의 장벽역할을 한 모시 오아 툰야 폭포: Albrecht Fietz, Unspalsh, 2021.

두부침식에 의해 상류로 전진하는 모시 오아 툰야 폭포: NASA.

남아메리카를 대표하는 이구아수폭포: Mario Duran-Ortiz, Flickr, 2005.

나미브사막, 사막과 해안이 만나는 모래바다

도입부 사진: Sergi Ferrete, Unsplash, 2019.

음영 명암 대조가 인상적인 듄45: Marie Rouilly, Unsplash, 2020.

차우차브강이 끝나는 지점에 있는 데드블레이: Bernd Dittrich, Unsplash, 2022.

해골해안까지 이어진 녹색 회랑: Murray Foubister, Flickr.

스켈레톤코스트의 모래에 갇힌 난파선: Andrew Svk, Unsplash,

베마라하 칭기랜즈, 석회암 피너클 파노라마의 전형

도입부 사진: Rod Waddington, Flickr, 2016.

땅속에서 생성 중인 피너클: Rod Waddington, Flickr, 2017.

악지지형의 대명사, 카르스트 피너클: Doug Knuth, Flickr, 2015.

생명의 나무, 바오밥나무: Graphic Node, Unsplash, 2019.

밤하늘을 수놓는 '박쥐의 군무': John Mason, Flickr, 2015.

모훈느곳 수중폭포, 착시현상이 만들어낸 폭포

도입부 사진: Xavier Coiffic, Unspalsh, 2017.

모리셔스 열점 화산대와 구대륙 모리시아: 하기 자료의 이미지를 재작업.

Archaean zircons in Miocene oceanic hotspot rocks establish ancient continental crust beneath, Mauritius, *Nature Communications 8*, 2017.

옥스퍼드대학교 자연사박물관에 전시된 도도의 뼈 화석과 그것을 재현한 모형: Bazza-DaRambler, Wikimedia Commons, 2009.

덴마크해협 해양심층수 수중폭포 발생 모식도: NOAA, 2017.

한류와 난류가 교차하는 덴마크해협: NASA, 2015.

▶ 오세아니아-대양

벙글벙글산지, 지구 최초의 생명체가 쌓인 퇴적기암

도입부 사진: Andy Tyler, Flickr, 2012.

오스트레일리아 샤크베이 해멀린 풀의 현생 스트로마톨라이트: 박진성.

스트로마톨라이트 형성과정: 《한국 지형 산책》, 이우평 지음, 푸른숲, 2007의 자료를 재작업.

단층에 의한 침식으로 발달한 커시드럴 협곡: Andy Tyler, Flickr, 2012.

한반도 최초의 생명체 화석지, 소청도 분바위: 위, 아래 이우평.

그레이트배리어리프, 세계 최대의 산호초 군집

퀸즐랜드 휘트선데이제도의 명소, 하트리프: CoffeewithMilk, Pixabay.

그레이트배리어리프 형성과정: Jody M.Webster et al., Nature Geoscience.

울루루-카타추타 국립공원, 세계 최대 인젤베르크의 전형

울루루-카타추타 국립공원 형성과정: Department of Climate Change, Energy, the Environment and Water, Australian Government.

웨이브록 형성과정: 해당 지형의 국립공원 안내판 이미지를 참고하여 재작업.

와이토모동굴, 지하세계에 펼쳐진 은하수

도입부: Shaun Jeffers, Shutterstock.

우리나라 석회동굴의 극치, 백룡동굴: 위 해외문화홍보원, Wikimedia Commons, 2010/ 왼쪽 아래 김련 / 오른쪽 아래 문화재청 국가문화유산포털.

루디엔동굴의 백미, 수정궁: Reed Flute, Flickr, 2009.

하와이제도, 열점사슬에 의한 해저화산군의 전형

하와이제도 오아후섬의 코코 크레이터: Kalen Emsley, Unsplash, 2021.

세계 최대의 활화산, 하와이섬 킬라우에아산: Mandy Beerley, Unsplash, 2016.

이미지 출처

하와이제도 카우아이섬의 하이라이트 나팔리코스트: Troy Squillaci, Pexels.

하이드로볼케이노 다이아몬드헤드: Chase O, Unsplash, 2017.

한반도 동쪽 울릉도-독도 주변 해저화산체: 한국해양연구원 독도전문연구센터.

갈라파고스제도, 다윈이 체계화한 진화론의 산실

갈라파고스제도 위치(왼쪽): Aridocean, Shutterstock.

열점 이동 위치(오른쪽): 원 출처 및 저작권자를 찾을 수 없어, 해당 이미지를 바탕으로 재작업한 이미지를 사용했다. 이미지의 정확한 출처를 아는 분은 개정판에 기재할 수 있도록 출판사에 연락을 주길 바란다.

갈라파고스에서 가장 큰 시에라 네그라 갈데라 분화구(아래): Peter Swaine, Flickr, 2017.

화산활동이 활발한 이사벨라섬: Adwo, Shutterstock.

엘니뇨가 갈라파고스제도에 미치는 영향:《2016 엘니뇨 백서》, 기상청.

이 책에 실린 사진과 지도 대부분은 사용 허락을 받고 출처를 밝혔으나, 출처를 찾지 못한 것들도 있다. 이 책에 사용된 이미지의 저작권을 가지고 계신 분은 출판사로 연락 주기 바란다.

찾아보기

한 권으로 떠나는
세계 지형 탐사

첫판 1쇄 펴낸날 2023년 4월 10일
3쇄 펴낸날 2024년 6월 25일

지은이 이우평
발행인 김혜경
편집인 김수진
책임편집 조한나 전하연
편집기획 김교석 유승연 문해림 김유진 곽세라 박혜인 조정현
디자인 한승연 성윤정
경영지원국 안정숙
마케팅 문창운 백윤진 박희원
회계 임옥희 양여진 김주연

펴낸곳 (주)도서출판 푸른숲
출판등록 2003년 12월 17일 제2003-000032호
주소 서울특별시 마포구 토정로 35-1 2층, 우편번호 04083
전화 02)6392-7871, 2(마케팅부), 02)6392-7873(편집부)
팩스 02)6392-7875
홈페이지 www.prunsoop.co.kr
페이스북 www.facebook.com/prunsoop   **인스타그램** @prunsoop

ⓒ이우평, 2023
ISBN 979-11-5675-408-4(03980)

만든 사람들
편집 조한나 전하연   **교정교열** 권혁주
표지 및 본문 디자인 한승연 성윤정
본문 3D 이미지 노성규